中等职业教育国家规划教材

全国中等职业教育教材审定委员会审定

建筑结构

Jianzhu Jiegou

（第四版）

（建筑工程施工专业）

主编　吴承霞

U0364818

高等教育出版社·北京

内容简介

　　本书是第四版,是中等职业教育国家规划教材,依据现行的结构设计规范和平法制图规则编写,知识涵盖面宽,浅显易学,内容实用,符合中等职业教育教学需要。

　　本书分为混凝土结构、砌体结构、地基与基础、钢结构、装配式混凝土结构、结构施工图平面整体表示方法(平法)及识图六部分,主要内容有:绪论、建筑结构的基本设计原则、钢筋和混凝土的力学性能、钢筋混凝土受弯构件——梁和板、钢筋混凝土受压构件——柱、预应力混凝土构件基本知识、钢筋混凝土框架及剪力墙结构、砌体材料及混合结构房屋、地基土基本知识与建筑基础、钢结构、装配式混凝土结构简介、混凝土结构施工图平面整体表示方法(平法)及识图。

　　本书为立体化新形态教材,配有动画、工程视频等多种数字化资源,通过手机扫描书上与教学内容对应的二维码,可随时随地获取学习资源,享受立体化阅读体验。登录 Abook 网站 http://abook.hep.com.cn/sve,可下载配套的教学课件等教学资源(详细说明见本书最后一页"郑重声明"下方的"学习卡账号使用说明")。

　　本书可作为中等职业学校建筑工程施工专业教材,也可作为二级建造师、施工员等岗位培训参考书。

图书在版编目 (CIP) 数据

　　建筑结构 / 吴承霞主编. --4 版. --北京:高等教育出版社,2022.11(2023.2重印)

　　建筑工程施工专业

　　ISBN 978-7-04-057189-9

　　Ⅰ. ①建… Ⅱ. ①吴… Ⅲ. ①建筑结构-中等专业学校-教材 Ⅳ. ①TU3

　　中国版本图书馆 CIP 数据核字(2021)第 205209 号

策划编辑	梁建超	责任编辑	陈梅琴	封面设计	王 琰	版式设计	杜微言
插图绘制	杨伟露	责任校对	马鑫蕊	责任印制	存 怡		

出版发行	高等教育出版社	网　　址	http://www.hep.edu.cn
社　　址	北京市西城区德外大街 4 号		http://www.hep.com.cn
邮政编码	100120	网上订购	http://www.hepmall.com.cn
印　　刷	唐山嘉德印刷有限公司		http://www.hepmall.com
开　　本	889mm×1194mm　1/16		http://www.hepmall.cn
印　　张	22.75		
字　　数	490 千字	版　　次	2002 年 12 月第 1 版
插　　页	9		2022 年 11 月第 4 版
购书热线	010-58581118	印　　次	2023 年 2 月第 2 次印刷
咨询电话	400-810-0598	定　　价	58.80 元

本书如有缺页、倒页、脱页等质量问题,请到所购图书销售部门联系调换

版权所有　侵权必究

物 料 号　57189-00

本书配套数字化资源获取与使用

 二维码教学资源

用手机扫描书上的二维码，可查看对应的动画和工程视频。

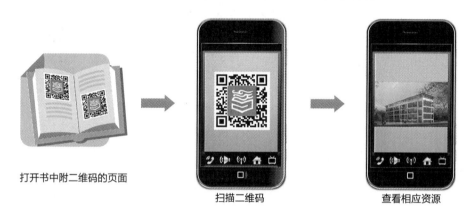

打开书中附二维码的页面　　　　　扫描二维码　　　　　查看相应资源

 Abook 教学资源

　　登录高等教育出版社 Abook 网站 http://abook.hep.com.cn/sve 或 Abook APP，可获取配套教学课件等辅教辅学资源，详细使用说明见本书最后一页"郑重声明"下方的"学习卡账号使用说明"。

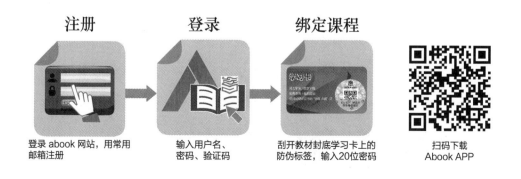

　　注册　　　　　　登录　　　　　绑定课程

登录 abook 网站，用常用　　输入用户名、　　刮开教材封底学习卡上的　　扫码下载
邮箱注册　　　　　　　　　密码、验证码　　防伪标签，输入20位密码　　Abook APP

第四版前言

根据《国家职业教育改革实施方案》文件精神,教材改革是三教改革的重要抓手。如何突破传统教材的约束,增加教材的可视化,在专业课程中植入职业道德教育、专业素养教育等,编写适合中职教育的专业教材,一直是我们追求的目标。

本次修订在第三版的基础上,弱化了砌体结构的计算,将抗震内容拆分到混凝土结构和砌体结构中。按照现行的《建筑结构荷载规范》(GB 50009—2012)、《建筑结构可靠性设计统一标准》(GB 50068—2018)、《建筑抗震设计规范》(GB 50011—2010)、《建筑工程抗震设防分类标准》(GB 50223—2008)、《混凝土结构设计规范》(GB 50010—2010)、《砌体结构设计规范》(GB 50003—2011)、《建筑地基基础设计规范》(GB 50007—2011)、《钢结构设计标准》(GB 50017—2017)、《装配式混凝土结构技术规程》(JGJ 1—2014)、《混凝土结构施工图平面整体表示方法制图规则和构造详图》(22G101)等编写。为响应国家大力发展装配式建筑的政策要求,增加了装配式混凝土结构的内容。为增加直观性,书中增加了工程视频资源(扫描书中二维码即可获取),并将工匠精神培养等融入教学内容中。

本书按 100 学时编写,各单元学时分配见下表(供参考):

内容	绪论	单元 1	单元 2	单元 3	单元 4	单元 5
学时	2	4	4	14	6	2
内容	单元 6	单元 7	单元 8	单元 9	单元 10	单元 11
学时	16	12	8	8	6	18

本书由吴承霞担任主编,黄民权、贺萍、姚玉娟担任副主编。绪论、单元 3、单元 10 由吴承霞(广州城建职业学院)编写,单元 1、单元 11 由贺萍(河南建筑职业技术学院)编写,单元 2、单元 7 由姚玉娟(河南建筑职业技术学院)编写,单元 4、单元 5 由陆壮志(河南五建建设集团有限公司)、孙海波(烟台理工学校)编写,单元 6 由黄民权、梁慧(广州市建筑工程职业学校)编写,单元 8、单元 9 由黄鉴平(广州瀚华建筑设计有限公司)、朱贺嫘(烟台理工学校)编写。书中的二维码视频资源由河南建筑职业

技术学院提供，柴伟杰整理。

烟台理工学校孙学礼审阅了本书修订稿，并提出了许多宝贵意见和建议，在此表示衷心感谢。

本书为立体化新形态教材，配有动画、工程视频等多种数字化资源，通过手机扫描书上与教学内容对应的二维码，可随时随地获取学习资源，享受立体化阅读体验。登录 Abook 网站 http://abook.hep.com.cn/sve，可下载配套的教学课件等教学资源（详细说明见本书最后一页"郑重声明"下方的"学习卡账号使用说明"）。

由于编者水平有限，对规范的学习理解不够，书中不足之处在所难免，恳请读者继续提出宝贵意见（读者意见反馈信箱：zz_dzyj@ pub.hep.cn）。

编　者

2021 年 3 月

第一版前言

本书是根据教育部 2001 年颁发的《中等职业学校工业与民用建筑专业教学指导方案》中主干课程建筑结构教学基本要求,并参照建设行业有关职业技能鉴定规范及中级技术工人等级考核标准编写的中等职业教育国家规划教材。

本书着重强调建筑结构知识的应用,突出培养学生解决实际问题的能力,要求学生领会结构受力原理,重点掌握施工中遇到的结构构造问题,掌握施工图表达的内容。通过工程案例分析,使学生加深对所学知识的印象并激发学习兴趣,使其掌握建筑结构的基本原理和知识,从而有效地保证建筑工程质量,减少人为建筑工程事故的发生。同时,本书注重建筑结构的新规范、新技术、新工艺及新标准的应用。

本教材的学时数为 76~128 学时,各章学时分配见下表(供参考):

章次	绪论	第一章	第二章	第三章	第四章	第五章	第六章	第七章	第八章
学时数	1	3	2	10	6	3	18	2	5

章次	第九章	第十章	第十一章	*第十二章	*第十三章	*第十四章	*第十五章	*第十六章	
学时数	14	6	6	8	6	10	12	16	

书中打 * 号的章节为管理岗位培养目标的必学内容,操作岗位培养目标可不学。

本书由吴承霞、陈式浩担任主编。绪论、第十、十一章(部分)由浙江东阳市技术学校陈式浩编写;第一、二、三章由浙江东阳市技术学校李正兴编写;第四、五章由浙江东阳市技术学校胡仲洪编写;第六章由广州市建筑工程职业学校黄民权编写;第七、八、九、十一(部分)、十二章由河南省建筑工程学校吴承霞编写;第一、十三、十四、十五、十六章由河南省建筑工程学校张渭波编写。

由于编者水平有限,对新修订的标准和规范学习理解不够,书中不足之处在所难免,恳请读者提出宝贵意见。

编　者

2002 年 5 月

目 录

★ **看图识建筑**

绪图 1　胡夫金字塔

绪图 2　埃菲尔铁塔

绪图 3　佛宫寺木塔

胡夫金字塔（绪图 1）是埃及最大的金字塔，塔高 146.6 m，底边长 230.37 m，相当于一座 40 层的摩天大楼，塔底面呈正方形，占地 5.29 万 m^2。胡夫金字塔的塔身由大小不一的 230 万块巨石组成，每块质量在 1.5～160 t，石块间合缝严密，不用任何黏合物。胡夫金字塔工程浩大，结构精细，其建造涉及测量学、天文学、力学、物理学和数学等领域，被称为人类历史上最伟大的石头建筑，至今仍有许多未被揭开的谜。

埃菲尔铁塔（绪图 2）是现代巴黎的标志，它是一座于 1889 年建成的位于法国巴黎战神广场上的镂空结构铁塔，高 324 m。该塔共用钢铁约 7 000 t，包括 12 000 余个金属部件，用 250 万余颗铆钉连接。

佛宫寺木塔(绪图 3)位于山西省朔州市应县城内西北角的佛宫寺院内。它是我国现存最古老、最高大的纯木结构楼阁式建筑，是我国古建筑中的瑰宝、中国劳动人民智慧的结晶、世界木结构建筑的典范。塔高 67.31 m，底层直径 30.27 m，呈平面八角形。整个木塔用红松木建造而成。

一、建筑结构的概念和分类

建筑结构是指建筑物中用来承受荷载和其他间接作用(如温度变化引起的伸缩、地基不均匀沉降等)的体系，通常它又被称为建筑物的骨架。在房屋建筑中，组成结构的构件有板、梁、柱、墙等，称为结构构件。结构中由若干构件组成的具有一定功能的组合件称为部件，如基础、楼梯、阳台、屋盖等。

根据所用材料的不同，建筑结构分为混凝土结构、砌体结构、钢结构和木结构等。

(一)混凝土结构

1. 概念

以混凝土为主要材料的结构称为混凝土结构，包括素混凝土结构、钢筋混凝土结构、预应力混凝土结构三种。素混凝土是无筋或不配置受力钢筋的混凝土，常用于路面、垫层和一些非承重构件，素混凝土结构即无筋或不配置受力钢筋的混凝土结构；钢筋混凝土结构是配置受力钢筋的混凝土结构；预应力混凝土结构是配置受力的预应力钢筋并施加预应力的混凝土结构。

2. 优缺点

混凝土结构的优点是强度高、耐久性好、耐火性好、可模性好、整体性好、易于就地取材等。缺点是自重大、抗裂性较差，一旦损坏修复较困难。

3. 工程应用

混凝土结构最早于 19 世纪中期在欧洲开始应用，距今已有 170 多年的历史。目前，混凝土结构已成为现代最主要的、应用最普遍的结构形式之一，广泛应用于厂房、住宅、写字楼等多层和高层建筑中，在桥梁工程、特种结构、水利及其他工程中也有大量应用。

4. 发展方向

混凝土的主要发展方向是高强、自重小、耐久、提高抗裂性和易于成型，例如，混凝土外加剂的应用对改善混凝土的性能起了很大的作用。钢筋的发展方向是高强、具有较好的延性和良好的黏结锚固性能，我国大力提倡使用 400 MPa、500 MPa 和

600 MPa 的钢筋。

（二）砌体结构

1. 概念

砌体结构是指以砖、石或砌块为块材，用砂浆砌筑的结构。砌体结构根据所用块材的不同，分为砖砌体结构、石砌体结构和砌块砌体结构三大类。

2. 优缺点

砌体结构的主要优点是能就地取材、造价低廉、有很好的耐火性和较好的耐久性、保温隔热性能好、施工方便。缺点是自重大、强度较低、抗震性能差、砌筑工作量大。

3. 工程应用

砌体结构有悠久的历史，我国古代就用砌体建造城墙、佛塔、宫殿和拱桥等。隋代李春所造的河北赵州桥（又称安济桥）迄今已 1 400 多年，桥净跨 37.37 m，是中国桥梁史上的空前壮举，为世界上现存的、最早的单孔空腹式石拱桥。

目前，我国砌体结构主要用于大量的低层、中高层民用建筑（无筋砌体一般可建 5~7 层，配筋砌体可建 8~18 层）。此外，水塔、小型水池、小型工业厂房及仓库等也可用砌体结构。

4. 发展方向

砌体结构作为一种应用量大、应用范围广泛的传统结构形式，在我国必将继续完善、发展。其发展方向应考虑"节土""节能""利废"，积极发展新材料，发展黏土砖的替代产品，加强对高强砖及高黏结强度砂浆的研究；积极推广应用配筋砌体结构；加强对防止和减轻墙体裂缝构造措施的研究；提高砌体结构的施工技术水平和施工质量。

（三）钢结构

1. 概念

用钢板和各种型钢（角钢、工字钢、H 型钢等）为主要材料制作而成的结构称为钢结构。

2. 优缺点

钢结构具有承载力高、质量轻、材质均匀、抗震性能好、施工速度快等优点。缺点是易锈蚀、耐久性和耐火性较差、造价高等。

3. 工程应用

钢结构是由生铁结构逐步发展来的，我国是最早用铁建造承重结构的国家。从 1706 年建造的四川大渡河泸定桥，到 1957 年建成的武汉长江大桥、1968 年建成的南京长江大桥，再到 2008 年北京奥运会运动场馆——国家体育场(鸟巢)和国家游泳中心(水立方)，无不标志着我国钢结构的发展水平。目前，钢结构主要用于大跨度屋盖、高层建筑、重型工业厂房、桥梁、板壳结构及塔桅结构中。

4. 发展方向

钢结构的主要发展方向是积极发展高强度钢材，不断革新结构形式，应用钢-混凝土组合构件。随着科学技术的发展，钢结构将会有更美好的未来。

(四) 木结构

1. 概念

以木材为主要材料制作的结构称为木结构。木结构以梁、柱组成的构架承重，墙体则主要起填充、防护作用。

2. 优缺点

木结构的优点是能就地取材、制作简单、造价较低、便于施工。缺点是木材本身疵病较多、易燃、易腐、结构易变形。因此木结构不宜用于火灾危险性较大或经常受潮又不易通风的生产性建筑中。

3. 工程应用

木结构是我国最早应用的建筑结构。早在新石器时代末期(约 4 500—6 000 年前)，就出现了地面木架建筑和木骨泥墙建筑。绪图 3 所示的佛宫寺木塔及北京故宫建筑充分反映了我国古代木结构的高超水平，直到现代，木结构还应用于古典园林建筑中。但由于木材用途广泛，而其产量又受到自然条件的限制，在建筑中已越来越少采用木结构。

二、地基与基础的概念

各种建筑都需要一个坚固的基础，一幢房屋建筑的基础造价要占总造价的 1/5，甚至 1/3，因此对地基、基础问题必须引起足够的重视。

基础是建筑物的下部承重部件。荷载通过基础传到地层，地层中产生应力和变形的那部分土层(岩层)称为地基。地基一般包括持力层与下卧层，埋置基础的土层称为持力层，在基础范围内持力层以下的土层称为下卧层。为保证建筑物安全，基础应埋置在良好的持力层上。同时，地基应满足的基本要求是有足够的强度且变形不能过大。

基础设计必须根据地基条件——地质勘探报告进行，不能盲目套用，以免发生工程事故。

三、建筑抗震的概念

★ 看图识地震时建筑物的破坏现象（绪图 4）

(a) 地裂缝

(b) 房屋破坏

(c) 砖墙交叉斜裂缝

(d) 钢筋混凝土柱被压酥

绪图 4　汶川地震的各种破坏现象

1. 地震的基本概念

地震是一种突发性的自然灾害，其作用结果是引起地面的颠簸和摇晃。由于我国地处两大地震带（环太平洋地震带及欧亚地震带）的交汇区，地震区分布广，发震频繁，是一个多地震国家。

如绪图 5 所示，地震发生的地方称为震源；震源正上方的位置称为震中；震中附近地面震动最厉害，也是破坏最严重的地区，称为震中区或极震区；地面某处至震中的距离称为震中距；地震时地面上破坏程度相近的点连成的线称为等震线；震源至地面的垂直距离称为震源深度。

依其成因，地震可分为三种主要类型：火山地震、塌陷地震和构造地震。根据震源深度不同，又可将构造地震分为三种：浅源地震——震源深度不大于 60 km；中源地震——震源深度 60~300 km；深源地震——震源深度大于 300 km。

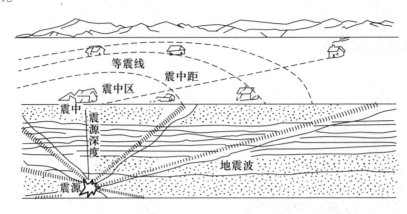

绪图 5   地震示意图

地震引起的震动以波的形式从震源向各个方向传播，它使地面发生剧烈的运动，从而使房屋产生上下跳动及水平晃动。当结构经受不住这种剧烈的颠晃时，就会产生破坏甚至倒塌。

世界上地震频繁，真正能用仪器来观测地震在国外是 19 世纪以后的事。根据我国《后汉书》等史籍记载，东汉时期我国著名科学家、天文学家张衡在公元 132 年就发明了地动仪，可以测知震中的大概方位。

2. 震级和烈度

（1）地震的震级。衡量地震大小的等级称为震级，它表示一次地震释放能量的多少，一次地震只有一个震级。地震的震级用 M 表示。

一般来说，震级小于 2 的地震，人们感觉不到，称为微震；2~4 级的地震称为有感地震；5 级以上的地震称为破坏地震，会对建筑物造成不同程度的破坏；7~8 级的地震称为强烈地震或大地震；超过 8 级的地震称为特大地震。1976 年 7 月 28 日我国河北省唐山地震为 7.8 级。2008 年 5 月 12 日我国四川省汶川地震为 8 级。2010 年 4 月 14 日青海省玉树地震为 7.1 级。2011 年 3 月 11 日日本东海岸发生的地震为 9 级。

（2）地震烈度。地震烈度是指某一地区地面和建筑物遭受一次地震影响的强烈程度。地震烈度不仅与震级大小有关，还与震源深度、震中距、地质条件等因素有关。一次地震只有一个震级，然而同一次地震却有好多个烈度区。一般来说，离震中越近，烈度越高。我国地震烈度采用十二度划分法（绪表 1）。

绪表 1   我国地震烈度表

烈度	人的感觉	房屋震害		其他震害现象
		类型	危害程度	
Ⅰ（1）	无感	—	—	—
Ⅱ（2）	室内个别静止中的人有感觉，个别较高楼层中的人有感觉	—	—	—

续表

烈度	人的感觉	房屋震害		其他震害现象
		类型	危害程度	
Ⅲ（3）	室内少数静止中的人有感觉，少数较高楼层中的人有明显感觉	—	门窗轻微作响	悬挂物微动
Ⅳ（4）	室内多数人、室外少数人有感觉，少数人睡梦中惊醒	—	门窗作响	悬挂物明显摆动，器皿作响
Ⅴ（5）	室内绝大多数人、室外多数人有感觉，多数人睡梦中惊醒，少数人惊逃户外	—	门窗、屋顶、屋架颤动作响，灰土掉落，个别房屋墙体抹灰出现细微裂缝，个别老旧A1类或A2类房屋墙体出现轻微裂缝或原有裂缝扩展，个别屋顶烟囱掉砖，个别檐瓦掉落	悬挂物大幅度晃动，不稳定器物摇动或翻倒，水晃动并从盛满的容器中溢出
Ⅵ（6）	多数人站立不稳，多数人惊逃户外	A1	少数轻微破坏和中等破坏，多数基本完好	少数家具和物品移动；河岸和松软土出现裂缝，饱和砂层出现喷砂冒水；个别独立砖烟囱轻度裂缝
		A2	少数轻微破坏和中等破坏，大多数基本完好	
		B	少数轻微破坏和中等破坏，大多数基本完好	
		C	少数或个别轻微破坏，绝大多数基本完好	
		D	少数或个别轻微破坏，绝大多数基本完好	

续表

烈度	人的感觉	房屋震害		其他震害现象
		类型	危害程度	
Ⅶ（7）	大多数人惊逃户外，骑自行车的人有感觉，行驶中的汽车驾乘人员有感觉	A1	少数严重破坏和毁坏，多数中等破坏和轻微破坏	物品从架子上掉落；河岸出现塌方，饱和砂层常见喷砂冒水，松软土地上地裂缝较多；大多数独立砖烟囱中等破坏
		A2	少数中等破坏，多数轻微破坏和基本完好	
		B	少数中等破坏，多数轻微破坏和基本完好	
		C	少数轻微破坏和中等破坏，多数基本完好	
		D	少数轻微破坏和中等破坏，大多数基本完好	
Ⅷ（8）	多数人摇晃颠簸，行走困难	A1	少数毁坏，多数中等破坏和严重破坏	干硬土地上出现裂缝；饱和砂层绝大多数喷砂冒水；大多数独立砖烟囱严重破坏
		A2	少数严重破坏，多数中等破坏和轻微破坏	
		B	少数严重破坏和毁坏，多数中等破坏和轻微破坏	
		C	少数中等破坏和严重破坏，多数轻微破坏和基本完好	
		D	少数中等破坏，多数轻微破坏和基本完好	

续表

烈度	人的感觉	房屋震害		其他震害现象
		类型	危害程度	
IX（9）	行动的人摔倒	A1	大多数毁坏和严重破坏	干硬土地上多处出现裂缝；可见基岩裂缝、错动；滑坡、塌方常见；独立砖烟囱多数倒塌
		A2	少数毁坏，多数严重破坏和中等破坏	
		B	少数毁坏，多数严重破坏和中等破坏	
		C	多数严重破坏和中等破坏，少数轻微破坏	
		D	少数严重破坏，多数中等破坏和轻微破坏	
X（10）	骑自行车的人会摔倒，处不稳状态的人会摔离原地，有抛起感	A1	绝大多数毁坏	山崩和地震断裂出现；大多数独立砖烟囱从根部破坏或倒毁
		A2	大多数毁坏	
		B	大多数毁坏	
		C	大多数严重破坏和毁坏	
		D	大多数严重破坏和毁坏	
XI（11）	—	各类	绝大多数毁坏	地震断裂延续很大，大量山崩滑坡
XII（12）	—	各类	几乎全部毁坏	地面剧烈变化，山河改观

注：1. 表中数量词的说明：个别为10%以下；少数为10%~45%；多数为40%~70%；大多数为60%~90%；绝大多数为80%以上。

2. 用于评定烈度的房屋，包括以下五种类型：

① A1 类：未经抗震设防的土木、砖木、石木等房屋。

② A2 类：穿斗木构架房屋。

③ B 类：未经抗震设防的砖混结构房屋。

④ C 类：按照Ⅶ度(7 度)抗震设防的砖混结构房屋。

⑤ D 类：按照Ⅶ度(7 度)抗震设防的钢筋混凝土框架结构房屋。

震级和烈度是两个概念，新闻报道的都是震级，烈度仅对地面和房屋的破坏而言。对同一次地震，不同地区的烈度大小是不一样的。距离震源近，破坏大，烈度高；距离震源远，破坏小，烈度低。震级和烈度的大致对应关系（对震中地区而言）见绪表2。

绪表2　震级和烈度的大致对应关系

震级	2	3	4	5	6	7	8	≥9
震中烈度	Ⅰ～Ⅱ	Ⅲ	Ⅳ或Ⅴ	Ⅵ或Ⅶ	Ⅶ或Ⅷ	Ⅸ或Ⅹ	Ⅺ	Ⅻ

3. 地震的破坏作用

（1）地表的破坏现象

在强烈地震作用下，地表的破坏现象为：地裂缝、喷砂冒水、地面下沉及河岸、陡坡滑坡。

（2）建筑物的破坏现象

① 结构丧失整体性。房屋建筑物或构筑物是由许多构件组成的，在强烈地震作用下，构件连接不牢、支撑长度不够和支撑失稳等都会使结构丧失整体性而破坏。

② 强度破坏。对于未考虑抗震设防或设防不足的结构，在具有多向性的地震力作用下，会使构件因强度不足而破坏。如：地震时砖墙产生交叉斜裂缝，钢筋混凝土柱被剪断、压酥等。

③ 地基失效。在强烈地震作用下，地基承载力可能下降甚至丧失，也可能由于地基饱和砂层液化而造成建筑物沉陷、倾斜或倒塌。

（3）次生灾害

次生灾害是指地震时给排水管网、煤气管道、供电线路的破坏，以及易燃、易爆、有毒物质、核物质容器的破裂，造成的水灾、火灾、污染、瘟疫、堰塞湖等严重灾害。这些次生灾害造成的损失有时比地震造成的直接损失还大。如日本2011年3月11日发生的地震引发海啸和核泄漏事故等。

4. 抗震设防目标

（1）抗震设防烈度

抗震设防烈度是按国家规定的权限批准作为一个地区抗震设防依据的地震烈度。《建筑抗震设计规范》（GB 50011—2010）给出了全国主要城镇抗震设防烈度。

抗震设防烈度为6度及以上地区的建筑，必须进行抗震设计。抗震设防烈度大于9度地区的建筑和行业有特殊要求的工业建筑，其抗震设计应按有关专门规定执行。我国抗震设防的范围为地震烈度为6度、7度、8度和9度的地震区。

（2）抗震设防的一般目标

抗震设防是指对建筑物进行抗震设计并采取抗震构造措施，以达到抗震的效果。

抗震设防的依据是抗震设防烈度。规范提出了"三水准"的抗震设防目标：

① 第一水准——小震不坏。当遭受低于本地区抗震设防烈度的多遇地震影响时，建筑物一般不受损坏或不需修理可继续使用。

② 第二水准——中震可修。当遭受相当于本地区抗震设防烈度的地震影响时，建筑物可能损坏，经一般修理或不需修理仍可继续使用。

③ 第三水准——大震不倒。当遭受高于本地区抗震设防烈度预估的罕遇地震影响时，建筑物不致倒塌或发生危及生命的严重破坏。

（3）建筑抗震设防分类和设防标准（绪表3）

绪表3　建筑抗震设防分类和设防标准

分类	定义	抗震设防标准
1. 甲类 （特殊设防类）	指使用上有特殊设施，涉及国家公共安全的重大建筑工程和地震时可能发生严重次生灾害等特别重大灾害后果，需要进行特殊设防的建筑。如：三级医院中承担特别重要医疗任务的门诊、住院用房；疾病预防与控制中心的建筑或其区段；国家和区域的电力调度中心；国际出入口局、国际无线电台、国家卫星通信地球站等	应按高于本地区抗震设防烈度一度的要求加强其抗震措施；但抗震设防烈度为9度时应按比9度更高的要求采取抗震措施
2. 乙类 （重点设防类）	指地震时使用功能不能中断或需尽快恢复的生命线相关建筑，以及地震时可能导致大量人员伤亡等重大灾害后果，需要提高设防标准的建筑。如：县级市及以上的疾病预防与控制中心的主要建筑；特大型的体育场；大型的电影院、剧场、礼堂、图书馆的视听室和报告厅、文化馆的观演厅和展览厅、娱乐中心建筑；人流密集的大型的多层商场；大型博物馆、大型展览馆、会展中心等；幼儿园、小学、中学的教学用房以及学生宿舍和食堂	应按高于本地区抗震设防烈度一度的要求加强其抗震措施；但抗震设防烈度为9度时应按比9度更高的要求采取抗震措施

分类	定义	抗震设防标准
3. 丙类 （标准设防类）	指大量的除 1、2、4 条以外按标准要求进行设防的建筑。如：居住建筑的抗震设防类别不应低于丙类（标准设防类）	应按本地区抗震设防烈度确定其抗震措施和地震作用，达到在遭遇高于当地抗震设防烈度的预估罕遇地震影响时，不致倒塌或发生危及生命安全的严重破坏的抗震设防目标
4. 丁类 （适度设防类）	指使用上人员稀少且震损不致产生次生灾害，允许在一定条件下适度降低要求的建筑。如：一般的储存物品的价值低、人员活动少、无次生灾害的单层仓库等	允许比本地区抗震设防烈度的要求适当降低其抗震措施，但抗震设防烈度为 6 度时不应降低。一般情况下，仍应按本地区抗震设防烈度确定其地震作用

5. 抗震设计的基本要求

为了减轻建筑物的地震破坏，避免人员伤亡，减少经济损失，对地震区的房屋必须进行抗震设计。建筑结构的抗震设计分为两大部分：计算设计——对地震作用效应进行定量分析计算；概念设计——正确地解决总体方案、材料使用和细部构造问题，以达到合理抗震设计的目的。根据概念设计的原理，在进行抗震设计、施工及材料选择时，应遵守下列一些要求：

（1）选择对抗震有利的场地和地基。确定建筑场地时，应选择有利地段，避开不利地段。

地基和基础设计应符合下列要求：同一结构单元的基础不宜设置在性质截然不同的地基上；同一结构单元不宜部分采用天然地基，部分采用桩基。

（2）选择对抗震有利的建筑体型。建筑设计应符合抗震概念设计的要求，不规则的建筑方案应按规定采取加强措施；特别不规则的建筑方案应进行专门研究和论证，采取特别的加强措施；不应采用严重不规则的建筑方案。建筑平面和立面布置宜规则、对称，其刚度和质量分布宜均匀。

体型复杂的建筑宜设防震缝(绪图6)。

（3）选择合理的抗震结构体系。结构体系应根据建筑的抗震设防类别、抗震设防烈度、建筑高度、场地条件、地基、结构材料和施工等因素，经综合分析比较确定。结构体系应具有多道抗震防线。

（4）结构构件应有利于抗震。结构构件应符合下列要求：

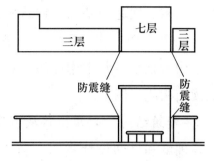

绪图6　防震缝设置示意

① 砌体结构应按规定设置钢筋混凝土圈梁和构造柱、芯柱，或采用配筋砌体等。

② 混凝土结构构件应控制截面尺寸和合理设置纵向受力钢筋与箍筋，防止剪切破坏先于弯曲破坏(即"强剪弱弯")、混凝土的压溃先于钢筋的屈服、钢筋的锚固破坏先于构件破坏。

③ 钢结构构件应避免局部失稳或整个构件失稳。

④ 多、高层的混凝土楼、屋盖宜优先采用现浇混凝土板。当采用预制装配式混凝土楼、屋盖时，应从楼盖体系和构造上采取措施确保各预制板之间连接的整体性。

结构各构件之间的连接，应符合下列要求："强节点"——构件节点的破坏不应先于其连接的构件；"强锚固"——预埋件的锚固破坏不应先于连接件。

（5）处理好非结构构件。非结构构件包括建筑非结构构件(如女儿墙、围护墙、隔墙、幕墙、装饰贴面等)和建筑附属机电设备。附着于楼、屋面结构上的非结构构件以及楼梯间的非承重墙体，应与主体结构有可靠的连接或锚固，避免地震时倒塌伤人或砸坏重要设备。

（6）采用隔震和消能减震设计。隔震和消能减震是建筑结构减轻地震灾害的新技术。

隔震的基本原理是：通过隔震层的大变形来减少其上部结构的地震作用，从而减少地震破坏。

消能减震的基本原理是：通过消能器的设置来控制预期的结构变形，从而使主体结构在罕遇地震下不发生严重破坏。

目前，隔震和消能减震设计主要应用于使用功能有特殊要求的建筑及抗震设防烈度为8、9度的建筑。

四、本课程的任务和学习方法

（一）本课程的任务

本课程是建筑工程施工专业的一门重要专业课，内容包括六部分：混凝土结构、砌体结构、地基与基础、钢结构、装配式混凝土结构、结构施工图平面整体表示方法（平法）及识图。本课程的任务是了解建筑结构计算的基本原则，掌握混凝土结构、砌体结构和钢结构基本构件的计算方法，理解建筑结构构件及基础的构造要求，能正确识读结构施工图。

"建筑结构"是每位将从事建筑工程施工工作的人员必须掌握的一门专业知识，是正确理解和贯彻设计意图、确定施工方案和组织施工、处理建筑施工中的结构问题、防止发生工程事故、保证工程质量所必须具备的知识。

本书是根据我国现行规范和标准《建筑结构荷载规范》（GB 50009—2012）、《建筑结构可靠性设计统一标准》（GB 50068—2018）、《建筑抗震设计规范》（GB 50011—2010）、《建筑工程抗震设防分类标准》（GB 50223—2008）、《混凝土结构设计规范》（GB 50010—2010）、《砌体结构设计规范》（GB 50003—2011）、《建筑地基基础设计规范》（GB 50007—2011）、《钢结构设计标准》（GB 50017—2017）、《装配式混凝土结构技术规程》（JGJ 1—2014）和《混凝土结构施工图平面整体表示方法制图规则和构造详图》（22G101），以及其他现行有关建筑结构规范编写的。这些规范和标准是我国在建筑结构方面的科研成果和工程实践经验的结晶，也是工程设计、施工的重要依据，工程人员必须严格遵照执行。

（二）学习方法

1. 注意本课程和其他课程的关系

本课程与建筑力学、建筑材料、建筑识图与构造、建筑施工技术等课程有着密切的关系，因此在学习过程中要根据要求对相关课程进行必要的复习，并在运用中巩固和提高。

2. 注意理论联系实际

由于建筑结构课程理论性较强，有些概念不易理解，因此在学习时要经常深入施工现场，通过现场参观增加感性认识，激发学习兴趣，加深对所学理论知识和构造要求的理解。

3. 学习上要有科学严谨的态度和一丝不苟的学风

要熟读结构施工图，掌握图纸表达的内容，领会结构设计意图及受力原理。在工程建设中要自觉遵守国家有关规范、标准，严格按照科学规律办事，坚决杜绝施工时偷工减料、不按图施工等现象。

4. 弘扬工匠精神

培养一丝不苟的工匠精神，确保每一工序的质量，让质量至上、追求卓越成为建筑人的价值导向。

复习思考题

0-1 什么是建筑结构?

0-2 建筑结构按材料不同分为几类? 各有什么优缺点?

0-3 什么是地震的震级和烈度? 它们有什么不同?

0-4 我国抗震设防的一般目标是什么? 抗震设防的范围是什么?

0-5 建筑物按其重要性分为哪几类?

0-6 学习本课程的任务是什么?

0-7 小组讨论: 如何做一个对祖国建筑事业有贡献的人。

单元1 建筑结构的基本设计原则

1.1 建筑结构荷载及其效应

建筑结构在施工和使用期间要承受各种外力的作用，如人群、雪、风、自重等直接作用在建筑结构上，此外，温度变化、地基不均匀变形、地面运动等也会间接作用在建筑结构上。在建筑工程中，通常将直接作用在建筑结构上的外力称为荷载。

一、荷载的分类

作用在结构上的荷载可分为三类：

（1）永久荷载。在结构使用期间，其值不随时间变化，或其变化与平均值相比可以忽略不计，或其变化是单调的并能趋于限值的荷载称为永久荷载。例如结构自重、土压力、预应力等。

（2）可变荷载。在结构使用期间，其值随时间变化，且其变化与平均值相比不可忽略的荷载称为可变荷载。可变荷载又称为活荷载。例如楼（屋）面活荷载、风荷载、雪荷载、安装荷载、吊车荷载、积灰荷载等。

（3）偶然荷载。在结构使用期间不一定出现，一旦出现，其值很大且持续时间较短的荷载称为偶然荷载。例如爆炸力、撞击力等。

二、荷载代表值

设计中用来验算极限状态所采用的荷载值称为荷载代表值。在建筑结构设计时，对不同的荷载和不同的设计要求，应采用不同的代表值，以使之能更确切地反映它在设计中的特点。《建筑结构荷载规范》（GB 50009—2012）规定：

对永久荷载应采用标准值（G_k）作为代表值，对可变荷载应根据设计要求采用标准值（Q_k）、组合值（Q_c）、频遇值（Q_f）或准永久值（Q_q）作为代表值，对偶然荷载应根据建筑结构使用的特点确定其代表值。

（1）荷载标准值。它是荷载的基本代表值，指结构在使用期间可能出现的最大荷载值。统一由设计基准期(50 年)最大荷载概率分布的某个分位值来确定。荷载标准值参见附表 1-2 和附表 1-3。

（2）可变荷载组合值。当结构同时承受两种或两种以上的可变荷载时，考虑到荷载同时达到最大值的可能性较小，因此除主导荷载（产生最大荷载效应的荷载）仍以其标准值为代表值外，对其他伴随荷载，可以将它们的标准值乘以一个小于 1 的可变荷载组合值系数作为代表值，称为可变荷载组合值，即

$$Q_c = \psi_c Q_k \tag{1-1}$$

式中　Q_c——可变荷载组合值；

　　　ψ_c——可变荷载组合值系数，取值见附表 1-2、附表 1-3；

　　　Q_k——可变荷载标准值。

（3）可变荷载频遇值。在设计基准期内，其超越的总时间为规定的较小比率或超越频率为规定频率的荷载值。它相当于在结构上时而或多次出现的较大荷载，但总是小于荷载标准值。其值等于可变荷载标准值乘以可变荷载频遇值系数：

$$Q_f = \psi_f Q_k \tag{1-2}$$

式中　Q_f——可变荷载频遇值；

　　　ψ_f——可变荷载频遇值系数，取值见附表 1-2、附表 1-3。

（4）可变荷载准永久值。在设计基准期内，其超越的总时间约为设计基准期一半（可以理解为总持续时间不低于 25 年）的荷载值。也就是经常作用于结构上的可变荷载。其值等于可变荷载标准值乘以可变荷载准永久值系数：

$$Q_q = \psi_q Q_k \tag{1-3}$$

式中　Q_q——可变荷载准永久值；

　　　ψ_q——可变荷载准永久值系数，取值见附表 1-2、附表 1-3。

三、荷载分布形式

（1）均布面荷载。在均匀分布的荷载作用面上，单位面积上的荷载称为均布面荷载，其单位为 N/m^2 或 kN/m^2（图 1-1a）。

（2）均布线荷载。沿跨度方向单位长度的均布荷载称为均布线荷载（图 1-1b），其单位为 N/m 或 kN/m。如果已知均布面荷载，则乘以荷载分布宽度，就得到沿长度方向的均布线荷载。

（3）非均布线荷载。单位长度上的线荷载不是均匀分布时，称为非均布线荷载，例如游泳池壁上的水压力为竖向三角形分布（图 1-1d），挡土墙墙背上的土压力为三角形或梯形分布（图 1-1e）。

（4）集中荷载。集中地作用于微小面积上的荷载，可以近似地认为集中作用于一

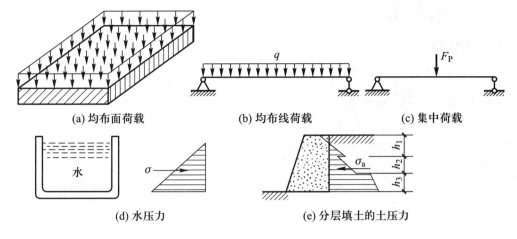

图 1-1　荷载的分布形式

（a）均布面荷载　　（b）均布线荷载　　（c）集中荷载

（d）水压力　　　（e）分层填土的土压力

点的荷载，称为集中荷载（图 1-1c），其单位为 N 或 kN。

【例 1-1】 某钢筋混凝土大梁宽度为 200 mm，高度为 500 mm，已知钢筋混凝土自重为 25 kN/m³。沿跨度 L 方向自重引起的线荷载标准值是多少？

【解】 线荷载（每米重力）$=\dfrac{总重力}{跨度}=\dfrac{25 \text{ kN/m}^3 \times 0.2 \text{ m} \times 0.5 \text{ m} \times L}{L}=2.5 \text{ kN/m}$

自重引起的线荷载标准值为 2.5 kN/m。

【例 1-2】 某现浇钢筋混凝土（自重见上题）走道板板厚 70 mm，板面水泥砂浆厚 20 mm，板底纸筋灰厚 5 mm，已知水泥砂浆自重为 20 kN/m³，纸筋灰自重为 16 kN/m³。求板面均布面荷载的标准值。

【解】 每平方米板自重：$0.07 \text{ m} \times 25 \text{ kN/m}^3 = 1.75 \text{ kN/m}^2$

每平方米板面水泥砂浆自重：$0.02 \text{ m} \times 20 \text{ kN/m}^3 = 0.40 \text{ kN/m}^2$

每平方米板底纸筋灰自重：$0.005 \text{ m} \times 16 \text{ kN/m}^3 = 0.08 \text{ kN/m}^2$

每平方米总重力（面荷载）$= 1.75 \text{ kN/m}^2 + 0.40 \text{ kN/m}^2 + 0.08 \text{ kN/m}^2 = 2.23 \text{ kN/m}^2$

即板面均布面荷载的标准值为 2.23 kN/m²。

四、荷载设计值

荷载设计值为荷载分项系数与荷载代表值的乘积。

1. 永久荷载设计值 G

永久荷载设计值为永久荷载分项系数 γ_G 与永久荷载标准值 G_k 的乘积，即 $G = \gamma_G G_k$。

永久荷载分项系数按表 1-1 采用。

2. 可变荷载设计值 $Q(Q_i)$（括号内对应为第 i 个可变荷载的相应值）

当采用荷载标准值时，可变荷载设计值为可变荷载分项系数 $\gamma_Q(\gamma_{Qi})$ 与可变荷载标

准值 $Q_k(Q_{ik})$ 的乘积：$Q=\gamma_Q Q_k$（或 $Q_i=\gamma_{Qi}Q_{ik}$）。

当采用荷载组合值时，可变荷载设计值为可变荷载分项系数 $\gamma_Q(\gamma_{Qi})$ 与可变荷载组合值 $Q_c=\psi_c Q_k(Q_{ci}=\psi_{ci}Q_{ik})$ 的乘积：$Q=\gamma_Q \psi_c Q_k$（或 $Q_i=\gamma_{Qi}\psi_{ci}Q_{ik}$）。

可变荷载分项系数 γ_Q 按表 1-1 采用。

表 1-1　建筑结构的荷载分项系数

荷载分项系数	适用情况	
	当荷载效应对承载力不利时	当荷载效应对承载力有利时
γ_G	1.3	$\leqslant 1.0$
γ_P	1.3	$\leqslant 1.0$
γ_Q	1.5	0

五、荷载效应

荷载效应是指由于施加在结构上的荷载产生的结构内力与变形，如拉、压、剪、扭、弯等内力和伸长、压缩、挠度、转角等变形以及产生裂缝、滑移等后果。在分析荷载 Q（永久或可变荷载）与荷载效应 S 的关系时，可假定两者之间呈线性关系，即

$$S=CQ$$

其中，C 是荷载效应系数。比如一根受均布线荷载 q 作用的简支梁（跨度为 l），其支座处剪力 F 为 $\frac{1}{2}ql$，$\frac{1}{2}l$ 就是荷载效应系数；跨中弯矩 $M=\frac{1}{8}ql^2$，$\frac{1}{8}l^2$ 就是荷载效应系数。

特别提示：

荷载计算以及建筑构件所受荷载与建筑的受力、传力密切相关，甚至影响建筑的使用安全。因此，在计算荷载、荷载效应时一定要认真、细心，不能错算、漏算。

1.2　建筑结构的可靠性

一、结构的功能要求

任何建筑结构都是为了满足使用所要求的功能而设计的。建筑结构在规定的设计使用年限内，应满足下列功能要求：

（1）安全性。即结构在正常施工和正常使用时能承受可能出现的各种作用，在设计规定的偶然事件发生时及发生后，仍能保持必需的整体稳定。

（2）适用性。即结构在正常使用条件下具有良好的工作性能。例如不发生过大的变形或振幅，以免影响使用，也不发生足以令用户不安的裂缝。

（3）耐久性。即结构在正常维护下具有足够的耐久性。例如混凝土不发生严重的风化、脱落，钢筋不发生严重锈蚀，以免影响结构的使用寿命。

结构的安全性、适用性和耐久性总称为结构的可靠性。

二、结构的可靠性

结构的可靠性可以这样定义：结构在规定的时间内，在规定的条件下，完成预定功能的能力。这里所说的"规定的时间"，一般指基准使用期，即50年；"规定的条件"，一般指正常设计、正常施工、正常使用条件，未考虑人为的过失。

结构可靠性的概念外延显然比安全性大，结构可靠度则是可靠性的定量指标。《建筑结构可靠性设计统一标准》（GB 50068—2018）（以下简称《统一标准》）对可靠度的定义是："结构在规定的时间内，在规定的条件下，完成预定功能的概率"。由此可见，结构可靠度是可靠性的概率度量。

1.3　建筑结构的极限状态

一、极限状态的概念

判断结构的可靠度设计是否满足要求常以"极限状态"为标志，并以此作为结构设计的准则。

结构从开始承受荷载直至最终破坏要经历不同的阶段，处于不同的工作状态。当结构安全可靠地工作，能够完成预定的各项功能时，处于可靠或有效状态；反之则处于不可靠或失效状态。这里所谓的失效，不仅包括因强度不足而丧失承载能力、结构发生倾覆和滑移、丧失稳定等，还包括结构变形过大、裂缝过宽而不适于继续使用等状态。

可靠状态和失效状态的分界，称为极限状态。极限状态实质上是一种界限，是建筑结构失效的标志，结构的设计工作就是以这一临界状态为准则进行的。《统一标准》对极限状态做了明确的定义：整个结构或结构的一部分超过某一特定状态就不能满足设计规定的某一功能要求，此特定状态为该功能的极限状态。

二、极限状态的分类

《统一标准》根据结构的功能要求，将极限状态分为三类，并规定了明确的标志及限值。

1. 承载能力极限状态

超过这一极限状态，结构或结构构件就不能满足预定的安全性要求。当结构或结构构件出现下列状态之一时，即认为超过了承载能力极限状态：

(1) 结构构件或连接因超过材料强度而破坏，或因过度变形而不适于继续承载。

(2) 整个结构或其一部分作为刚体失去平衡(如阳台、雨篷的倾覆等)。

(3) 结构转变为机动体系(如构件发生三铰共线而形成机动体系丧失承载力)。

(4) 结构或结构构件丧失稳定(如细长杆的压屈失稳破坏等)。

(5) 结构因局部破坏而发生连续倒塌。

(6) 地基丧失承载能力而破坏(如失稳等)。

(7) 结构或结构构件的疲劳破坏。

2. 正常使用极限状态

超过这一极限状态，结构或结构构件就不能完成对其所提出的适用性的要求。当结构或结构构件出现下列状态之一时，即认为超过了正常使用极限状态：

(1) 影响正常使用或外观的变形(如过大的变形使房屋内部粉刷层脱落、填充墙开裂)。

(2) 影响正常使用的局部损坏(如水池、油罐开裂引起渗漏，裂缝过宽导致钢筋锈蚀)。

(3) 影响正常使用的振动。

(4) 影响正常使用的其他特定状态(如沉降量过大等)。

3. 耐久性极限状态

当结构或结构构件出现下列状态之一时，即认为超过了耐久性极限状态：

(1) 影响承载能力和正常使用的材料性能劣化。

(2) 影响耐久性的裂缝、变形、缺口、外观、材料削弱等。

(3) 影响耐久性的其他特定状态。

三、结构极限状态方程

结构构件的工作状态 Z，可以由该结构构件所承受的荷载效应 S 和结构抗力 R 两者的关系来描述，即

$$Z = R - S \qquad\qquad (1-4)$$

式(1-4)称为结构的功能函数,用来表示结构的三种工作状态:

当 $Z>0$ 时(即 $R>S$),结构处于可靠状态;

当 $Z<0$ 时(即 $R<S$),结构处于失效状态;

当 $Z=0$ 时(即 $R=S$),结构处于极限状态。

在建筑工程中,只有 $Z\geqslant0$,才能保证结构处于可靠状态,保证结构的安全性、适用性和耐久性。我们引以为豪的伟大工程——北京故宫、赵州桥等都是经过历史检验处于可靠状态的优秀工程案例。

1.4　概率极限状态设计法的实用设计表达式

一、概念

结构设计的原则是结构抗力 R 不小于荷载效应 S。事实上,由于结构抗力、荷载效应总是存在着不确定性,它们都是随机变量,因此要绝对保证 R 总大于 S 是不可能的。在一般情况下,结构抗力还是有可能小于荷载效应,使结构处于失效状态的。这种可能性的大小用概率来表示就是失效概率。综合考虑结构具有的风险和经济效果,只要失效概率小到人们可以接受的程度,就认为结构设计是可靠的。

二、概率极限状态设计法的计算内容

进行结构和结构构件设计时,既要保证它们不超过承载能力极限状态,又要保证它们不超过正常使用极限状态。为此,需要进行下列计算和验算:

(1)所有结构构件均应进行承载力计算,必要时进行结构的倾覆和滑移验算;地震区的结构尚应进行结构构件的抗震承载力验算。

(2)对使用上需要控制变形值的结构构件,应进行变形验算。

(3)对混凝土结构构件的裂缝控制情况,应进行裂缝控制验算。

(4)对直接承受吊车的构件,应进行疲劳验算。

三、极限状态实用设计表达式

为应用方便,《统一标准》提出了一种便于实际使用的设计表达式,即采用基本变量的标准值(荷载标准值、材料强度标准值等)和分项系数(荷载分项系数、材料强度分项系数等)来表示的方式,其设计表达式如下:

（一）承载能力极限状态设计表达式

结构构件的承载力设计应根据荷载效应（内力）的基本组合和偶然组合（必要时）进行，并以内力和承载力的设计值来表达，其设计表达式为

$$\gamma_0 S_d \leqslant R_d \tag{1-5}$$

式中　γ_0——结构重要性系数；

　　　S_d——内力组合的效应设计值（荷载效应）；

　　　R_d——结构或结构构件的抗力设计值。

1. 结构重要性系数 γ_0 的确定

《统一标准》根据建筑结构破坏可能产生的后果（危及人的生命、造成经济损失、对社会或环境产生影响等）的严重程度，将建筑结构划分为三个安全等级。破坏后果很严重的为一级；破坏后果严重的为二级；破坏后果不严重的为三级。

对安全等级为一级、二级和三级的结构构件，其结构重要性系数 γ_0 分别不应小于 1.1、1.0 和 0.9。

2. 内力组合的效应设计值 S_d 的确定

（1）基本组合

① 基本组合的效应设计值按式（1-6）中最不利值确定：

$$S_d = S\left(\sum_{i \geqslant 1} \gamma_{G_i} G_{ik} + \gamma_P P + \gamma_{Q_1} \gamma_{L_1} Q_{1k} + \sum_{j>1} \gamma_{Q_j} \psi_{c_j} \gamma_{L_j} Q_{jk}\right) \tag{1-6}$$

式中　$S(\cdot)$——作用组合的效应函数；

　　　G_{ik}——第 i 个永久荷载的标准值；

　　　P——预应力作用的有关代表值；

　　　Q_{1k}——第 1 个可变荷载的标准值；

　　　Q_{jk}——第 j 个可变荷载的标准值；

　　　γ_{G_i}——第 i 个永久荷载的分项系数，见表 1-1；

　　　γ_P——预应力作用的分项系数，见表 1-1；

　　　γ_{Q_1}——第 1 个可变荷载的分项系数，见表 1-1；

　　　γ_{Q_j}——第 j 个可变荷载的分项系数，见表 1-1；

　γ_{L_1}、γ_{L_j}——第 1 个和第 j 个考虑结构设计使用年限的荷载调整系数，见表 1-2；

　　　ψ_{c_j}——第 j 个可变荷载的组合值系数，见附表 1-2、附表 1-3。

② 当荷载与荷载效应按线性关系考虑时，基本组合的效应设计值按式（1-7）中最不利值确定：

$$S_d = \sum_{i \geqslant 1} \gamma_{G_i} S_{G_{ik}} + \gamma_P S_P + \gamma_{Q_1} \gamma_{L_1} S_{Q_{1k}} + \sum_{j>1} \gamma_{Q_j} \psi_{c_j} \gamma_{L_j} S_{Q_{jk}} \tag{1-7}$$

式中　$S_{G_{ik}}$——第 i 个永久荷载标准值的效应；

S_P——预应力作用有关代表值的效应；

$S_{Q_{1k}}$——第 1 个可变荷载标准值的效应；

$S_{Q_{jk}}$——第 j 个可变荷载标准值的效应。

其余符号意义同前。

表 1-2 建筑结构考虑结构设计使用年限的荷载调整系数 γ_L

结构设计使用年限/年	γ_L
5（临时性建筑结构）	0.9
50（普通房屋和构筑物）	1.0
100（标志性建筑和特别重要的建筑结构）	1.1

（2）偶然组合

偶然组合是指一个偶然荷载（如地震、爆炸等）与其他可变荷载相结合。其发生的概率很小，持续的时间较短，但对结构造成的危害极大，具体的设计表达式见《统一标准》第 8.2.5 条。

3. 结构或结构构件的抗力设计值 R_d 的确定

结构或结构构件的抗力设计值的大小取决于构件截面的几何尺寸，构件材料的用量、种类以及强度等诸多因素。所以，R_d 是一个与上述诸因素有关的函数，将在以后的学习中讨论。

（二）正常使用极限状态设计表达式

对于正常使用极限状态，应根据不同的设计要求，采用荷载效应的标准组合、频遇组合和准永久组合进行设计，使变形、裂缝等荷载组合的效应设计值符合下式的要求：

$$S_d \leqslant C \tag{1-8}$$

式中　S_d——荷载组合的效应设计值；

C——设计对变形、裂缝等规定的相应限值。

结构构件的变形、裂缝等荷载组合的效应设计值 S_d 的计算，属于正常使用极限状态，它与承载能力极限状态处于结构的两个不同工作阶段，因而需要采用不同的荷载效应代表值和荷载效应组合值进行计算。

在荷载保持不变的情况下，由于混凝土的徐变等特性，裂缝和变形将随着时间的推移而发展。因此，在讨论裂缝和变形的荷载效应组合时，应该区分荷载持续作用时间的长短。当考虑荷载的短期效应时，可根据不同的设计要求，分别采用荷载的标准组合或频遇组合；当考虑荷载的长期效应时，可采用荷载的准永久组合。S_d 在不同荷载组合下的计算式参见《统一标准》第 8.3 条。

应当指出的是,正常使用极限状态要求控制的不仅仅是结构构件的变形、裂缝等常见现象,也包括地基承载力的设计,因为后者的实质是控制地基沉陷,同属一类。

【**例 1-3**】 已知由永久荷载产生的弯矩标准值 $M_{G_k} = 10$ kN·m,可变荷载产生的弯矩标准值 $M_{Q_k} = 15$ kN·m,安全等级为二级,求弯矩设计值。

【**解**】 本例中

$$\gamma_0 = 1.0, \ \gamma_G = 1.3, \ \gamma_{Q_1} = 1.5, \ \gamma_{L_1} = 1.0$$

$$S_{G_k} = M_{G_k} = 10 \text{ kN·m}, \qquad S_{Q_{1k}} = M_{Q_k} = 15 \text{ kN·m}$$

则弯矩设计值:

$$
\begin{aligned}
M &= \gamma_0 S_d = \gamma_0 (\gamma_G S_{G_k} + \gamma_{Q_1} \gamma_{L_1} S_{Q_{1k}}) = \gamma_0 (\gamma_G M_{G_k} + \gamma_{Q_1} \gamma_{L_1} M_{Q_k}) \\
&= 1.0 \times (1.3 \times 10 \text{ kN·m} + 1.5 \times 1.0 \times 15 \text{ kN·m}) \\
&= 35.5 \text{ kN·m}
\end{aligned}
$$

复习思考题

1-1   作用在建筑结构上的荷载分为哪几类? 荷载代表值有哪几个?

1-2   荷载的分布形式有哪些? 试举例说明。

1-3   某预制钢筋混凝土简支板厚 80 mm,板面是 20 mm 厚的水泥砂浆面层,板底为 20 mm 厚的石灰砂浆,板面作用可变荷载标准值 2 kN/m²。试计算均布面荷载标准值和设计值各为多少(钢筋混凝土自重 25 kN/m³,水泥砂浆自重 20 kN/m³,石灰砂浆自重 17 kN/m³)。

1-4   建筑结构应满足哪些功能要求? 什么是结构的可靠性和可靠度?

1-5   什么是建筑结构的极限状态? 什么是承载能力极限状态? 什么是正常使用极限状态? 什么是耐久性极限状态?

1-6   试解释公式(1-6)中各项符号的意义。

1-7   某钢筋混凝土简支梁,计算跨度 $l = 6$ m,大梁截面尺寸为 250 mm×600 mm,钢筋混凝土自重为 25 kN/m³,作用在大梁上的可变荷载标准值为 5 kN/m,安全等级为二级。求由大梁自重产生的弯矩标准值及梁上的弯矩设计值。

★ **看图识钢筋和混凝土**(图 2-1)

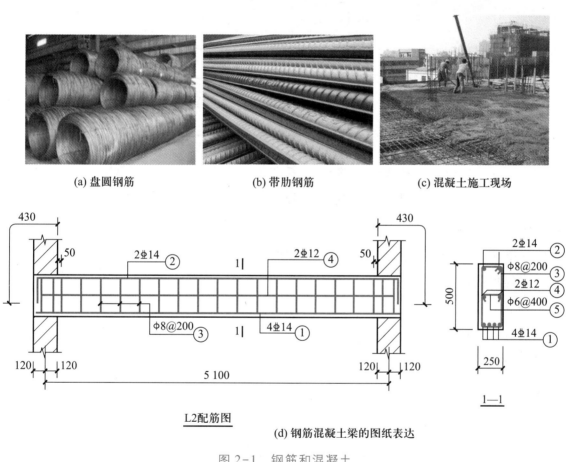

(a) 盘圆钢筋　　　　　(b) 带肋钢筋　　　　　(c) 混凝土施工现场

L2配筋图

(d) 钢筋混凝土梁的图纸表达

图 2-1　钢筋和混凝土

2.1　钢筋和混凝土共同工作原理

钢筋混凝土是由物理、力学性能完全不同的钢筋与混凝土两种材料组合而成的。为什么要把以上两种材料结合在一起共同工作呢？其目的就是充分发挥各自的优点，取长补短，提高承载能力。因为混凝土具有较强的抗压能力，但抗拉能力很弱，而钢筋的抗拉能力很强,两种材料合理结合后,让混凝土主要承受压力,钢筋主要承受拉力,以满足工程结构的使用要求。

图 2-2 为钢筋混凝土梁与素混凝土梁的比较[这两根梁的截面尺寸、跨度和混凝土强度等级(C20)完全相同]。图2-2a 为素混凝土梁,由试验得知,当跨中集中荷载$F_P=$ 13.4 kN 时,该梁便由于受拉区混凝土被拉裂而突然折断。如在该梁的受拉区配置两根直径为 20 mm、强度等级为 HRB400 的钢筋,如图 2-2b 所示,则荷载加至 $F_P=$ 87 kN 时,梁才破坏。

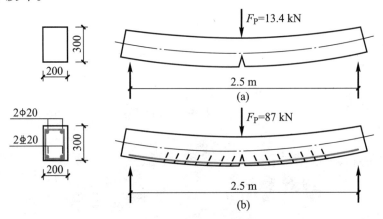

图 2-2   钢筋混凝土梁与素混凝土梁的比较

试验表明,钢筋混凝土的承载能力比素混凝土的承载能力大得多。其原因是:在受拉区配有钢筋的钢筋混凝土梁,当跨中集中荷载 F_P 很小时,混凝土就已经开裂,其拉力由钢筋承担,随着 F_P 的增大,钢筋继续承担拉力,当 F_P 达到一定程度时,钢筋屈服,受压区混凝土被压碎,梁才会破坏。

钢筋和混凝土为什么能够有效地结合而共同工作呢?这是因为:

(1)硬化后的混凝土与钢筋表面有很强的黏结力,如图 2-3 所示。如果没有黏结力的话,钢筋将会被拔出。

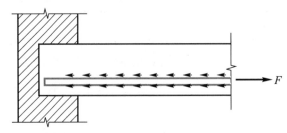

图 2-3   钢筋与混凝土间的黏结力

钢筋与混凝土之间的黏结力主要由以下三部分组成:

① 混凝土硬化收缩将钢筋握紧产生的摩擦力;

② 水泥浆凝结后与钢筋表面产生的吸附作用力,也称为胶结力;

③ 钢筋表面凹凸不平而与混凝土之间产生的机械咬合作用力,也称为机械咬合力。

(2)钢筋与混凝土之间有较接近的线膨胀系数,不会因温度变化产生变形不同步,从而使钢筋与混凝土之间产生错动。

（3）混凝土包裹在钢筋表面，防止锈蚀，起保护作用。混凝土本身对钢筋无腐蚀作用，从而保证了钢筋混凝土构件的耐久性。

2.2 钢筋和混凝土材料的力学性能

一、钢筋的力学性能

（一）钢筋的品种和级别

我国常用的钢筋（钢丝）有热轧钢筋、中强度预应力钢丝、消除应力钢丝、钢绞线和预应力螺纹钢筋等。其中热轧钢筋按外形分为光圆钢筋和带肋钢筋。热轧钢筋按强度高低分为 HPB300（用 ϕ 表示）、HRB400（用 Φ 表示）、HRBF400（用 Φ^F 表示）、RRB400（用 Φ^R 表示）、HRB500（用 Φ 表示）、HRBF500（用 Φ^F 表示）和 HRB600 （用 Φ 表示）。热轧钢筋符号含义见表 2-1。常见钢筋如图 2-4 所示。

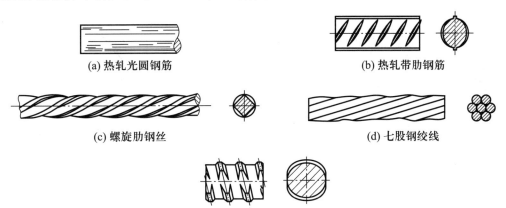

（a）热轧光圆钢筋　　　　　　　（b）热轧带肋钢筋

（c）螺旋肋钢丝　　　　　　　（d）七股钢绞线

（e）预应力螺纹钢筋

图 2-4　常见钢筋

表 2-1　热轧钢筋符号含义

ϕ—HPB300	热轧光圆钢筋
Φ—HRB400，Φ—HRB500，Φ—HRB600	普通热轧带肋钢筋
Φ^F—HRBF400，Φ^F—HRBF500	细晶粒热轧带肋钢筋
Φ^R—RRB400	余热处理钢筋

注：钢筋还有 HRB400E、HRB500E 等，其中 E 表示抗震。

普通纵向受力钢筋宜采用 HRB400、HRB500、HRBF400、HRBF500 钢筋，也可采用 HPB300 和 RRB400 钢筋；预应力筋宜采用预应力钢丝、钢绞线和预应力螺纹钢筋；

普通箍筋宜采用 HPB300、HRB400、HRBF400、HRB500、HRBF500 钢筋；RRB 钢筋价格相对低，可焊性、机械连接性、施工适应性较差，不宜用作重要部位的受力钢筋，不应用于直接承受疲劳荷载的构件。

（二）钢筋的力学性能

钢筋混凝土结构所用的钢筋，按其拉伸试验所得到的应力-应变曲线性质的不同，分为有明显屈服点（屈服强度）的钢筋（普通钢筋）和无明显屈服点（屈服强度）的钢筋（预应力筋）两大类。

有明显屈服点的钢筋拉伸时的应力-应变曲线[①]如图 2-5 所示，其拉伸性能分为弹性阶段、屈服阶段、强化阶段和颈缩阶段四个阶段。反映钢筋力学性能的指标主要有屈服强度、延伸率和屈强比。屈服强度（σ_s）是钢筋强度设计时的主要依据，这是因为构件中的钢筋应力达到屈服强度后，钢筋将产生很大的塑性变形，即使卸去荷载也不能恢复，这就会使构件产生很大的裂缝和变形，以致不能使用。

无明显屈服点的钢筋拉伸时的应力-应变曲线如图 2-6 所示。在实用上通常取残余应变为 0.2% 时的应力作为假定的屈服强度（也称条件屈服强度），用 $\sigma_{0.2}$ 表示。对于预应力钢丝、钢绞线，规范规定取条件屈服强度为 $0.85\sigma_b$。

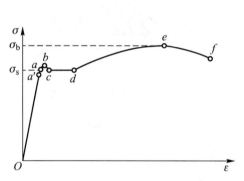

图 2-5　有明显屈服点钢筋拉伸时的应力-应变曲线

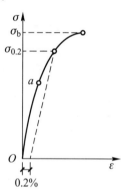

图 2-6　无明显屈服点钢筋拉伸时的应力-应变曲线

（三）钢筋的计算指标

1. 钢筋的强度标准值 f_{yk}

结构所用材料的性能均具有变异性，例如按同一标准生产的钢材，不同时生产的

①　钢筋拉伸应力—应变曲线中，纵坐标应力是由万能试验机的拉力 F 除以试件原始横截面面积 A_0 得到的，横坐标应变是由试件原始标距的伸长量 $\Delta l = l - l_e$ 除以试件原始标距 l_e 得到的。实际上钢筋屈服后，试件横截面面积急剧缩小，试件的长度不断增加，所以严格意义上说，钢筋屈服后曲线中每一点的应力、应变和其真实的应力、应变略有差异，《金属材料　拉伸试验　第一部分：室温试验方法》(GB/T 228.1—2021)中用 R 和 e 表示，称为名义应力和延伸率。名义应力和延伸率的关系曲线计算、绘制简便，能近似地反映钢筋应力和应变的关系。因为土木工程中钢筋强度设计主要依据其屈服强度，为便于理解，并和土木工程专业规范中的符号统一，本书钢筋拉伸应力—应变曲线中应力和应变的符号仍用 σ 和 ε 表示。

各批钢筋的强度并不完全相同，即使是用同一炉钢轧成的钢筋，其强度也有差异。因此为保证结构设计时材料强度取值的可靠性，一般对同一等级的材料，取一定保证率的强度值作为该等级的标准值。《混凝土结构设计规范》（GB 50010—2010）规定，材料强度的标准值应具有不少于95%的保证率。有明显屈服点的钢筋强度标准值根据屈服强度确定，无明显屈服点的钢筋强度标准值根据条件屈服强度确定。各强度级别普通钢筋、预应力筋的强度标准值见附表2-1、附表2-2。

2. 钢筋的强度设计值 f_y、f_y'

钢筋混凝土结构按承载能力设计计算时，钢筋应采用强度设计值，强度设计值为强度标准值除以材料的分项系数 γ_s，按不同钢材种类，γ_s 取值范围为 1.10～1.20。

普通钢筋、预应力筋的强度设计值见附表2-1、附表2-2。钢筋的公称直径、公称截面面积及理论重量，各种钢筋按一定间距排列时每米板宽内的钢筋截面面积分别见附表2-3、附表2-4。

二、混凝土的力学性能

（一）混凝土的强度

1. 立方体抗压强度标准值 $f_{cu,k}$

混凝土强度等级是按立方体抗压强度标准值确定的。在混凝土结构中，主要是利用混凝土的抗压强度，它是混凝土力学性能中最主要和最基本的指标。

我国混凝土强度等级的确定方法是：按标准方法制作边长为 150 mm 的立方体试件，在标准试验条件（温度为 20 ℃±3 ℃、相对湿度在 90% 以上的标准养护室中）下养护 28 d 或设计规定龄期，以标准试验方法测得具有 95% 保证率的立方体抗压强度标准值，用符号 $f_{cu,k}$ 表示。具有 95% 保证率的标准值，是通过统计试件强度的平均值和标准差，按平均值减去 1.645 倍标准差确定的。根据强度范围，从 $f_{cu,k}=20$ MPa 到 $f_{cu,k}=80$ MPa 共将混凝土划分为 13 个强度等级。强度等级符号用 C 表示，如 C30 表示 $f_{cu,k}=30$ MPa。C50～C80 属高强混凝土。

素混凝土结构的混凝土强度等级不应低于 C20；钢筋混凝土结构的混凝土强度等级不应低于 C25；预应力混凝土结构的混凝土强度等级不宜低于 C40，且不应低于 C30；采用强度等级 500 MPa 及以上的钢筋时，混凝土强度等级不应低于 C30；承受重复荷载的钢筋混凝土构件，混凝土强度等级不应低于 C30。

2. 混凝土轴心抗压强度标准值 f_{ck}

立方体抗压强度不能代表混凝土在实际构件中的受力状态，只是作为在同一标准条件下比较混凝土强度水平和品质的标准。因为实际工程中钢筋混凝土轴心抗压构件的长度要比截面尺寸大得多，故取棱柱体（150 mm×150 mm×300 mm）标准试件，测定具有95%保证率的轴心抗压强度标准值f_{ck}。

3. 混凝土轴心抗拉强度标准值f_{tk}

取棱柱体（100 mm×100 mm×500 mm，两端埋有钢筋）标准试件，测定具有95%保证率的轴心抗拉强度标准值f_{tk}。混凝土的轴心抗拉强度比轴心抗压强度小很多，一般只有抗压强度的$\frac{1}{20} \sim \frac{1}{8}$，混凝土构件的开裂、变形以及受剪、受扭、受冲切等承载力均与抗拉强度有关。

根据试验得知，$f_{cu,k}$、f_{ck}、f_{tk}三者之间的关系是$f_{cu,k} > f_{ck} > f_{tk}$。

（二）混凝土强度的计算指标

（1）混凝土的强度标准值。根据试验分析，可以建立混凝土轴心抗压强度标准值f_{ck}、轴心抗拉强度标准值f_{tk}和立方体抗压强度标准值$f_{cu,k}$的关系公式，各强度等级混凝土的f_{ck}、f_{tk}根据其$f_{cu,k}$经计算确定。附表2-5给出了各强度等级混凝土的轴心抗压强度标准值f_{ck}及轴心抗拉强度标准值f_{tk}。

（2）混凝土的强度设计值。混凝土的强度设计值为混凝土的强度标准值除以混凝土的材料分项系数γ_c，规范规定$\gamma_c = 1.4$，即抗压强度设计值$f_c = f_{ck}/\gamma_c$，抗拉强度设计值$f_t = f_{tk}/\gamma_c$。f_c、f_t值见附表2-5。

（三）混凝土的收缩和徐变

1. 混凝土的收缩

混凝土在空气中硬化，体积缩小的现象称为混凝土的收缩。混凝土的收缩对混凝土构件会产生不利的影响，例如对预应力混凝土构件会引起预应力损失等。减少收缩的措施主要是控制水泥用量及水胶比、提高混凝土密实性、加强养护等，对纵向延伸的结构，在一定长度上需设置伸缩缝。

2. 混凝土的徐变

混凝土在长期不变荷载作用下，应变随时间继续增长的现象称为混凝土的徐变。图2-7表示了混凝土的徐变发展。

徐变对结构将产生不利的影响，如增大变形、引起应力重分布、在预应力混凝土结构中产生预应力损失等。影响徐变大小的因素主要有：

（1）水泥用量越多、水胶比越大，徐变越大。

（2）混凝土骨料增加，徐变减少。

（3）混凝土强度等级越高，徐变越小。

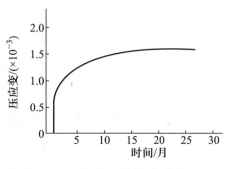

图 2-7   混凝土的徐变发展

（4）养护及使用环境湿度大时徐变小。

（5）构件加载前混凝土强度大时徐变小。

（6）构件截面的应力越大，徐变越大。

（四）混凝土结构的耐久性

混凝土结构的耐久性指混凝土结构在化学、生物及其他使结构材料性能恶化的各种侵蚀作用下，达到预期的耐久年限的性能。混凝土结构的耐久性按结构所处环境和使用年限设计。使用环境类别按附表 3-3 划分。

复习思考题

2-1　为什么要把钢筋和混凝土这两种性质不同的材料结合在一起共同使用？它们为什么能够共同工作？

2-2　钢筋混凝土结构计算时，对有明显屈服点的钢筋为什么取其屈服强度作为强度限值？无明显屈服点的钢筋，其强度限值怎么确定？

2-3　试述钢筋的种类和选用原则。

2-4　混凝土的强度等级是怎样确定的？共分哪些等级？对于不同的结构，其强度等级选用有哪些要求？

2-5　什么是混凝土的收缩和徐变？收缩和徐变对结构有何影响？怎样减小收缩和徐变？

2-6　怎样查表确定钢筋和混凝土的强度标准值和强度设计值？

单元 3　钢筋混凝土受弯构件——梁和板

梁在建筑结构中扮演着重要角色，从日常词汇"国家栋梁""中华脊梁"中均可见梁的重要性。

★ 看图识钢筋混凝土梁和板（图 3-1）

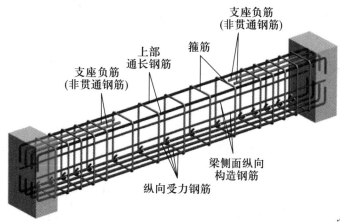

(a) 钢筋混凝土梁

简支梁

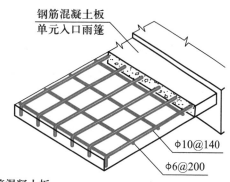

(b) 钢筋混凝土板

悬挑梁

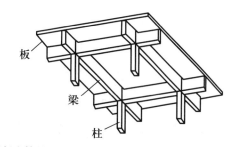

(c) 钢筋混凝土楼盖

图 3-1　钢筋混凝土梁和板

3.1   钢筋混凝土受弯构件的一般构造

建筑结构中，梁和板是最常见的受弯构件。梁按截面形式分有矩形梁、T 形梁、工字形梁，板按截面形式分有矩形板（实心板）和空心板等，如图 3-2 所示。

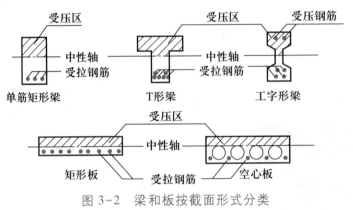

图 3-2   梁和板按截面形式分类

一、板

板按受力性质不同分为单向板和双向板（定义见单元 6 第 6.2 节）。

现浇板的厚度 h 取 10 mm 为模数，从刚度条件出发，板的最小厚度不应小于附表 3-1 规定的数值。板厚可按构件的高跨比来估计，如简支板的厚度 h 一般取 $\left(\dfrac{1}{35} \sim \dfrac{1}{30}\right) l$，悬挑板根部厚度不小于 $\dfrac{l}{12}$，其中 l 为板的跨度。

板的钢筋有以下四种：

（1）受力钢筋。受力钢筋沿板的跨度方向在受拉区布置，其作用是承受弯矩引起的拉力。

单向板：平行于短跨方向的下部钢筋是受力钢筋，平行于长跨方向的下部钢筋是分布钢筋。

双向板：平行于长跨、短跨方向的下部钢筋全部是受力钢筋。

悬挑板：悬挑板上部顺着悬挑方向布置在上部的钢筋为受力钢筋，布置在下部的钢筋为分布钢筋。

（2）上部贯通纵向钢筋和非贯通纵向钢筋。板的上部根据计算和构造要求设置上部贯通纵向钢筋和非贯通纵向钢筋，有时间隔设置。

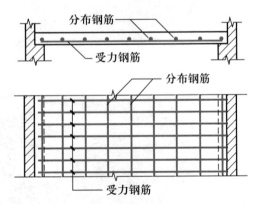

图 3-3   单向板受力钢筋与分布钢筋的位置示例

（3）分布钢筋（构造钢筋）。布置在受力钢筋的内侧，与受力钢筋垂直（图3-3），交点用细铁丝绑扎或焊接。在单向板中，分布钢筋布置在下部受力钢筋的上面，与受力钢筋垂直；在悬挑板上部，分布钢筋布置在非贯通纵向钢筋的下面，与非贯通纵向钢筋垂直。

分布钢筋的作用是固定受力钢筋的位置，并将板上的荷载分散到受力钢筋上，同时也能防止因混凝土的收缩和温度变化等原因，在垂直于受力钢筋方向产生的裂缝，属于构造钢筋。

（4）防裂构造钢筋、温度钢筋。当板上部只布置非贯通纵向钢筋时，无钢筋区域混凝土表面易收缩或因温度变化产生裂缝，需要设置防裂构造钢筋或温度钢筋。

受力钢筋的直径一般为 $6 \sim 12$ mm，板厚度较大时，钢筋直径可用 $14 \sim 18$ mm。受力钢筋间距：当板厚 $h \leqslant 150$ mm 时，不宜大于 200 mm；当板厚 $h > 150$ mm 时，不宜大于 $1.5h$，且不宜大于 250 mm。为了保证施工质量，钢筋间距也不宜小于 70 mm。对于建筑工地常用的板厚小于 150 mm 的板，受力钢筋间距应为 $70 \sim 200$ mm。

板中单位长度上的分布钢筋，其截面面积不应小于单位宽度上受力钢筋截面面积的 15%，且不宜小于该方向板截面面积的 0.15%；分布钢筋间距不宜大于 250 mm，直径不宜小于 6 mm；对集中荷载较大的情况，分布钢筋的截面面积应适当增加，其间距不宜大于 200 mm。

在温度应力、收缩应力较大的现浇板区域内，钢筋间距不宜大于 200 mm，并应在板的表面双向配置防裂构造钢筋。板的上、下表面沿纵、横两个方向的配筋率均不宜小于 0.1%。防裂构造钢筋可利用原有钢筋贯通布置，也可另行设置钢筋，并与原有钢筋按受拉钢筋的要求搭接或在周边构件中锚固。

二、梁

（一）梁的截面

梁截面高度 h 按高跨比估算，如简支梁截面高度 $h = \left(\dfrac{1}{12} \sim \dfrac{1}{8} \right) l$，悬臂梁截面高度 $h = \dfrac{1}{6} l$，连续主梁截面高度 $h = \left(\dfrac{1}{12} \sim \dfrac{1}{8} \right) l$，连续次梁截面高度 $h = \left(\dfrac{1}{18} \sim \dfrac{1}{12} \right) l$，其中 l 为梁的跨度。梁截面的高宽比 h/b：对于矩形截面一般为 $2.0 \sim 3.5$，对于 T 形截面一般为 $2.5 \sim 4.0$。为了统一模板尺寸和便于施工，通常采用梁截面宽度（梁宽）$b = 120$ mm、150 mm、180 mm、200 mm、220 mm、250 mm、300 mm、350 mm、…；梁截面高度（梁高）$h = 250$ mm、300 mm、…、750 mm、800 mm、900 mm、…

（二）梁的配筋

梁中的钢筋有纵向受力钢筋、箍筋、架立钢筋、梁侧面纵向构造钢筋或受扭钢筋、吊筋等，如图 3-4 所示。

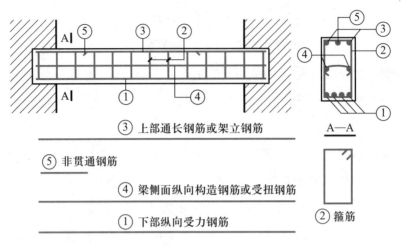

③ 上部通长钢筋或架立钢筋

⑤ 非贯通钢筋

④ 梁侧面纵向构造钢筋或受扭钢筋

① 下部纵向受力钢筋

② 箍筋

图 3-4   梁的配筋

1. 纵向受力钢筋

纵向受力钢筋布置在梁的受拉区，主要作用是承受由弯矩在梁内产生的拉力。对于简支梁和连续梁，纵向受力钢筋布置在下部，对于悬臂梁，纵向受力钢筋布置在上部。常用直径为 $10 \sim 32$ mm。当梁高 $h \geqslant 300$ mm 时，其直径不应小于 10 mm；当 $h < 300$ mm 时，其直径不应小于 8 mm。为保证钢筋与混凝土之间具有足够的黏结力和便于浇筑混凝土，梁的上部纵向钢筋的净距不应小于 30 mm 和 $1.5d$（d 为纵向钢筋的最大直径），下部纵向钢筋的净距不应小于 25 mm 和 d，如图 3-5 所示。梁的下部纵向钢筋配置多于两层时，两层以上钢筋水平方向的中距应比下面两层的中距增大 1 倍。各层钢筋之间的净距应不小于 25 mm 和 d。伸入梁支座范围内的纵向受力钢筋不应少于 2 根。在梁的配筋密集区，当受力钢筋单根布置（图 3-6a）导致混凝土难以浇筑时，可采用并筋形式（图 3-6b）。

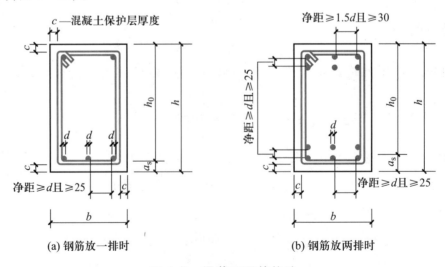

(a) 钢筋放一排时

(b) 钢筋放两排时

图 3-5   梁截面配筋构造

等直径双并筋，等效直径 $d_e = \sqrt{2}\,d$（d_e 为等效直径，d 为钢筋直径）；等直径三并筋，等效直径 $d_e = \sqrt{3}\,d$。钢筋直径 ≤28 mm 时，并筋数量 ≤3 根；直径为 32 mm 时，并筋数量宜为 2 根；直径 ≥36 mm 的钢筋不应采用并筋。

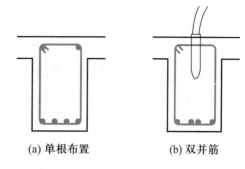

图 3-6 单根布置和并筋

2. 箍筋

箍筋主要用于斜截面抗剪，固定纵向受力钢筋，与其他钢筋一起形成钢筋骨架。

箍筋的最小直径与梁高有关，当 $h>800$ mm 时，其直径不宜小于 8 mm；当 $h \leqslant 800$ mm 时，其直径不宜小于 6 mm。梁中配有计算需要的纵向受压钢筋时，箍筋直径不应小于纵向受压钢筋最大直径的 25%。

箍筋分开口和封闭两种形式（图 3-7a）。开口式箍筋不利于纵向钢筋的定位，且不能约束芯部混凝土，故除小过梁外，一般构件不应采用。当梁中配有计算需要的纵向受压钢筋时，箍筋应做成封闭式。箍筋的肢数有单肢、双肢和四肢（图 3-7b）。

梁中的箍筋应按计算确定。如按计算不需要时，当 $h>300$ mm 时，应沿梁全长设置箍筋；当 $h=150\sim300$ mm 时，可仅在构件端各 1/4 跨度范围内设置箍筋，但当在构件中部 1/2 跨度范围内有集中荷载作用时，则应沿梁全长设置箍筋；当 $h<150$ mm 时，可不设箍筋。

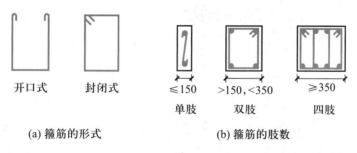

图 3-7 箍筋的形式和肢数

梁中箍筋的最大间距 s_{max} 宜符合附表 3-2 的规定。

3. 架立钢筋

按照抗震要求，沿框架梁上部全长布置通长钢筋，不间断，至少配置 2 根。当上部通长钢筋根数小于箍筋肢数时需配置架立钢筋，用于固定箍筋并形成钢筋骨架。通长钢筋是受力钢筋，架立钢筋是构造钢筋。

架立钢筋的直径：当梁的跨度小于 4 m 时，不宜小于 8 mm；跨度为 4~6 m 时，不宜小于 10 mm；跨度大于 6 m 时，不宜小于 12 mm。

4. 梁侧面纵向构造钢筋或受扭钢筋

当梁的腹板高度 $h_w \geqslant 450$ mm 时，在梁的两个侧面应沿高度配置纵向构造钢筋，又称腰筋，用符号 G 表示。每侧纵向构造钢筋（不包括梁上、下部受力钢筋及架立钢筋）的截面面积不应小于腹板截面面积 bh_w 的 0.1%，且其间距不宜大于 200 mm。纵向构造钢筋的作用是防止混凝土由于温度变化和收缩等原因在梁侧中部产生裂缝。梁的腹板高度 h_w 的取值见本单元第 3.3 节斜截面受剪承载力的计算规定。

在弧形梁或其他受扭梁中，根据计算需配置受扭钢筋，受扭钢筋沿梁截面周边布置，用符号 N 表示，位置和梁侧面纵向构造钢筋类似。

5. 吊筋

吊筋位于主次梁交界处的主梁上。设置吊筋或附加箍筋用于承担次梁传来的集中荷载（吊筋构造见单元 6）。

三、混凝土保护层和截面的有效高度

1. 混凝土保护层

为防止钢筋锈蚀、防火和保证钢筋与混凝土的黏结，梁、板的受力钢筋均应有足够的混凝土保护层厚度。受力钢筋的混凝土保护层的最小厚度应按附表 3-3 采用，同时也不应小于受力钢筋的直径 d。混凝土保护层厚度应从最外层钢筋（包括箍筋、构造钢筋、分布钢筋等）的外边缘算起，如图 3-8 所示。

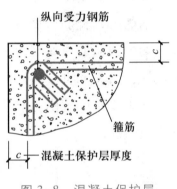

图 3-8　混凝土保护层

2. 截面的有效高度 h_0

计算梁、板承载力时，因为混凝土开裂后拉力完全由钢筋承担，所以梁、板能发挥作用的截面高度应为从受压混凝土边缘至受拉钢筋截面重心的距离，这一距离称为截面的有效高度，用 h_0 表示（图 3-5）。设计计算时，h_0 可按表 3-1 和表 3-2 近似数值取用。

表 3-1　梁的 h_0 值　　　　　　　　　　　　单位：mm

构件类型	环境类别	混凝土保护层的最小厚度	受拉钢筋排数	h_0 计算公式	
				箍筋直径 $\phi6$	箍筋直径 $\phi8$、$\phi10$
梁	一	20	一排钢筋	$h_0 = h-35$	$h_0 = h-40$
			两排钢筋	$h_0 = h-60$	$h_0 = h-65$
	二 a	25	一排钢筋	$h_0 = h-40$	$h_0 = h-45$
			两排钢筋	$h_0 = h-65$	$h_0 = h-70$

注：混凝土强度等级不大于 C25 时，表中混凝土保护层的最小厚度数值增加 5 mm，h_0 计算公式再减 5 mm。

表 3-2　板 的 h_0 值　　　　　　　单位：mm

构件类型	环境类别	混凝土保护层的最小厚度	h_0 计算公式
板	一	15	$h_0 = h - 20$
	二 a	20	$h_0 = h - 25$

注：混凝土强度等级不大于 C25 时，表中混凝土保护层的最小厚度数值增加 5 mm，h_0 计算公式再减 5 mm。

四、其他构造规定

（一）钢筋的锚固

1. 受拉钢筋基本锚固长度 l_{ab}

规范根据拔出试验给出受拉钢筋的基本锚固长度 l_{ab} 为

$$l_{ab} = \alpha \frac{f_y}{f_t} d \tag{3-1}$$

式中　f_y——钢筋的抗拉强度设计值；

　　　f_t——锚固区混凝土轴心抗拉强度设计值，当混凝土强度等级大于 C60 时按 C60 考虑；

　　　d——锚固钢筋的直径；

　　　α——锚固钢筋的外形系数，按表 3-3 取值。

表 3-3　锚固钢筋的外形系数 α

钢筋类型	光圆钢筋	带肋钢筋	螺旋肋钢丝	三股钢绞线	七股钢绞线
锚固钢筋的外形系数 α	0.16	0.14	0.13	0.16	0.17

注：光圆钢筋系指 HPB300 级热轧钢筋，末端应做 180°弯钩，弯后平直段长度不应小于 3d，但作为受压钢筋时可不做弯钩；带肋钢筋系指 HRB400、HRBF400、HRB500、HRBF500 和 RRB400 级热轧钢筋与余热处理钢筋。

由式(3-1)算出的 l_{ab} 见附表 3-4。

2. 受拉钢筋锚固长度 l_a

$$l_a = \zeta_a l_{ab} \tag{3-2}$$

式中　ζ_a——受拉钢筋锚固长度修正系数，按附表 3-5b 采用；

　　　l_a——受拉钢筋锚固长度，可按附表 3-5a 的规定计算。

3. 钢筋的弯钩和机械锚固

当纵向受拉钢筋末端采用弯钩或机械锚固时，其锚固长度取 $0.6 l_{ab}$。其形式和技术要求见表 3-4 和图 3-9。

表 3-4   钢筋弯钩和机械锚固的形式和技术要求

锚固形式	技术要求
90°弯钩	末端 90°弯钩，弯钩内径 4d，弯后直段长度 12d
135°弯钩	末端 135°弯钩，弯钩内径 4d，弯后直段长度 5d
一侧贴焊锚筋	末端一侧贴焊长 5d 同直径钢筋，焊缝满足强度要求
两侧贴焊锚筋	末端两侧贴焊长 3d 同直径钢筋，焊缝满足强度要求
焊端锚板	末端与厚度 d 的锚板穿孔塞焊，焊缝满足强度要求
螺栓锚头	末端旋入螺栓锚头，螺纹长度满足强度要求

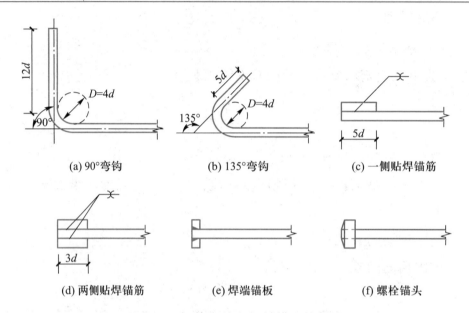

(a) 90°弯钩   (b) 135°弯钩   (c) 一侧贴焊锚筋

(d) 两侧贴焊锚筋   (e) 焊端锚板   (f) 螺栓锚头

图 3-9   钢筋弯钩和机械锚固的形式

4. 纵向受压钢筋的锚固长度

纵向受压钢筋的锚固长度不应小于纵向受拉钢筋锚固长度的 70%，且纵向受压钢筋不应采用末端弯钩和一侧贴焊锚筋的锚固措施。

5. 简支梁和连续梁简支端下部纵向受力钢筋的锚固

钢筋混凝土简支梁和连续梁简支端的下部纵向受力钢筋，其伸入梁支座范围内的锚固长度 l_{as}（图 3-10）应符合下列规定：

（1）当 $V \leqslant 0.7f_t bh_0$ 时，$l_{as} \geqslant 5d$。

（2）当 $V > 0.7f_t bh_0$ 时，带肋钢筋：$l_{as} \geqslant 12d$；光圆钢筋：$l_{as} \geqslant 15d$。

支承在砌体结构上的钢筋混凝土独立梁，在纵向受力钢筋的锚固长度 l_{as} 范围内应配置不少于两根箍筋，其直径不宜小于纵向受力钢筋最大直径的 25%，间距不宜大于纵向受力钢筋最小直径的 10 倍；

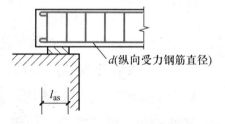

d(纵向受力钢筋直径)

图 3-10   纵向受力钢筋伸入梁支座范围内的锚固长度 l_{as}

当采取机械锚固措施时,箍筋间距尚不宜大于纵向受力钢筋最小直径的 5 倍。

对混凝土强度等级为 C25 及以下的简支梁和连续梁的简支端,当距支座边 $1.5h$ 范围内作用有集中荷载,且 $V>0.7f_tbh_0$ 时,对带肋钢筋宜采取附加锚固措施,或取锚固长度 $l_{as} \geqslant 15d$。

6. 抗震地区基本锚固长度 l_{abE} 和锚固长度 l_{aE}

一、二级抗震等级 $l_{abE}=1.15l_{ab}$,$l_{aE}=1.15l_a$;三级抗震等级 $l_{abE}=1.05l_{ab}$,$l_{aE}=1.05l_a$;四级抗震等级 $l_{abE}=l_{ab}$,$l_{aE}=l_a$。

由以上公式计算出的 l_{abE} 见附表 3-4。

(二)钢筋的连接

钢筋的连接可采用绑扎搭接、机械连接或焊接。

1. 绑扎搭接

规范规定,位于同一连接区段内的受拉钢筋搭接接头面积百分率:对梁类、板类、墙类构件,不宜大于 25%;对柱类构件,不宜大于 50%。当工程中确有必要增大时,对于梁类构件,不宜大于 50%,对板类、墙类及柱类构件,可根据实际情况放宽。

纵向受拉钢筋绑扎搭接的搭接长度按下式计算(但不应小于 300 mm):

非抗震设防 $$l_l=\zeta_l l_a \tag{3-3}$$

抗震设防 $$l_{lE}=\zeta_l l_{aE} \tag{3-4}$$

式中 l_l——纵向受拉钢筋的搭接长度;

     l_a——纵向受拉钢筋的锚固长度;

     l_{lE}——抗震设防纵向受拉钢筋的搭接长度;

     l_{aE}——抗震设防纵向受拉钢筋的锚固长度;

     ζ_l——纵向受拉钢筋搭接长度修正系数,按表 3-5 采用。

表 3-5 纵向受拉钢筋搭接长度修正系数 ζ_l

同一连接区段内纵向钢筋搭接接头面积百分率/%	≤25	50	100
ζ_l	1.2	1.4	1.6

钢筋搭接位置应设置在受力较小处,且同一根钢筋上宜少设置接头。同一构件中相邻纵向受力钢筋搭接位置宜相互错开。规范规定,两搭接接头的中心距应不小于 $1.3l_l$(图 3-11),否则,认为两搭接接头属于同一搭接范围。

对于纵向受压钢筋,其搭接长度不应少于 $0.7l_l$,且不小于 200 mm。

由于搭接接头仅靠黏结力传递钢筋内力,可靠性较差,规范规定以下情况不得采用搭接接头:

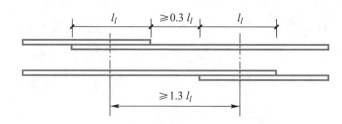

图 3-11　钢筋搭接接头的间距

（1）轴心受拉及小偏心受拉杆件（如桁架和拱的拉杆）。

（2）受拉钢筋直径大于 28 mm 及受压钢筋直径大于 32 mm。

在纵向受力钢筋搭接长度范围内应加密配置箍筋，如图 3-12 所示，其直径不应小于搭接钢筋较大直径的 25%。当钢筋受拉时，箍筋间距不应大于搭接钢筋较小直径的 5 倍，且不应大于 100 mm；当钢筋受压时，箍筋间距不应大于搭接钢筋较小直径的 10 倍，且不应大于 200 mm。当受压钢筋直径 $d>25$ mm 时，尚应在搭接接头两个端面外 100 mm 范围内各设置两根箍筋。

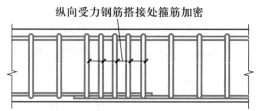

图 3-12　纵向受力钢筋搭接处箍筋加密

2. 机械连接

钢筋机械连接是通过连接件的机械咬合作用或钢筋端面的承压作用，将一根钢筋中的力传递至另一根钢筋的连接方法。机械连接具有施工简便、接头质量可靠、节约钢材和能源等优点。常采用的连接方式有套筒挤压、直螺纹连接（图 3-13a）等。

在受力较大处设置机械连接时，同一连接区段内，纵向受拉钢筋接头面积百分率不宜大于 50%，纵向受压钢筋不受此限。

机械连接中连接件的混凝土保护层厚度宜满足纵向受力钢筋最小保护层厚度的要求。连接件之间的横向净距不宜小于 25 mm。

3. 焊接

焊接是利用热加工，熔融金属实现钢筋的连接。常采用的连接方式有对焊、点焊、电弧焊（图 3-13b）、电渣压力焊（图 3-13c）等。

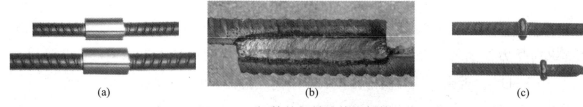

(a)　　　　　　　　　　(b)　　　　　　　　　　(c)

图 3-13　钢筋的机械连接和焊接

采用焊接时，同一连接区段内，纵向受拉钢筋接头面积百分率不宜大于 50%，纵向受压钢筋不受此限。

3.2　钢筋混凝土受弯构件正截面承载力

一、受弯构件正截面的破坏形式

钢筋混凝土结构的计算理论是在试验的基础上建立的，通过试验了解破坏的形式和破坏过程，研究截面的应力分布，以便建立计算公式。

受弯构件以梁为试验研究对象，试验梁的布置如图 3-14 所示。为了着重研究正截面受力和变形的规律，通常采用两点加荷，这样在两个对称集中荷载间的区段（称"纯弯段"）上，不仅可以基本上排除剪力的影响（忽略自重），同时还有利于在这一较长的区段上布置仪表，以观察梁受荷载作用后变形和裂缝出现与开展的情况。

根据试验研究，当材料品种选定后，梁正截面的破坏形式主要与梁内纵向受拉钢筋的配筋率 ρ 有关，配筋率的表达式为

$$\rho = \frac{A_s}{bh_0} \tag{3-5}$$

式中　A_s——纵向受拉钢筋的截面面积（图 3-15）；

　　　bh_0——混凝土的有效截面积。

根据配筋率的不同，钢筋混凝土梁可分为适筋梁、超筋梁和少筋梁三种。

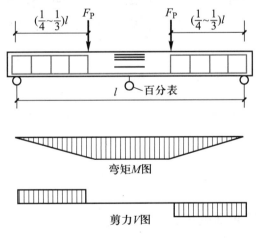

图 3-14　试验梁的布置

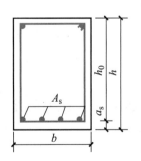

图 3-15　梁的截面

1. 适筋梁

适筋梁是指含有正常配筋的梁。其破坏的主要特点是受拉区混凝土先出现裂缝，然后受拉钢筋达到屈服强度，最后受压区混凝土被压碎，构件即告破坏（图 3-16a）。这种梁在破坏前，钢筋经历较大的塑性伸长，从而引起构件出现较明显的变形和裂缝

开展过程，其破坏过程比较缓慢，破坏前有明显的
预兆，为塑性破坏。适筋梁的材料强度能得到充分
发挥，受力合理，破坏前有预兆，所以实际工程中
应把钢筋混凝土梁设计成适筋梁。

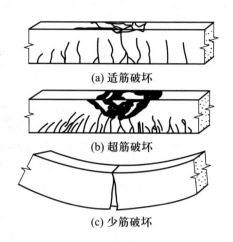

图 3-16　梁的三种破坏形式

2. 超筋梁

超筋梁是指受拉钢筋配得过多的梁。其破坏特
点是受拉区混凝土裂缝开展不大，梁的挠度较小，
但受压混凝土先达到极限压应变而被压碎，使整个
构件破坏（图 3-16b）。超筋梁的破坏是在没有明显
预兆的情况下突然发生的，为脆性破坏，主要原因
是受拉钢筋过多，破坏时受拉钢筋没有达到屈服强度，从而不会出现明显变形和裂缝。
这种梁配筋虽多，却不能充分发挥作用，所以是不经济的。由于上述原因，工程中不
允许采用超筋梁。

3. 少筋梁

少筋梁是指受拉钢筋配得过少的梁。其破坏特点是受拉区混凝土一旦开裂，受拉
钢筋就会随之达到屈服强度，构件将产生很宽的裂缝和很大的变形，甚至因钢筋被拉
断而破坏（图 3-16c）。破坏时裂缝往往集中出现一条，破坏前没有明显预兆，它也是
一种脆性破坏，工程中不得采用少筋梁。

为了保证钢筋混凝土受弯构件的配筋适当，不出现超筋和少筋破坏，就必须控制
截面的配筋率，使它在最大配筋率和最小配筋率范围之内。钢筋混凝土受弯构件中纵
向受力钢筋的最小配筋率见附表 3-6。

一般来说，建筑工程中的梁均设计为适筋梁。如果在施工中少配、漏配受力钢筋，
则梁有可能成为脆性破坏的少筋梁，从而引发工程事故。因此，同学们必须养成良好
的职业道德，提高职业意识，增强社会责任感和使命感，坚决杜绝此类事故的发生。

二、适筋梁工作的三个阶段

适筋梁的工作和应力状态自承受荷载起到破坏为止可分为三个阶段（图 3-17）。

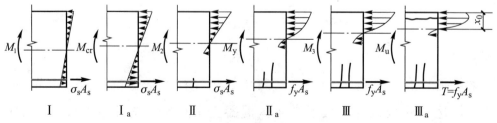

图 3-17　适筋梁工作的三个阶段

1. 第Ⅰ阶段

荷载较小时，截面上的拉应力与压应力均呈三角形分布，受拉区的钢筋与混凝土共同承受拉力。当荷载继续增加时，受拉区混凝土出现塑性变形，中性轴略有上升，边缘混凝土拉应力达到抗拉极限强度，当混凝土处于将裂未裂状态时为I_a状态。I_a状态可作为受弯构件抗裂度的计算依据。

2. 第Ⅱ阶段

荷载继续增加，在受拉区抗拉能力最薄弱的截面处首先出现第一条裂缝，开裂后的混凝土退出工作，拉力几乎全部由钢筋承受，故在弯矩不变的情况下，开裂后的钢筋应力较开裂前突然增大许多。随着荷载增加，受拉区裂缝向上发展，中性轴上移，受压区混凝土出现塑性变形，压应力图形将呈曲线变化。当钢筋应力刚刚达到屈服强度时为$Ⅱ_a$状态。第Ⅱ阶段也称为带裂缝工作阶段，$Ⅱ_a$状态可作为使用阶段变形和裂缝宽度的计算依据。

3. 第Ⅲ阶段

在第Ⅱ阶段末（即$Ⅱ_a$状态），钢筋应力已达屈服强度，由于钢筋的屈服，钢筋应力将保持不变，而其变形继续增加，截面裂缝急剧伸展，中性轴迅速上移，受压区高度不断减小，混凝土压应力增大，压应力图形曲线更加丰满。当受压区边缘混凝土达到其极限压应变时，将出现水平裂缝而被压碎，导致梁的最终破坏，这时称为$Ⅲ_a$状态。第Ⅲ阶段也称为破坏阶段，设计时以$Ⅲ_a$状态的应力图形作为极限状态承载力的计算依据。

三、正截面承载力计算的基本假定和等效矩形应力图形

1. 基本假定

（1）梁弯曲变形后正截面应变仍保持平面；

（2）不考虑受拉区混凝土参加工作；

（3）采用理想化的混凝土 σ-ε 图形（图3-18）。

（4）纵向钢筋的应力取钢筋应变与其弹性模量的乘积，但其绝对值不应大于其相应的强度设计值。纵向受拉钢筋的极限拉应变取 0.01。

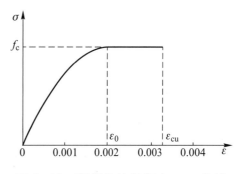

图3-18 理想化的混凝土 σ-ε 曲线

2. 等效矩形应力图

受弯构件正截面承载力是以适筋梁$Ⅲ_a$状态及其应力图作为依据的。根据上面的基本假定，为了计算方便，将受压区混凝土的应力图简化为等效矩形应力图（图3-19）。代换原则是：压应力合力大小相等，合力作用点位置不变。经折算，矩形应力图的混凝土受压区高度 $x=\beta_1 x_0$，x_0 为实际受压区高度，β_1 为系数。当混凝土强度等级不超过C50时，β_1 取 0.8；当混凝土强度等级为C80时，β_1 取 0.74，其间按线性内插法确定。

矩形应力图的应力值为 $\alpha_1 f_c$，f_c 为混凝土轴心抗压强度设计值，α_1 为系数。当混凝土强度等级不超过 C50 时，α_1 取 1.0；当混凝土强度等级为 C80 时，α_1 取 0.94，其间按线性内插法确定。

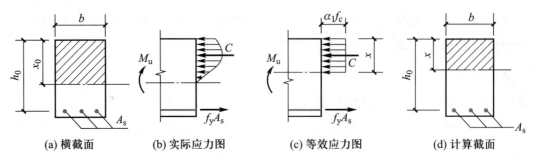

(a) 横截面　　(b) 实际应力图　　(c) 等效应力图　　(d) 计算截面

图 3-19　受弯构件正截面应力图

四、单筋矩形截面梁正截面承载力的计算

(一) 基本公式及其适用条件

受弯构件正截面承载力的计算，目的是求由荷载设计值在构件内产生的弯矩，使其不大于按材料强度设计值计算得出的构件正截面受弯承载力设计值。

图 3-20 所示为单筋矩形截面受弯构件计算图形。由平衡条件可得出其承载力基本计算公式为

$$\sum F_x = 0，\quad \alpha_1 f_c b x = f_y A_s \tag{3-6}$$

$$\sum M = 0，\quad M \leqslant M_u = \alpha_1 f_c b x \left(h_0 - \frac{x}{2} \right) \tag{3-7a}$$

或

$$M \leqslant M_u = f_y A_s \left(h_0 - \frac{x}{2} \right) \tag{3-7b}$$

式中　α_1——系数；

　　　f_c——混凝土轴心抗压强度设计值，见附表 2-5；

　　　f_y——普通钢筋抗拉强度设计值，见附表 2-1；

　　　A_s——受拉区纵向非预应力钢筋截面面积；

　　　b——梁截面宽度；

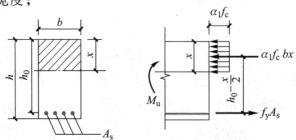

图 3-20　单筋矩形截面受弯构件计算图形

x——混凝土受压区高度；

h_0——梁截面有效高度；

M——弯矩设计值；

M_u——构件正截面极限受弯承载力设计值。

为保证受弯构件为适筋破坏，不出现超筋破坏和少筋破坏，上述基本公式必须满足下列适用条件：

（1）为防止超筋破坏，应符合的条件为

$$\left.\begin{array}{c} \xi \leqslant \xi_b \\ x \leqslant \xi_b h_0 \\ \rho \leqslant \rho_{max} = \xi_b \dfrac{\alpha_1 f_c}{f_y} \end{array}\right\} \tag{3-8a}$$

或

或

或

$$M \leqslant M_{u,max} = \alpha_1 f_c b h_0^2 \xi_b (1 - 0.5\xi_b) = \alpha_{s,max} \alpha_1 f_c b h_0^2 \tag{3-8b}$$

（2）为防止少筋破坏，应符合的条件为

$$\rho \geqslant \rho_{min}$$

或

$$A_s \geqslant \rho_{min} bh \tag{3-9}$$

式中　ξ——相对受压区高度$\left(\xi = \dfrac{x}{h_0}\right)$；

ξ_b——相对界限受压区高度$\left(\xi_b = \dfrac{x_b}{h_0}\right)$，其取值见附表 3-7；

$\alpha_{s,max}$——系数，其取值见附表 3-7；

$M_{u,max}$——将混凝土受压区的高度 x 取其最大值$(\xi_b h_0)$求得的单筋矩形截面所能承受的最大弯矩；

ρ_{min}——最小配筋率，其取值见附表 3-6。

其余符号意义同前。

式(3-8a)中的各式意义相同，即只要满足其中任何一个式子，其余的必定满足。

（二）基本公式的应用

在设计中一般不直接应用基本公式，因需要求解一元二次方程组，很不方便。规范将式(3-6)、式(3-7a、b)按 $M = M_u$ 的原则进行整理变化，并编制了实用计算表格，简化了计算。变换后的公式为

$$M = \alpha_s \alpha_1 f_c b h_0^2 \tag{3-10}$$

$$M = f_y A_s \gamma_s h_0 \tag{3-11}$$

式(3-10)、式(3-11)中的系数 α_s 和 γ_s 均为 ξ 的函数$[\alpha_s = \xi(1 - 0.5\xi)$，$\gamma_s = 1 -$

0.5ξ〕，也可反推出 $\xi = 1 - \sqrt{1 - 2\alpha_s}$ 或 $\gamma_s = 0.5(1 + \sqrt{1 - 2\alpha_s})$，所以可以把它们之间的数值关系用表格表示，见附表 3-8。

单筋矩形正截面受弯构件承载力的计算有两种情况，即截面设计与截面验算。

1. 截面设计

截面设计指在已知弯矩设计值 M 的情况下，选定材料强度等级，确定梁的截面尺寸 b、h，计算出受拉钢筋截面面积 A_s。

（1）材料选用。一般梁、板常用 C30~C40 级混凝土。钢筋混凝土梁、板应采用 HRB400、HRB500、HRBF400、HRBF500 级钢筋作受力钢筋。

（2）截面尺寸确定。根据工程经验，按前述高跨比 h/l 来估计截面高度。

（3）经济配筋率。当弯矩设计值 M 一定时，截面尺寸 b、$h(h_0)$ 越大，则所需的钢筋面积 A_s 就越小，即配筋率 ρ 越小，但混凝土用量和模板费用增加，并影响使用净空高度；反之，b、$h(h_0)$ 越小，所需 A_s 就越大，ρ 增大，钢筋费用就越高。因此，从总的造价考虑，就会有一个经济配筋率的范围。根据经验，梁的经济配筋率 $\rho = 0.5\% \sim 1.6\%$，板的经济配筋率 $\rho = 0.4\% \sim 0.8\%$。由经济配筋率可近似采用公式 $h_0 = (1.05 \sim 1.1)\sqrt{\dfrac{M}{\rho f_y b}}$ 确定截面尺寸。

（4）计算步骤。

第一步：由式（3-10）求出 α_s，即 $\alpha_s = \dfrac{M}{\alpha_1 f_c b h_0^2}$。

第二步：根据 α_s 由附表 3-8 查出 γ_s 或 ξ。如 $\alpha_s > \alpha_{s,max}$，说明超筋，则应加大截面尺寸，或提高混凝土强度等级，或改用双筋截面。

第三步：求 A_s。

α_s-γ_s 方法：由式（3-11）得 $A_s = \dfrac{M}{f_y \gamma_s h_0}$；

α_s-ξ 方法：将 $x = \xi h_0$ 代入式（3-6），得 $A_s = \xi b h_0 \dfrac{\alpha_1 f_c}{f_y}$。

求出 A_s 后，即可按附表 2-3 或附表 2-4 选配钢筋。

第四步：按构造规定选配钢筋。即所选钢筋直径、数量、间距等均应符合相应构造要求。

第五步：验算实际配筋率是否大于最小配筋率，即

$$\rho \geqslant \rho_{min} \quad \text{或} \quad A_s \geqslant \rho_{min} b h$$

其中，ρ 采用实际选用的钢筋截面面积求得，ρ_{min} 见附表 3-6。

第六步：画配筋草图。

【例3-1】已知矩形梁截面尺寸 $b \times h$ 为 250 mm×500 mm；由荷载产生的弯矩设计值 $M = 150$ kN·m；混凝土强度等级为C30；钢筋采用HRB400级钢筋。求所需受拉钢筋截面面积 A_s（属室内干燥环境，假定箍筋直径为 $\phi 8$）。

【解】确定计算数据：设钢筋配置一排，保护层厚 $c = 20$ mm，查表3-1，则 $h_0 = (500-40)$ mm = 460 mm， $M = 150$ kN·m = 150×10^6 N·mm，查表知

$$\alpha_{s,max} = 0.384, \quad \alpha_1 = 1.0, \quad f_c = 14.3 \text{ N/mm}^2, \quad f_t = 1.43 \text{ N/mm}^2, \quad f_y = 360 \text{ N/mm}^2$$

（1）由式（3-10）求出 α_s。

$$\alpha_s = \frac{M}{\alpha_1 f_c b h_0^2} = \frac{150 \times 10^6 \text{ N·mm}}{1.0 \times 14.3 \text{ N/mm}^2 \times 250 \text{ mm} \times (460 \text{ mm})^2}$$
$$\approx 0.198 \leqslant \alpha_{s,max} = 0.384$$

（2）查附表3-8得 $\gamma_s \approx 0.889$， $\xi = 0.2225$。

（3）求 A_s。

$\alpha_s - \gamma_s$ 方法：由式（3-11）得

$$A_s = \frac{M}{f_y \gamma_s h_0} = \frac{150 \times 10^6 \text{ N·mm}}{360 \text{ N/mm}^2 \times 0.889 \times 460 \text{ mm}}$$
$$\approx 1\,019 \text{ mm}^2$$

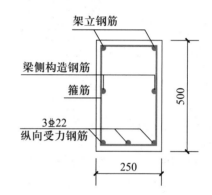

图3-21 例3-1截面配筋图

$\alpha_s - \xi$ 方法：由式 $A_s = \xi b h_0 \dfrac{\alpha_1 f_c}{f_y}$ 得

$$A_s = 0.2225 \times 250 \text{ mm} \times 460 \text{ mm} \times \frac{1.0 \times 14.3 \text{ N/mm}^2}{360 \text{ N/mm}^2} \approx 1\,016 \text{ mm}^2$$

（4）配筋，由附表2-3得，选用 3$\oplus$22（$A_s = 1\,140$ mm²），一排钢筋净距 $c_2 = (b-2c-nd)/(n-1) = \dfrac{250-2\times20-2\times8-3\times22}{3-1}$ mm = 64 mm > d，且 >25 mm，满足梁下部钢筋净距要求。截面配筋图如图3-21所示。

（5）验算最小配筋率。

$$\rho = \frac{A_s}{bh} \times 100\% = \frac{1\,140 \text{ mm}^2}{250 \text{ mm} \times 500 \text{ mm}} \times 100\%$$
$$= 0.912\%$$

$$\begin{cases} \rho_{min} = 0.45 \times \dfrac{f_t}{f_y} \times 100\% = 0.45 \times \dfrac{1.43 \text{ N/mm}^2}{360 \text{ N/mm}^2} \times 100\% \approx 0.179\% \\ \rho_{min} = 0.2\% \end{cases}$$

取较大值， $\rho_{min} = 0.2\%$， $\rho > \rho_{min} = 0.2\%$，满足要求。

【例3-2】已知一单跨简支板（图3-22），计算跨度 $l_0 = 2.34$ m，承受均布可变荷

载 $q_k = 3$ kN/m^2(不包括板的自重);混凝土强度等级为 C25;钢筋采用 HRB400 级钢筋,结构重要性系数 $\gamma_0 = 1.0$,钢筋混凝土自重 25 kN/m^3,板厚为 80 mm。试确定受拉钢筋截面面积 A_s(环境类别为一类)。

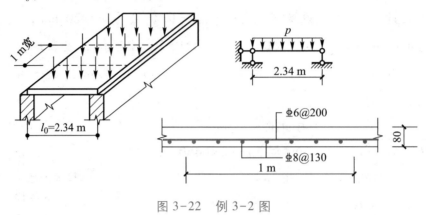

图 3-22　例 3-2 图

【解】取板宽 $b = 1\,000$ mm 的板带作为计算单元。保护层厚 $c = 15$ mm + 5 mm = 20 mm,查表 1-1:$\gamma_G = 1.3$,$\gamma_Q = 1.5$。

(1) 求弯矩设计值 M。

永久荷载标准值为

$$G_k = 25 \text{ kN/m}^3 \times 0.08 \text{ m} \times 1 \text{ m} = 2 \text{ kN/m}$$

可变荷载标准值为

$$Q_k = 3 \text{ kN/m}^2 \times 1 \text{ m} = 3 \text{ kN/m}$$

荷载设计值:$p = \gamma_G G_k + \gamma_{Q1} \gamma_{L_1} Q_{1k} = 1.3 \times 2 \text{ kN/m} + 1.5 \times 3 \text{ kN/m} = 7.1 \text{ kN/m}$

跨中截面弯矩设计值为

$$M = \gamma_0 \times \frac{1}{8} pl^2 = 1.0 \times \frac{1}{8} \times 7.1 \text{ kN/m} \times (2.34 \text{ m})^2 \approx 4.86 \text{ kN} \cdot \text{m} = 4.86 \times 10^6 \text{ N} \cdot \text{mm}$$

(2) 求受拉钢筋截面面积 A_s。

① 确定计算数据:$f_c = 11.9$ N/mm^2,$f_t = 1.27$ N/mm,$f_y = 360$ N/mm^2,查表 3-2,$h_0 = 80$ mm - 25 mm = 55 mm,$\alpha_1 = 1.0$。

② 由式(3-10)求出 α_s。

$$\alpha_s = \frac{M}{\alpha_1 f_c b h_0^2} = \frac{4.86 \times 10^6 \text{ N} \cdot \text{mm}}{1.0 \times 11.9 \text{ N/mm}^2 \times 1\,000 \text{ mm} \times (55 \text{ mm})^2} \approx 0.135$$

可算出:$\gamma_s = 0.5(1 + \sqrt{1 - 2 \times 0.135}) \approx 0.927$

$\xi = 1 - \sqrt{1 - 2 \times 0.135} \approx 0.146$($\gamma_s$ 与 ξ 的数值也可查附表 3-8 得)。

③ 求 A_s。

α_s-γ_s 方法:由式(3-11)得

$$A_s = \frac{M}{f_y \gamma_s h_0} = \frac{4.86 \times 10^6 \text{ N} \cdot \text{mm}}{360 \text{ N/mm}^2 \times 0.927 \times 55 \text{ mm}} \approx 264.78 \text{ mm}^2$$

α_s-ξ 方法：由式 $A_s = \xi b h_0 \dfrac{\alpha_1 f_c}{f_y}$ 得

$$A_s = 0.146 \times 1\,000 \text{ mm} \times 55 \text{ mm} \times \frac{1.0 \times 11.9 \text{ N/mm}^2}{360 \text{ N/mm}^2}$$

$$\approx 265.44 \text{ mm}^2$$

配筋，由附表 2-4 得选用 $\underline{\Phi}$ 8@170，$A_s = 296 \text{ mm}^2$。

④ 验算最小配筋率。$\rho = \dfrac{A_s}{bh} \times 100\% = \dfrac{296 \text{ mm}^2}{1\,000 \text{ mm} \times 80 \text{ mm}} \times 100\% = 0.37\%$

$$\begin{cases} \rho_{\min} = 0.2\% \\ \rho_{\min} = 0.45 \times \dfrac{f_t}{f_y} \times 100\% = 0.45 \times \dfrac{1.27 \text{ N/mm}^2}{360 \text{ N/mm}^2} \times 100\% \approx 0.159\% \end{cases}$$

取较大值，$\rho_{\min} = 0.2\%$，$\rho > \rho_{\min} = 0.2\%$，满足要求。

2. 截面验算

截面验算是在已知材料强度、截面尺寸、钢筋截面面积的条件下，计算梁的受弯承载力设计值 M_u。一般用于出了事故后校核原设计有无问题，或当荷载有变化时，验算构件是否能够承受。其计算步骤如下：

（1）方法一，基本公式法。

第一步：求 x。由式（3-6）得

$$x = \frac{f_y A_s}{\alpha_1 f_c b}$$

第二步：求 M_u。当 $x \leq \xi_b h_0$ 时，由式（3-7a）得

$$M_u = \alpha_1 f_c b x \left(h_0 - \frac{x}{2} \right)$$

或由式（3-7b）得

$$M_u = f_y A_s \left(h_0 - \frac{x}{2} \right)$$

当 $x > \xi_b h_0$ 时，说明该梁超筋，此时取 $x = \xi_b h_0$ 代入式（3-7a），求出该梁的最大受弯承载力为

$$M_{u,\max} = \alpha_1 f_c b h_0^2 \xi_b (1 - 0.5 \xi_b)$$

第三步：验算配筋率，$\rho \geq \rho_{\min}$。如 $\rho < \rho_{\min}$，则原截面设计不合理，应修改设计，如为已建成的工程，则应加固或降低条件使用。

（2）方法二，查表法。

第一步：求 $\xi\left(\xi=\dfrac{f_{\mathrm{y}}A_{\mathrm{s}}}{\alpha_{1}f_{\mathrm{c}}bh_{0}}\right)$。

第二步：由附表 3-8 查得 α_{s}。

第三步：求 M_{u}。当 $\xi\leqslant\xi_{\mathrm{b}}$ 时，则

$$M_{\mathrm{u}}=\alpha_{\mathrm{s}}\alpha_{1}f_{\mathrm{c}}bh_{0}^{2}$$

当 $\xi>\xi_{\mathrm{b}}$ 时，说明该梁超筋，此时的正截面受弯承载力根据式（3-8b）求得

$$M_{\mathrm{u,max}}=\alpha_{1}f_{\mathrm{c}}bh_{0}^{2}\xi_{\mathrm{b}}(1-0.5\xi_{\mathrm{b}})$$

或

$$M_{\mathrm{u,max}}=\alpha_{\mathrm{s,max}}\alpha_{1}f_{\mathrm{c}}bh_{0}^{2}$$

第四步：验算配筋率，$\rho\geqslant\rho_{\min}$。如 $\rho<\rho_{\min}$，则原截面设计不合理，应修改设计，如为已建成的工程，则应加固或降低条件使用。

【例 3-3】 某学校教室梁截面尺寸及配筋图如图 3-23 所示，弯矩设计值 $M=80\ \mathrm{kN\cdot m}$，混凝土强度等级为 C25，采用 HRBF400 级钢筋。验算此梁是否安全（环境类别为一类）。

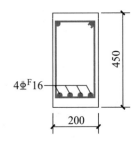

图 3-23 例 3-3 某
学校教室梁截面
尺寸及配筋图

【解】 确定计算数据：$f_{\mathrm{c}}=11.9\ \mathrm{N/mm^2}$，$f_{\mathrm{y}}=360\ \mathrm{N/mm^2}$，$A_{\mathrm{s}}=804\ \mathrm{mm^2}$，$h_{0}=(450-45)\ \mathrm{mm}=405\ \mathrm{mm}$（因混凝土强度等级为 C25，故保护层厚增加 5 mm），$\xi_{\mathrm{b}}=0.518$，$\alpha_{1}=1.0$，$\rho_{\min}=0.2\%$。

（1）方法一，用基本公式法验算。

① 求 x。由式（3-6）得

$$x=\frac{f_{\mathrm{y}}A_{\mathrm{s}}}{\alpha_{1}f_{\mathrm{c}}b}=\frac{360\ \mathrm{N/mm^2}\times804\ \mathrm{mm^2}}{1.0\times11.9\ \mathrm{N/mm^2}\times200\ \mathrm{mm}}\approx121.61\ \mathrm{mm}$$

② 求 M_{u}。

$$x=121.61\ \mathrm{mm}<\xi_{\mathrm{b}}h_{0}=0.518\times405\ \mathrm{mm}=209.79\ \mathrm{mm}$$

受压区高度符合要求。由式（3-7a）得

$$M_{\mathrm{u}}=\alpha_{1}f_{\mathrm{c}}bx\left(h_{0}-\frac{x}{2}\right)$$

$$=1.0\times11.9\ \mathrm{N/mm^2}\times200\ \mathrm{mm}\times121.61\ \mathrm{mm}\times\left(405\ \mathrm{mm}-\frac{1}{2}\times121.61\ \mathrm{mm}\right)$$

$$\approx99.62\times10^{6}\ \mathrm{N\cdot mm}=99.62\ \mathrm{kN\cdot m}>M=80\ \mathrm{kN\cdot m}（安全）$$

或由式（3-7b）得

$$M_{\mathrm{u}}=f_{\mathrm{y}}A_{\mathrm{s}}\left(h_{0}-\frac{x}{2}\right)$$

$$=360\ \mathrm{N/mm^2}\times804\ \mathrm{mm^2}\times\left(405\ \mathrm{mm}-\frac{1}{2}\times121.61\ \mathrm{mm}\right)$$

$$\approx 99.62\times10^6\ \text{N}\cdot\text{mm}=99.62\ \text{kN}\cdot\text{m}>M=80\ \text{kN}\cdot\text{m}(\text{安全})$$

③ 验算最小配筋率。

$$\rho=\frac{A_s}{bh}\times100\%=\frac{804\ \text{mm}^2}{200\ \text{mm}\times450\ \text{mm}}\times100\%\approx0.89\%>\rho_{\min}=0.2\%$$

满足要求。

（2）方法二，用查表法验算。

① 求 ξ。即

$$\xi=\frac{f_yA_s}{\alpha_1f_cbh_0}=\frac{360\ \text{N/mm}^2\times804\ \text{mm}^2}{1.0\times11.9\ \text{N/mm}^2\times200\ \text{mm}\times405\ \text{mm}}\approx0.300$$

② 查附表 3-8，得 $\alpha_s=0.255$。

③ 求 M_u。

$\xi=0.300<\xi_b=0.518$，不超筋。

$$M_u=\alpha_s\alpha_1f_cbh_0^2=0.255\times1.0\times11.9\ \text{N/mm}^2\times200\ \text{mm}\times(405\ \text{mm})^2$$

$$\approx99.55\times10^6\ \text{N}\cdot\text{mm}$$

$$=99.55\ \text{kN}\cdot\text{m}>M=80\ \text{kN}\cdot\text{m}(\text{安全})$$

④ 验算最小配筋率。

$$\rho=\frac{A_s}{bh}\times100\%=\frac{804\ \text{mm}^2}{200\ \text{mm}\times450\ \text{mm}}\times100\%\approx0.89\%>\rho_{\min}=0.2\%$$

满足要求。

根据正截面承载力计算的基本假定，受拉区混凝土不参加工作，拉力完全由钢筋承担，由此可知受拉区的截面形状对受弯构件承载力没有任何影响。图 3-24 所示的矩形、十字形、倒 T 形、花篮形四种截面虽然截面形状各不相同，但只要受压区判断为矩形截面，则无论受拉区形状如何，都应按 $b\times h$ 矩形截面计算。

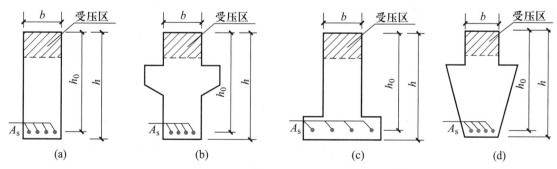

图 3-24　按矩形截面计算的各类截面示例

五、双筋矩形截面梁

如图 3-25 所示，在受拉区和受压区同时设置受力钢筋的截面称为双筋截面。受压区的钢筋承受压力，称为受压钢筋，其截面面积用 A'_s 表示。双筋截面主要用于以下几种情况：

（1）当梁承受的荷载较大，但截面尺寸又受到限制，以致采用单筋截面不能保证适用条件而成为超筋梁时，则需采用双筋截面。

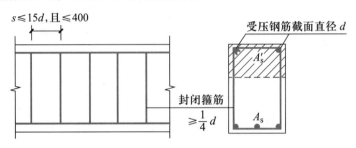

图 3-25   双筋矩形截面

（2）截面承受正负交替弯矩时，需在截面上下均配有受拉钢筋。当其中一种弯矩作用时，实际上是一边受拉另一边受压（即在受压侧实际已存在受压钢筋），这也是双筋截面。

（3）当因构造需要，在截面的受压区设置受力钢筋时，也应按双筋截面计算。

双筋截面不经济，施工不便，除上述情况外，一般不宜采用。

试验证明，当采用受压钢筋时，如采用开口箍筋或箍筋间距过大，受压钢筋在纵向压力作用下，将被压屈凸出引起保护层崩裂，从而导致受压混凝土过早破坏。所以规范规定，当梁中配有按计算需要的纵向受压钢筋时，箍筋应做成封闭式，箍筋的间距不应大于 $15d$（d 为纵向受压钢筋的最小直径），且不应大于 400 mm；当一层内的纵向受压钢筋多于 5 根且直径大于 18 mm 时，箍筋间距不应大于 $10d$；当梁的宽度大于400 mm，且一层内的纵向受压钢筋多于 3 根时，或当梁的宽度不大于 400 mm，但一层内的纵向受压钢筋多于 4 根时，应设置复合箍筋；箍筋直径尚不应小于纵向受压钢筋最大直径的 25%。

六、T 形截面梁

（一）概述

矩形截面受弯构件正截面承载力的计算中，由于受拉区混凝土已开裂，不能承受拉力，所以不考虑中性轴以下的混凝土参加工作。由此可以设想把受拉区的混凝土减少一部分，这样既可节约材料，又减轻自重，如图 3-26 所示，这就形成了 T 形截面的受弯构件。T 形截面在工程中的应用很广泛，如现浇楼盖中的主梁、次梁、吊车梁等。此外，工字形屋面大梁、槽形板、空心板等也均按 T 形截面计算，如图 3-27 所示。

T 形截面由翼缘和肋部（也称腹板）组成。由于翼缘宽度较大，截面有足够的混凝土受压区，很少设置受压钢筋，因此一般仅研究单筋 T 形截面。

通过试验和理论分析，翼缘上的压应力分布是不均匀的，离梁肋越远，压应力越小，在设计时把参加工作的翼缘宽度称为翼缘计算宽度 b'_f。附表 3-9 中列有规范规定的翼缘计算宽度 b'_f，计算时 b'_f 取各项中的较小值。

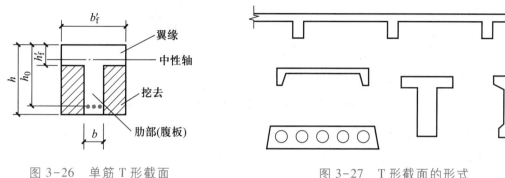

图 3-26 单筋 T 形截面   图 3-27 T 形截面的形式

（二）两类 T 形截面梁

根据中性轴位置的不同，T 形截面可分为两类(图 3-28)：

第一类 T 形截面：中性轴在翼缘内，即 $x \leqslant h'_f$，此类 T 形截面可按矩形截面梁设计，矩形截面的宽度取 b'_f 即可。其计算方法同前面矩形截面，仅将公式中的 b 换成 b'_f。

第二类 T 形截面：中性轴在梁肋内，即 $x > h'_f$。

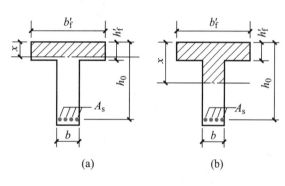

图 3-28 两类 T 形截面

3.3 钢筋混凝土受弯构件斜截面承载力

一、斜裂缝的形成

通过上一节的学习可知，钢筋混凝土受弯构件在主要承受弯矩的区段内会产生垂直裂缝，若其抗弯能力不够，则将沿垂直裂缝发生正截面的破坏。但除了上述的正截面破坏以外，还有可能在剪力和弯矩共同作用的区段内，沿着斜向裂缝发生斜截面的破坏(图 3-29)，这种破坏通常来得较为突然，具有脆性性质。因而在设计中保证构件的斜截面承载力也是非常重要的。

保证斜截面承载力的钢筋主要有两类：箍筋和弯起钢筋（统称腹筋），如图 3-30

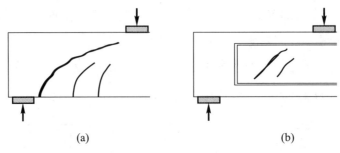

图 3-29　斜裂缝的形式

所示。弯起钢筋可利用正截面抗弯的纵向钢筋直接弯起而成。弯起钢筋的方向可与主拉应力方向一致，能较好地起到提高斜截面承载力的作用，但因其传力较为集中，有可能引起弯起处混凝土的劈裂裂缝(图 3-31)，所以在工程设计中往往首先选用箍筋，然后再考虑采用弯起钢筋，选用的弯起钢筋位置不宜在梁侧边缘，且直径不宜过粗。

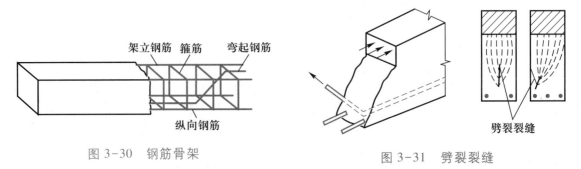

图 3-30　钢筋骨架　　　　　　　　　图 3-31　劈裂裂缝

二、梁沿斜截面破坏的三种形式

影响斜截面承载力的因素很多，除截面大小、混凝土的强度等级、荷载种类(例如均布荷载或集中荷载)外，还有剪跨比和箍筋配筋率(也称配箍率)等。集中荷载至支座的距离称为剪跨，剪跨 a 与梁的有效高度 h_0 之比称为剪跨比，用 λ 表示，即 $\lambda = \dfrac{a}{h_0}$。试验结果表明，斜截面的破坏有以下三种形式：

1. 斜压破坏

当梁的剪跨比较小($\lambda<1$)或梁的箍筋配置过多、过密时，常发生这种破坏。其破坏特征是：在剪弯段出现一些斜裂缝，这些斜裂缝将梁的腹部分割成若干个斜向短柱，最后因混凝土短柱被压碎导致梁的破坏，此时箍筋应力未达到屈服强度(图 3-32a)。这种破坏与正截面超筋梁的破坏相似，未能充分发挥箍筋的作

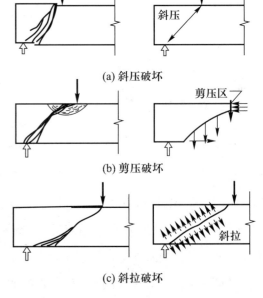

图 3-32　斜截面破坏的三种形式

用，梁腹板很薄的 T 形或工字形梁也会发生斜压破坏。

2. 剪压破坏

当梁的剪跨比 λ 为 1~3，且梁的箍筋配置适中时，常发生这种破坏。其破坏特征是：首先在剪弯段受拉区出现垂直裂缝，然后斜向延伸，逐步形成一主要的较宽裂缝（称临界斜裂缝）。随着荷载的增加，与临界斜裂缝相交的腹筋达到屈服强度，同时剪压区的混凝土在剪应力和压应力共同作用下，达到极限状态而破坏（图 3-32b）。破坏时的荷载明显高于斜裂缝出现时的荷载。剪压破坏的性质类似于正截面的适筋破坏。

3. 斜拉破坏

当梁的剪跨比较大（$\lambda > 3$）或梁的箍筋配置过少时，常发生这种破坏。其破坏特征是：斜裂缝一旦出现，箍筋应力立即达到屈服强度，这条斜裂缝将迅速伸展到梁的受压边缘，使构件很快裂为两部分而破坏（图 3-32c）。这种破坏没有预兆，破坏前梁的变形很小，具有明显的脆性，与正截面少筋梁的破坏相似。

以上三种破坏均属脆性破坏，在工程设计中都应设法避免，但采用的方式不同。斜压破坏可通过限制截面最小尺寸（实际也就是规定了最大配箍率）来防止；斜拉破坏则可用最小配箍率来控制；剪压破坏相当于正截面的适筋破坏，设计中应控制构件的这种破坏类型。因此，斜截面承载力的计算主要就是以剪压破坏为计算模型，防止剪压破坏的发生。

钢筋混凝土受弯构件在不同条件下还可能出现其他的破坏，例如纵向钢筋的锚固破坏、支座处的局部挤压破坏等，这些在工程设计中都应有一定的构造措施来防止。

三、斜截面受剪承载力的计算

（一）计算公式

规范规定，当梁仅配箍筋承受剪力时（图 3-33），其斜截面受剪承载力采用下式计算：

$$V = V_c + V_s \qquad (3-12)$$

式中　V——受剪承载力设计值；

　　　V_c——无腹筋梁的受剪承载力；

　　　V_s——箍筋受剪承载力设计值。

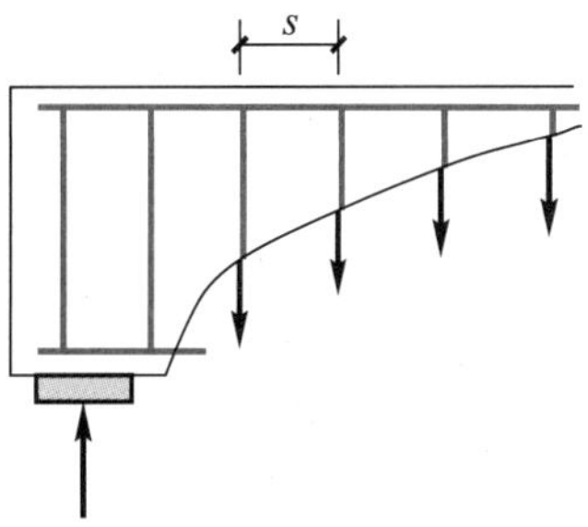

（1）矩形、T 形及工字形截面受弯构件的斜截面受剪承载力计算公式为

$$V \leqslant 0.7f_t b h_0 + f_{yv} \frac{A_{sv}}{s} h_0 \qquad (3-13)$$

图 3-33　斜截面受剪

式中　V——构件斜截面上最大剪力设计值；

　　　b——矩形截面的宽度，T 形、工字形截面的腹板宽度；

　　　h_0——截面的有效高度；

　　　f_t——混凝土轴心抗拉强度设计值；

　　　f_{yv}——箍筋抗拉强度设计值；

　　　A_{sv}——同一截面内各肢箍筋的全部截面面积；

　　　s——沿构件长度方向上箍筋的间距。

　　（2）对于承受以集中荷载为主的矩形截面独立梁（集中荷载对支座截面或节点边缘所产生的剪力占总剪力的 75% 以上），斜截面受剪承载力计算公式为

$$V \leqslant \frac{1.75}{\lambda + 1.0} f_t b h_0 + f_{yv} \frac{A_{sv}}{s} h_0 \tag{3-14}$$

式中　λ——计算截面的剪跨比，$\lambda = \dfrac{a}{h_0}$（当 $\lambda < 1.5$ 时，取 $\lambda = 1.5$；当 $\lambda > 3$ 时，取 $\lambda = 3$），

　　　　　其中 a 为集中荷载作用点处的截面（该点处的截面即为计算截面）至支座截面的距离。

其他符号同前。

　　当矩形、T 形及工字形截面受弯构件符合

$$V \leqslant 0.7 f_t b h_0 \tag{3-15}$$

或承受以集中荷载为主的矩形截面独立梁符合

$$V \leqslant \frac{1.75}{\lambda + 1.0} f_t b h_0 \tag{3-16}$$

时，均可不必进行斜截面受剪承载力计算，即不必按计算配置腹筋。但由于只靠混凝土承受剪力时，一旦出现斜裂缝，构件即破坏，因此规范规定，这类构件仍需按构造要求配置箍筋。

（二）公式适用条件

　　斜截面受剪承载力计算公式是根据剪压破坏的受力状态确定的，要防止斜压破坏和斜拉破坏，必须满足以下条件：

　　（1）为防止斜压破坏，梁的截面最小尺寸应符合下列条件：

当 $\dfrac{h_w}{b} \leqslant 4$ 时（一般梁）　　　　　　$V \leqslant 0.25 \beta_c f_c b h_0$ $\tag{3-17a}$

当 $\dfrac{h_w}{b} \geqslant 6$ 时（薄腹梁）　　　　　　$V \leqslant 0.2 \beta_c f_c b h_0$ $\tag{3-17b}$

当 $4 < \dfrac{h_w}{b} < 6$ 时，按内插法取用。

式中　h_w——截面的腹板高度，矩形截面取有效高度 h_0，T 形截面取有效高度 h_0 减去

翼缘高度，工字形截面取腹板净高；

β_c——混凝土强度影响系数，当混凝土强度等级不大于 C50 时取 $\beta_c = 1.0$，混凝土强度等级为 C80 时取 $\beta_c = 0.8$，其间按线性内插法取值；

f_c——混凝土轴心抗压强度设计值。

以上规定实际上是间接地对箍筋最大用量（最大配箍率）作了限制，避免了斜压破坏。

（2）为防止斜拉破坏，应满足最小配箍率的要求：

$$\rho_{sv} = \frac{A_{sv}}{bs} \geqslant \rho_{sv,min} = 0.24\frac{f_t}{f_{yv}} \tag{3-18}$$

为控制使用荷载下的斜裂缝宽度，并保证箍筋穿越每条斜裂缝，规范规定了最大箍筋间距 s_{max}（见附表 3-2）。

至此，受弯构件中箍筋设计的最基本构造要求是：最小配箍率 $\rho_{sv,min}$、最大箍筋间距 s_{max} 和最小箍筋直径 d_{min}。

（三）斜截面受剪承载力计算步骤

1. 剪力取值

斜截面受剪承载力设计值应取作用在该斜截面范围内的最大剪力。

2. 复核截面尺寸

按式（3-17a）或式（3-17b）进行梁截面尺寸的复核，如不能满足要求，则加大截面尺寸或提高混凝土的强度等级。

3. 确定是否需要按计算配置箍筋

如剪力设计值满足式（3-15）或式（3-16），则仅需要按构造要求配置箍筋。当不满足时，应按斜截面受剪承载力计算配置箍筋。

4. 计算箍筋数量——仅配置箍筋的梁

由式（3-13）或式（3-14）可知，对矩形、T 形及工字形截面的一般受弯构件：

$$\frac{A_{sv}}{s} \geqslant \frac{V - 0.7f_t b h_0}{f_{yv} h_0} \tag{3-19}$$

对承受以集中荷载为主的矩形截面独立梁：

$$\frac{A_{sv}}{s} \geqslant \frac{V - \dfrac{1.75}{\lambda + 1.0} f_t b h_0}{f_{yv} h_0} \tag{3-20}$$

求出 $\dfrac{A_{sv}}{s}$ 后，先选定箍筋肢数 n 和直径（确定单肢横截面面积 A_{sv1}），则 $A_{sv} = nA_{sv1}$，最后再求出箍筋间距 s。箍筋除应满足计算要求外，尚应符合构造要求。

5. 验算配箍率

根据式（3-18）验算最小配箍率。

【例 3-4】 矩形截面简支梁截面尺寸为 200 mm×500 mm，计算跨度 $l_0 = 4.24$ m（净跨 $l_n = 4$ m），承受均布荷载设计值（包括自重）$q = 100$ kN/m（图 3-34），混凝土强度等级采用 C40（$f_c = 19.1$ N/mm²，$f_t = 1.71$ N/mm²），箍筋采用 HRB400 级钢筋（$f_{yv} = 360$ N/mm²）。求箍筋数量（已知纵筋配置一排，环境类别为一类，$a_s = 40$ mm）。

【解】（1）计算剪力设计值。支座边缘剪力设计值为

$$V = \frac{1}{2}ql_n = \frac{1}{2} \times 100 \text{ kN/m} \times 4 \text{ m}$$

$$= 200 \text{ kN} = 200\,000 \text{ N}$$

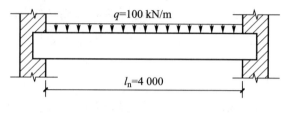

图 3-34　例 3-4 图

（2）复核梁的截面尺寸。由于

$$h_w = h_0 = h - a_s = 500 \text{ mm} - 40 \text{ mm} = 460 \text{ mm}$$

$$\frac{h_w}{b} = \frac{460 \text{ mm}}{200 \text{ mm}} = 2.3 < 4.0$$

应按式（3-17a）复核，得

$$0.25\beta_c f_c b h_0 = 0.25 \times 1.0 \times 19.1 \text{ N/mm}^2 \times 200 \text{ mm} \times 460 \text{ mm}$$

$$= 439\,300 \text{ N} > V = 200\,000 \text{ N}$$

截面尺寸满足要求。

（3）确定是否需要按计算配置箍筋。由式（3-15）得

$$0.7f_t b h_0 = 0.7 \times 1.71 \text{ N/mm}^2 \times 200 \text{ mm} \times 460 \text{ mm}$$

$$= 110\,124 \text{ N} < V = 200\,000 \text{ N}$$

需进行斜截面受剪承载力计算，按计算配置箍筋。

（4）箍筋计算。由式（3-19）得

$$\frac{A_{sv}}{s} \geq \frac{V - 0.7f_t b h_0}{f_{yv} h_0} = \frac{200\,000 \text{ N} - 110\,124 \text{ N}}{360 \text{ N/mm}^2 \times 460 \text{ mm}} \approx 0.543 \text{ mm}$$

选用双肢箍筋 φ8（$n = 2$，$A_{sv1} = 50.3$ mm²），则箍筋间距为

$$s \leq \frac{A_{sv}}{0.543 \text{ mm}} = \frac{nA_{sv1}}{0.543 \text{ mm}} = \frac{2 \times 50.3 \text{ mm}^2}{0.543 \text{ mm}} \approx 185.267 \text{ mm}$$

取 $s = 150$ mm，沿梁全长等距布置。即 φ8@150（双肢箍）。

（5）验算配箍率。

实际配箍率为

$$\rho_{sv} = \frac{nA_{sv1}}{sb} \times 100\% = \frac{2 \times 50.3 \text{ mm}^2}{150 \text{ mm} \times 200 \text{ mm}} \times 100\% \approx 0.335\%$$

最小配箍率为

$$\rho_{sv,min} = 0.24\frac{f_t}{f_{yv}} \times 100\% = 0.24 \times \frac{1.71 \text{ N/mm}^2}{360 \text{ N/mm}^2} \times 100\% = 0.114\% < 0.335\%$$

$\rho_{sv}>\rho_{sv,min}$，满足要求。

3.4 工程质量事故案例

20 世纪 80~90 年代，我国建造了大量砖混结构房屋，当时房屋质量标准普遍较低，出现了不少质量问题。

【案例一】

(一) 工程概况

1982 年 12 月 9 日上午 11 时，正在施工中的某中学教学楼，因屋面一根钢筋混凝土进深梁断裂坠落，在梁的垂直冲击荷载作用下，其下部各层梁连续被砸断，造成房屋倒塌。因此时工人已下班，幸未造成伤亡。

该工程系三层砖混结构，开间 3.2 m，全长 42.4 m，进深(连外走廊)8.4 m，其中教室进深 6.4 m，层高 3.45 m，其平面、剖面简图如图 3-35 所示。教学楼的每一教室均为三个开间、配两根混凝土强度等级为 C20、断面为 250 mm×450 mm 的钢筋混凝土进深梁。屋面采用空心板，60 mm 厚 1∶8 水泥炉渣保温层，20 mm 厚水泥砂浆找平层，二毡三油防水层上撒绿豆砂，20 mm 厚顶棚抹灰。建筑面积为 800 m²。1982 年 8 月 3 日开工，11 月 3 日主体结构完工，在屋面施工中倒塌。

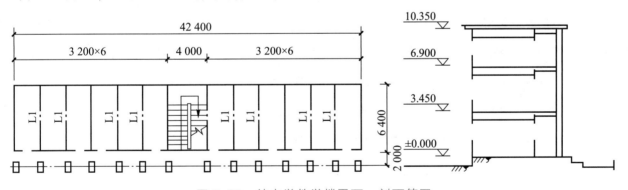

图 3-35　某中学教学楼平面、剖面简图

(二) 倒塌原因分析

1. 复核原设计

梁 L1 断面及配筋如图 3-36 所示，有关计算数据：$f_t = 1.1$ N/mm²，$f_c = 9.6$ N/mm²，$f_y = 210$ N/mm²(原规范中的 I 级钢筋，$f_y = 210$ N/mm²，新规范已淘汰)，$\alpha_1 = 1.0$，屋面可变荷载为 0.7 kN/m²，钢筋混凝土自重为 25 kN/m²，屋面板自重为 1.6 kN/m²，水泥砂浆自重为 20 kN/m³，水泥炉渣自重为 14 kN/m³，二毡三油防水层自重为 0.35 kN/m²，抹灰层自重为 17 kN/m³，永久荷载、可变荷载分项系数分别为 1.3 与 1.5，$A_s =$

$1\ 473\ mm^2$，$h_0 = (450-40)\ mm = 410\ mm$。

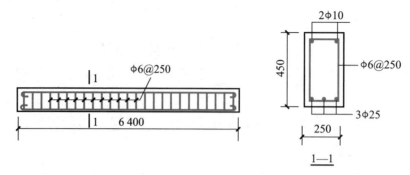

图 3-36　梁 L1 断面及配筋

（1）荷载计算。梁的均布荷载设计值为

$$q = 1.3 \times [0.25\ m \times 0.45\ m \times 25\ kN/m^3 + 0.45\ m \times 2 \times 0.02\ m \times 17\ kN/m^3 +$$

$$(1.6\ kN/m^2 + 0.02\ m \times 20\ kN/m^3 + 0.06\ m \times 14\ kN/m^3 + 0.35\ kN/m^2 + 0.02\ m \times$$

$$17\ kN/m^3) \times 3.2\ m] + 1.5 \times 0.7\ kN/m^2 \times 3.2\ m$$

$$\approx 22.099\ kN/m$$

（2）复核梁正截面承载力。

$$M = \frac{1}{8}ql_0^2 = \frac{1}{8} \times 22.099\ kN/m \times (6.4\ m)^2 \approx 113.15\ kN \cdot m$$

$$\xi = \frac{f_y A_s}{\alpha_1 f_c b h_0} = \frac{210\ N/mm^2 \times 1\ 473\ mm^2}{1.0 \times 9.6\ N/mm^2 \times 250\ mm \times 410\ mm} \approx 0.314 < \xi_b = 0.576$$

查附表 3-8 得 $\alpha_s = 0.265$

$$M_u = \alpha_s \alpha_1 f_c b h_0^2 = 0.265 \times 1.0 \times 9.6\ N/mm^2 \times 250\ mm \times (410\ mm)^2 \approx 106.91 \times 10^6\ N \cdot mm$$

$$= 106.91\ kN \cdot m < M = 113.15\ kN \cdot m（不安全）$$

（3）复核梁斜截面承载力。

$$l_n = 6.4\ m - 0.24\ m^{①} = 6.16\ m$$

$$V = \frac{1}{2}ql_n = \frac{1}{2} \times 22.099\ kN/m \times 6.16\ m \approx 68.06\ kN$$

$$0.7f_t b h_0 = 0.7 \times 1.1\ N/mm^2 \times 250\ mm \times 410\ mm = 78\ 925\ N = 78.925\ kN > V = 68.06\ kN$$

因 $V < 0.7f_t b h_0$，故只配构造箍筋即可。

通过以上复核说明：按现行规范计算，梁的正截面受弯承载力不足。

2. 施工质量检查

通过对倒塌建筑进行施工质量检查发现：

（1）梁 L1 原设计采用 C20 混凝土，施工时未留试块，事后鉴定为 C7.5（原规范混

———————————

① 轴线至内墙面的距离为 120 mm。

凝土强度等级,新规范已淘汰)左右,按 C7.5 混凝土强度等级进行梁正截面承载力复核,已超筋,实际承载力只有 70 kN·m,同时在梁的断口处可清楚地看出砂石未进行清洗,混有鸽子蛋大小的黄土块及树叶、白灰砂浆等杂质。

（2）水泥标号低。所用水泥为当地某县生产的 425 号普通硅酸盐水泥（原规范水泥标号,新规范采用强度等级,425 号水泥抗压强度相当于现在的 32.5 级水泥）,经检验实际为 325 号（新规范已淘汰）左右。

（3）梁的受力钢筋向一侧偏移,在梁中部断口处可见梁的受拉区 1/3 宽度范围内无钢筋,这改变了梁的受力状态。

（三）结论

造成该事故既有设计原因,亦有施工质量原因,主要是材料强度不符合设计要求;钢筋严重偏向一侧,使梁形成非平面弯曲工作,造成侧向失稳,导致破坏。

【案例二】

（一）工程与事故概况

某教学楼为三层混合结构,纵墙承重,外墙厚 300 mm,内墙厚 240 mm,灰土基础,楼盖为现浇钢筋混凝土结构,建筑平面图如图 3-37 所示。

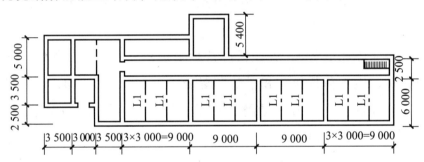

图 3-37　建筑平面图

该工程在 10 月浇筑第二层楼盖混凝土,11 月初浇筑第三层楼盖混凝土,主体结构于次年 1 月完成。4 月作装饰工程时,发现大梁两侧的混凝土楼板上部普遍开裂,裂缝方向与大梁平行。凿开部分混凝土检查,发现板内负筋被踩下。施工人员决定加固楼板,7 月施工,板厚由 70 mm 增加到 90 mm。

该教学楼使用后,各层大梁普遍开裂,裂缝特征如下:

（1）裂缝分布与数量。梁的两端裂缝多而密,跨中较少,每根梁裂缝数量一般为 10~15 条,少者 4 条,最多的 22 条。

（2）裂缝方向。多数为斜裂缝,一般倾角为 50°~60°,个别为 40°,跨中为竖向裂缝,如图 3-38 所示。

（3）裂缝位置。一般裂缝均在梁的中性轴以下,至受拉纵筋边缘,个别贯通梁的全高。

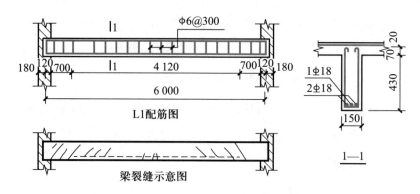

图 3-38　梁 L1 配筋与裂缝示意图

（4）裂缝宽度。梁两端的裂缝较宽，为 0.5~1.2 mm，跨中附近裂缝较窄，为 0.1~0.5 mm。

（5）裂缝深度。一般小于梁宽的 1/3，个别的两面贯穿。

（二）事故原因分析

造成该事故的原因与设计、施工均有关，但主要是施工方面的问题，具体原因有：

1. 施工方面存在的问题

（1）浇筑混凝土时，把板中的负筋踩下，造成板与梁连接处附近出现通长裂缝。

（2）出现裂缝后，采用增加板厚 20 mm 的方法加固，使梁的荷重加大而开裂明显。

（3）混凝土水泥用量过少。

（4）第二层楼盖浇完后 2 h，就在新浇楼板上铺脚手板，大量堆放砖和砂浆，并进行上层砖墙的砌筑，施工荷载超载和早龄期混凝土受振动是事故的重要原因之一。

（5）混凝土强度低。浇筑第三层楼盖混凝土时，室内温度已降至 0~1℃，没有采取任何冬期施工措施。试块强度 21 d 才达到设计值的 42.5%，一个月的试块强度才达到 52% 的设计强度。因此，混凝土早期受冻导致强度低是产生混凝土裂缝的重要原因之一。此外，混凝土振实差、养护不良以及浇筑前模板内杂物未清理干净等因素，也造成混凝土强度低。

2. 设计方面存在的问题

（1）对楼板加厚产生的不利因素考虑不周。例如梁 L1 的设计荷载因加厚板而增加，自 15 kN/m 增加到 17.105 kN/m，按经验算梁内主筋少了 9.4%，是跨中产生竖向裂缝的原因之一。又如楼板加厚导致梁内剪力显著增加，剪力设计值约为无腹筋截面的抗剪强度的 1.8 倍，因此梁较易产生斜裂缝。设计存在的问题，加上施工时混凝土强度低，使这些裂缝更加严重。

（2）梁箍筋间距太大。设计规范规定：梁高为 500 mm 时，箍筋最大间距为 200 mm，而该工程的梁箍筋为 φ6@300。因此虽然设置箍筋后的截面抗剪强度略大于设计剪力值，但是因为箍筋间距太大，使箍筋之间的混凝土出现斜裂缝，这也是斜裂缝大多呈 50°~60° 倾角的原因，如图 3-39 所示。

（3）纵向钢筋截断处均有斜裂缝，这是由于违反设计规范"纵向钢筋不宜在受拉区截断"的规定而造成的。

以上两个案例的警示：百年大计，质量为本，科学来不得半点马虎，设计、施工必须严格按照我国施工标准、规范进行，不能偷工减料，材料要有严格的检验。同学们要养成科学严谨、一丝不苟的工作习惯，遵纪守法、遵守规范，做一名合格的施工员。

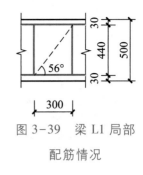

图 3-39　梁 L1 局部
配筋情况

复习思考题

3-1　试述板和梁中各钢筋的作用。

3-2　试述少筋梁、适筋梁及超筋梁的破坏特征。

3-3　适筋梁从受力起至破坏为止，其应力状态共分为几个阶段？试述其特点。

3-4　单筋矩形正截面承载力计算的基本公式有哪几个？为了防止超筋破坏和少筋破坏，分别必须符合哪些条件？

3-5　简述单筋矩形正截面设计的步骤。简述采用基本公式法和查表法分别进行验算的步骤。

3-6　在什么情况下可采用双筋梁？

3-7　T 形截面有何优点？共分几类？

3-8　受弯构件斜截面破坏有哪三种形态？以哪种破坏为计算依据？

3-9　写出斜截面受剪承载力的计算公式，解释公式中各部分的意义及各符号的意义。

3-10　试述斜截面受剪承载力的计算步骤。

3-11　某现浇肋形楼盖次梁的截面尺寸为 200 mm×400 mm，承受弯矩设计值 $M = 70$ kN·m，采用 C30 混凝土，HRB400 级钢筋。试确定此梁的纵向受力钢筋面积（环境类别二 a 类）。

3-12　某办公楼中间走廊的简支平板如图 3-40 所示，计算跨度 $l_0 = 2.48$ m，净跨 $l_n = 2.0$ m，板厚 80 mm，承受均布荷载设计值 $q = 6$ kN/m（包括永久荷载与可变荷载，已计入相应的荷载分项系数），采用 C25 混凝土，HRB400 级钢筋，混凝土保护层厚度为 15mm。求受拉钢筋截面面积 A_s。

3-13　梁截面尺寸 $b×h = 250$ mm×450 mm，采用 C30 混凝土，配有 4 ϕ 18（$A_s = 1\,017$ mm²），$a_s = 35$ mm。该截面能否承受弯矩设计值 $M = 110$ kN·m（环境类别一类）？

3-14　矩形截面简支梁截面尺寸 $b×h = 250$ mm×550 mm，净跨 $l_n = 5.76$ m，承受均

布荷载设计值 $q=40\ kN/m$（包括自重），采用 C25 混凝土，箍筋采用 HPB300 级钢筋。求箍筋数量（环境类别一类）。

3-15　矩形截面简支梁尺寸如图 3-41 所示，承受均布荷载设计值 $q=46\ kN/m$（包括自重），混凝土强度等级为 C30，经正截面受弯承载力计算，已配纵向受力钢筋 4 ⊕ 20。求箍筋数量（箍筋用 HPB300 级钢筋，环境类别一类）。

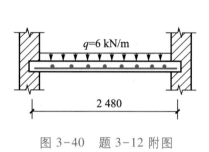

图 3-40　题 3-12 附图

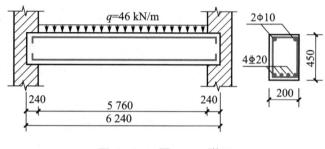

图 3-41　题 3-15 附图

单元 4　钢筋混凝土受压构件——柱

4.1　钢筋混凝土受压构件的构造要求

一、受压构件的分类

钢筋混凝土受压构件（柱）按纵向力与构件截面形心相互位置的不同，可分为轴心受压构件与偏心受压构件（单向偏心受压和双向偏心受压构件），如图 4-1 所示。当纵向外力 N 的作用线与构件截面形心轴线重合时为轴心受压构件。常见的钢

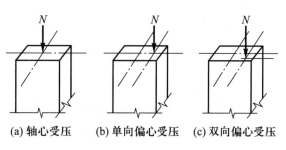

(a) 轴心受压　　(b) 单向偏心受压　　(c) 双向偏心受压

图 4-1　轴心受压构件和偏心受压构件

筋混凝土轴心受压构件，如等跨柱网房屋的内柱、钢筋混凝土屋架的受压腹杆等，如图 4-2a 所示。当纵向外力 N 的作用线与构件截面形心轴线不重合时为偏心受压构件，如图 4-2b 所示的厂房柱等。

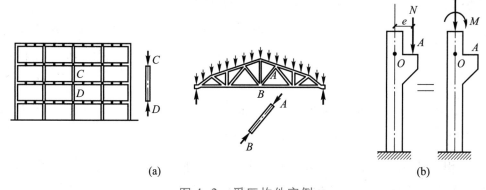

(a)　　　　　　　　　　　　　　　(b)

图 4-2　受压构件实例

二、受压构件的构造要求

1. 混凝土强度等级

混凝土强度等级对受压构件的承载力影响较大，为了充分利用混凝土承压，减小

截面尺寸，节约钢材，受压构件宜采用较高强度等级的混凝土。一般设计中常用的混凝土强度等级为 C25~C40。必要时也可采用更高强度等级的混凝土。

2. 截面形式及尺寸

钢筋混凝土受压构件一般采用正方形或矩形截面，有特殊要求时也采用圆形或多边形截面，装配式厂房柱则常用工字形截面，如图 4-3 所示。为了避免构件长细比过大，使承载力降低过多，柱截面尺寸一般不宜小于 250 mm×250 mm，长细比应控制为 $l_0/b \leqslant 30$、$l_0/h \leqslant 25$、$l_0/d \leqslant 25$。此处，l_0 为柱的计算长度，b 为柱的短边，h 为柱的长边，d 为圆形柱的直径。当柱截面的边长在 800 mm 以下时，一般以 50 mm 为模数；边长在 800 mm 以上时，以 100 mm 为模数。

图 4-3　受压构件的截面形式

3. 纵向钢筋

纵向钢筋应根据计算确定，同时应符合下列规定：

（1）纵向受力钢筋应采用 HRB400、HRBF400、HRB500、HRBF500 级钢筋。

（2）纵向受力钢筋直径 d 不宜小于 12 mm，一般在 12~32 mm 范围内选用。矩形截面钢筋根数不得少于 4 根，以便与箍筋形成刚性骨架。轴心受压构件中纵向受力钢筋应沿截面四周均匀配置，偏心受压构件中纵向受力钢筋应布置在与偏心压力作用平面垂直的两侧。圆形截面钢筋根数不宜少于 8 根，不应少于 6 根，宜沿截面周边均匀配置。

（3）全部纵向钢筋的配筋率不宜大于 5%，也不应小于 0.5%；当采用 400 MPa 级钢筋时，全部纵向受力钢筋的配筋率不应小于 0.55%；当采用 300 MPa 级钢筋时，配筋率不应小于 0.6%；同时一侧受压钢筋的配筋率不应小于 0.2%。

（4）柱内纵向钢筋的净距不应小于 50 mm，且不宜大于 300 mm；对水平浇筑的预制柱不应小于 30 mm 和 1.5d（d 为钢筋的最大直径）。纵向钢筋的混凝土保护层厚度要求见附表 3-3。

（5）偏心受压柱当截面高度 ≥ 600 mm 时，在柱侧面应设 $d \geqslant 10$ mm 的纵向构造钢筋，并相应设置复合箍筋或拉结筋。

（6）柱相邻纵向钢筋连接接头应相互错开。在同一截面内钢筋接头面积百分率不宜大于 50%。柱变截面处纵向钢筋构造如图 4-4 所示。

4. 箍筋

柱中的箍筋（图 4-5）应符合下列规定：

（1）柱中箍筋应为封闭式，其直径不应小于 $d/4$（d 为纵向钢筋的最大直径），且不应小于 6 mm。

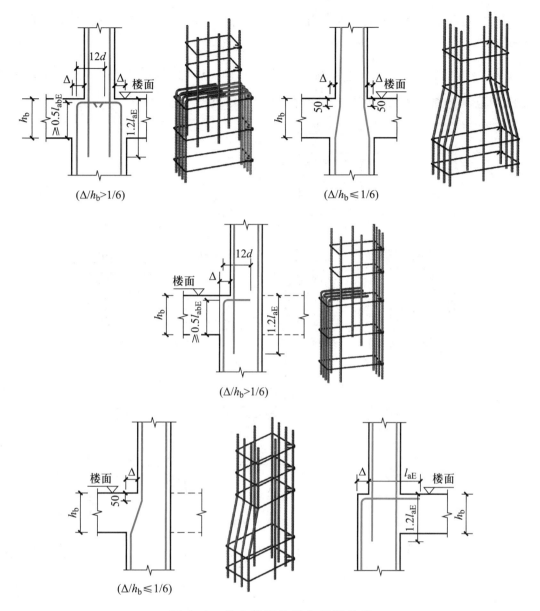

图 4-4 柱变截面处纵向钢筋构造

（2）箍筋间距不应大于 400 mm 及构件截面的短边尺寸，且不应大于 15d（d 为纵向钢筋的最小直径）。

（3）当柱中全部纵向受力钢筋的配筋率超过 3% 时，箍筋直径不应小于 8 mm，其间距不应大于 10d（d 为纵向受力钢筋的最小直径），且不应大于 200 mm；箍筋末端应做成 135° 弯钩，且弯钩末端平直段长度不应小于 10d（d 为箍筋直径）；箍筋也可焊成封闭环式。

（4）当柱截面短边尺寸大于 400 mm，且各边纵向钢筋多于 3 根时，或当柱截面短边尺寸不大于 400 mm，但各边纵向钢筋多于 4 根时，应设置复合箍筋，其布置要求是使纵向钢筋至少每隔一根位于箍筋转角处。

（5）截面形状复杂的柱，不允许采用有内折角的箍筋，因内折角箍筋受力后有拉直趋势,其合力将使内折角处的混凝土崩裂。截面形状复杂的柱应采用图 4-6 所示的叠套箍筋形式。

(6) 柱内纵向钢筋搭接长度范围内的箍筋应加密,其构造做法与梁中纵向受力钢筋搭接长度范围内加密配置箍筋的规定相同,见单元 3 第 3.1 节。

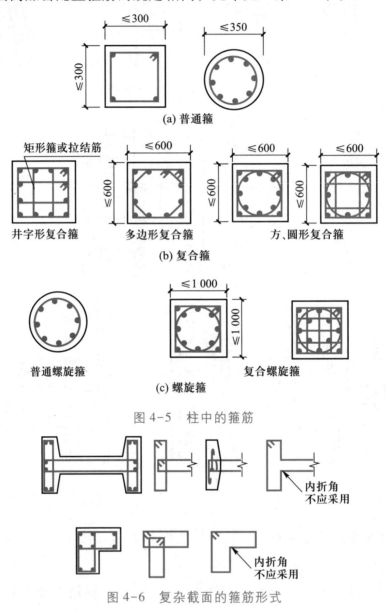

图 4-5　柱中的箍筋

图 4-6　复杂截面的箍筋形式

4.2　钢筋混凝土轴心受压构件

一、轴心受压柱破坏特征

对于配有对称纵向受力钢筋和箍筋的钢筋混凝土矩形截面柱,当配有低强度或中等强度的钢筋时，在轴向力作用下，其钢筋应力首先达到屈服强度，而后混凝土应变达到极限压应变，此时混凝土产生纵向裂缝，保护层剥落，箍筋间纵向钢筋发生压屈，向外凸出，混凝土被压碎而破坏（图4-7a）。破坏时，钢筋和混凝土的抗压强度都得到了充分利用。当配有高强度钢

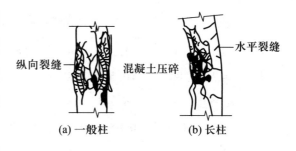

图4-7 轴心受压柱破坏形态

筋时，当混凝土应变达到极限压应变而被破坏时，钢筋往往达不到屈服强度，其值约为435 N/mm²，所以采用高强度钢筋时，其强度不能充分利用。

对于长而细的构件，由于各种偶然因素造成的初始偏心距的影响，在轴向力作用下，易发生纵向弯曲，破坏时在构件的一侧产生纵向裂缝，混凝土被压碎，在另一侧产生水平裂缝（图4-7b）。对于长细比很大的长柱，还有可能发生"失稳破坏"。

试验表明，长柱的破坏荷载低于其他条件相同的短柱破坏荷载。

二、截面承载力的计算

轴心受压构件的承载力由混凝土和钢筋两部分的承载力组成。由于实际工作中初始偏心距的存在，且多为细长的受压构件，破坏前将发生纵向弯曲，所以需要考虑纵向弯曲对构件截面承载力的影响。在轴心受压柱承载力的计算中，规范采用了稳定系数 φ 表示承载力的降低程度，为保持与偏心受压构件正截面计算具有相近的可靠度，规范又考虑了0.9的折减系数。其计算公式如下（图4-8）：

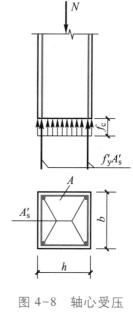

$$N \leqslant 0.9\varphi(f_c A + f_y' A_s') \tag{4-1}$$

式中　N——轴向压力设计值；

φ——钢筋混凝土轴心受压构件的稳定系数，按表4-1采用；

f_c——混凝土轴心抗压强度设计值；

f_y'——纵向钢筋的抗压强度设计值；

A_s'——全部纵向钢筋的截面面积；

A——构件截面面积，当为矩形截面时，$A = b \times h$；当纵向

钢筋配筋率大于3%时，式中 A 应改用 $A-A_s'$ 代替。

图4-8 轴心受压柱计算图式

刚性屋盖单层房屋排架柱、露天吊车柱和栈桥柱的计算长度 l_0 可按表4-2取用。一般多层房屋中梁柱为刚接的框架结构，其各层柱的计算长度 l_0 可按表4-3取用。

表 4-1   钢筋混凝土轴心受压构件的稳定系数 φ

l_0/b	≤8	10	12	14	16	18	20	22	24	26	28
l_0/d	≤7	8.5	10.5	12	14	15.5	17	19	21	22.5	24
l_0/i	≤28	35	42	48	55	62	69	76	83	90	97
φ	1.0	0.98	0.95	0.92	0.87	0.81	0.75	0.70	0.65	0.60	0.56
l_0/b	30	32	34	36	38	40	42	44	46	48	50
l_0/d	26	28	29.5	31	33	34.5	36.5	38	40	41.5	43
l_0/i	104	111	118	125	132	139	146	153	160	167	174
φ	0.52	0.48	0.44	0.40	0.36	0.32	0.29	0.26	0.23	0.21	0.19

注：表中 l_0 为构件的计算长度；b 为矩形截面的短边尺寸；d 为圆形截面的直径；i 为截面的最小回转半径。

表 4-2   刚性屋盖单层房屋排架柱、露天吊车柱和栈桥柱的计算长度

柱的类别		l_0		
		排架方向	垂直排架方向	
			有柱间支撑	无柱间支撑
无吊车房屋柱	单跨	1.5H	1.0H	1.2H
	两跨及多跨	1.25H	1.0H	1.2H
有吊车房屋柱	上柱	$2.0H_u$	$1.25H_u$	$1.5H_u$
	下柱	$1.0H_l$	$0.8H_l$	$1.0H_l$
露天吊车柱和栈桥柱		$2.0H_l$	$1.0H_l$	—

注：表中 H 为从基础顶面算起的柱全高；H_l 为从基础顶面至装配式吊车梁底面或现浇式吊车梁顶面的柱下部高度；H_u 为从装配式吊车梁底面或现浇式吊车梁顶面算起的柱上部高度。

表 4-3   框架结构各层柱的计算长度

楼盖类型	柱的类别	l_0
现浇楼盖	底层柱	1.0H
	其余各层柱	1.25H
装配式楼盖	底层柱	1.25H
	其余各层柱	1.5H

注：表中 H 对底层柱为从基础顶面到一层楼盖顶面的高度；对其余各层柱为上、下两层楼盖顶面之间的高度。

【例 4-1】 某现浇多层钢筋混凝土框架结构，底层中柱按轴心受压构件计算，柱高 $H = 6.4$ m，柱截面面积 $b×h = 400$ mm×400 mm，承受轴向压力设计值 $N = 2\,450$ kN，采

用 C30 混凝土($f_c = 14.3$ N/mm^2)、HRB400 级钢筋($f'_y = 360$ N/mm^2)。求纵向钢筋面积，并配置纵向钢筋和箍筋。

【解】（1）求稳定系数。柱计算长度为

$$l_0 = 1.0H = 1.0 \times 6.4 \text{ m} = 6.4 \text{ m}$$

且

$$\frac{l_0}{b} = \frac{6\ 400 \text{ mm}}{400 \text{ mm}} = 16$$

查表 4-1，得 $\varphi = 0.87$。

（2）计算纵向钢筋面积 A'_s。由式（4-1）得

$$A'_s = \frac{\dfrac{N}{0.9\varphi} - f_c A}{f'_y} = \frac{\dfrac{2\ 450 \times 10^3 \text{ N}}{0.9 \times 0.87} - 14.3 \text{ N/mm}^2 \times (400 \text{ mm})^2}{360 \text{ N/mm}^2}$$

$$\approx 2\ 336 \text{ mm}^2$$

（3）配筋。选用纵向钢筋 8Φ20（$A'_s = 2\ 513$ mm^2）。箍筋为

$$\text{直径 } d \begin{cases} \geq \dfrac{d}{4} = \dfrac{20 \text{ mm}}{4} = 5 \text{ mm} \\ \geq 6 \text{ mm} \end{cases} \quad \text{取 } \phi 8$$

$$\text{间距 } s \begin{cases} \leq 400 \text{ mm} \\ \leq b = 400 \text{ mm} \\ \leq 15d = 15 \times 20 \text{ mm} = 300 \text{ mm} \end{cases} \quad \text{取 } s = 300 \text{ mm}$$

所以，选用箍筋 $\phi 8@300$。

（4）验算。

$$\rho = \frac{A'_s}{b \times h} \times 100\% = \frac{2\ 513 \text{ mm}^2}{400 \text{ mm} \times 400 \text{ mm}} \times 100\% \approx 1.57\%$$

$\rho > 0.55\%$，满足最小配筋率的要求。

$\rho < 3\%$，不必用 $A - A'_s$ 代替 A。

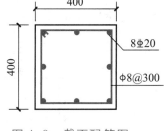

图 4-9 截面配筋图

（5）画截面配筋图（图 4-9）。

【例 4-2】 某轴心受压柱截面面积 $b \times h = 350$ mm $\times 450$ mm，计算长度 $l_0 = 5$ m，轴向压力设计值 $N = 2\ 000$ kN，已配箍筋 $\phi 8@300$，纵向钢筋配有 4Φ22（$A'_s = 1\ 520$ mm^2，$f'_y = 360$ N/mm^2），采用 C30 混凝土（$f_c = 14.3$ N/mm^2）。试验算是否安全。

【解】（1）根据长细比值查稳定系数 φ。即

$$\frac{l_0}{b} = \frac{5\ 000 \text{ mm}}{350 \text{ mm}} \approx 14.3$$

查表 4-1 并用插入法得 $\varphi = 0.91$。

（2）验算配筋率。即

$$\rho = \frac{A'_s}{b \times h} \times 100\% = \frac{1\ 520\ \text{mm}^2}{350\ \text{mm} \times 450\ \text{mm}} \times 100\% \approx 0.96\%$$

0.55% < 0.96% < 3%，符合要求。

（3）验算轴向力。此柱承载力设计值为

$$N = 0.9\varphi(f_c A + f'_y A'_s)$$
$$= 0.9 \times 0.91 \times (14.3\ \text{N/mm}^2 \times 350\ \text{mm} \times 450\ \text{mm} + 360\ \text{N/mm}^2 \times 1\ 520\ \text{mm}^2)$$
$$\approx 2\ 292\ 750\ \text{N} = 2\ 292.75\ \text{kN} > 2\ 000\ \text{kN}（安全）$$

4.3　钢筋混凝土偏心受压构件

一、偏心受压构件的破坏形态及其分类

如图 4-10 所示，受压力 N 和弯矩 M 共同作用的截面等效于偏心距 $e_0 = M/N$ 的偏心受压截面。当偏心距 $e_0 = 0$，即弯矩 $M = 0$ 时，为轴心受压情况；当 $N = 0$ 时，为纯受弯情况。因此，偏心受压构件的受力性能和破坏形态介于轴心受压和纯受弯之间。为增强抵抗压力和弯矩的能力，偏心受压构件一般同时在截面两侧配置纵向钢筋 A_s 和 A'_s（A_s 为受拉侧纵向钢筋，A'_s 为受压侧纵向钢筋），同时构件中应配置必要的箍筋，防止纵向受压钢筋的压屈。

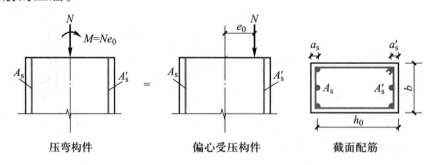

压弯构件　　　　　　偏心受压构件　　　　　　截面配筋

图 4-10　偏心受压构件计算图示

偏心受压构件根据偏心距 e_0 的大小和纵向钢筋的配筋率不同，有两种破坏形态。

1. 大偏心受压破坏——受拉破坏

当截面相对偏心距 e_0/h_0 较大，且受拉侧纵向钢筋 A_s 配置合适时，截面受拉侧混凝土较早出现裂缝，受拉侧纵向钢筋的应力随荷载增加发展较快，首先达到屈服。此后，裂缝迅速开展，受压区高度减小，最后受压侧纵向钢筋 A'_s 屈服，受压区混凝土压碎而达到破坏，这种破坏称为受拉破坏，如图 4-11a 所示。受拉破坏具有明显破坏预

兆，变形能力较大，属塑性破坏。其破坏特征与配有纵向受力钢筋的适筋梁相似，承载力主要取决于受拉侧纵向钢筋 A_s。形成这种破坏的条件是：截面相对偏心距 e_0/h_0 较大，且受拉侧纵向钢筋的配筋率合适。

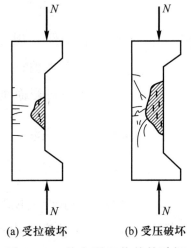

2. 小偏心受压破坏——受压破坏

当截面相对偏心距 e_0/h_0 较小，或虽然截面相对偏心距 e_0/h_0 较大，但受拉侧纵向钢筋 A_s 配置较多时，截面受压区混凝土和纵向钢筋的受力较大，而受拉侧纵向钢筋应力较小，甚至距轴向压力 N 较远侧纵向钢筋 A_s 还可能出现受压情况。截面最后是由于受压区混

(a) 受拉破坏　　　(b) 受压破坏

图 4-11　偏心受压构件的破坏

凝土首先压碎而破坏，这种破坏称为受压破坏。受压破坏承载力主要取决于受压区混凝土和受压侧纵向钢筋 A_s'，破坏时受压区高度较大，而受拉侧纵向钢筋 A_s 可能受拉也可能受压，但均未达到抗拉（抗压）屈服强度，这种破坏具有脆性性质，如图 4-11b 所示。

产生受压破坏的条件有两种：

（1）截面相对偏心距 e_0/h_0 较小。此时，大部分截面处于受压状态，甚至全截面受压，而受拉侧无论如何配筋，截面最终产生受压破坏。

（2）截面相对偏心距 e_0/h_0 较大，但受拉侧纵向钢筋 A_s 配置较多。这种情况类似于双筋截面超筋梁，即受压破坏是由于受拉侧纵向钢筋 A_s 配置过多造成的，这种情况在工程中一般应予避免。

二、大、小偏心受压构件的界限

在大、小偏心破坏之间，必定有一个界限破坏，当构件处于界限破坏时，首先受拉区混凝土开裂，然后受拉钢筋达到屈服强度，同时受压区混凝土应变达到极限压应变被压碎，受压钢筋达到其屈服强度。

界限破坏时截面受压区高度与有效高度的比值称为相对界限受压区高度 ξ_b，ξ_b 值与受弯构件相同。

当 $\xi \leqslant \xi_b$ 时，为受拉破坏，即大偏心受压构件；当 $\xi > \xi_b$ 时，为受压破坏，即小偏心受压构件。

三、附加偏心距

由于工程中实际存在着荷载作用位置的不定性、混凝土材料的不均匀性及施工的偏差等因素，因此在设计中要考虑一个附加偏心距 e_a。即当纵向力 N 对截面重心的偏心距为 $e_0(e_0 = M/N)$ 时，实际应按 "$e_0 + e_a$" 计算，"$e_0 + e_a$" 称为初始偏心距 e_i，即

$$e_i = e_0 + e_a \tag{4-2}$$

式中 e_a——附加偏心距,规范规定:取 20 mm 和偏心方向截面最大尺寸 h 的 1/30 两者中的较大值;

$\quad\quad e_0$——轴向压力对截面重心的偏心距,$e_0 = M/N$。

四、偏心受压长柱的受力特点

1. 附加弯矩

如图 4-12a、b 所示,钢筋混凝土受压构件在承受偏心轴力后,将产生纵向弯曲变形,即侧向挠度。在柱高的中点处,侧向挠度最大,截面所受的弯矩不再是 Ne_i,而变为 $N(e_i+f)$,f 随着荷载的增大而不断加大,因而弯矩的增长也就越来越明显。计算中把截面弯矩中的 Ne_i 称为初始弯矩,Nf 称为附加弯矩或二阶弯矩。

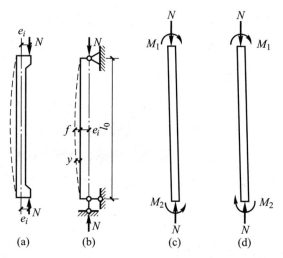

图 4-12 偏心距的增大

弯矩作用平面内截面对称的偏心受压构件,当同一主轴方向的杆端弯矩比 M_1/M_2 不大于 0.9 且设计轴压比不大于 0.9 时,若构件的长细比满足式(4-3)的要求,可不考虑轴向压力在该方向挠曲杆件中产生的附加弯矩影响;当不满足式(4-3)的要求时,需按截面的两个主轴方向分别考虑轴向压力在挠曲杆件中产生的附加弯矩影响。

$$\frac{l_c}{i} \leqslant 34 - 12\frac{M_1}{M_2} \tag{4-3}$$

式中 M_1、M_2——偏心受压构件两端截面按结构分析确定的对同一主轴的组合弯矩设计值(图 4-12c、d),绝对值较大端为 M_2,绝对值较小端为 M_1,当构件按单曲率弯曲时,M_1/M_2 取正值,否则取负值;

$\quad\quad l_c$——构件的计算长度,可近似取偏心受压构件相应主轴方向上下支撑点之间的距离;

$\quad\quad i$——偏心方向的截面回转半径。

2. 偏心距调节系数 C_m 和弯矩增大系数 η_{ns}

《混凝土结构设计规范》(GB 50010—2010)将柱端的附加弯矩 M 用偏心距调节系数 C_m 和弯矩增大系数 η_{ns} 来表示，即偏心受压柱的设计弯矩(考虑附加弯矩影响后)为原柱端最大弯矩 M_2 乘以偏心距调节系数 C_m 和弯矩增大系数 η_{ns} 而得。

(1) C_m 按下列公式计算：

$$C_m = 0.7 + 0.3 \frac{M_1}{M_2} \tag{4-4}$$

当按公式计算出的 C_m 小于 0.7 时取 0.7。

(2) η_{ns} 的计算：

弯矩增大系数 η_{ns} 考虑侧向挠度的影响，$\eta_{ns} = \dfrac{e_i + f}{e_i} = 1 + \dfrac{f}{e_i}$。按下式计算：

$$\eta_{ns} = 1 + \frac{1}{1\,300(M_2/N + e_a)/h_0} \left(\frac{l_c}{h}\right)^2 \zeta_c \tag{4-5}$$

$$\zeta_c = \frac{0.5 f_c A}{N} \tag{4-6}$$

式中 η_{ns}——弯矩增大系数；

      N——与弯矩设计值 M_2 相对应的轴向压力设计值；

      e_a——附加偏心距；

      ζ_c——截面曲率修正系数，当计算值大于 1.0 时取 1.0；

      h——截面高度：对环形截面，取外直径；对圆形截面，取直径；

      h_0——截面有效高度；

      A——构件截面面积。

(3) 设计弯矩 M 计算公式：

$$M = C_m \eta_{ns} M_2 \tag{4-7}$$

其中，当 $C_m \eta_{ns}$ 小于 1.0 时取 1.0；对剪力墙肢类及核心筒墙肢类构件，可取 $C_m \eta_{ns}$ 等于 1.0。

五、矩形截面对称配筋大偏心受压构件

偏心受压截面两侧配筋不等($A_s \neq A_s'$)的柱，为非对称配筋柱，如图 4-13a 所示，非对称配筋柱可节省钢筋，但施工不便，容易放错 A_s 及 A_s' 的位置。图 4-13b 为对称配筋截面，即 $A_s = A_s'$，$f_y = f_y'$。对称配筋构造简单、施工方便、不会放错钢筋，且适用于在不同荷载(如风荷载)作用下可能产生相反方向弯矩的构件。因此，在实际工程中常用对称配筋柱。

装配式钢筋混凝土柱为避免吊装发生错误，一般也采用对称配筋。

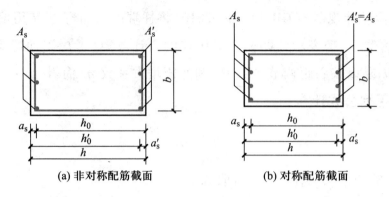

(a) 非对称配筋截面　　　　　　(b) 对称配筋截面

图 4-13　柱的截面配筋图

（一）矩形截面对称配筋的基本计算公式

大偏心受压破坏属于"受拉破坏"，破坏时截面应力分布图如图 4-14a 所示。用与受弯构件相同的处理方法，将受压区的混凝土压应力曲线分布图简化成等效的矩形应力图，其强度值取用 $\alpha_1 f_c$（图 4-14b），这时，纵向受压及受拉钢筋应力均达到其强度设计值 f_y' 及 f_y。

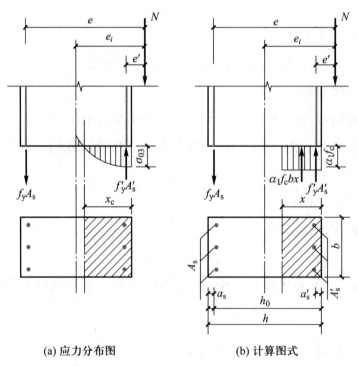

(a) 应力分布图　　　　　　(b) 计算图式

图 4-14　大偏心受压构件的截面计算

根据平衡条件，沿构件纵轴方向的内外力之和为零，可得

$$N \leqslant \alpha_1 f_c bx + f_y' A_s' - f_y A_s \tag{4-8}$$

由截面上内、外力对受拉钢筋合力点的力矩之和等于零，可得

$$Ne \leqslant \alpha_1 f_c bx\left(h_0 - \frac{x}{2}\right) + f_y' A_s'(h_0 - a_s') \tag{4-9}$$

式中　N——轴向压力设计值；

　　　x——混凝土受压区高度；

　　　e——轴向压力作用点至纵向受拉钢筋合力点的距离，即

$$e = e_i + \frac{h}{2} - a_s \qquad (4-10)$$

（二）基本公式适用条件

（1）为了保证构件在破坏时，纵向受拉钢筋应力能达到抗拉强度设计值 f_y，必须满足

$$\xi = \frac{x}{h_0} \leqslant \xi_b \qquad (4-11)$$

（2）为了保证构件在破坏时，纵向受压钢筋应力能达到抗压强度设计值 f_y'，必须满足

$$x \geqslant 2a_s' \qquad (4-12)$$

当 $x < 2a_s'$ 时，纵向受压钢筋应力可能达不到 f_y'，取 $x = 2a_s'$。$x < 2a_s'$ 时大偏心受压构件的应力图如图4-15所示，受压区混凝土所承担的压力的作用位置与受压钢筋承担压力 $f_y'A_s'$ 的作用位置相重合。根据平衡条件可写出

$$Ne' = f_y A_s (h_0 - a_s')$$

则
$$A_s = \frac{Ne'}{f_y(h_0 - a_s')} \qquad (4-13)$$

式中　e'——轴向压力作用点至纵向受压钢筋合力点的距离。即

$$e' = e_i - \frac{h}{2} + a_s' \qquad (4-14)$$

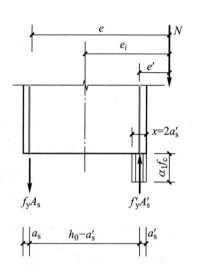

图4-15　$x < 2a_s'$ 时大偏心受压构件的应力图

复习思考题

4-1　试述轴心受压柱的破坏特征。

4-2　试述钢筋混凝土柱中的纵向钢筋和箍筋的主要构造要求。

4-3　写出轴心受压构件截面承载力的计算公式。公式中的稳定系数 φ 怎样确定？

4-4　试述偏心受压构件的两种破坏形态。如何区分大、小偏心受压构件？

4-5　什么是附加偏心距？其取值为多少？

4-6　什么是偏心距调节系数？写出计算公式。

4-7　某多层现浇混凝土框架结构，首层柱轴向压力设计值为 2 030 kN，采用 C30

混凝土($f_c = 14.3$ N/mm^2)、HRB400 级钢筋($f_y' = 360$ N/mm^2),横截面面积 $A = 400$ mm×400 mm,其他条件如图 4-16 所示。试确定其纵向钢筋。

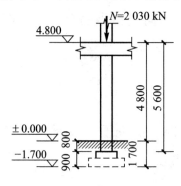

图 4-16   题 4-7 图

4-8   轴心受压柱截面为 400 mm×400 mm,计算长度 $l_0 = 6\,400$ mm,采用 C25 混凝土、HRB400 级钢筋,$N = 1\,500$ kN。试确定其纵向钢筋。

4-9   轴心受压柱截面尺寸 $b×h = 400$ mm ×400 mm,计算长度 $l_0 = 5\,000$ mm,配有 8Φ20 的钢筋,采用 C30 混凝土,轴向压力设计值 $N = 1\,800$ kN。试问该柱是否安全。

4-10   轴心受压柱截面尺寸为 300 mm×300 mm,计算长度 $l_0 = 4\,000$ mm,配有 4Φ25 的钢筋,混凝土强度等级 C35。求该柱所能承受的轴向压力设计值,并确定该柱箍筋的直径及间距。

单元 5   预应力混凝土构件基本知识

5.1   预应力混凝土的基本概念

一、预应力混凝土的概念

在正常使用条件下，普通钢筋混凝土结构受弯构件的受拉区极易出现开裂现象，使构件处于带裂缝工作阶段。为保证结构的耐久性，裂缝宽度一般应限制在 $0.2 \sim 0.3$ mm，此时钢筋应力仅为 $150 \sim 250$ N/mm²。目前，高强度钢筋的强度设计值已超过 $1\,000$ N/mm²，所以在普通钢筋混凝土结构中，采用高强度钢筋无法发挥其应有的作用，即普通钢筋混凝土结构限制了高强度钢筋的应用。

为了充分利用高强度钢筋，对钢筋通过张拉或其他方法建立预加应力，使构件产生预压应力，造成一种人为的应力状态。这样，当构件在荷载作用下其受拉区产生拉应力时，首先要抵消预压应力，而后混凝土受拉，再后才出现裂缝。这就能使钢筋混凝土构件不产生裂缝，或推迟裂缝的开展，减小裂缝的宽度。这种在构件受荷载前，由配置受力的预应力筋通过张拉或其他方法建立预加应力的混凝土制成的结构，称为预应力混凝土结构。预应力筋就是用于混凝土结构构件中施加预应力的钢筋、钢丝和钢绞线的总称。

我国古代劳动人民就有利用预应力的智慧，如木桶是用环向竹箍对桶壁预先施加环向压应力的，当桶中盛水后，水压引起的环向拉应力小于预加压应力时，桶就不会漏水（图 5-1a、b）。预应力在日常生活中的应用是常见的，如当从书架上取下一叠书时，由于受到双手施加的压力，这一叠书就如同一横梁，可以承担全部书的重量（图 5-1c、d）。

如图 5-2a 所示，一简支梁在外荷载作用前，预先在梁的受拉区施加一对大小相等、方向相反的偏心压力 N，梁跨中下边缘产生压应力 σ_{pc}。图 5-2b 所示为仅有外荷载（及自重）作用时的状态，梁跨中下边缘产生拉应力 σ_t。预应力受弯构件的受力即为上述两种状态的叠加，如图 5-2c 所示，此时，梁跨中下边缘的应力可能是数值很小的

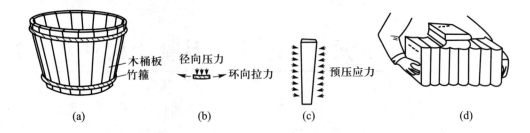

图 5-1　生活中预应力的应用

拉应力，也可能是压应力，或应力为零。由此可见，由于预压应力 σ_{pc} 的作用，可全部或部分抵消外荷载引起的拉应力，从而延缓混凝土构件的开裂。

预应力混凝土构件实际上是预先储存了压应力的混凝土构件。对混凝土施加压力要通过张拉钢筋来实现，所以钢筋（预应力筋）既是加力工具，又是构件的受力钢筋。由于混凝土的徐变、收缩以及其他一些原因，混凝土会产生较大的预应力损失，因此预应力混凝土构件应采用高强度钢筋，同时应采用强度等级较高的混凝土。

二、预应力混凝土结构的主要优点

（1）能充分发挥高强度钢筋、高强度混凝土的性能，减少钢筋用量，减小截面尺寸，减轻构件自重。

（2）在正常使用条件下，预应力混凝土构件一般不产生裂缝或裂缝极小，故施加预应力可提高构件的抗裂度，且使结构的耐久性好。

（3）预应力混凝土构件一般都有向上的预拱（图 5-2a），因此，在荷载作用下其挠度将大大减小，所以预应力混凝土结构的刚度较大。

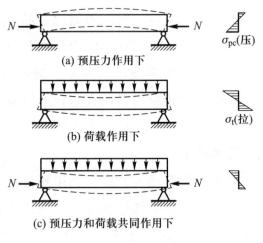

图 5-2　预应力构件的受力

（4）预应力技术的采用，为装配式结构提供了良好的装配、拼装手段。通过在纵、横方向施加预应力，可使装配式结构形成理想的整体。

预应力混凝土结构的设计和施工都比较复杂，对材料质量要求严格，施工中要使用专门的机具，并要求具有一定的施工经验，质量控制比较复杂，施工费用也高。

三、预应力混凝土的主要用途

（1）大跨度结构，如大跨度桥梁、体育馆、大跨度建筑的屋盖、高层建筑的转换层等。

（2）对抗裂有特殊要求的结构，如压力容器、压力管道、水工或海洋建筑、冶金及化工厂的车间等。

（3）高耸建筑结构，如水塔、烟囱、电视塔等。

（4）大量制造的预制构件，如预应力空心楼板、预应力预制桩等。

5.2 施加预应力的方法

施加预应力的方法有许多种，但基本可以分为两类，即先张法和后张法。在浇筑混凝土之前张拉预应力筋的方法称为先张法；反之在浇筑混凝土之后张拉预应力筋的方法称为后张法。

一、先张法

先张法预应力混凝土结构是指在台座上首先张拉预应力筋，然后浇筑混凝土，并通过黏结力传递而建立预应力的混凝土结构。如图 5-3 所示，先张法的主要工序是先在台座上或钢模内张拉预应力筋，并作临时锚固，然后浇筑混凝土，待混凝土达到规定强度后，切断或放松预应力筋，预应力筋回缩时挤压混凝土，使混凝土获得预压应力。先张法构件的预应力是靠预应力筋与混凝土之间的黏结力来传递的。

二、后张法

后张法预应力混凝土结构是指在混凝土达到规定强度后，通过张拉预应力筋并在结构上锚固而建立预应力的混凝土结构。如图 5-4 所示，后张法的主要工序是先浇筑混凝土构件，在构件中预留孔道，待混凝土达到规定强度后，从孔道中穿预应力筋。然后利用构件本身作为加力台座，张拉预应力筋，在张拉的同时混凝土受到挤压。张拉完毕，在张拉端用锚具锚住预应力筋，并在孔道内进行压力灌浆，使预应力筋与构件形成整体。后张法是靠构件两端的锚具来保持预应力的。

先张法的工序少，工艺简单，质量容易保证，但它只适用于生产中、小型构件，如楼板、屋面板等。后张法的工序及工艺比较复杂，需要专用的张拉设备，需大量特制锚具，用钢量较大，但它不需要固定的张拉台座，可在现场施工，应用灵活，适用于不便运输的大型构件。

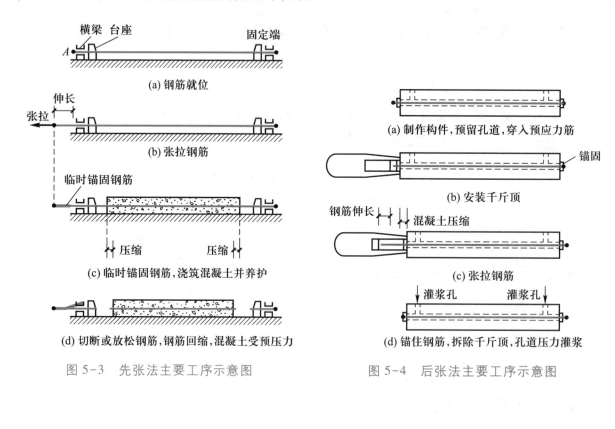

图 5-3   先张法主要工序示意图   图 5-4   后张法主要工序示意图

5.3   预应力混凝土结构的材料

一、混凝土

预应力混凝土结构构件所用的混凝土，需满足下列要求：

（1）强度高。因为高强度混凝土配以高强度钢筋可以有效地减小构件截面尺寸和减轻自重。特别是先张法构件，黏结强度一般是随混凝土强度等级的增加而增加的。

（2）收缩、徐变小。这样可减少收缩、徐变引起的预应力损失。

（3）快硬、早强。这样可以尽早施加预应力，加快台座、模具、夹具的周转率，以加快施工进度。

选择混凝土强度等级时，应考虑施工方法（先张法或后张法）、构件跨度、使用情况（如有无振动荷载）以及钢筋种类等因素。预应力混凝土结构构件混凝土强度等级不应低于 C30，用高碳钢丝或钢绞线作预应力筋的结构，特别是大跨度结构，混凝土强度等级不得低于 C40。

二、钢材

预应力混凝土结构构件所用的钢筋（钢丝、钢绞线）需满足下列要求：

（1）强度高。混凝土预压应力的大小取决于预应力筋张拉应力的大小。由于构件在制作过程中会出现各种应力损失，因此需要采用较高的张拉应力。这就要求预应力筋具有较高的抗拉强度。

（2）具有一定的塑性。为了避免预应力混凝土结构构件发生脆性破坏，要求预应力筋在张拉时具有一定的伸长率。当构件处于低温或受到冲击荷载作用时，更应注意塑性和抗冲击韧性的要求。

（3）良好的加工性能。要求有良好的可焊性，同时钢筋"镦粗"后并不影响原来的物理力学性能。

（4）与混凝土之间有较好的黏结强度。先张法构件的预应力主要依靠钢筋和混凝土之间的黏结力来完成，因此必须有足够的黏结强度，宜采用带肋和螺纹的预应力筋。当采用光圆钢丝作预应力筋时，应保证钢丝在混凝土中能可靠地锚固，防止钢丝与混凝土黏结力不足而造成钢丝滑动。

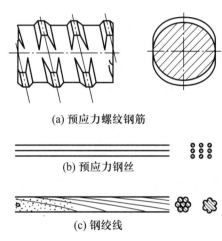

(a) 预应力螺纹钢筋

(b) 预应力钢丝

(c) 钢绞线

图 5-5　预应力钢材

我国目前用于预应力混凝土结构中的钢材有预应力螺纹钢筋、预应力钢丝（消除应力钢丝、中强度预应力钢丝）、钢绞线三大类（图5-5），它们各有优缺点。消除应力钢丝（高强钢丝）抗拉强度设计值很高（1 000 N/mm^{2}以上），多用于大型构件；钢绞线抗拉强度设计值接近高强钢丝，价格最高，但它施工方便，多用于后张法大型构件；预应力螺纹钢筋抗拉强度设计值较低，在任何截面上均可用带内螺纹的连接器或锚具进行连接或锚固，便于施工；中强度预应力钢丝抗拉强度设计值最低，其价格也较低，适用于中小跨度的预应力构件。在选用预应力筋时，应综合上述因素，从实际出发，合理选择。

5.4　预应力损失和张拉控制应力的概念

一、预应力损失

预应力损失是指预应力筋张拉后，由于材料特性、张拉工艺等原因，预应力值从张拉开始直到安装使用各个过程中不断降低。

产生预应力损失的因素有：

（1）张拉端锚具变形和预应力筋内缩引起的预应力损失 σ_{l1}；

（2）预应力筋与孔道壁之间的摩擦或在转向装置处的摩擦引起的预应力损失 σ_{l2}；

（3）混凝土加热养护时，受张拉的预应力筋与承受拉力的设备之间的温差引起的预应力损失 σ_{l3}；

（4）预应力筋的应力松弛引起的预应力损失 σ_{l4}；

（5）混凝土的收缩和徐变引起的预应力损失 σ_{l5}；

（6）环形构件采用螺旋式预应力筋（$D \leqslant 3$ m）时，由局部挤压变形引起的预应力损失 σ_{l6}，如图 5-6 所示；

（7）混凝土弹性压缩引起的预应力损失 σ_{l7}。

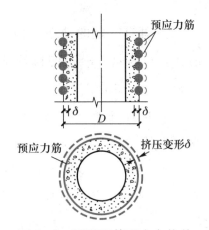

图 5-6　环形配筋预应力构件

二、各阶段预应力损失的组合

上述各项预应力损失不是每一种构件都同时具有，有的只发生在先张法构件中，有的只发生在后张法构件中，有的则在两种构件中都存在，而且是分批产生的。为了分析和计算的方便，规范规定：将发生在混凝土预压前的损失称为第一批损失；发生在混凝土预压后的损失称为第二批损失。各阶段预应力损失值的组合见表 5-1。

表 5-1　各阶段预应力损失值的组合

预应力损失值的组合	先张法构件	后张法构件
混凝土预压前的损失（第一批损失）	$\sigma_{l1} + \sigma_{l2} + \sigma_{l3} + \sigma_{l4}$	$\sigma_{l1} + \sigma_{l2}$
混凝土预压后的损失（第二批损失）	$\sigma_{l5} + \sigma_{l7}$	$\sigma_{l4} + \sigma_{l5} + \sigma_{l6} + \sigma_{l7}$

规范规定，当计算求得的预应力总损失值小于下列数值时，应按下列数值取用：先张法构件取 100 N/mm²，后张法构件取 80 N/mm²。

三、预应力筋的张拉控制应力

张拉控制应力是指在张拉预应力筋时所达到的规定应力，用 σ_{con} 表示。

规范规定，预应力筋的张拉控制应力 σ_{con} 不宜超过表 5-2 的数值。同时规定，在下列情况下，表 5-2 中的张拉控制应力可提高 $0.05 f_{\text{ptk}}$ 或 $0.05 f_{\text{pyk}}$：

（1）要求提高构件在施工阶段的抗裂性能而在使用阶段受压区内设置的预应力筋。

（2）要求部分抵消由于应力松弛、摩擦、钢筋分批张拉以及预应力筋与张拉台座之间的温差因素产生的预应力损失。

表 5-2　张拉控制应力

钢筋种类	张拉控制应力
消除应力钢丝、钢绞线	$\sigma_{con} \leqslant 0.75 f_{ptk}$
中强度预应力钢丝	$\sigma_{con} \leqslant 0.70 f_{ptk}$
预应力螺纹钢筋	$\sigma_{con} \leqslant 0.85 f_{pyk}$

注：为避免 σ_{con} 的取值过低，影响预应力筋充分发挥作用，消除应力钢丝、钢绞线、中强度预应力钢丝的 σ_{con} 不应小于 $0.4 f_{ptk}$，预应力螺纹钢筋的 σ_{con} 不宜小于 $0.5 f_{pyk}$。f_{ptk} 为预应力筋的极限强度标准值，f_{pyk} 为预应力螺纹钢筋屈服强度标准值。

5.5　预应力混凝土结构构件的构造要求

预应力混凝土结构构件的构造要求，除应满足普通钢筋混凝土结构构件的有关规定外，尚应根据预应力张拉工艺、锚固措施、预应力筋种类的不同，采取相应的构造措施。

一、构件端部的构造钢筋

为防止预应力混凝土结构构件端部及预拉区的裂缝，对各种预制构件（槽形板、肋形板、屋面梁、吊车梁）应按下述构造措施配置防裂钢筋：

（1）对于槽形板类构件，应在构件端部 100 mm 范围内沿构件板面设置附加横向钢筋，其数量不应少于 2 根，如图 5-7 所示。

对预制肋形板，宜设置加强其整体性和横向刚度的横肋。

（2）在预应力混凝土屋面梁、吊车梁等构件靠近支座的斜向主拉应力较大部位，宜将一部分预应力筋弯起。

（3）当构件在端部有局部凹进时，应增设折线构造钢筋或其他有效的构造钢筋（图 5-8）。

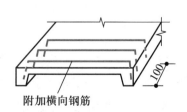

附加横向钢筋

图 5-7　附加横向钢筋

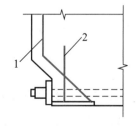

1—折线构造钢筋；2—竖向构造钢筋。

图 5-8　端部凹进处构造配筋

（4）对预应力筋在构件端部全部弯起的受弯构件或直线配筋的先张法构件，当构件端部与下部支承结构焊接时，应考虑混凝土收缩、徐变及温度变化所产生的不利影响，宜在构件端部可能产生裂缝的部位设置纵向构造钢筋。

二、先张法构件的构造要求

1. 钢筋（丝）间距

先张法预应力筋之间的净距应根据浇筑混凝土、施加预应力及钢筋锚固等要求确定。预应力筋之间的净距不宜小于其公称直径的 2.5 倍和混凝土粗骨料最大粒径的 1.25 倍，且应符合下列规定：预应力钢丝不应小于 15 mm；三股钢绞线不应小于 20 mm；七股钢绞线不应小于 25 mm。

2. 端部附加钢筋

先张法预应力混凝土构件，预应力筋端部周围的混凝土应采取下列加强措施：

（1）对单根预应力螺纹钢筋，其端部宜设置长度不小于 150 mm 且不少于 4 圈的螺旋套箍（图 5-9a）；当有可靠经验时，亦可利用支座垫板上的插筋代替螺旋套箍，但插筋数量不应少于 4 根，其长度不宜小于 120 mm（图 5-9b）。

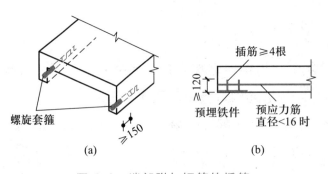

图 5-9   端部附加钢筋的插筋

（2）对分散布置的多根预应力螺纹钢筋，在构件端部 $10d$（d 为预应力筋的公称直径）且不小于 100 mm 长度范围内宜设置 3~5 片与此预应力筋垂直的钢筋网。

（3）对采用预应力钢丝配筋的薄板，在板端 100 mm 长度范围内应适当加密横向钢筋。

三、后张法构件的构造要求

1. 预留孔道

（1）对预制构件，孔道之间的水平净距不宜小于 50 mm，且不宜小于粗骨料最大粒径的 1.25 倍；孔道至构件边缘的净距不宜小于 30 mm，且不宜小于孔道直径的一半。

（2）在框架梁中，预留孔道在竖直方向的净距不应小于孔道外径，水平方向的净距不应小于 1.5 倍孔道外径,且不应小于粗骨料最大粒径的 1.25 倍;从孔道外壁至构件边缘的净距,梁底不宜小于 50 mm,梁侧不宜小于 40 mm。

(3)预留孔道的内径宜比预应力束外径及需穿过孔道的连接器外径大 6~15 mm,且孔道的截面积宜为穿入预应力束截面积的 3~4 倍。

(4)当有可靠经验并能保证混凝土浇筑质量时,预留孔道可水平并列贴紧布置,但并排的数量不应超过 2 束。

(5)在现浇楼板中采用扁形锚固体系时,穿过每个预留孔道的预应力筋数量宜为 3~5 根。在常用荷载情况下,孔道在水平方向的净距不应超过 8 倍板厚及 1.5 m 中的较大值。

2. 端部锚固区的间接钢筋

对后张法预应力混凝土构件的端部锚固区,还应按有关规定配置间接钢筋。

当构件端部预应力筋需集中布置在截面下部或集中布置在上部和下部时,应在构件端部 $0.2h$(h 为构件端部截面高度)范围内设置附加竖向防端面裂缝构造钢筋。

3. 外露金属锚具

后张法预应力混凝土外露金属锚具应采取可靠的防腐及防火措施,并应符合下列规定:

(1)无黏结预应力筋外露锚具应采用注有足量防腐油脂的塑料帽封闭锚具端头,并应采用无收缩砂浆或细石混凝土封闭。

(2)采用混凝土封闭时,混凝土强度等级宜与构件混凝土强度等级一致,且不应低于 C30。封锚混凝土与构件混凝土应可靠黏结,锚具在封闭前应将周围混凝土界面凿毛并冲洗干净,且宜配置 1 或 2 片钢筋网,钢筋网应与构件混凝土拉结。

(3)采用无收缩砂浆或混凝土封闭保护时,其锚具及预应力筋端部的保护层厚度不应小于:一类环境时 20 mm,二 a、二 b 类环境时 50 mm,三 a、三 b 类环境时 80 mm。

复习思考题

5-1　为什么在普通钢筋混凝土结构中,一般不采用高强度钢筋,而在预应力混凝土结构中要采用高强度钢筋?

5-2　什么叫预应力混凝土结构?试举两个日常生活中利用预加应力原理的例子。

5-3　预应力混凝土结构的优点有哪些?

5-4　什么是先张法预应力混凝土结构和后张法预应力混凝土结构?它们各有什么

特点？它们的适用范围各是什么？

5-5 预应力混凝土结构对钢材和混凝土有哪些要求？

5-6 预应力损失共有哪几个方面？说明先张法及后张法预应力构件在施工阶段及使用阶段出现的预应力损失各包括哪些项目。

5-7 什么是张拉控制应力？

单元6　钢筋混凝土框架及剪力墙结构

★看图识建筑

图 6-1a 所示为哈利法塔（原名迪拜塔），位于阿拉伯联合酋长国迪拜，是目前世界第一高楼，建筑高度 828 m，共 162 层。

图 6-1b 所示为上海中心大厦，主体 119 层，总高为 632 m。

图 6-1c 所示为广州塔（也称广州新电视塔），总高度为 600 m。

改革开放以来，我国高层建筑如雨后春笋般拔地而起，无论是建筑规模还是建设速度都处于世界领先水平。我国高层建筑在造型的多样性、多功能使用、结构的创新、新材料和新技术的使用、合理的施工组织、计算机程序应用、抗震控制试验研究等方面，达到了国际先进水平。

目前，世界上 70% 的 300 m 以上的高楼由中国建造，武汉正在建造的 636 m 摩天大楼将是中国第一高楼。作为建筑人，应为建筑行业的高水平发展感到由衷的自豪。

(a) 哈利法塔

(b) 上海中心大厦

(c) 广州塔

图 6-1　高层建筑

6.1　多层及高层建筑的结构体系

一、概述

多层与高层建筑的界限各国定义不一，我国《高层建筑混凝土结构技术规程》（JGJ 3—2010）将 10 层和 10 层以上或房屋高度大于 28 m 的住宅建筑结构和房屋高度大于 24 m 的其他民用建筑结构定义为高层建筑，2~9 层且高度不大于 28 m 的建筑结构为多层建筑。

多层建筑由于具有资金投入少、使用方便、侧向变形小等优点，目前仍广泛被各地城市与农村采用。多层建筑的结构形式一般为钢筋混凝土框架结构或砌体结构。

高层建筑是城市人口快速增长的产物，是现代城市的重要标志。由于高层建筑具有占地面积小、节约市政工程费用、节省拆迁费用等优点，近几十年来，高层建筑在国内外迅速发展，主要用于住宅、旅馆、商用办公大楼、通信大楼以及综合性多功能大厦等。高层建筑起源于美国，已有 100 多年的发展历史，其中的代表建筑是 1931 年建成的纽约帝国大厦（高 381 m，103 层），1972 年建成的纽约世界贸易中心姐妹楼（417 m 和 415 m，110 层，2001 年 9 月 11 日均被恐怖分子摧毁）和 1974 年建成的芝加哥西尔斯大厦（442 m，110 层）。1985 年以来，亚洲的中国、日本、韩国、朝鲜、新加坡、马来西亚和阿拉伯联合酋长国等国家建成了大量的高层建筑，逐步成为世界高层建筑的集聚地之一。

按组成高层建筑结构的材料，可将高层建筑分为钢结构高层建筑、混凝土结构高层建筑、钢-混凝土混合结构高层建筑三种。钢结构具有自重小、强度高、延性好、施工快等特点，但用钢量大、造价高、防火性能较差。混凝土结构具有造价低、耐火性能好、结构刚度大等优点，但结构的自重较大，这会使结构的地震作用增大，同时增加了在软土地基上设计基础的难度。钢-混凝土混合结构综合了两者的优点，克服了两者的缺点，是高层建筑中一种较好的结构形式。

按结构承重体系，可将高层建筑分为框架结构建筑、剪力墙结构建筑、框架-剪力墙结构建筑、筒体结构建筑、巨型框架结构建筑和悬挂结构建筑等。

二、高层建筑结构体系

结构体系是指结构抵抗外部作用的构件的组成方式。在高层建筑中，抵抗水平荷载成为结构设计需要解决的主要问题，因此抗侧力结构体系的确定和设计成为结构设计的关键问题。高层建筑中基本的抗侧力单元是框架、剪力墙、框筒及支撑。由这几种单元可以组成多种结构体系。

1. 框架结构

由梁和柱以刚接或铰接相连接而构成承重体系的结构称为框架结构。框架结构可以是等跨的也可以是不等跨的,层高可以相等也可以不相等(图6-2)。有时因工艺要求还可在某层缺梁或某跨缺柱(图6-3)。

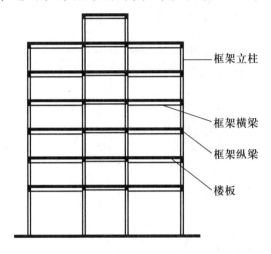

图6-2 框架结构　　　　图6-3 某层缺梁或某跨缺柱的框架结构

框架结构在竖向荷载作用下,梁主要承受弯矩和剪力,轴力较小;框架柱主要承受轴力和弯矩,剪力较小,受力合理。当房屋高度不大、层数不多时,风荷载的影响一般较小,竖向荷载对结构起着控制作用,因而在非地震设防区,框架结构可做到15层,最大层数为30层或最大高度为110 m。若继续增加高度,势必使得框架结构的梁、柱截面尺寸过大而不如其他结构体系经济合理。

框架结构在水平荷载作用下,表现出刚度小、水平侧移大的特点。在地震设防区,由于地震作用大于风荷载,框架结构的层数要比非地震设防区少得多,且地震设防烈度越高、场地土越差,框架结构的层数越少。

框架结构在建筑上能够提供较大的空间,平面布置灵活,对设置门厅、会议室、开敞办公室、阅览室、商场和餐厅等都十分有利,故常用于综合办公楼、旅馆、医院、学校、商店等建筑。

2. 剪力墙结构

由剪力墙组成的承受竖向和水平荷载作用的结构称为剪力墙结构。墙体同时也作为围护及房间分隔构件。

竖向荷载由楼盖直接传到墙上,因此剪力墙的间距取决于楼板的跨度。一般情况下剪力墙间距为3~8 m,适用于要求较小开间的建筑。当采用大模板、滑升模板或隧道模板等先进施工方法时,施工速度很快,可减少砌筑隔断等工程量。因此剪力墙结构在住宅及旅馆建筑中得到广泛应用。

现浇钢筋混凝土剪力墙结构的整体性好，刚度大，在水平荷载作用下侧向变形小，承载力要求也容易满足，因此这种剪力墙结构适合于建造较高的高层建筑。

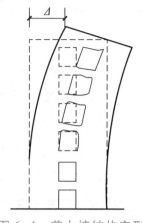

图 6-4   剪力墙结构变形

当剪力墙的高宽比较大时，是一个以受弯为主的悬臂墙，侧向变形是弯曲型，如图 6-4 所示。经过合理设计，剪力墙结构可以成为抗震性能良好的延性结构。从历次国内外大地震的震害情况分析可知，剪力墙结构的震害一般比较轻。因此，剪力墙结构在非地震区或地震区的高层建筑中都得到广泛的应用。剪力墙结构常用于 10～30 层的住宅及旅馆，也可以做成平面比较复杂、体形优美的建筑物。图 6-5 所示为典型的高层住宅板式楼剪力墙结构平面。

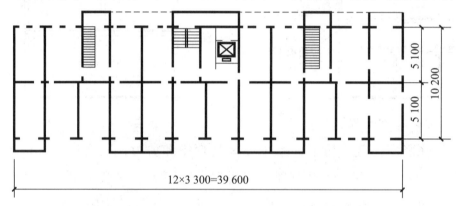

图 6-5   典型的高层住宅板式楼剪力墙结构平面

剪力墙结构的缺点和局限性也是很明显的。主要是剪力墙间距不能太大，平面布置不灵活，不能满足公共建筑大空间的使用要求。

为了克服上述缺点，减小自重，并尽量扩大剪力墙结构的使用范围，应当改进楼板做法，加大剪力墙间距，做成大开间剪力墙结构。底部大空间剪力墙结构就是剪力墙结构的发展形式之一，它是在剪力墙结构中，取消底层或下部几层部分剪力墙，形成部分框支剪力墙以扩大使用空间。图 6-6 所示为底层大空间剪力墙结构。住宅、旅馆、饭店中常用这种结构。

3. 框架-剪力墙结构和框架-筒体结构

在框架结构中设置部分剪力墙，使框架和剪力墙两者结合起来，取长补短，共同承受竖向和水平荷载作用，就组成了框架-剪力墙结构。如果把剪力墙布置成筒体，又可称为框架-筒体结构。筒体的承载能力、侧向刚度和抗扭刚度都较单片剪力墙大大提高。在结构上，这是提高材料利用率的一种途径，在建筑布置上，则往往利用筒体作电梯间、楼梯间和竖向管道的通道，也是十分合理的。

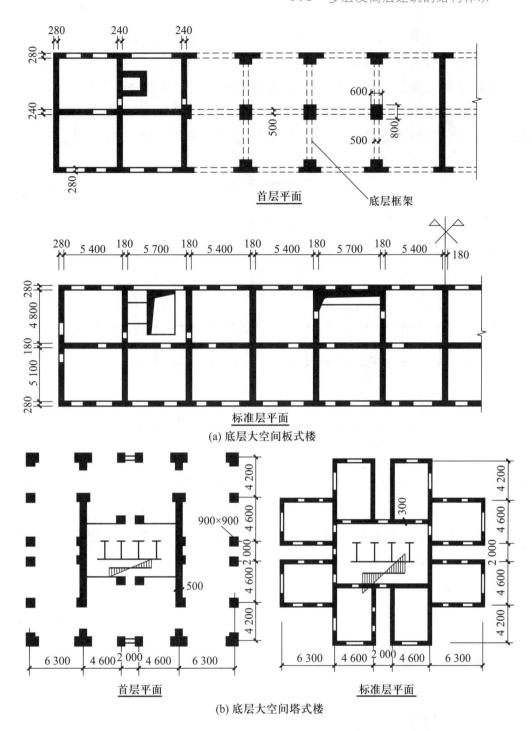

图 6-6　底层大空间剪力墙结构

　　框架-剪力墙(筒体)结构中，由于剪力墙刚度大，剪力墙将承担大部分水平荷载(有时可达 80%~90%)，是抗侧力的主体，整个结构的侧向刚度大大提高。框架主要承担竖向荷载，同时也承担少部分水平荷载。

　　由于框架与剪力墙通过楼板协同工作，因此框架-剪力墙(筒体)结构的刚度和承载力比框架结构大大提高，也能提供较大的使用空间，在地震作用下层间变形减小，因而也就减小了非结构构件(隔墙及外墙)的损坏。这样无论是在非地震区还是在地震区，这种结构形式都可用来建造较高的建筑，目前在我国得到广泛的应用。

通常，当建筑层数不多（高度不大）时，如 10～20 层，可利用单片剪力墙作为基本单元。我国较早期的框架-剪力墙结构都属于这种类型，如图 6-7 所示的北京饭店东楼。当采用剪力墙筒体作为基本单元时，建筑层数可增多到 30～40 层，如图 6-8 所示的上海联谊大厦。把筒体布置在内部，形成核心筒，外部柱的布置便可十分灵活，可形成体型多变的高层塔式建筑。

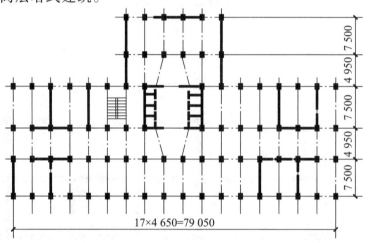

图 6-7 北京饭店东楼(19 层,高 87.15 m,此图为Ⅱ段标准层平面)

4. 筒中筒结构

筒体的基本形式有两种：薄壁筒、框筒。上面提到的用剪力墙围成的筒体称为薄壁筒。在薄壁筒的墙体上开出许多规则排列的窗洞所形成的开孔筒体称为框筒，它实际上是由密排柱和刚度很大的窗裙梁形成的密柱深梁框架围成的筒体，如图 6-9a、b 所示。

筒中筒结构是上述筒体单元的组合，通常由薄壁筒做内部核心筒，框筒做外筒，两个筒共同抵抗水平荷载的作用，如图 6-9c 所示。

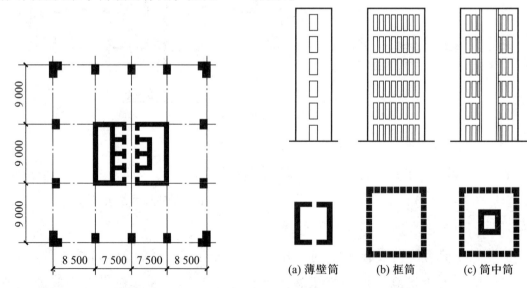

图 6-8 上海联谊大厦(29 层,高 106.5 m,

此图为标准层平面)

图 6-9 筒体类型

　　筒体最主要的特点是它的空间受力性能好。无论哪一种筒体,在水平荷载作用下都可看成固定于基础上的箱形悬臂构件,它比单片平面结构具有更大的侧向刚度和承载力,并具有很好的抗扭刚度。

　　框筒可以用钢材做成,也可以用钢筋混凝土材料做成。筒中筒结构常见的楼板布置如图 6-10 所示。

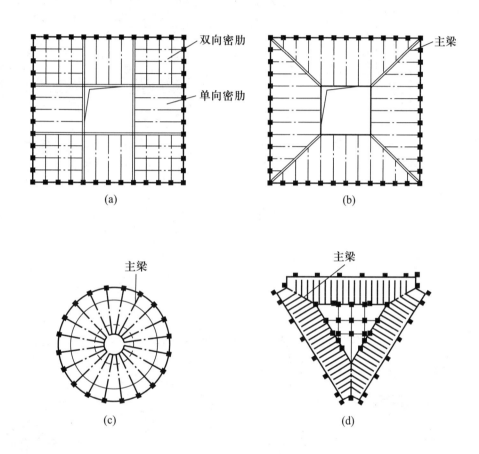

图 6-10　筒中筒结构常见的楼板布置

5. 多筒结构——成束筒及巨型框架结构

　　当采用多个筒共同抵抗侧向力时,称为多筒结构。多筒结构可以有两种方式,即成束筒和巨型框架结构。

　　两个以上框筒(或其他筒体)排列在一起成束状,称为成束筒结构。例如,图 6-11 所示的西尔斯大厦就是 9 个框筒排列而成的。

　　利用筒体作为柱,在各筒体之间每隔数层用巨型梁相连,筒体和巨型梁即形成巨型框架结构,如图 6-12 所示。由于巨型框架结构的梁、柱断面很大,抗弯刚度和承载力也很大,因而巨型框架结构的侧向刚度比一般框架结构大得多。

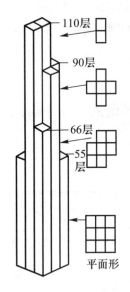

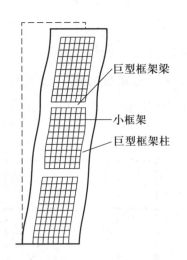

图 6-11　西尔斯大厦结构布置示意图　　　　图 6-12　巨型框架结构

6.2　钢筋混凝土楼盖

一、概述

钢筋混凝土楼盖按结构形式分主要有(单向板、双向板)肋梁楼盖、无梁楼盖、密肋楼盖、井式楼盖、扁梁楼盖等，如图 6-13 所示。

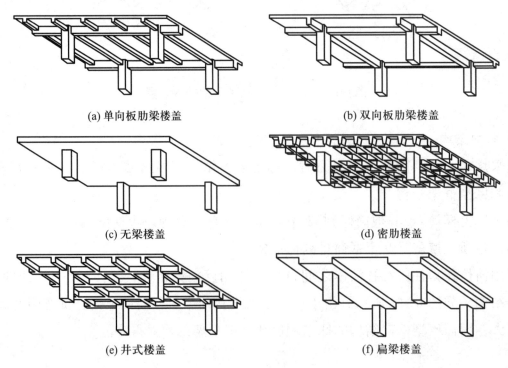

(a) 单向板肋梁楼盖　　　　　　　　(b) 双向板肋梁楼盖

(c) 无梁楼盖　　　　　　　　(d) 密肋楼盖

(e) 井式楼盖　　　　　　　　(f) 扁梁楼盖

图 6-13　楼盖的主要结构形式

由多根相交的梁及板整体浇筑而成的楼盖称为肋梁楼盖。楼板直接支承在柱上而不设梁的楼盖称为无梁楼盖,其楼层空间分隔相对灵活。密肋楼盖是由薄板和间距较小的肋梁组成的。井式楼盖的梁底齐平、不分主次,能跨越较大的空间。扁梁就是宽大于高的梁,其楼盖结构受力虽不是最合理的,但可以增加楼层的净空高度。

楼盖按施工方法不同还可分为现浇楼盖、装配式楼盖及装配整体式楼盖。

现浇楼盖的刚度大,整体性好,对不规则平面的适应性强,开洞方便。缺点是模板用量较多,施工周期长。

装配式楼盖采用钢筋混凝土预制构件,便于工业化生产。但是这种楼盖整体性、抗震性较差,不便开孔。

装配整体式楼盖的整体性比装配式楼盖好,又较现浇楼盖节省模板,但楼盖要进行混凝土二次浇筑。这种楼盖仅适用于荷载较大的多层工业厂房、高层民用建筑及有抗震设防要求的建筑。

上述楼盖类型中,因肋梁楼盖结构简单、施工方便而在实际工程中应用最普遍。

二、单向板肋梁楼盖

单向板和双向板的划分如下所述:

楼板承受竖向荷载,当板面积较大时,可加设梁将板划分成多个区格,使每一区格四边均由梁或墙支承。此时每一区格板面荷载沿两个方向(长边方向或短边方向)传递的多少,将随板区格的长边 l_{02} 与短边 l_{01} 的比值而变化。

当 $l_{02}/l_{01} \geq 3$ 时,板上的荷载主要沿 l_{01} 方向传递给支承构件。这种主要沿短边方向受弯的板称为单向板。单向板的受力钢筋应沿短边方向配置,沿长边方向仅配构造钢筋。

当 $l_{02}/l_{01} \leq 2$ 时,板上的荷载将沿 l_{01} 及 l_{02} 两个方向同时传递给支承构件。这种在两个方向受弯的板称为双向板。双向板的受力钢筋应沿两个方向配置。

当 $2 < l_{02}/l_{01} < 3$ 时,宜按双向板计算;当按沿短边方向受力的单向板计算时,应沿长边方向配置足够数量的构造钢筋。

单向板肋梁楼盖一般由板、次梁、主梁组成,如图 6-14 所示,板的四边支承在梁(或墙)上,次梁支承在主梁上。荷载传递路线:板→次梁→主梁。

(一)结构平面布置

在进行板、次梁和主梁布置时,在满足建筑使用要求的前提下,应尽量使结构布置合理,造价比较经济。

1. 跨度

主梁的跨度一般为 5~8 m;次梁的跨度一般为 4~6 m;板的跨度(也即次梁的间

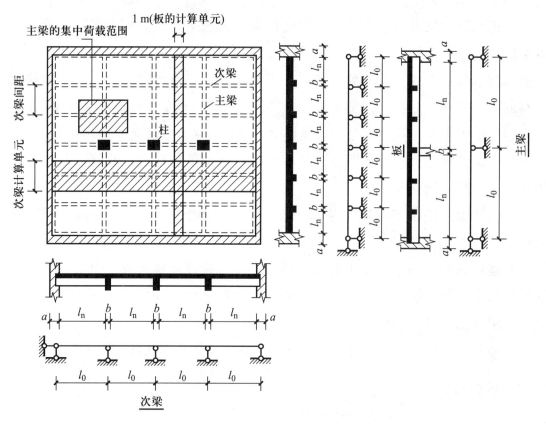

图 6-14　单向板肋梁楼盖的板和梁的计算简图

跨)一般为 1.7～2.7 m。

2. 梁板布置

(1) 为了增强房屋横向刚度，主梁一般沿房屋横向布置，而次梁则沿房屋纵向布置，主梁必须避开门窗洞口；当建筑上要求横向柱距大于纵向柱距较多时，主梁也可沿纵向布置以减小主梁跨度，如图 6-15 所示。

(2) 梁格布置应力求规整，板厚和梁截面尺寸尽量统一，柱网宜为正方形或矩形。

(3) 梁、板尽量布置成等跨式。由于边跨内力要比中间跨内力大些，故板、次梁及主梁的边跨跨长可略小于中间跨跨长(一般在 10% 以内)。

(二) 计算简图

对于承受均布荷载的楼盖，板可取 1 m 宽板带作为计算单元，如图 6-14 所示。板支承在次梁或墙上，其支座按固定铰支座考虑，板为多跨连续板。

次梁承受由板传来的荷载和次梁的自重，也是均布荷载；次梁支承在主梁或墙上，其支座按固定铰支座考虑，次梁为多跨连续梁。

主梁承受次梁传来的荷载和主梁的自重。次梁传来的荷载是集中荷载，主梁的自重可简化为集中荷载计算，故主梁的荷载通常按集中荷载考虑。当主梁支承在砖柱(墙)上时，其支座按可动铰支座考虑；当主梁与钢筋混凝土柱整浇时，若梁柱的线刚度大于 5，则主梁支座可视为固定铰支座，主梁为连续梁。

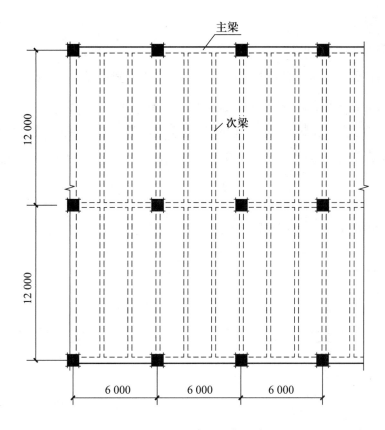

图 6-15　主梁纵向布置方案

（三）连续单向板、连续次梁的内力图形状

图 6-16 为连续单向板、连续次梁在均布荷载作用下的弯矩图及剪力图形状。

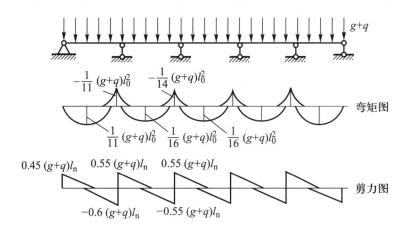

图 6-16　连续单向板、连续次梁在均布荷载作用下的弯矩图及剪力图形状

（四）连续单向板的构造

1. 板厚及支承长度

工程设计中单向板的最小厚度取值：屋面板为 60 mm；民用建筑楼板为 60 mm；工业建筑楼板为 70 mm。为了保证刚度，单向板的厚度尚不应小于跨度的 1/40（连续板）或 1/35（简支板）。板在砖墙上的支承长度一般不小于板厚，亦不小于 120 mm。

分离式配筋板

2. 板的受力钢筋

板的受力钢筋由计算确定，配置时应考虑构造简单、施工方便。对于多跨连续板，各跨截面配筋可能不同，实际往往采用各截面的钢筋间距相同，而直径不同的配筋方式。连续板的受力钢筋布置有两种形式：弯起式和分离式。

分离式(图 6-17)配筋将承担支座弯矩与跨中弯矩的钢筋各自独立配置。分离式配筋较弯起式配筋具有设计施工简便的优点，适用于不受振动和较薄的板中，是工程中常用的配筋方式。

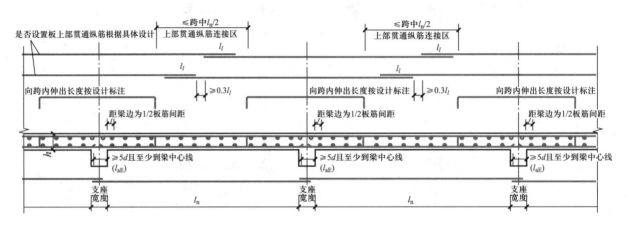

图 6-17　等跨连续板分离式钢筋布置

连续板受力钢筋的截断，一般可不画抵抗弯矩图，而直接按图 6-17 所示截断点位置确定。

简支板或连续板下部纵向受力钢筋伸入支座的锚固长度不应小于 $5d$(d 为下部纵向受力钢筋直径)，且宜至少到梁中心线。板下部采用 HPB300 级光圆钢筋时，钢筋末端做成 180°弯钩；板下部采用 HRB400、HRB400F 级带肋钢筋时，则不做弯钩。板上部钢筋应做成直钩，以便施工时撑在模板上。当采用分离式配筋时，跨中正弯矩钢筋宜全部伸入支座。

钢筋截断，对于承受支座负弯矩的钢筋，可在距支座边 a 处截断，a 的取值为

$$当 \frac{q}{g} \leqslant 3 时，\qquad a = \frac{1}{4} l_{\mathrm{n}}$$

$$当 \frac{q}{g} > 3 时，\qquad a = \frac{1}{3} l_{\mathrm{n}}$$

式中　g、q——作用于板上单位长度的永久荷载、可变荷载设计值；

　　　　l_{n}——板的净跨。

板中受力钢筋可采用 HRB400、HRBF400 级钢筋，也可采用 HPB300 级等钢筋，常用直径为 8~12 mm。为便于架立，支座处承受板面负弯矩钢筋的直径不宜太小。板中除采用普通热轧钢筋外，也可使用冷轧扭钢筋。

板中受力钢筋的间距不应小于 70 mm。当板厚 $h \leqslant 150$ mm 时，受力钢筋的间距不宜大于 200 mm；当板厚 $h > 150$ mm 时，受力钢筋的间距不宜大于 $1.5h$，且不宜大于 250 mm。

3. 板的构造钢筋

（1）分布钢筋。分布钢筋布置于受力钢筋内侧，与受力钢筋垂直放置并互相绑扎（或焊接）。在受力钢筋的弯折处，也都应布置分布钢筋，分布钢筋末端可不做弯钩。

（2）板面附加钢筋。对于嵌入墙体内的板，为抵抗墙体对板的约束产生的负弯矩，以及抵抗由于温度收缩影响在板角产生的拉应力，应在沿墙长方向及墙角部分的板面增设构造钢筋（图 6-18）。构造钢筋间距不宜大于 200 mm，直径不宜小于 8 mm，其伸出墙边的长度不应小于 $l_1/7$（l_1 为单向板的跨度或双向板的短边跨度）。对两边均嵌固在墙内的板角部分，应双向配置上部构造钢筋，其伸出墙边的长度不应小于 $l_1/4$。现浇楼盖周边与混凝土梁或混凝土墙整浇的板，应在板边上部设置垂直于板边的构造钢筋，其直径不宜小于 8 mm，间距不宜大于 200 mm，且截面面积不宜小于板跨中相应方向纵向钢筋截面面积的 1/3，该钢筋自梁或墙边伸入板内的长度，在单向板中不宜小于受力方向板计算跨度的 1/5，在板角处该钢筋应沿两个垂直方向布置或按放射状布置。当柱角或墙的阳角突出到板内且尺寸较大时，亦应沿柱边或墙阳角边布置构造钢筋，该构造钢筋伸入板内的长度应从柱边或墙边算起。上述上部构造钢筋应按受拉钢筋锚固在梁内、墙内或柱内。

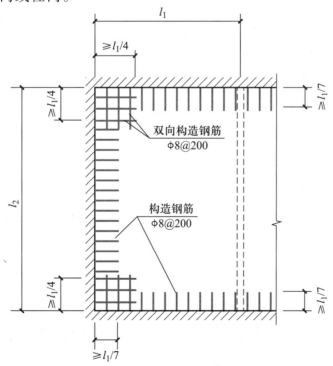

图 6-18　板嵌固在承重墙内时板边的上部构造钢筋

（3）与主梁垂直的构造钢筋。现浇板的受力钢筋与主梁平行，应沿主梁方向配置间距不大于 200 mm、直径不宜小于 8 mm 的与主梁垂直的构造钢筋（图6-19），且单位长度内的总截面面积不应小于板中单位长度内受力钢筋截面面积的 1/3，伸入板中的长度从梁边算起每边不应小于板计算跨度的 1/4。

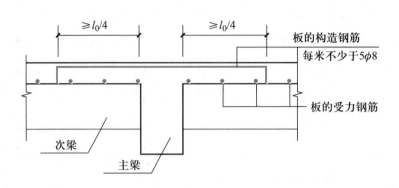

图 6-19   板中与主梁垂直的构造钢筋

（五）次梁的构造要求

次梁梁高 $h = \left(\dfrac{1}{18} \sim \dfrac{1}{12} \right) l$，梁宽 $b = \left(\dfrac{1}{3} \sim \dfrac{1}{2} \right) h$。

次梁的一般构造要求与普通受弯构件构造相同，次梁伸入墙内的支承长度一般不应小于 240 mm。

对于相邻跨度相差不大于 20%，可变荷载与永久荷载比值 $Q/G \leqslant 3$ 时的次梁可按图 6-20 所示布置钢筋。

（六）主梁的构造要求

在主梁支座处，主梁、次梁及板三者支座负筋间的位置关系如图 6-21 所示。主梁承受荷载较大，一般伸入墙内的支承长度不小于 240 mm，梁高为跨度的 1/12～1/8。

主梁一般按弹性方法计算内力，其纵向钢筋的弯起与截断应根据抵抗弯矩图确定。

由于主梁承受次梁传来的集中荷载，其腹部可能出现斜裂缝，因此在次梁与主梁相交处设置附加横向钢筋（附加箍筋或吊筋）以防止斜裂缝出现而引起局部破坏，如图 6-22 所示。附加横向钢筋应布置在长度 $s = 2h_1 + 3b$ 范围内，附加横向钢筋宜优先选用附加箍筋。

（七）实例

某多层工业厂房楼盖，建筑轴线及柱网平面图如图 6-23 所示，采用现浇钢筋混凝土肋梁楼盖。

（1）楼面构造层做法：20 mm 厚水泥砂浆面层；20 mm 厚石灰砂浆抹底。

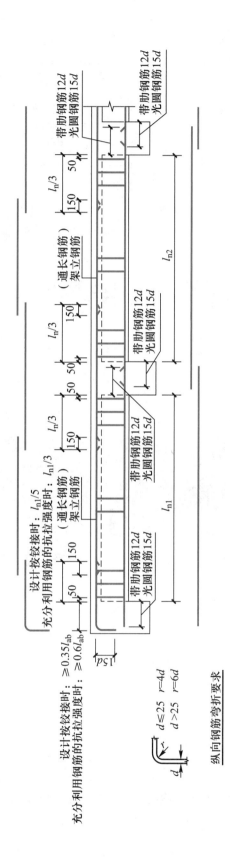

图6-20 非框架梁L配筋构造

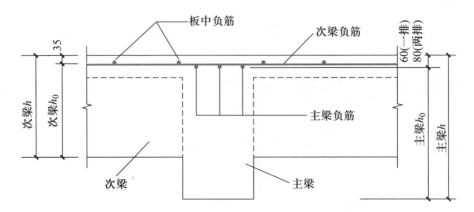

图 6-21　主梁、次梁及板三者支座负筋间的位置关系

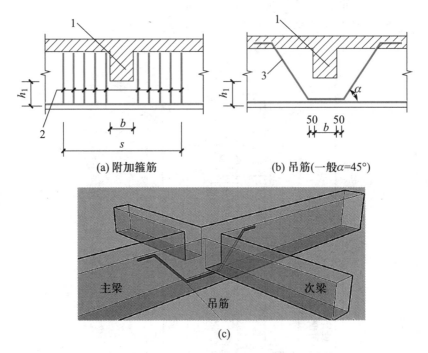

(a) 附加箍筋　　　　　　(b) 吊筋(一般 α=45°)

1—传递集中载荷的位置；2—附加箍筋；3—吊筋。

图 6-22　附加横向钢筋布置

（2）楼面均布可变荷载标准值为 7.0 kN/m^2。

（3）材料：混凝土采用 C30；纵向受力钢筋采用 HRB400 级，其余钢筋用 HPB300 级。

墙体厚 240 mm，壁柱尺寸为 240 mm×240 mm，柱截面尺寸为 400 mm×400 mm，此楼盖的布置及配筋图如下。

1. 结构布置

楼盖采用现浇钢筋混凝土单向板肋梁楼盖，楼盖梁格布置如图 6-24 所示，确定主梁跨度 6.0 m，次梁跨度 4.5 m，板的跨度 2.0 m。

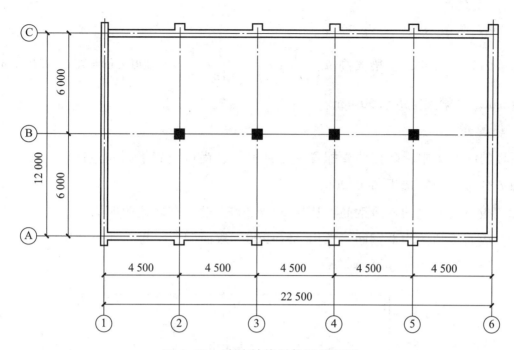

图 6-23 建筑轴线及柱网平面图

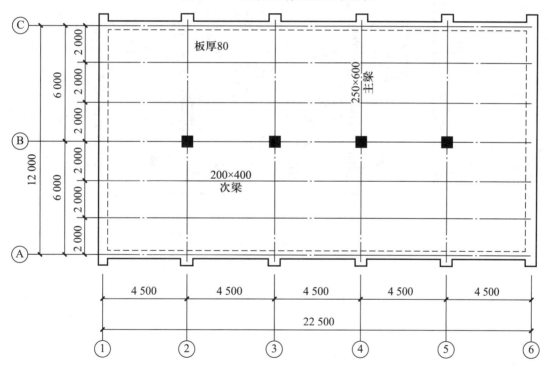

图 6-24 楼盖梁格布置

2. 板、梁的截面尺寸

板厚考虑刚度要求 $h \geqslant \left(\dfrac{1}{40} \sim \dfrac{1}{35} \right) \times 2\,000 \text{ mm} \approx 50 \sim 57 \text{ mm}$，工业建筑的单向板楼盖最

小板厚为 70 mm，取板厚 $h = 80$ mm。

次梁的截面尺寸，次梁梁高 $h = \left(\dfrac{1}{18} \sim \dfrac{1}{12} \right) l = \left(\dfrac{1}{18} \sim \dfrac{1}{12} \right) \times 4\,500 \text{ mm} = 250 \sim 375 \text{ mm}$，取

$h = 400$ mm，次梁梁宽 $b = 200$ mm。

主梁的截面尺寸，主梁梁高 $h = \left(\dfrac{1}{12} \sim \dfrac{1}{8}\right) l = \left(\dfrac{1}{12} \sim \dfrac{1}{8}\right) \times 6\,000$ mm $= 500 \sim 750$ mm，取 $h = 600$ mm，主梁梁宽 $b = 250$ mm。

3. 板配筋图

在板的配筋图中，除按计算配置受力钢筋外，尚应设置下列构造钢筋：

（1）分布钢筋：选用 φ6@200。

（2）板面沿板边的构造钢筋：选用 φ8@200，设置在楼盖的四周边。

（3）板面板角的构造钢筋：选用 φ8@200，双向配置在楼盖四个角区。

单向板配筋图如图 6-25 所示。

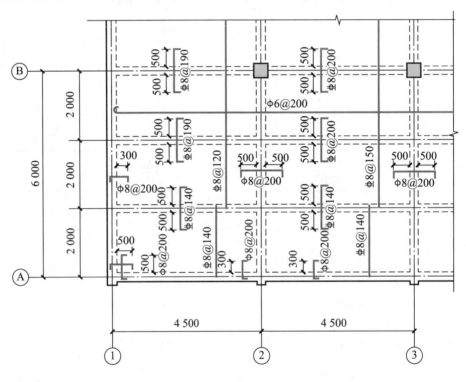

图 6-25　单向板配筋图

4. 次梁配筋图

次梁配筋图如图 6-26 所示。

5. 主梁配筋图

主梁配筋图如图 6-27 所示。

三、双向板肋梁楼盖

1. 单区格双向板的支承情况

单区格双向板常遇到的六种不同支承情况如下：

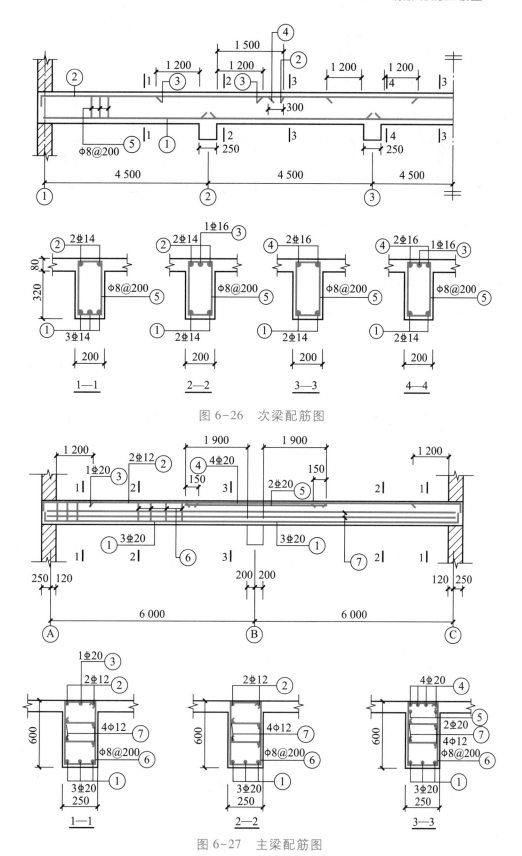

图 6-26 次梁配筋图

图 6-27 主梁配筋图

（1）四边简支（图 6-28a）。

（2）一边固定、三边简支（图 6-28b）。

（3）两对边固定、两对边简支（图 6-28c）。

（4）两邻边固定、两邻边简支（图 6-28d）。

（5）三边固定、一边简支（图 6-28e）。

（6）四边固定（图 6-28f）。

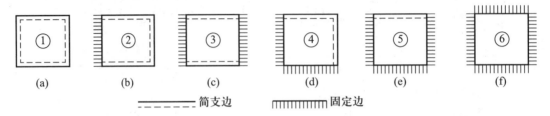

图 6-28   单区格双向板的六种支承情况

2. 双向板配筋构造规定

（1）双向板的厚度 h 不宜小于 80 mm，通常为 80～160 mm。对于简支板，$h/l_0 \geqslant$ 1/45；对于连续板，$h/l_0 \geqslant 1/50$。l_0 为板的较短方向计算跨度。

（2）负弯矩钢筋及板面构造钢筋的设置与单向板类似。双向板的分离式配筋如图 6-29 所示。当采用分离式配筋时，跨中正弯矩钢筋宜全部伸入支座。

（3）由于双向板内的上下钢筋都是纵横叠置的，同一截面处通常有四层钢筋。考虑双向板的短跨方向受力较大，故将短跨方向的钢筋置于外侧；而长跨方向的受力钢筋应与短跨方向的受力钢筋垂直，置于内侧。

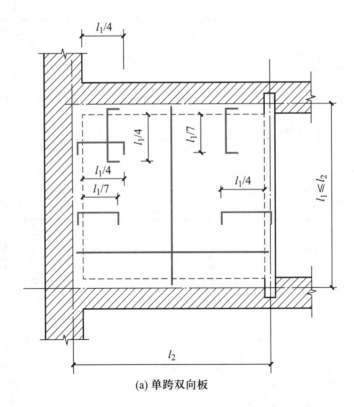

(a) 单跨双向板

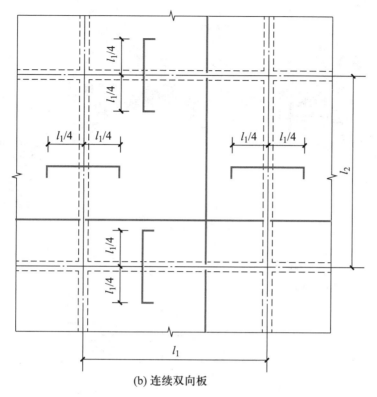

(b) 连续双向板

图 6-29 双向板的分离式配筋

6.3 钢筋混凝土楼梯

楼梯是多层房屋的竖向通道，其结构设计与楼梯间的建筑布置密切相关。按施工方法不同，楼梯可分为现浇楼梯和装配式楼梯，本节介绍现浇楼梯的构造。

一、现浇楼梯的结构选型

按结构类型，现浇楼梯一般分板式和梁式两种。整个梯段是一块斜放的板，支承于上、下平台梁上，这种形式的楼梯称为板式楼梯，如图 6-30a 所示。如果在梯段两侧布置两根斜梁，每一级踏步板搁置在斜梁上，而斜梁支承在上、下平台梁上，这种形式的楼梯称为梁式楼梯，如图 6-30b 所示。当楼梯宽度较小时，可将斜梁置于踏步板中央，做成单梁悬臂式楼梯。当采用钢筋混凝土栏板时，可利用栏板代替一侧的斜梁，称为栏板梁。

板式楼梯的优点是施工方便，模板比较简单，缺点是混凝土和钢筋的用量较多，结构自重较大。一般在梯段跨度较小(通常水平长度≤3 m)且荷载不大的情况下采用。当梯段跨度和使用荷载较大时，采用梁式楼梯比较经济，但支模比较复杂，施工也较麻烦。

上述板式和梁式楼梯均属于平面受力体系。而当建筑上不允许设置平台梁和平台

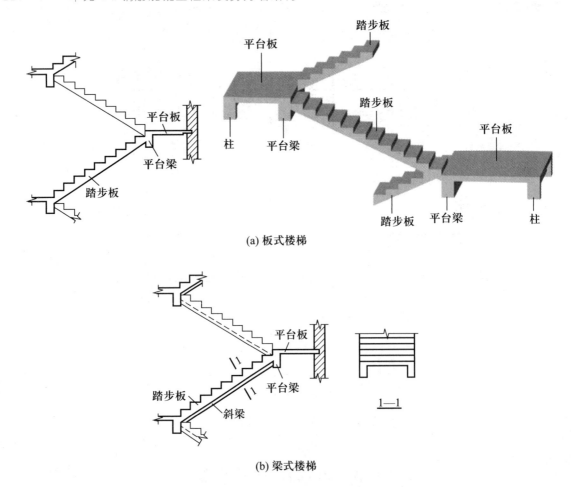

图 6-30   常用现浇楼梯

板的支承时，常采用具有悬臂梯段和平台的剪式楼梯，如图 6-31a 所示。近年来，在一些建筑上有特殊需要的场合(如一些宾馆的门厅)采用了螺旋式楼梯，如图 6-31b 所示。剪式楼梯和螺旋式楼梯属于空间受力体系。

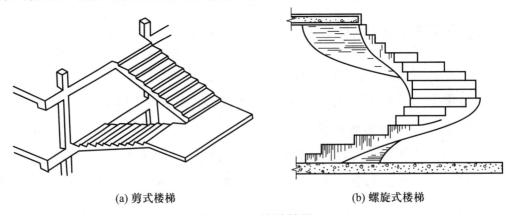

图 6-31   特种楼梯

二、板式楼梯的构造

1. 梯段斜板(踏步板或梯板)

板式楼梯中的梯段斜板是一锯齿形斜板，支承在上、下平台梁(梯梁)上，斜板承

板式楼梯支模

受自重、栏杆重量及可变荷载。单位长度内的永久荷载按倾斜长度计算，而可变荷载按水平长度计算，为了统一起见，可将永久荷载换算成沿水平方向单位长度分布。考虑到斜板的刚度较小，当其两端与平台梁整体相连时，由于支座对斜板的嵌固影响，跨中弯矩可近似取为

$$M = \frac{1}{10}ql_0^2 \qquad (6-1)$$

式中　q——沿水平投影单位长度上的总荷载设计值；

l_0——斜板的计算长度，即斜板的水平投影长度，取平台梁与楼盖梁之间的水平净距，即 $l_0 = l_n$。

斜板厚度一般取 $l_0/30$ 左右。斜板的受力钢筋沿板跨方向布置，在每个踏步下应配置一根分布钢筋。考虑到斜板支座处的整体性，为防止该处混凝土表面开裂，应在斜板上部适量配筋，其伸出支座长度为 $l_n/4$（l_n 为斜板水平净跨度）。斜板的配筋如图 6-32 所示。

当采用 HPB300 级光圆钢筋时，除梯板上部纵向钢筋的跨内端做 90°弯钩外，所有末端应做 180°的弯钩，弯后平直段长度不应小于 $3d$；当采用 HRB400、HRBF400 级带肋钢筋时，除梯板上部纵向钢筋的跨内端做 90°弯钩外，其余末端不做弯钩。

在标准构造详图中，梯板支座端上部纵向钢筋按下部纵向钢筋的 1/2 配置，且不小于 $\phi8@200$。楼梯与扶手连接的钢预埋件位置与做法应由设计者注明。

2. 平台板和平台梁

平台板可能是单向板，也可能是双向板。对于单向板，当板的两端均支承在平台梁上时，考虑到梁对板的弹性约束，板的跨中弯矩可按式(6-1)计算。

当板的一端支承在平台梁而另一端支承在墙上时，板的跨中弯矩按下式计算：

$$M = \frac{1}{8}ql_0^2 \qquad (6-2)$$

平台梁承受由平台板和斜板传来的均布荷载以及平台梁自重，可按单跨简支梁计算，如图 6-33 所示。

三、梁式楼梯的构造

梁式楼梯踏步板支承在斜梁上，其配筋按简支构件计算，每一级踏步所配受力钢筋不少于 2 根。楼梯斜梁支承在平台梁上，斜梁按简支梁配置受力钢筋及箍筋。图 6-34 所示为梁式楼梯配筋图。

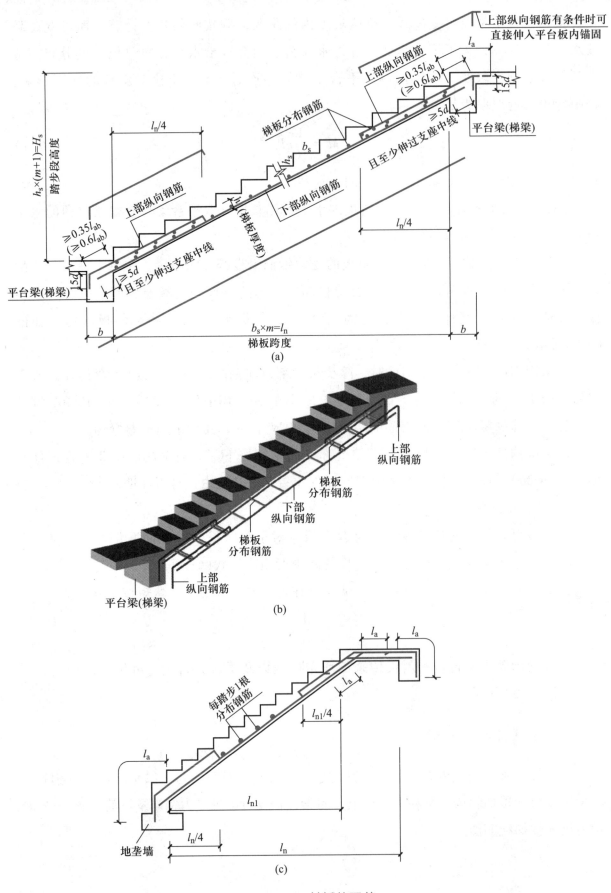

图 6-32　斜板的配筋

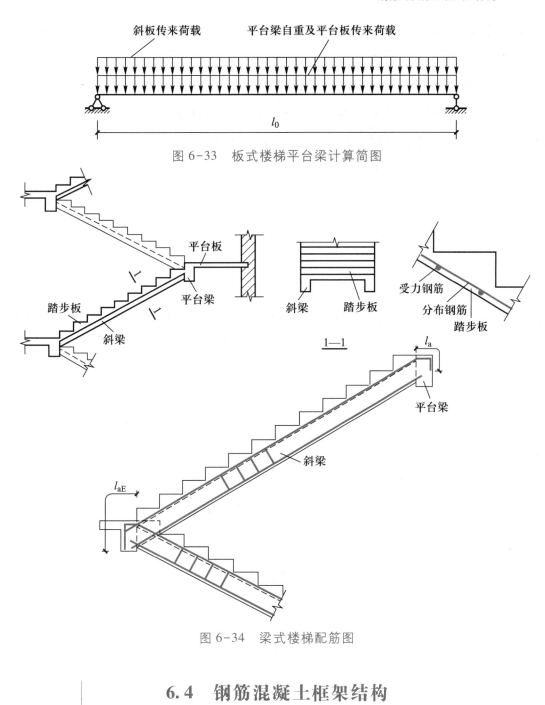

图 6-33　板式楼梯平台梁计算简图

平台梁

梁式楼梯

图 6-34　梁式楼梯配筋图

6.4　钢筋混凝土框架结构

一、框架结构类型

钢筋混凝土框架结构按施工方式的不同，可分为现浇框架结构、装配式框架结构和装配整体式框架结构三种。

现浇框架结构整体性好，适应性强，但现场作业多，耗用的劳动量较大，近年来采用了定型模板、塔式起重机、混凝土输送泵等新的施工设备，使现浇框架的应用更为广泛。

装配式框架结构是将框架的主要构件（柱、梁、楼板等）在工厂或施工现场预制，采用机械吊装，然后拼合成框架结构。这种结构工业化和机械化程度高，工期及耗用的劳动量均可节约，缺点是需要大型吊装机械，焊接工作量大，整体性差。

装配整体式框架结构是将柱现浇（亦可预制），而把梁做成叠合梁，待梁的预制部分和楼板就位后，浇捣叠合层，使梁、柱节点形成刚接，楼板亦嵌固在叠合梁中，保证了结构的整体性，且焊接工作量大为减少。

二、结构布置

（一）柱网和层高

1. 工业厂房

柱距一般采用 6 m，常见的有内廊式柱网和等跨式柱网两种，如图 6-35 所示。

内廊式柱网（图 6-35a）：常用两个对称跨，中间夹一走廊，大跨跨距一般采用 6.0 m、6.6 m 和 6.9 m，走廊宽度常采用 2.4 m 和 3.0 m。

等跨式柱网（图 6-35b）：常用跨距有 6.0 m、7.5 m、9.0 m 和 12.0 m。

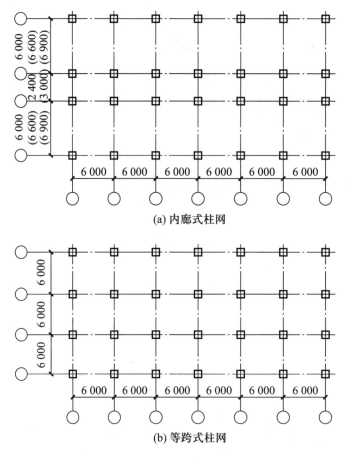

图 6-35　柱网布局形式

多层工业厂房的层高级差为 300 mm，常用的层高为 4.2 m、4.5 m、4.8 m、5.4 m

和 6.0 m，底层层高一般比其他层高一些。

2. 民用房屋

由于民用房屋种类繁多，功能要求各不相同，故柱网及层高变化较大。一般柱网和层高的级差为 300 mm，柱网尺寸都在 4.0 m 以上，层高常采用 3.0 m、3.6 m、3.9 m 和 4.2 m。

（二）结构布置

按照承重框架的布置方向，结构布置方案有下列几种：

1. 横向框架承重方案

主框架沿房屋横向布置，楼板及次梁纵向搁置在横向框架上，横向框架间用纵向连系梁相连（图 6-36a）。这种布置方案房屋的横向刚度较大。

2. 纵向框架承重方案

主框架沿房屋纵向布置，楼板及次梁横向搁置在纵向框架上，纵向框架间用横向连系梁或卡口板相连（图 6-36b）。这种布置方案房屋的横向刚度较差，一般需设置横向抗侧力结构。

3. 纵、横向框架承重方案

房屋的两个主轴方向都设置承重框架（图 6-36c、d），由此房屋在纵、横两个方向的侧向刚度都较大。有抗震设防的框架结构房屋常采用这种布置方案。

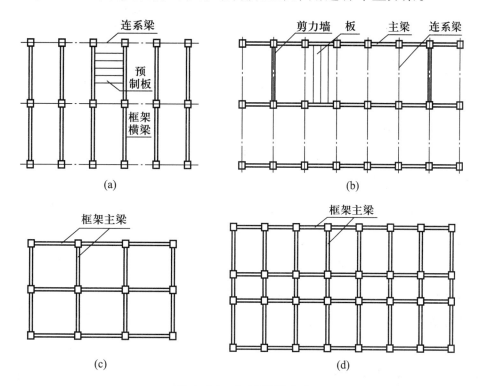

图 6-36　框架承重方案

三、框架结构的抗震构造

（一）震害简介

1. 框架梁、柱的震害（图 6-37）

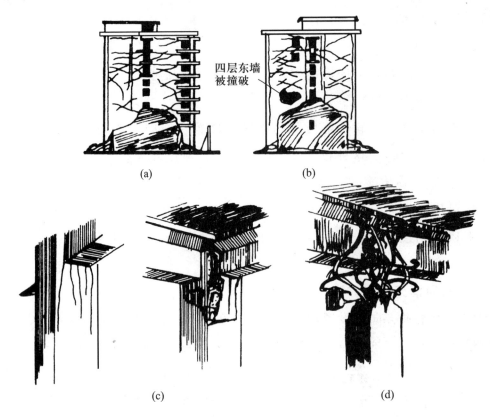

四层东墙被撞破

(a)　　　　　　　　　(b)

(c)　　　　　　　　　(d)

图 6-37　框架结构震害

（1）柱顶周围出现水平裂缝、斜裂缝或交叉裂缝，严重者混凝土被压碎崩落，柱内箍筋被拉断，纵筋被压屈呈灯笼状，上部梁、板倾斜。

（2）柱底距地面 100~400 mm 处出现环向水平裂缝。

（3）柱的施工缝处常有一圈水平缝。

（4）短柱破坏。当柱净高小于 4 倍柱截面高度（$H_n/h \leqslant 4$）时形成短柱，短柱刚度大，易产生剪切破坏。

（5）角柱破坏。由于角柱双向受弯、受剪，加上扭转作用，其震害较内柱严重。

（6）梁端破坏。在梁的两端产生周圈的竖向裂缝或斜裂缝。

（7）节点破坏。梁、柱节点区混凝土出现斜裂缝甚至挤压破碎。

2. 填充墙的震害

框架结构的填充墙破坏较为严重，一般 7 度[①]即出现裂缝。端墙、窗间墙及门

————————————

① 规范中将"抗震设防烈度为 6 度、7 度、8 度、9 度"简称为"6 度、7 度、8 度、9 度"，后同。

窗洞口边角部位裂缝最多，9度以上填充墙大部分倒塌。房屋中下部填充墙震害严重。

3. 其他震害

建造在较软弱地基上或液化土层上的框架结构，在地震时，常因地基的不均匀沉陷使上部结构倾斜甚至倒塌。

防震缝宽度过小，地震时结构互相碰撞也容易造成震害。

（二）框架结构抗震的一般规定

为了保证框架结构的抗震性能，框架应设计成延性框架，遵守"强柱弱梁""强剪弱弯""强节点""强锚固"的设计原则。

1. 材料选择

混凝土结构材料应符合下列规定：框支梁、框支柱及抗震等级为一级的框架梁、柱、节点核心区的混凝土，其强度等级不应低于 C30；构造柱、芯柱、圈梁及其他各类构件的混凝土强度等级不应低于 C20。同时，混凝土结构中的混凝土强度等级，剪力墙不宜超过 C60，其他构件 9 度时不宜超过 C60，8 度时不宜超过 C70。

普通钢筋宜优先采用延性、韧性和焊接性较好的钢筋。纵向受力钢筋宜选用符合抗震性能指标的 HRB400 级热轧钢筋，箍筋宜选用符合抗震性能指标的不低于 HRB400 级的热轧钢筋，也可选用 HPB300 级热轧钢筋。

在施工中，当需要以强度等级较高的钢筋代替原设计中的纵向受力钢筋时，应按照钢筋受拉承载力设计值相等的原则换算，并应满足最小配筋率要求。

2. 现浇钢筋混凝土框架结构最大适用高度

现浇钢筋混凝土框架结构最大适用高度见表 6-1。

表 6-1　现浇钢筋混凝土框架结构最大适用高度　　　单位：m

结构类型	抗震设防烈度				
	6 度	7 度	8 度(0.2g)	8 度(0.3g)	9 度
框架	60	50	40	35	24

注：房屋高度指室外地面到主要屋面板板顶的高度(不包括局部突出屋顶部分)。

3. 现浇钢筋混凝土框架结构的抗震等级

现浇钢筋混凝土框架结构的抗震等级见表 6-2。

表 6-2　现浇钢筋混凝土框架结构的抗震等级

结构类型		抗震设防烈度						
		6 度		7 度		8 度		9 度
框架	高度/m	≤24	>24	≤24	>24	≤24	>24	≤24
	框架	四	三	三	二	二	一	一
	大跨度框架	三		二		一		一

4. 纵向受拉钢筋的抗震锚固长度 l_{aE}

纵向受拉钢筋的抗震锚固长度 l_{aE} 见表 6-3。

表 6-3　纵向受拉钢筋的抗震锚固长度 l_{aE}

锚固长度	抗震等级			
	一级	二级	三级	四级
l_{aE}	$1.15 l_a$	$1.15 l_a$	$1.05 l_a$	l_a

注：l_a 为锚固长度，$l_a = \alpha \dfrac{f_y}{f_t} d$。

5. 纵向受力钢筋连接接头

纵向受力钢筋连接接头的位置宜避开梁端、柱端箍筋加密区；当无法避开时，应采用满足等强度要求的高质量机械连接接头，且钢筋接头面积百分率不应超过 50%。

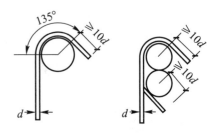

6. 箍筋弯钩

箍筋的末端应做成 135°弯钩（图 6-38）。

图 6-38　梁（柱）箍筋弯钩要求

7. 跨数

高层的框架结构不应采用单跨框架结构，多层框架结构不宜采用单跨框架结构。

（三）框架结构抗震构造措施

1. 框架梁的构造措施

（1）梁的截面尺寸。梁的截面尺寸宜符合下列各项要求：梁截面宽度 b 不宜小于 200 mm，梁截面高度与宽度之比不宜大于 4（即 $h_b/b \leqslant 4$），梁净跨与截面高度之比不宜小于 4（即 $l_n/h_b \geqslant 4$）。

框架梁

（2）梁的纵向钢筋。梁中的纵向钢筋配置应符合下列各项要求：

① 梁端纵向受拉钢筋的配筋率不宜大于 2.5%。

② 梁端截面的底面和顶面纵向钢筋配筋量的比值，除按计算确定外，一级抗震等级框架不应小于 0.5，二、三级抗震等级框架不应小于 0.3。

③ 沿梁全长顶面和底面至少应配置贯通全长的纵向受力钢筋，对一、二级抗震等级框架不应少于 2ϕ14，且分别不应少于梁两端顶面和底面纵向配筋中较大截面面积的 1/4，三、四级抗震等级框架不应少于 2ϕ12。

④ 框架梁纵向钢筋构造。KL、WKL 中间支座纵向钢筋构造如图 6-39 所示。其中，l_{aE} 取值见附表 3-4、附表 3-5，l_{lE} 查图集 22G101-1；跨度值 l_n 是框架梁净跨，取相邻两跨的较大值；h_c 为柱截面沿框架方向的高度；当楼层框架梁为一、二级抗震等级，框架梁的纵向钢筋直锚长度 $\geqslant l_{aE}$ 且 $\geqslant 0.5h_c+5d$ 时，可以直锚。

（3）梁的箍筋。

① 为提高框架梁的抗剪性能和增加梁的延性，梁端的箍筋应加密，如图 6-40 所示。梁端箍筋加密区的长度、箍筋的最大间距和最小直径按表 6-4 采用。

表 6-4　梁端箍筋加密区的长度、箍筋的最大间距和最小直径

框架梁的箍筋

抗震等级	加密区长度（采用较大值）/mm	箍筋最大间距（采用最小值）/mm	箍筋最小直径/mm
一级	$2h_b$，500	$h_b/4$，$6d$，100	10
二级	$1.5h_b$，500	$h_b/4$，$8d$，100	8
三级	$1.5h_b$，500	$h_b/4$，$8d$，150	8
四级	$1.5h_b$，500	$h_b/4$，$8d$，150	6

注：h_b——梁截面高度，d——纵向钢筋直径。

② 框架梁纵向钢筋搭接长度范围内的箍筋间距，钢筋受拉时不应大于受拉钢筋较小直径的 5 倍，且不应大于 100 mm；钢筋受压时不应大于受压钢筋较小直径的 10 倍，且不应大于 200 mm；当受压钢筋直径大于 25 mm 时，尚应在两个端面外 100 mm 的范围内各设两道箍筋。

③ 框架梁非加密区箍筋最大间距不宜大于加密区箍筋间距的 2 倍，并应满足抗剪要求。

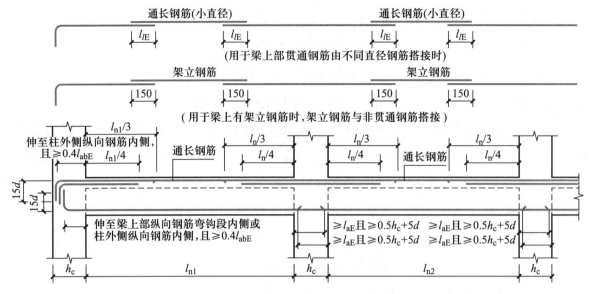

抗震楼层框架梁KL纵向钢筋构造 (l_n为其左、右跨l_{ni}中的较大值)

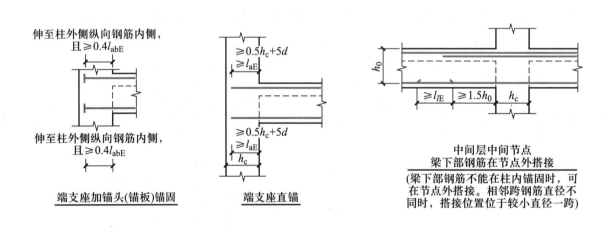

端支座加锚头(锚板)锚固

端支座直锚

中间层中间节点
梁下部钢筋在节点外搭接
(梁下部钢筋不能在柱内锚固时,可在节点外搭接。相邻跨钢筋直径不同时,搭接位置位于较小直径一跨)

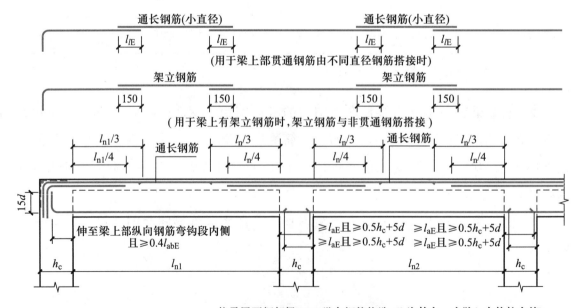

抗震屋面框架梁WKL纵向钢筋构造 (l_n为其左、右跨l_{ni}中的较大值)

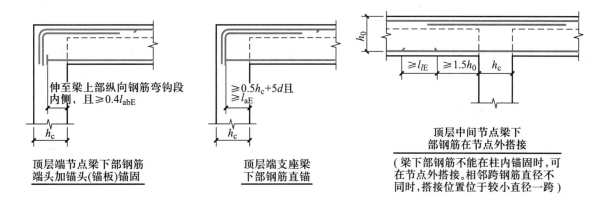

图 6-39 KL、WKL 纵向钢筋构造

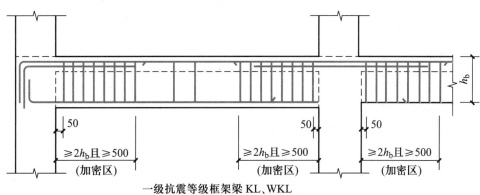

图 6-40 KL、WKL 箍筋构造

④ 框架梁端部箍筋加密区箍筋肢距应满足表 6-5 的要求。

表 6-5 框架梁端部箍筋加密区箍筋肢距的要求

抗震等级	箍筋最大肢距/mm
一级	不宜大于 200 和 20 倍箍筋直径的较大值，且≤300
二、三级	不宜大于 250 和 20 倍箍筋直径的较大值，且≤300
四级	不宜大于 300

框架柱的支模

2. 框架柱的构造措施

（1）柱的截面尺寸。柱的截面宽度和高度均不宜小于 300 mm，圆柱直径不宜小于 350 mm；柱的剪跨比宜大于 2；柱截面长边与短边的边长比不宜大于 3；柱轴压比不宜超过表 6-6 的规定。

表 6-6　柱轴压比限制

结构类型	抗震等级			
	一级	二级	三级	四级
框架	0.65	0.75	0.85	0.90

注：轴压比指柱的轴向压力设计值 N 与柱的全截面面积 A 和混凝土轴心抗压强度设计值 f_c 乘积之比，即 $\dfrac{N}{f_c A}$。

柱中纵向钢筋

（2）柱中纵向钢筋。柱的纵向钢筋宜对称配置；对截面尺寸大于 400 mm 的柱，纵向钢筋间距不宜大于 200 mm；框架柱截面纵向钢筋的最小总配筋率应按表 6-7 采用，同时柱每一侧配筋率不应小于 0.2%，且总配筋率不应大于 5%。

表 6-7　框架柱截面纵向钢筋的最小总配筋率　　　　　　　单位：%

类别	抗震等级			
	一级	二级	三级	四级
中柱和边柱	1.0	0.8	0.7	0.6
角柱和框支柱	1.1	0.9	0.8	0.7

注：1. 钢筋强度标准值<400 MPa 时，表中数值增加 0.1；钢筋强度标准值=400 MPa 时，表中数值增加 0.05。

2. 混凝土强度等级≥C60 时，表中数值增加 0.1。

现浇抗震框架柱纵向钢筋连接构造如图 6-41 所示。说明如下：

① 钢筋抗震搭接长度 l_{lE} 查图集 22G101-1。

② 一、二级抗震等级框架底层柱根部弯矩增大后的配筋，按图示分两个截面截断。

框架柱构造

③ 柱纵向钢筋连接接头的位置应错开，同一截面内钢筋接头不宜超过全截面钢筋总根数的 50%，当柱钢筋总根数不多于 8 根时可在同一截面连接。

④ 当受拉钢筋的直径 $d>28$ mm 时，不宜采用绑扎搭接接头。

⑤ 偏心受拉柱不得采用绑扎搭接接头。

⑥ 纵向受力钢筋接头的位置宜避开梁端、柱端箍筋加密区；当无法避开时，应采用机械连接或焊接。

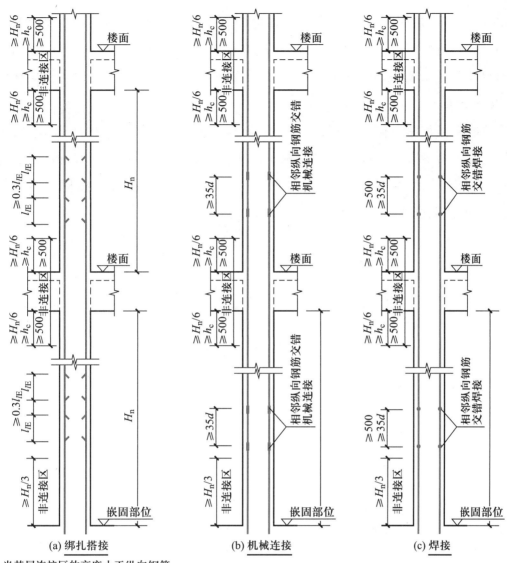

当某层连接区的高度小于纵向钢筋
分两批搭接所需要的高度时,应改
用机械连接或焊接

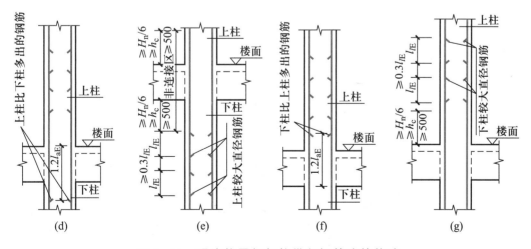

图 6-41　现浇抗震框架柱纵向钢筋连接构造

⑦ 上柱纵向钢筋比下柱多时的连接构造如图 6-41d 所示,上柱纵向钢筋直径比下

柱大时的连接构造如图 6-41e 所示，下柱纵向钢筋比上柱多时的连接构造如图 6-41f 所示，下柱纵向钢筋直径比上柱大时的连接构造如图 6-41g 所示。

（3）柱中箍筋。对柱端箍筋加密，可有效提高柱的抗震能力。因此，框架柱中箍筋应符合以下要求：

① 柱的箍筋加密范围：柱端，取截面高度 h_c（圆柱直径 d）、柱净高 H_n 的 1/6 和 500 mm 三者中的最大值；底层柱，柱根不小于柱净高 H_n 的 1/3，当有刚性地面时，除柱端外尚应取刚性地面上下各 500 mm（图 6-42）。一、二级抗震等级框架结构的角柱取全高，转换柱取全高。

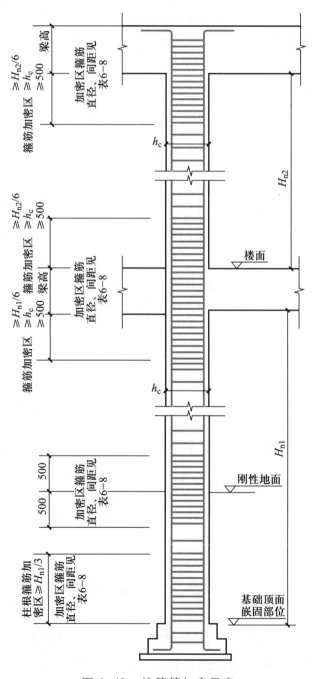

图 6-42　柱箍筋加密示意

② 柱箍筋加密区的箍筋最大间距和最小直径按表 6-8 采用。

表 6-8　柱箍筋加密区的箍筋最大间距和最小直径

抗震等级	箍筋最大间距(采用较小值)/mm	箍筋最小直径/mm
一级	6d，100	10
二级	8d，100	8
三级	8d，150(柱根 100)	8
四级	8d，150(柱根 100)	6(柱根 8)

注：d 为柱中纵向钢筋最小直径；柱根指框架底层柱的嵌固部位。

③ 柱箍筋类别如单元 4 图 4-5 所示。

a. 对圆柱中的箍筋，搭接长度不应小于相应的锚固长度，且末端应做成 135°弯钩；弯钩末端平直段长度不应小于箍筋直径的 10 倍。

b. 箍筋采用 HRB400(Φ) 或 HPB300(ϕ) 级钢筋。

c. 有下列情况之一时，柱箍筋应加密，箍筋间距应 ≤150 mm 且 ≤8d：

（a）角柱及剪跨比 ≤2 的柱沿全高加密。

（b）带加强层高层建筑结构：加强层上、下相邻一层的框架柱沿全柱段加密。

（c）错层结构：错层处的框架柱应全柱段加密。

（d）多塔结构：塔楼中与群房相连的外围柱，柱箍筋宜在群楼屋面上、下层的范围内全高加密。

箍筋加密

④ 框架填充墙的构造。填充墙与框架的连接，可根据设计要求采用脱开或不脱开方法。有抗震设防要求时宜采用填充墙与框架脱开的方法。

当填充墙与框架采用脱开的方法时，宜符合下列规定：

a. 填充墙两端与框架柱、填充墙顶面与框架梁之间留出不小于 20 mm 的间隙。

b. 填充墙端部应设置构造柱，柱间距宜不大于 20 倍墙厚且不大于 4 000 mm，柱宽度不小于 100 mm。柱竖向钢筋不宜小于 ϕ10，箍筋宜为 ϕ^R5，竖向间距不宜大于 400 mm。竖向钢筋与框架梁或其挑出部分的预埋件或预留钢筋连接，若为绑扎接头，连接长度不小于 30d。

3. 框架节点

（1）框架节点核心区箍筋。框架节点核心区箍筋的最大间距、最小直径宜按表 6-8 采用。

（2）梁纵向钢筋在框架中间层端节点的锚固。

① 梁上部纵向钢筋伸入端节点的锚固。

a. 当采用直线锚固形式时，锚固长度不应小于 l_{aE}，且应伸过柱中心线，伸过的长度不宜小于 5d，d 为梁上部纵向钢筋的直径。

b. 当柱截面尺寸不满足直线锚固要求时，梁上部纵向钢筋可采用钢筋端部加锚头的机械锚固方式。梁上部纵向钢筋宜伸至柱外侧纵向钢筋内边，包括锚头在内的水平投影锚固长度不应小于 $0.4l_{abE}$（图 6-43a）。

c. 梁上部纵向钢筋也可采用 90°弯折锚固的方式，此时梁上部纵向钢筋应伸至柱外侧纵向钢筋内边并向节点内弯折，其包含弯弧在内的水平投影锚固长度不应小于 $0.4l_{abE}$，弯折钢筋在弯折平面内包含弯弧段的垂直投影锚固长度不应小于 $15d$（图 6-43b）。

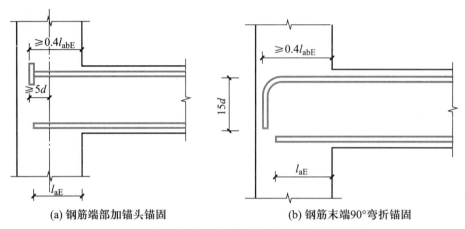

(a) 钢筋端部加锚头锚固　　　　　　(b) 钢筋末端90°弯折锚固

图 6-43　梁上部纵向钢筋在中间层端节点的锚固

② 梁下部纵向钢筋伸入端节点的锚固。

a. 当计算中充分利用该钢筋的抗拉强度时，钢筋的锚固方式及长度应与上部纵向钢筋的规定相同。

b. 当计算中不利用该钢筋的强度或仅利用该钢筋的抗压强度时，伸入端节点的锚固长度同框架中间层中间节点下部纵向钢筋。

（3）梁纵向钢筋在框架中间层中间节点或连续梁中间支座的锚固。

梁的上部纵向钢筋应贯穿中间节点或中间支座。下部纵向钢筋宜贯穿中间节点或中间支座：

① 当计算中不利用该钢筋的强度时，其伸入中间节点或中间支座的锚固长度对带肋钢筋不小于 $12d$，对光圆钢筋不小于 $15d$，d 为纵向钢筋的最大直径。

② 当计算中充分利用钢筋的抗压强度时，钢筋应按受压钢筋锚固在中间节点或中间支座内，其直线锚固长度不应小于 $0.7l_{aE}$。

③ 当计算中充分利用钢筋的抗拉强度时，钢筋可采用直线方式锚固在中间节点或中间支座内，锚固长度不应小于钢筋的受拉锚固长度 l_{aE}（图 6-44a）。

④ 当柱截面尺寸不足时，宜采用钢筋端部加锚头的机械锚固方式，也可采用 90°弯折锚固的方式。

⑤ 钢筋可在中间节点或中间支座外梁中弯矩较小处设置搭接接头，搭接长度的起始点至中间节点或中间支座边缘的距离不应小于 $1.5h_0$（图 6-44b）。

（4）柱纵向钢筋在中间层节点和顶层中间节点的锚固。

柱纵向钢筋应贯穿中间层的中间节点或端节点，接头应设在节点区以外。

① 柱纵向钢筋应伸至柱顶，且自梁底算起的锚固长度不应小于 l_{aE}。

② 当截面尺寸不满足直线锚固要求时，可采用90°弯折锚固方式。此时，包含弯弧在内的钢筋垂直投影锚固长度不应小于 $0.5l_{abE}$，在弯折平面内包含弯弧段的水平投影锚固长度不宜小于 $12d$（图 6-45a）。

③ 当截面尺寸不足时，也可采用加锚头的机械锚固方式。此时，包含锚头在内的垂直投影锚固长度不应小于 $0.5l_{abE}$（图 6-45b）。

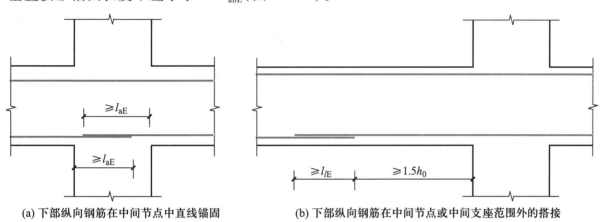

(a) 下部纵向钢筋在中间节点中直线锚固　　　(b) 下部纵向钢筋在中间节点或中间支座范围外的搭接

图 6-44　梁下部纵向钢筋在中间节点或中间支座范围的锚固与搭接

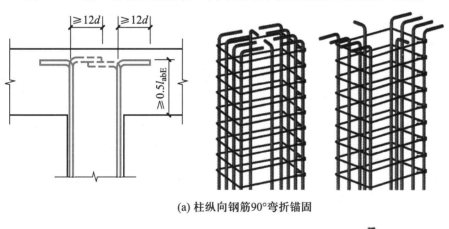

(a) 柱纵向钢筋90°弯折锚固

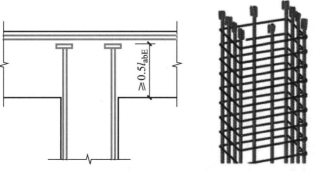

(b) 柱纵向钢筋端头加锚头锚固

图 6-45　柱纵向钢筋在顶层节点中的锚固

④ 当柱顶有现浇楼板且板厚不小于 100 mm 时，柱纵向钢筋也可向外弯折，弯折后的水平投影长度不宜小于 12d。

（5）柱外侧纵向钢筋在顶层端节点的锚固。

顶层端节点柱外侧纵向钢筋可弯入梁内作梁上部纵向钢筋；也可将梁上部纵向钢筋与柱外侧纵向钢筋在节点及附近部位搭接，搭接可采用下列方式：

① 搭接接头可沿顶层端节点外侧及梁端顶部布置，搭接长度不应小于 1.5l_{abE}（图 6-46a）。其中，伸入梁内的柱外侧纵向钢筋截面面积不宜小于其全部面积的 65%；梁宽范围以外的柱外侧纵向钢筋宜沿节点顶部伸至柱内边锚固。当柱外侧纵向钢筋位于柱顶第一层时，钢筋伸至柱内边后宜向下弯折不小于 8d 后截断，d 为柱外侧纵向钢筋的直径；当柱外侧纵向钢筋位于柱顶第二层时，可不向下弯折。当现浇板厚度不小于 100 mm 时，梁宽范围以外的柱外侧纵向钢筋也可伸入现浇板内，其长度与伸入梁内的柱纵向钢筋相同。

② 当柱外侧纵向钢筋配筋率大于 1.2% 时，伸入梁内的柱纵向钢筋应满足以上规定且宜分两批截断，截断点之间的距离不宜小于 20d，d 为柱外侧纵向钢筋的直径。梁上部纵向钢筋应伸至节点外侧并向下弯至梁下边缘高度位置截断。

③ 纵向钢筋搭接接头也可沿节点柱顶外侧直线布置（图 6-46b），此时，搭接长度自柱顶算起不应小于 1.7l_{abE}。当梁上部纵向钢筋的配筋率大于 1.2% 时，弯入柱外侧的梁上部纵向钢筋应满足以上规定的搭接长度，且宜分两批截断，截断点之间的距离不宜小于 20d，d 为梁上部纵向钢筋的直径。

④ 当梁的截面高度较大，梁、柱纵向钢筋截面相对较小，从梁底算起的直线搭接长度未延伸至柱顶即已满足 1.5l_{abE} 的要求时，应将搭接长度延伸至柱顶并满足搭接长度不小于 1.7l_{abE} 的要求；或者从梁底算起的弯折搭接长度未延伸至柱内侧边缘即已满足 1.5l_{abE} 的要求时，其弯折后包括弯弧段的水平投影长度不应小于 15d，d 为柱外侧纵向钢筋的直径。

框架顶层端节点处梁上部纵向钢筋的截面面积 A_s 应符合下列规定：

$$A_s \leqslant \frac{0.35\beta_c f_c b_b h_0}{f_y} \tag{6-3}$$

式中　β_c——高强度混凝土的强度折减系数；

b_b——梁腹板宽度；

h_0——梁截面有效高度。

梁上部纵向钢筋与柱外侧纵向钢筋在端节点角部的弯弧内半径，当钢筋直径 $d \leqslant 25$ mm 时，不宜小于 6d；当钢筋直径 $d > 25$ mm 时，不宜小于 8d。钢筋弯弧外的混凝土中应配置防裂、防剥落的构造钢筋。

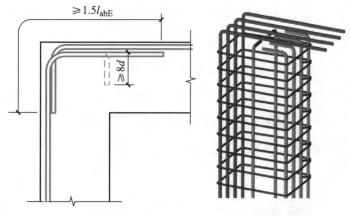

(a) 搭接接头沿顶层端节点外侧及梁端顶部布置

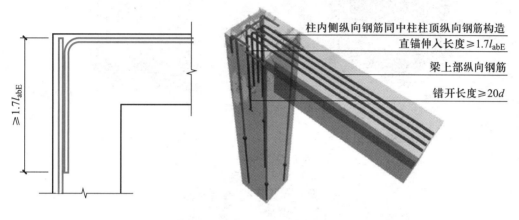

(b) 搭接接头沿节点外侧直线布置

图 6-46 顶层端节点梁、柱纵向钢筋在节点内的锚固与搭接

在框架节点内应设置水平箍筋，间距不宜大于 250 mm。对四边均有梁与之相连的中间节点，节点内可只设置沿周边的矩形箍筋。当顶层端节点内设有梁上部纵向钢筋和柱外侧纵向钢筋的搭接接头时，节点内水平箍筋应符合纵向钢筋搭接范围内箍筋配置的有关规定。

4. 施工质量

房屋的施工质量对抗震性能影响很大。框架结构在施工过程中，要特别注意梁、柱节点和角柱等部位的质量。节点核心区要严格按设计要求设置箍筋，绝不能因不好操作而少放或取消箍筋。混凝土应注意振捣密实，施工缝处的接触面必须清扫干净，使新、老混凝土结合紧密。

6.5 剪力墙结构

由钢筋混凝土墙体构成的承重体系称为剪力墙结构。剪力墙又称抗风墙、抗震墙或结构墙,是房屋中主要承受风荷载或地震作用引起的水平荷载的墙体,用以提高结构的抗侧力性能,防止结构发生剪切破坏。

在剪力墙内部,由于受力和配筋构造的不同,为方便表达,将剪力墙视为由剪力墙身、剪力墙梁和剪力墙柱三部分组成(图 6-47a)。剪力墙身主要配置竖向和水平分布钢筋(图 6-47b)。剪力墙梁主要配置上部纵向钢筋、下部纵向钢筋和箍筋(图 6-47c)。剪力墙柱主要配置纵向钢筋和箍筋。

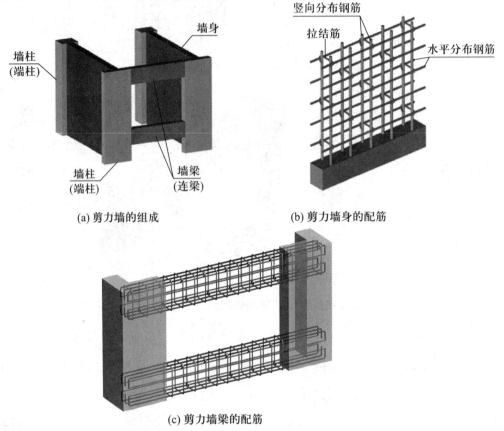

图 6-47　剪力墙的组成及配筋

在整个高层剪力墙结构的底部,为保证出现塑性铰时有足够的延性,达到耗能的目的,应设置加强区。原则上来说,出现塑性铰的范围就是剪力墙的加强范围。

一、现浇钢筋混凝土剪力墙结构

1. 现浇钢筋混凝土剪力墙房屋的最大适用高度

现浇钢筋混凝土剪力墙房屋的最大适用高度应符合表 6-9 的要求。

表 6-9　现浇钢筋混凝土剪力墙房屋的最大适用高度　　　　　单位:m

结构类型	抗震设防烈度				
	6	7	8(0.2g)	8(0.3g)	9
剪力墙结构	140	120	100	80	60

2. 现浇钢筋混凝土剪力墙房屋的抗震等级

钢筋混凝土房屋应根据抗震设防类别、抗震设防烈度、结构类型和房屋高度采用不同的抗震等级，并应符合相应的计算和构造措施要求。现浇钢筋混凝土丙类剪力墙房屋的抗震等级应按表 6-10 确定。

表 6-10　现浇钢筋混凝土丙类剪力墙房屋的抗震等级

结构类型		抗震设防烈度								
		6		7			8			9	
剪力墙结构	高度/m	≤80	>80	≤24	25~80	>80	≤24	25~80	>80	≤24	25~60
	抗震等级	四级	三级	四级	三级	二级	三级	二级	一级	二级	一级

3. 剪力墙钢筋的锚固和连接

（1）剪力墙钢筋的锚固。剪力墙纵向钢筋最小锚固长度应取 l_{aE}。l_{aE} 的取值应符合《混凝土结构设计规范》的有关规定。

（2）剪力墙钢筋的连接。

① 墙竖向分布钢筋可在同一高度搭接，搭接长度不应小于 $1.2l_{aE}$。

② 墙水平分布钢筋的搭接长度不应小于 $1.2l_{aE}$。同排水平分布钢筋的搭接接头之间以及上、下相邻水平分布钢筋的搭接接头之间，沿水平方向的净距不宜小于 500 mm（图 6-48）。

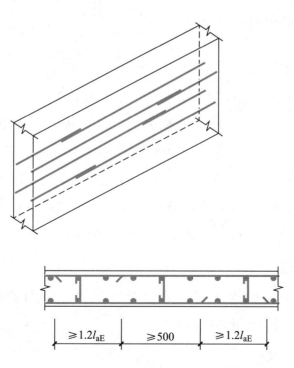

图 6-48　剪力墙身内水平分布钢筋的连接

③ 墙中水平分布钢筋应伸至墙端，并向内水平弯折 $10d$，d 为水平分布钢筋直径。

④ 当剪力墙端部有翼墙或转角墙时，内墙两侧和外墙内侧的水平分布钢筋应伸至翼墙或转角墙外边，并分别向两侧水平弯折 $15d$。在转角墙处，外墙外侧的水平分布钢筋应在墙端外角处弯入翼墙，并与翼墙外侧的水平分布钢筋搭接。

⑤ 带边框的墙，水平和竖向分布钢筋宜分别贯穿柱、梁或锚固在柱、梁内。

⑥ 暗柱、端柱等剪力墙边缘构件的纵向钢筋连接和锚固要求宜与框架柱相同。

⑦ 连梁内纵向钢筋连接和锚固要求宜与框架梁相同。

⑧ 一、二级抗震等级剪力墙的加强部位，接头位置应错开，每次连接的钢筋数量不宜超过总数量的 50%，错开净距不宜小于 500 mm。

剪力墙矩形
洞口配筋

4. 剪力墙墙面开洞的构造规定（图 6-49）

剪力墙墙面开洞时，应符合下列要求：

（1）当剪力墙墙面开有非连续小洞口（边长 ≤800 mm）时，在洞口每侧布置补强钢筋，按 $\geqslant 2\phi12$ 且 $\geqslant 50\%$ 被切断纵向钢筋的面积配置，纵向钢筋自洞边伸入墙内 $\geqslant l_{aE}$。

剪力墙圆形
洞口配筋

（2）穿过连梁的管道宜预埋套管，洞口上下的有效高度宜 $\geqslant \dfrac{1}{3}$ 梁高且 $\geqslant 200$ mm。洞口处应配置补强纵向钢筋和箍筋。

（3）剪力墙墙面其他情况下的开洞构造要求如图 6-49 所示。

二、剪力墙的构造要求

（一）剪力墙的厚度

（1）剪力墙的厚度，当结构抗震等级为一、二级时不应小于 160 mm，且不应小于层高或无支长度①的 1/20，三、四级时不应小于 140 mm，且不应小于层高或无支长度的 1/25。底部加强部位的墙厚，一、二级时不宜小于 200 mm，且不宜小于层高或无支长度的 1/16，三、四级时不宜小于 160 mm，且不宜小于层高或无支长度的 1/20。

（2）剪力墙厚度大于 140 mm 时，竖向和水平分布钢筋应双排布置；双排分布钢筋间拉结筋的间距不应大于 600 mm，直径不应小于 6 mm。

（二）剪力墙身构造

（1）一、二、三级抗震等级剪力墙的竖向和水平分布钢筋配筋率均不应小于 0.25%，四级抗震等级时不应小于 0.20%。

---

① 无支长度是指沿剪力墙长度方向没有平面外横向支撑时的长度，即剪力墙两端构件（翼墙、墙柱）之间的长度。

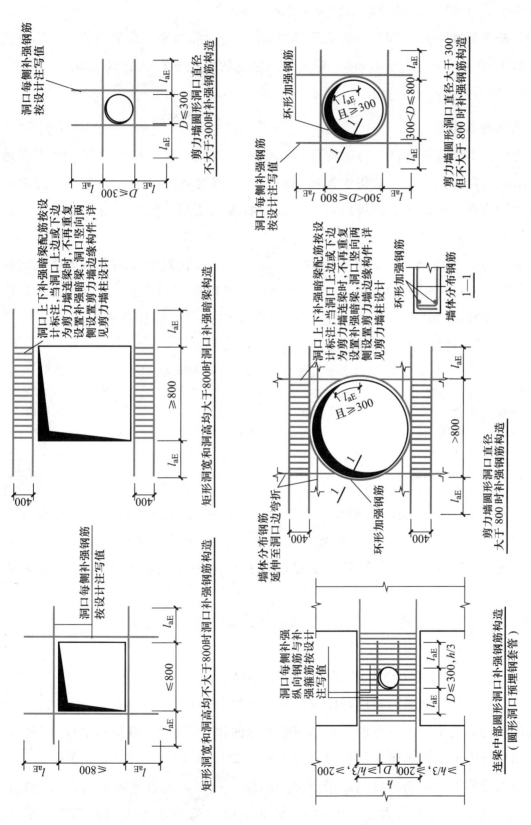

图6-49 剪力墙洞口补强构造

（2）部分框支剪力墙结构的落地剪力墙底部加强部位，竖向和水平分布钢筋配筋率均不应小于 0.3%，钢筋间距不宜大于 200 mm。

（3）剪力墙钢筋最大间距不宜大于 300 mm；竖向和水平分布钢筋的直径均不宜大于墙厚的 1/10，且不应小于 8 mm；竖向分布钢筋的直径不宜小于 10 mm。

（三）剪力墙柱构造

1. 剪力墙柱的设置

剪力墙柱也称边缘构件，边缘构件包括暗柱、端柱、翼墙和转角墙。其实质是剪力墙两端及洞口两侧等边缘的集中配筋加强部位。剪力墙边缘构件分为约束边缘构件和构造边缘构件，按结构抗震等级设置。剪力墙两端及洞口两侧应设置边缘构件，边缘构件设置宜符合下列要求：

（1）一、二、三级抗震等级的剪力墙，在重力荷载代表值作用下，当墙肢底截面轴压比大于表 6-11 的规定时，其底部加强部位及其以上一层墙肢应按《建筑抗震设计规范》（GB 50011—2010）的规定设置约束边缘构件；当墙肢底截面轴压比不大于表 6-11 的规定时，可按规定设置构造边缘构件。

表 6-11　剪力墙设置构造边缘构件的最大轴压比

抗震等级或烈度	一级（9 度）	一级（7、8 度）	二、三级
轴压比	0.1	0.2	0.3

（2）部分框支剪力墙结构中，一、二、三级抗震等级落地剪力墙的底部加强部位及其以上一层的墙肢两端，宜设置翼墙或端柱，并应按规范规定设置约束边缘构件；不落地的剪力墙，应在底部加强部位及其以上一层的墙肢两端设置约束边缘构件。

（3）一、二、三级抗震等级的一般部位剪力墙以及四级抗震等级剪力墙，应按规定设置构造边缘构件。

2. 剪力墙端部约束边缘构件（墙柱）的构造规定

约束边缘构件沿墙肢的长度和配箍特征值应符合表 6-12 的要求。一、二、三级抗震等级的剪力墙约束边缘构件的纵向钢筋的截面面积，对图 6-50 所示暗柱、端柱、翼墙与转角墙分别不应小于图中阴影部分面积的 1.2%、1.0%、1.0% 和 1.0%。

约束边缘构件的箍筋或拉结筋沿竖向的间距，对一级抗震等级不宜大于 100 mm，对二、三级抗震等级不宜大于 150 mm；箍筋、拉结筋沿水平方向的肢距不宜大于 300 mm，不应大于竖向钢筋间距的 2 倍。

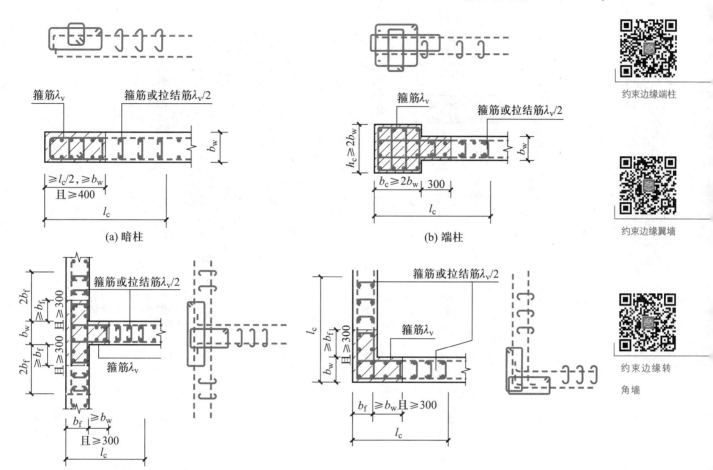

约束边缘端柱

约束边缘翼墙

约束边缘转
角墙

(a) 暗柱

(b) 端柱

(c) 翼墙

(d) 转角墙

图 6-50   剪力墙约束边缘构件

表 6-12   约束边缘构件沿墙肢的长度 l_c 和配箍特征值 λ_v

抗震等级(抗震设防烈度)		一级(9 度)		一级(7、8 度)		二、三级	
轴压比		≤0.2	>0.2	≤0.3	>0.3	≤0.4	>0.4
l_c	暗柱	$0.20h_w$	$0.25h_w$	$0.15h_w$	$0.20h_w$	$0.15h_w$	$0.20h_w$
	端柱、翼墙或转角墙	$0.15h_w$	$0.20h_w$	$0.10h_w$	$0.15h_w$	$0.10h_w$	$0.15h_w$
λ_v		0.12	0.20	0.12	0.20	0.12	0.20

注：表中 h_w 为剪力墙墙肢截面高度。

3. 剪力墙端部构造边缘构件（墙柱）的构造规定

剪力墙端部构造边缘构件的设置范围应按图 6-51 采用。构造边缘构件包括暗柱、端柱、翼墙和转角墙。构造边缘构件的配筋应满足受弯承载力要求，并应符合表 6-13 的要求。箍筋的无支长度不应大于 300 mm，拉结筋的水平间距不应大于竖向钢筋间距的 2 倍。当剪力墙端部为端柱时，端柱中纵向钢筋及箍筋宜按框架柱的构造要求配置。

构造边缘端柱

构造边缘翼墙

构造边缘转
角墙

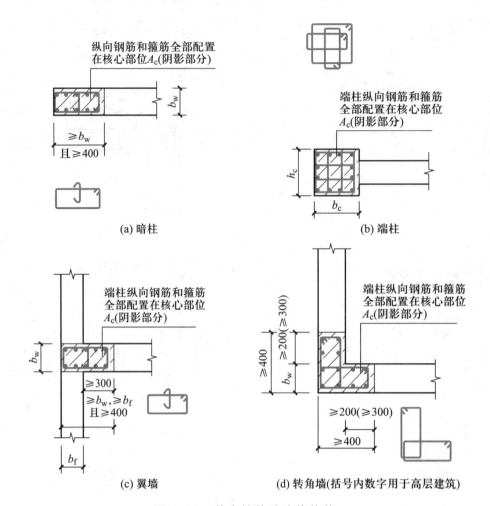

图 6-51　剪力墙构造边缘构件

表 6-13　构造边缘构件的构造配筋要求

抗震等级	底部加强部位			其他部位		
	纵向钢筋最小配筋量（取较大值）	箍筋		纵向钢筋最小配筋量（取较大值）	拉结筋	
		最小直径/ mm	沿竖向最大间距/ mm		最小直径/ mm	沿竖向最大间距/ mm
一	$0.010A_c$，$6\phi16$	8	100	$0.008A_c$，$6\phi14$	8	150
二	$0.008A_c$，$6\phi14$	8	150	$0.006A_c$，$6\phi12$	8	200
三	$0.006A_c$，$6\phi12$	6	150	$0.005A_c$，$4\phi12$	6	200
四	$0.005A_c$，$4\phi12$	6	200	$0.004A_c$，$4\phi12$	6	250

注：1. 表中 A_c 为图 6-51 所示的阴影面积。

2. 对其他部位，拉结筋的水平间距不应大于纵向钢筋间距的 2 倍，转角处宜设置箍筋。

3. 当端柱承受集中荷载时，应满足框架柱的配筋要求。

（四）剪力墙梁构造

剪力墙梁包括连梁、暗梁、边框梁。其中连梁的作用是将两侧的剪力墙肢连结在一起，共同抵抗地震作用，受力原理与一般的梁有很大区别；而暗梁和边框梁则不属于受弯构件，它们实质上是剪力墙在楼层位置的水平加强带。

1. 连梁的配筋形式

连梁内的钢筋包括上部纵向钢筋、下部纵向钢筋、箍筋、斜筋。连梁中配置斜筋的主要作用是：当连梁跨高比较小（即为短连梁）时，改善连梁的延性，提高其抗剪承载力。斜筋在连梁中的配筋形式有：交叉斜筋配筋（图 6-52）、集中对角斜筋配筋（图 6-53）、对角暗撑配筋（图 6-54）。

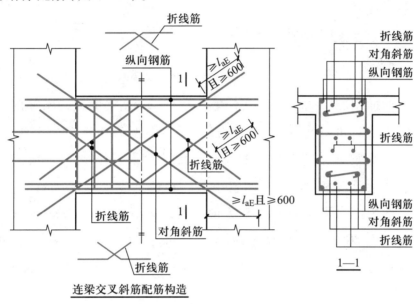

图 6-52　交叉斜筋配筋连梁

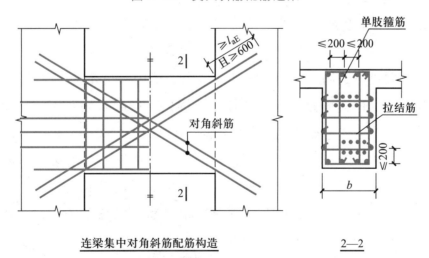

图 6-53　集中对角斜筋配筋连梁

2. 连梁的配筋构造

连梁的配筋构造应满足以下要求：

（1）连梁上、下部单侧纵向钢筋的配筋率不应小于 0.15%，且配筋不宜少于 2φ12；交叉斜筋配筋连梁单向对角斜筋不宜少于 2φ12，单组折线筋的截面面积可取为

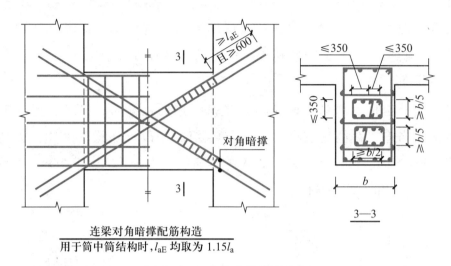

连梁对角暗撑配筋构造
用于筒中筒结构时, l_{aE} 均取为 $1.15l_a$

图 6-54　对角暗撑配筋连梁

单向对角斜筋截面面积的 1/2, 且直径不宜小于 12 mm; 集中对角斜筋配筋连梁和对角暗撑配筋连梁中每组对角斜筋应至少由 4 根直径不小于 14 mm 的钢筋组成。

（2）交叉斜筋配筋连梁的对角斜筋在梁端部位应设置不少于 3 根拉结筋, 拉结筋的间距不应大于连梁宽度和 200 mm 的较小值, 直径不应小于 6 mm; 集中对角斜筋配筋连梁应在梁截面内沿水平方向及竖直方向设置双向拉结筋, 拉结筋应勾住外侧纵向钢筋, 间距不应大于 200 mm, 直径不应小于 8 mm; 对角暗撑配筋连梁中暗撑箍筋的外缘沿梁截面宽度方向不宜小于梁宽的 1/2, 另一方向不宜小于梁宽的 1/5; 对角暗撑约束箍筋的间距不宜大于暗撑钢筋直径的 6 倍, 当计算间距小于 100 mm 时可取 100 mm, 箍筋肢距不应大于 350 mm。

除集中对角斜筋配筋连梁以外, 其余连梁的水平钢筋及箍筋形成的钢筋网之间应采用拉结筋拉结, 拉结筋直径不宜小于 6 mm, 间距不宜大于 400 mm。

（3）连梁纵向受力钢筋、对角斜筋伸入墙内的锚固长度不应小于 l_{aE}, 且不应小于 600 mm; 顶层连梁纵向钢筋伸入墙体的长度范围内, 应配置间距不大于 150 mm 的构造箍筋, 箍筋直径应与该连梁的箍筋直径相同（图 6-55）。

（4）剪力墙的水平分布钢筋可作为连梁的纵向构造钢筋在连梁范围内贯通。当梁的腹板高度 h_w 不小于 450 mm 时, 其两侧面沿梁高范围设置的纵向构造钢筋的直径不应小于 10 mm, 间距不应大于 200 mm; 对跨高比不大于 2.5 的连梁, 梁两侧的纵向构造钢筋（腰筋）的面积配筋率尚不应小于 0.3%。

（5）抗震设计时, 沿连梁全长箍筋的构造应按框架梁抗震设计时梁端加密箍筋的构造要求采用; 对角暗撑配筋连梁沿连梁全长箍筋的间距按抗震框架梁加密箍筋间距的 2 倍取用。

（6）根据连梁不同的截面宽度, 连梁拉结筋直径和间距的规定: 当连梁截面宽度 ≤350 mm 时, 拉结筋直径为 6 mm; 当连梁截面宽度 >350 mm 时, 拉结筋直径为

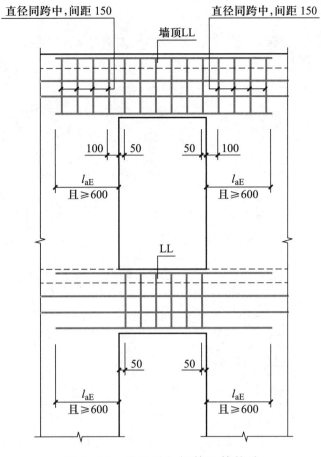

图 6-55 连梁纵向钢筋配筋构造

8 mm；拉结筋水平间距为 2 倍连梁箍筋间距（隔一拉一），拉结筋竖向间距为 2 倍连梁侧面水平构造钢筋间距（隔一拉一）。

6.6 框架-剪力墙结构

一、框架-剪力墙结构的特点

框架结构侧向刚度差，抵抗水平荷载能力较低，地震作用下变形大，但它具有平面灵活、有较大空间、立面处理易于变化等优点。而剪力墙结构则相反，抗侧力刚度、强度大，但限制了使用空间。把两者结合起来，取长补短，在框架中设置一些剪力墙，就成了框架-剪力墙结构。框架-剪力墙结构适用于需要灵活大空间的 10~20 层的高层建筑，如办公楼、商业大厦、饭店、旅馆、教学楼、试验楼、电信大楼、图书馆、多层工业厂房及仓库、车库等。

二、框架-剪力墙结构的构造要求

（1）现浇钢筋混凝土框架-剪力墙房屋的最大适用高度应符合表 6-14 的要求。

表 6-14　现浇钢筋混凝土框架-剪力墙房屋的最大适用高度　　　　单位：m

结构类型	抗震设防烈度				
	6	7	8（0.2g）	8（0.3g）	9
框架-剪力墙结构	130	120	100	80	50

（2）现浇钢筋混凝土框架-剪力墙结构的抗震等级见表 6-15。

表 6-15　现浇钢筋混凝土框架-剪力墙结构的抗震等级

结构类型		抗震设防烈度								
		6		7			8			9
框架-剪力墙结构	高度/m	≤60	>60	≤24	25~60	>60	≤24	25~60	>60	≤24	25~50
	框架	四级	三级	四级	三级	二级	三级	二级	一级	二级	一级
	剪力墙	三级	三级	三级	二级	二级	二级	一级	一级	一级	一级

（3）构造要求。框架-剪力墙结构除应满足一般框架、剪力墙的有关要求外，还应符合下列要求：

① 剪力墙的厚度不应小于 160 mm，且不宜小于层高或无支长度的 1/20，底部加强部位的剪力墙厚度不应小于 200 mm，且不宜小于层高或无支长度的 1/16。

② 剪力墙的配筋构造要求。框架-剪力墙（板柱-剪力墙）结构中，剪力墙竖向和水平分布钢筋的配筋率均不宜小于 0.25%，钢筋直径不宜小于 10 mm，间距不宜大于 300 mm，并应双排布置。各排分布钢筋之间应设置拉结筋，拉结筋直径不宜小于 6 mm，间距不宜大于 600 mm。

③ 带边框剪力墙的构造应符合下列要求：

a. 剪力墙的水平分布钢筋应全部锚入边框柱内，锚固长度不应小于 l_{aE}。

b. 带边框剪力墙的混凝土强度等级宜与边框柱相同。

c. 与剪力墙重合的框架梁可保留，亦可做成宽度与墙厚相同的暗梁，暗梁截面高度可取墙厚的 2 倍或与该片框架梁截面等高，暗梁的配筋可按构造配置且应符合一般框架梁相应抗震等级的最小配筋率要求。

d. 剪力墙截面宜按工字形设计，其端部的纵向受力钢筋应配置在边框柱截面内。

e. 边框柱截面宜与该榀框架其他柱的截面相同，剪力墙底部加强部位边框柱的箍筋宜沿全高加密；当带边框剪力墙上的洞口紧邻边框柱时，边框柱的箍筋宜沿全高加密。

复习思考题

6-1　高层建筑混凝土结构的结构体系有哪些？其优缺点和适用范围是什么？

6-2　什么叫单向板？什么叫双向板？它们的变形和受力有何不同？

6-3　钢筋混凝土楼盖有哪几种类型？各自的应用范围如何？

6-4　试指出单向板中受力钢筋的作用、位置及构造要求。

6-5　试指出单向板中各种构造钢筋的位置和构造要求。

6-6　次梁和主梁各有哪些受力钢筋及构造钢筋？

6-7　现浇楼梯有哪些结构类型？板式楼梯和梁式楼梯各由哪些构件组成？

6-8　试述板式楼梯和梁式楼梯中各种钢筋的名称、位置及构造要求。

6-9　框架结构有哪些类型和结构布置方案？

6-10　剪力墙视为由哪几部分组成？各自如何配筋？

6-11　框架-剪力墙结构和剪力墙结构相比有何特点？

单元7 砌体材料及混合结构房屋

★ 看图识砌体材料

同学们见过图 7-1 中的砌体材料吗?

(a) 混凝土实心砖

(b) 混凝土多孔砖

(c) 石材

(d) 砌块

(e) 砂浆砌筑块材

图 7-1 砌体材料

砌体结构是指各种块材(包括砖、石材、砌块等)通过砂浆砌筑而成的结构。

砌体结构的主要优点是取材方便、施工简单、造价低廉、性能优良,主要缺点是强度较低、自重较大、砌筑工作量大、抗震性能差。基于上述特点,砌体结构主要用作七层以下的住宅楼、旅馆,五层以下的办公楼、教学楼等民用建筑的承重结构;在中、小型工业厂房及框架结构中常用砌体作围护结构。

7.1 砌 体 材 料

砌体由块材和砌筑砂浆构成,对块材和砂浆性能的进一步了解,将有助于理解和掌握各类砌体的性能。

一、块材

块材分为砖、砌块及石材三种，其强度等级符号是 MU。

（一）砖

1. 烧结普通砖和烧结多孔砖

（1）烧结普通砖。以黏土、页岩、煤矸石或粉煤灰为主要原料，经过焙烧而成的实心砖。分烧结黏土砖、烧结页岩砖、烧结煤矸石砖、烧结粉煤灰砖等，其尺寸为 240 mm×115 mm×53 mm（图 7-2a）。

由于黏土砖的生产破坏了大量土地资源，因此，国家正进一步加大限制黏土砖使用的力度，许多城市禁用黏土砖。而烧结页岩砖、烧结煤矸石砖、烧结粉煤灰砖等既能利用工业废料，又能保护土地资源，是块体材料的发展方向。

（2）烧结多孔砖。以黏土、页岩、煤矸石或粉煤灰为主要原料，经过焙烧而成、孔洞率不大于 28%、孔的尺寸小而数量多，主要用于承重部位的砖，简称多孔砖。目前多孔砖分为 P 型多孔砖和 M 型多孔砖，P 型多孔砖的尺寸为 240 mm×115 mm×90 mm，M 型多孔砖的尺寸为 190 mm×190 mm×90 mm（图 7-2b、c）。

烧结普通砖和烧结多孔砖的强度等级有 MU10、MU15、MU20、MU25、MU30 五级。

多孔砖砖墙

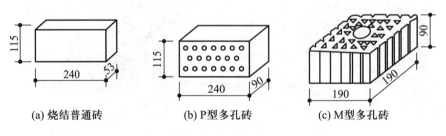

(a) 烧结普通砖   (b) P型多孔砖   (c) M型多孔砖

图 7-2   砖的规格

2. 蒸压灰砂普通砖和蒸压粉煤灰普通砖

（1）蒸压灰砂普通砖。以石灰和砂为主要原料，经坯料制备、压制成型、高压蒸汽养护而成的实心砖，简称灰砂砖。

（2）蒸压粉煤灰普通砖。以粉煤灰、石灰为主要原料，掺加适量石膏和骨料，经坯料制备、压制成型、高压蒸汽养护而成的实心砖，简称粉煤灰砖。

蒸压灰砂普通砖与蒸压粉煤灰普通砖的规格尺寸与烧结普通砖相同，为 240 mm×115 mm×53 mm。它们均属于"节土""利废"的产品。其强度等级有 MU15、MU20、MU25 三级。

由于蒸压灰砂普通砖和蒸压粉煤灰普通砖为非烧结砖，砖与砌筑砂浆的黏结强度比黏土砖要低，收缩变形也比黏土砖大，因此在蒸压灰砂普通砖和蒸压粉煤灰普通砖的应用中应注意采取有关防止墙体开裂的措施，以免因墙体开裂而影响这种墙体材料的推广。

3. 混凝土普通砖和多孔砖

混凝土砖是以水泥为胶结材料，以砂、石等为主要骨料，加水搅拌成型、养护制成的一种多孔的半盲孔砖或普通砖。混凝土普通砖的主规格尺寸为 240 mm×115 mm×53 mm、240 mm×115 mm×90 mm 等；混凝土多孔砖的主规格尺寸为 240 mm×115 mm×90 mm、240 mm×190 mm×190 mm、190 mm×190 mm×90 mm 等。

混凝土砖的强度等级有 MU15、MU20、MU25、MU30 四级。黏土砖被限制使用以来，混凝土普通砖和多孔砖在我国部分地区发展很快。

（二）砌块

由普通混凝土或轻骨料混凝土制成，主规格尺寸为 390 mm×190 mm×190 mm、空心率在 25%~50% 的空心砌块，称为混凝土小型空心砌块，简称混凝土砌块或砌块（图 7-3）。采用较大尺寸的砌块代替小块砖砌筑砌体，可减轻劳动量并可加快施工进度，在节土、节能、利废等方面具有较大的社会效益，并能减少环境污染，是墙体材料改革的一个重要方向。

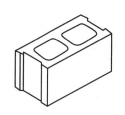

图 7-3　混凝土
小型空心砌块

砌块的强度等级有 MU5、MU7.5、MU10、MU15、MU20 五级。

（三）石材

石材按加工后的外形规则程度分为料石和毛石，料石又分为细料石、半细料石、粗料石和毛料石。石材的强度等级有 MU20、MU30、MU40、MU50、MU60、MU80、MU100 七级。

二、砂浆

普通砂浆的强度等级符号为 M，混凝土块体（砖）专用砌筑砂浆的强度等级符号为 Mb，蒸压灰砂普通砖、蒸压粉煤灰普通砖专用砌筑砂浆的强度等级符号为 Ms。

砂浆的作用是将块材黏结成整体并使砌体受力均匀，同时因砂浆填满块材间的缝隙，还能减少砌体的透气性，提高其保温性和抗冻性。砌体中常用的砂浆有以下四类：

1. 水泥砂浆

水泥砂浆由水泥、水和砂拌合而成。这类砂浆具有较高的强度和较好的耐久性，但其和易性差，在砌筑前会游离出较多的水分，砂浆摊铺在块材表面后这部分水分将很快被吸走，使铺砌发生困难，因而降低砌筑质量。水泥砂浆一般用于砌筑潮湿环境中的砌体（如基础等）。

2. 混合砂浆

混合砂浆包括水泥石灰砂浆、水泥黏土砂浆等。水泥石灰砂浆由水泥、水、砂、石灰拌合而成；水泥黏土砂浆由水泥、水、砂、黏土拌合而成。这类砂浆具有一定的强度和耐久性，和易性和保水性较好，便于施工，质量容易保证。工业与民用建筑中的一般墙体、砖柱等常用水泥石灰砂浆砌筑，它是建筑工程中应用最为广泛的一种砂浆。

3. 石灰砂浆

石灰砂浆由石灰、水和砂拌合而成。这类砂浆的保水性和流动性较好，但其强度低，耐久性差，适用于简易建筑或临时建筑的砌筑。

4. 砌块专用砂浆

砌块专用砂浆指由水泥、水、砂以及根据需要掺入一定比例的掺合料和外加剂等组分，采用机械拌合而成，专门用于砌筑混凝土砌块的砌筑砂浆。

砂浆的强度等级是用 70.7 mm×70.7 mm×70.7 mm 的立方体试块，经抗压强度试验而得的。对于烧结普通砖、烧结多孔砖、蒸压灰砂普通砖和蒸压粉煤灰普通砖砌体采用的普通砂浆强度等级是 M15、M10、M7.5、M5 和 M2.5；蒸压灰砂普通砖和蒸压粉煤灰普通砖砌体采用的专用砂浆强度等级是 Ms15、Ms10、Ms7.5 和 Ms5。混凝土普通砖和多孔砖、单排孔混凝土砌块和煤矸石混凝土砌块砌体采用的砂浆强度等级是 Mb20、Mb15、Mb10、Mb7.5 和 Mb5。双排孔（或多排孔）轻骨料混凝土砌块砌体采用的砂浆强度等级是 Mb10、Mb7.5 和 Mb5。毛料石和毛石砌体采用的砂浆强度等级是 M7.5、M5 和 M2.5。当验算施工阶段尚未硬化的新砌体时，可按砂浆强度为零来确定砌体强度。

7.2　砌体的种类及力学性能

砌体是由不同尺寸和形状的块材用砂浆砌成的整体。砌体中的块材在砌筑时都必须上下错缝，才能使砌体较均匀地承受外力，否则重合的灰缝将砌体分割成彼此间无联系的几个部分，这样不能很好地承受外力，同时也削弱甚至破坏建筑物的整体性。

一、砌体的种类

1. 砖砌体

由砖和砂浆砌筑成的砌体称为砖砌体，大量用作内外承重墙及隔墙。砖砌体可用一顺一丁、三顺一丁、五顺一丁等多种砌法(图7-4)。

一顺一丁承
重墙

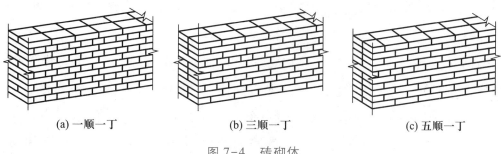

| (a) 一顺一丁 | (b) 三顺一丁 | (c) 五顺一丁 |

图 7-4　砖砌体

三顺一丁承
重墙

墙体常用厚度有：120 mm(半砖)、180 mm(七分墙)、240 mm(1砖)、300 mm $\left(1\frac{1}{4}$砖$\right)$、370 mm $\left(1\frac{1}{2}$砖$\right)$、490 mm(2砖)、620 mm $\left(2\frac{1}{2}$砖$\right)$、740 mm(3砖)等。

梅花丁承重墙

2. 砌块砌体

由砌块和砂浆砌筑成的砌体称为砌块砌体。其特点是能减轻结构自重，减轻体力劳动。砌块砌体包括混凝土砌块砌体、轻骨料混凝土砌块砌体。砌块砌体的采用是墙体改革的一项重要措施。

混凝土砌块砌体根据配筋方式和受力情况的不同可分为约束配筋砌块砌体和均匀配筋砌块砌体。约束配筋砌块砌体系指仅在砌块墙体的局部配置构造钢筋，如在墙体的转角、丁字接头、十字接头和墙体较大洞口边缘设置竖向钢筋，并在这些部位设置一定的拉结钢筋网片。约束配筋砌块结构在抗震设防烈度为6度、7度和8度地区建造房屋的允许层数分别为7层、6层和5层，当采取加强构造措施后，可在原允许层数上增加一层，即分别可以建到8层、7层和6层。

混凝土砌块是非烧结材料，在工程应用中应注意采取相关的构造措施，防止墙体开裂。此外，由于混凝土砌块价格相对较高，砌筑工艺及防裂构造措施的要求也比较高，在多层(7层以下)建筑中的价格优势不是很明显。建议混凝土砌块主要用于小高层(10~15层)建筑中，此时采用均匀配筋砌块砌体代替混凝土剪力墙，不仅施工速度快，价格也可降低5%~10%。

3. 石砌体

由石材和砂浆砌筑成的砌体称为石砌体。其优点是能就地取材，造价低；其缺点是自重较大，隔热性能较差。常用的石砌体有料石砌体、毛石砌体、毛石混凝土砌体。

4. 配筋砌体

为了提高砌体的受压承载力和减小构件的截面尺寸，可在砌体内配置适量的钢筋形成配筋砌体。配筋砌体分为以下四类：

(1) 网状配筋砖砌体。在砖柱或墙体的水平灰缝内配置一定数量的钢筋网而形成的砌体(图 7-5)。

（2）组合砖砌体。由砖砌体和钢筋混凝土面层或钢筋砂浆面层组合的砌体（图 7-6）。

（3）砖砌体和钢筋混凝土构造柱组合墙。在砖砌体中每隔一定距离设置钢筋混凝土构造柱(图 7-7)，并在各层楼盖处设置钢筋混凝土圈梁，构造柱与圈梁形成"弱框架"，构造柱分担墙体上的荷载，砌体受到约束，从而提高了墙体的承载力。

（4）配筋砌块砌体。在混凝土砌块的竖向孔洞中配置竖向钢筋，在砌块横肋凹槽中配置水平钢筋，然后浇灌孔混凝土，或在水平灰缝中配置水平钢筋，所形成的砌体称为配筋砌块砌体(图 7-8)。

图 7-5   网状配筋砖砌体

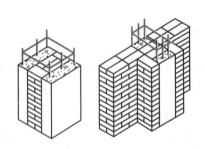

图 7-6   组合砖砌体

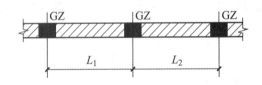

图 7-7   砖砌体和钢筋混凝土构造柱组合墙

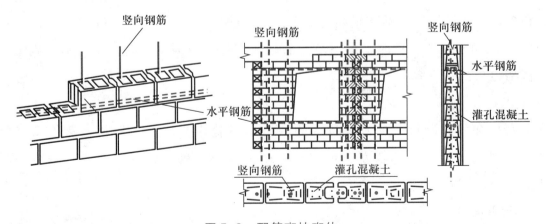

图 7-8   配筋砌块砌体

上述几种砌体的共同特点是抗压性能较好，而抗拉性能较差。因此，砌体大多用作建筑工程中的墙体、柱、刚性基础(无筋扩展基础)等受压构件。

二、砌体的抗压强度

1. 砌体轴心受压破坏特点

图 7-9a 所示为砖砌体受压试块，砌体轴心受压时，其破坏过程大致经历三个阶段。

第一阶段：从砌体开始受压到单块砖开裂，这时荷载为破坏荷载的 50%～70%。其特点是：荷载如不增加，裂缝也不会继续扩展或增加（图 7-9b）。

第二阶段：随着荷载的增加，原有裂缝不断扩展，形成穿过几皮砖的连续裂缝（条缝），同时产生新的裂缝，这时的荷载为破坏荷载的 80%～90%。其特点是：即使荷载不增加，裂缝仍会继续发展（图 7-9c）。

第三阶段：继续增加荷载，裂缝将迅速展开，其中几条连续的竖向裂缝把砌体分割成若干半砖小柱，砌体表面产生明显的外凸而处于松散状态，砌体丧失承载能力（图 7-9d）。

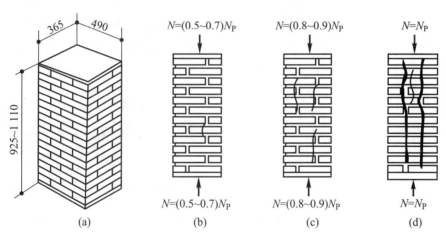

图 7-9　砖柱轴心受压破坏的三个阶段

2. 砌体应力状态分析

表面看来，砌体在轴心荷载作用下，其受力应是均匀受压的，可实际情况是砌体内的块材（砖）和砂浆都处于复杂的应力状态，原因主要有以下两个方面：

（1）灰缝中砂浆层的不均匀性。由于施工时砂浆铺砌不均匀，有厚有薄，使得砖不能均匀地压在砂浆层上；砂浆本身的不均匀，砂子较多的部位收缩小，凝固后的砂浆层会出现许多小突点；同时砖的表面不平整，使得砖与砂浆之间不能全面接触。因此，块材（砖）实际支承在形状不规则且表面凸凹不平的砂浆层上，使得砖在砌体中处于受弯、受剪和局部受压的复杂应力状态中（图 7-10a、b）。

（2）块材（砖）和砂浆横向变形的不同。由于砌体受压时要产生横向变形，而砂浆的横向变形比块材（砖）大，同时块材（砖）与砂浆之间存在着黏结力和摩擦力的影响，于是块材(砖)受到砂浆横向拉伸力的作用(图 7-10c)。

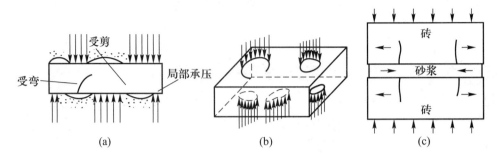

图 7-10   砌体中单块砖受力状态

由以上分析可知,砌体中的块材(砖)在受压时,还承受弯、剪、拉、局部受压等复杂应力的作用,而块材(砖)的抗弯、抗拉强度很低(为抗压强度的 10%~20%),因而砌体在远小于块材(砖)的抗压强度时就会出现裂缝,块材(砖)的抗压强度并没有真正发挥出来。

3. 影响砌体抗压强度的主要因素

(1)块材和砂浆的强度等级。块材和砂浆的强度等级是影响砌体抗压强度的重要因素。一般来说,块材、砂浆的强度等级越高,砌体的抗压强度就越高。

(2)块材的尺寸和形状。增加块材的厚度可提高砌体强度。块材外形规则、表面平整会使砌体强度相对提高。

(3)砂浆的和易性和保水性。砂浆的和易性和保水性越好,砂浆就越容易铺砌均匀,灰缝就越饱满,块材受力就越均匀,则砌体的抗压强度也就相应越高。例如,用和易性较差的水泥砂浆砌筑的砌体,要比同强度等级的混合砂浆砌筑的砌体的抗压强度低。

(4)砌筑质量和灰缝厚度。水平灰缝砂浆的饱满度(即砂浆层实际覆盖面积与砖水平面积之比)不得小于 80%,灰缝厚度以 8~12 mm 较好(标准厚度 10 mm)。因而,灰缝的不饱满、太厚、过薄都将使砌体抗压强度降低,同时,砖在砌筑前要提前浇水湿润。此外,熟练而认真的工人砌筑的砌体,一般比不熟练、不认真操作的工人砌筑的砌体强度高。

4. 施工质量控制等级

施工质量控制等级对砌体的强度有较大的影响,《砌体结构工程施工质量验收规范》(GB 50203—2011)规定将施工质量分为 A、B、C 三个控制等级。施工质量控制等级的选择由设计单位和建设单位商定,并在工程设计图中注明(配筋砌体不允许采用 C 级)。

5. 砌体的抗压强度设计值

龄期为 28d 的各类砌体抗压强度设计值 f,当施工质量控制等级为 B 级时,应根据块材和砂浆的强度等级查附录 4 确定。

在从附录 4 查砌体抗压强度设计值 f 时，对符合下列情况的各类砌体，其抗压强度设计值 f 应乘以调整系数 γ_a：

（1）对无筋砌体，当构件截面面积 $A<0.3$ m^2 时，$\gamma_a=0.7+A$；对配筋砌体，当构件截面面积 $A<0.2$ m^2 时，$\gamma_a=0.8+A$。A 以 m^2 计。

（2）用强度等级小于 M5 的水泥砂浆砌筑的各类受压砌体，其抗压强度设计值应乘以 $\gamma_a=0.9$。

（3）当施工质量控制等级为 C 级时，$\gamma_a=0.89$。

（4）验算施工中的房屋构件，$\gamma_a=1.10$。

7.3　墙体承重体系及房屋的静力计算方案

★看图识砌体结构

砌体结构在我国历史悠久，如闻名中外的"万里长城""西安大雁塔""河北赵州桥"等均为砌体结构建筑，如图 7-11 所示。

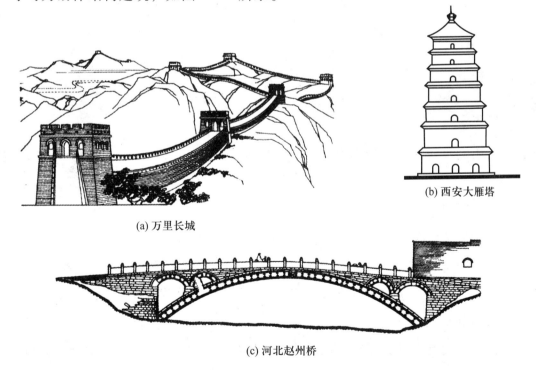

(a) 万里长城

(b) 西安大雁塔

(c) 河北赵州桥

图 7-11　砌体结构建筑

楼盖和屋盖用钢筋混凝土结构，而墙体及基础采用砌体结构建造的房屋通常称为混合结构房屋，它广泛用于各种中小型工业与民用建筑中，如住宅、办公楼、商店、学校、仓库等。混合结构房屋具有构造简单、施工方便、工程总造价低等特点。

墙体是混合结构房屋中的主要承重构件。按墙体在房屋中的位置，可分为内墙和外墙；按墙体在房屋中的方向，可分为纵墙和横墙；按墙体在房屋中的受力情况，又有承重墙和非承重墙之分（非承重墙只承受自重和水平荷载；承重墙除承受自重和水平荷载外，还承受楼面、屋面传来的垂直荷载）。墙体类型如图 7-12 所示。

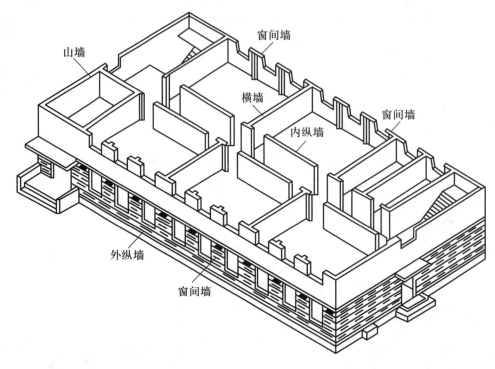

图 7-12 墙体类型

一、墙体承重体系

根据结构的承重体系及荷载传递路线的不同，房屋承重墙体的布置一般有以下三种方案：

1. 横墙承重方案（图 7-13a）

楼（屋）盖荷载主要由横墙承受，纵墙主要起围护、隔断和将横墙连成整体的作用。其荷载传递路线为：板→横墙→基础→地基。这类布置方案的优点是：楼盖横向刚度较大，整体性好，施工方便。一般适用于住宅、宿舍等开间较小的房屋。

2. 纵墙承重方案（图 7-13b）

楼板铺设在大梁上，大梁支承在纵墙上，楼（屋）盖荷载主要由纵墙承受。其荷载传递路线为：板→梁→纵墙→基础→地基。这类布置方案的优点是：结构平面布置灵活，室内空间较大。一般适用于教学楼、实验楼等要求建筑空间较大、横墙间距较大的建筑。

3. 纵横墙承重方案（图 7-13c）

楼板一部分搁置在横墙上，另一部分搁置在大梁上，而大梁搁置在纵墙上，纵墙

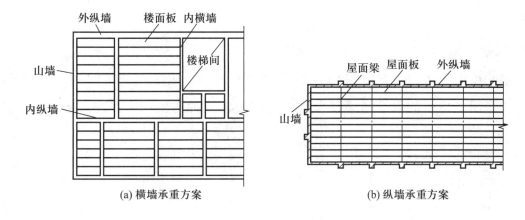

(a) 横墙承重方案　　　　　　　　(b) 纵墙承重方案

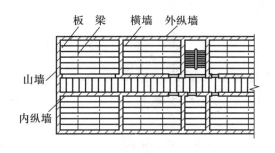

(c) 纵横墙承重方案

图 7-13 墙体承重体系

和横墙均为承重墙，则为纵横墙承重方案。其荷载传递路线为：

$$板 \rightarrow 梁 \rightarrow 纵墙 \rightarrow 纵墙基础 \rightarrow 地基$$
$$横墙 \longrightarrow 横墙基础$$

这类布置方案的特点介于前述两种承重方案之间，一般适用于点式住宅楼、教学楼、医院等。

二、房屋的静力计算方案

试验表明，房屋的空间刚度主要受屋（楼）盖的水平刚度、横墙间距和墙体本身刚度的影响。根据房屋空间刚度大小的不同，将混合结构房屋的静力计算方案分为以下三种类型：

1. 刚性方案

房屋横墙间距较小，屋（楼）盖水平刚度较大，则房屋的空间刚度也较大，在水平荷载作用下房屋的水平侧移较小，可将屋盖或楼盖视为纵墙或柱的固定铰支座，即忽略房屋的水平位移（图 7-14a），这种房屋称为刚性方案房屋。

2. 刚弹性方案

房屋的空间刚度介于刚性方案和弹性方案之间的房屋称为刚弹性方案房

屋(图 7-14b)。

3. 弹性方案

房屋的横墙间距较大，屋(楼)盖的水平刚度较小，则房屋的空间刚度也较小，在水平荷载作用下房屋的水平侧移较大(图 7-14c)，这种房屋称为弹性方案房屋。

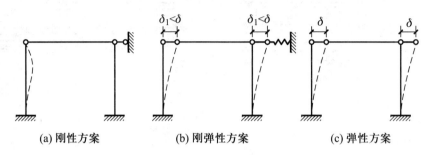

| (a) 刚性方案 | (b) 刚弹性方案 | (c) 弹性方案 |

图 7-14　混合结构房屋的计算简图

按照上述原则，规范将房屋按屋盖或楼盖的刚度不同划分为三种类型。实际使用时，由房屋的横墙间距 s 及屋(楼)盖类别查表 7-1 确定其静力计算方案。

表 7-1　刚性、刚弹性和弹性方案房屋的横墙间距 s　　　　　　单位：m

	屋盖或楼盖类别	刚性方案	刚弹性方案	弹性方案
1	整体式、装配整体式和装配式无檩体系钢筋混凝土屋盖或钢筋混凝土楼盖	$s<32$	$32 \leqslant s \leqslant 72$	$s>72$
2	装配式有檩体系钢筋混凝土屋盖、轻钢屋盖和有密铺望板的木屋盖或木楼盖	$s<20$	$20 \leqslant s \leqslant 48$	$s>48$
3	瓦材屋面的木屋盖和轻钢屋盖	$s<16$	$16 \leqslant s \leqslant 36$	$s>36$

注：横墙必须同时满足下列要求：

1. 横墙中开有洞口时，洞口的水平截面面积不应超过横墙截面面积的 50%。

2. 横墙的厚度不宜小于 180 mm。

3. 单层房屋的横墙长度不宜小于其高度，多层房屋的横墙长度不宜小于其总高度的一半。

7.4　墙、柱的高厚比

一、高厚比的概念及验算目的

1. 高厚比 β

高厚比是指墙、柱的计算高度 H_0 与墙厚(或矩形柱边长) h 的比值，用 β 表示，即

$$\beta = \frac{H_0}{h} \left(或 \frac{H_0}{h_{\mathrm{T}}} \right)。$$

高厚比 β 与受压构件长细比 λ 有类似的物理概念。墙、柱的高厚比越大，其稳定性就越差，越容易在砌筑时因墙身略有歪斜或受到偶然的撞击等而发生倒塌。

2. 允许高厚比[β]

允许高厚比即高厚比的限值。目前规范采用的[β]主要根据实践经验确定。允许高厚比[β]与砂浆的强度等级、构件类型和砌体种类等因素有关，按表7-2采用。

表7-2 墙、柱允许高厚比[β]

砌体类型	砂浆强度等级	墙	柱
无筋砌体	M2.5	22	15
	M5.0 或 Mb5.0、Ms5.0	24	16
	≥M7.5 或 Mb7.5、Ms7.5	26	17
配筋砌块砌体	—	30	21

注：1. 毛石墙、柱允许高厚比[β]应按表中数值降低20%。

2. 带有混凝土或砂浆面层的组合砖砌体构件的允许高厚比[β]可按表中数值提高20%，但不得大于28。

3. 验算施工阶段砂浆尚未硬化的新砌体高厚比时，允许高厚比[β]对墙取14，对柱取11。

4. 上端为自由端墙的允许高厚比[β]，除按上述规定提高外，尚可提高30%。

3. 影响墙、柱稳定性（高厚比）的因素

（1）砂浆强度等级。砂浆强度等级越高，允许高厚比[β]相应增大，则砌体构件的侧向刚度和稳定性越好。

（2）静力计算方案。刚性方案房屋的刚度大，稳定性好；刚弹性和弹性方案房屋的稳定性较差。

（3）墙体门窗洞口。门窗洞口对墙体削弱得越多，对墙体的稳定和侧向刚度越不利。

（4）砌体截面厚度。砌体截面厚度越厚，砌体构件的稳定性和侧向刚度越好。

（5）横墙间距。相邻横墙距离越近，墙体的稳定性和侧向刚度越好。

（6）砌体类型。毛石墙的允许高厚比一般砌体墙低，刚度差；而组合砌体的刚度好。

（7）构造柱间距及截面。构造柱间距越小，截面越大，对墙体的约束越大，因此，墙体的稳定性越好。

（8）构件的重要性。自承重构件是房屋的次要构件，允许高厚比可适当放宽。

4. 高厚比验算的目的

混合结构房屋的墙、柱除承载力必须满足要求外，还必须保证其稳定性。《砌体结构设计规范》(GB 50003—2011)规定用验算高厚比的方法来进行墙柱的稳定性验算，其目的是：

（1）防止墙柱在施工期间出现轴线偏差过大，从而保证施工安全。

（2）防止墙柱在使用期间出现侧向挠曲变形过大，从而保证结构具有足够的刚度。

二、一般墙、柱高厚比验算

1. 一般墙、柱高厚比验算公式

高厚比 β 应小于允许高厚比 $[\beta]$ 与有关修正系数 μ_1、μ_2 之积。用下列公式表示：

$$\beta = \frac{H_0}{h} \leqslant \mu_1 \mu_2 [\beta] \tag{7-1}$$

式中　H_0——墙、柱的计算高度，按表 7-3 采用。

　　h——墙厚或矩形柱与 H_0 相对应的边长，在进行柱高厚比验算时，矩形柱用短边边长。

　　μ_1——自承重墙修正系数（承重墙 $\mu_1 = 1$），对厚度 $h \leqslant 240$ mm 的自承重墙，μ_1 值见表 7-4。

　　μ_2——门窗洞口修正系数（无洞口时，$\mu_2 = 1$）。μ_2 按下式确定：$\mu_2 = 1 - 0.4 \dfrac{b_s}{s}$，其中 s 为相邻窗间墙（或壁柱）之间的距离；b_s 为在宽度 s 范围内的门窗洞口宽度（图 7-15）。当算出的 μ_2 小于 0.7 时，取 $\mu_2 = 0.7$；当门窗洞口高度等于或小于墙高的 1/5（如高窗）时，$\mu_2 = 1$。

表 7-3　受压构件的计算高度 H_0

建筑物类别		柱		带壁柱墙或周边拉结墙		
		排架方向	垂直排架方向	$s > 2H$	$2H \geqslant s > H$	$s \leqslant H$
无吊车的房屋	单跨弹性方案	1.50H	1.0H		1.50H	
	单跨刚弹性方案	1.20H	1.0H		1.20H	
	多跨弹性方案	1.25H	1.0H		1.25H	
	多跨刚弹性方案	1.10H	1.0H		1.10H	
	刚性方案	1.0H	1.0H	1.0H	0.4s+0.2H	0.6s

注：1. 表中符号含义：H 为构件高度（图 7-16），在房屋底层为楼板顶面到构件下端支点的距离，下端支点的位置可取在基础顶面，当埋置较深且有刚性地坪时，可取室外地坪下 500 mm 处；在房屋的其他楼层，为楼板或其他水平支点间的距离；对于山墙，可取层高加山墙尖高度的一半；对于山墙壁柱，可取壁柱处的山墙高度。s 为房屋相邻横墙的距离。

2. 对于上端为自由端的构件，$H_0 = 2H$。

3. 对于独立砖柱，当无柱间支撑时，柱在垂直排架方向的 H_0 应按表中数值乘以 1.25 后采用。

表 7-4　自承重墙修正系数 μ_1

墙厚	$h = 240$ mm	90 mm $< h < 240$ mm	$h = 90$ mm
μ_1	1.2	μ_1 按插入法取值(当 $h = 120$ mm 时, $\mu_1 = 1.44$; $h = 180$ mm时, $\mu_1 = 1.32$)	1.5

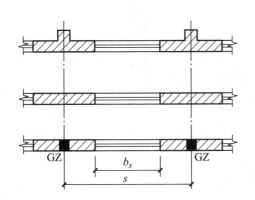

图 7-15　门窗洞口宽度示意图

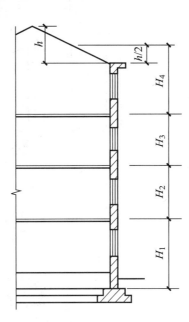

图 7-16　构件高度 H 示意图

2. 当高厚比不满足要求时应采取的措施

当墙、柱的高厚比 $\beta > \mu_1\mu_2[\beta]$ 时,应采取以下措施:

(1) 降低墙、柱的高度。

(2) 提高砌筑砂浆的强度等级。

(3) 减小洞口宽度。

(4) 增大墙厚 h(或柱截面尺寸)。

(5) 采用带壁柱墙(如实际工程中的围墙、带壁柱的厂房等)或带构造柱墙。

(6) 采用组合砖砌体(β 可提高 20%)。

三、带壁柱墙高厚比验算

带壁柱墙一般采用 T 形截面或十字形截面,其高厚比验算分两步进行:

1. 整片墙高厚比验算

为保证两横墙之间的整体墙身稳定,在验算高厚比时,以横墙作为不动支点,墙身长度 s 就是相邻横墙间的距离(图 7-17),按下式计算:

$$\beta = \frac{H_0}{h_T} \leqslant \mu_1\mu_2[\beta] \tag{7-2}$$

式中　h_T——带壁柱墙的折算厚度(图 7-18)，$h_T = 3.5i = 3.5\sqrt{\dfrac{I}{A}}$。$i$ 是截面的回转半

径，I 是截面惯性矩，A 是截面面积，其余符号意义同式(7-1)。

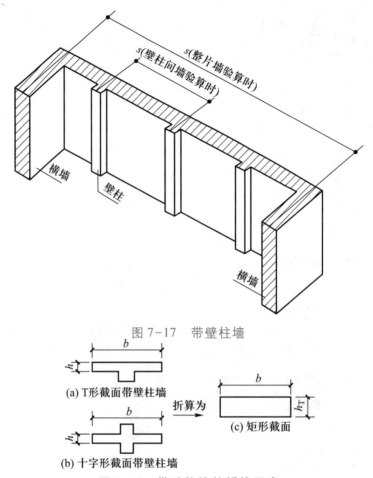

图 7-17　带壁柱墙

图 7-18　带壁柱墙的折算厚度

2. 壁柱间墙高厚比验算

为保证两壁柱之间的墙身稳定，在验算高厚比时，以壁柱作为不动支点，这时墙为矩形截面，墙厚是 h，按式(7-1)计算。在确定计算高度 H_0 时，静力计算方案一律按刚性方案考虑，墙长 s 取相邻壁柱间的距离(图 7-17)。

四、带构造柱墙高厚比验算

1. 整片墙高厚比验算

大量实验证明，墙中设钢筋混凝土构造柱时可提高墙体使用阶段的稳定性和刚度。其高厚比验算公式为

$$\beta = \frac{H_0}{h} \leqslant \mu_1 \mu_2 \mu_c [\beta] \tag{7-3}$$

$$\mu_c = 1 + \gamma \frac{b_c}{l} \tag{7-4}$$

式中　μ_c——带构造柱墙允许高厚比提高系数;

　　　γ——系数,见表7-5;

　　　b_c——构造柱沿墙长方向的宽度(图7-19);

　　　l——构造柱的间距(图7-19)。

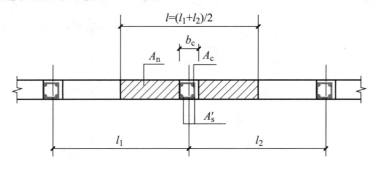

图7-19　带构造柱墙

当$\dfrac{b_c}{l}>0.25$时,取$\dfrac{b_c}{l}=0.25$;当$\dfrac{b_c}{l}<0.05$时,取$\dfrac{b_c}{l}=0$;其余符号意义同式(7-1)。

表7-5　系　数　γ

砌体材料类别	γ
细料石、半细料石砌体	0
混凝土砌块、混凝土多孔砖粗料石、毛料石、毛石砌体	1.0
其他砌体	1.5

2. 构造柱间墙高厚比验算

以构造柱作为不动支点,墙长s取相邻构造柱间的距离。这时墙为矩形截面,墙厚是h,按式(7-1)计算。在确定计算高度H_0时,静力计算方案一律按刚性方案考虑。

【例7-1】某混合结构房屋底层层高为4.2 m,室内承重蒸压灰砂普通砖柱截面尺寸为370 mm×490 mm,采用M2.5混合砂浆砌筑。房屋静力计算方案为刚性方案,试验算砖柱的高厚比是否满足要求(砖柱自室内地面至基础顶面距离为500 mm)。

【解】由表7-3,当房屋静力计算方案为刚性方案时,砖柱计算高度为

$$H_0 = 1.0H = 1.0\times(4.2+0.5)\,\text{m} = 4.7\,\text{m}$$

由表7-2可知,当砂浆强度等级为M2.5时,柱允许高厚比$[\beta]=15$,同时有$\mu_1=1$(承重砖柱),$\mu_2=1$(无洞口),由公式(7-1)得

$$\beta = \frac{H_0}{h} = \frac{4\,700\,\text{mm}}{370\,\text{mm}} \approx 12.7 < \mu_1\mu_2[\beta] = 1\times1\times15 = 15$$

高厚比满足要求。

五、砌体结构因高厚比不满足要求倒塌事故案例

（一）工程概况

南方地区某混合结构食堂，毛石墙体承重，现浇钢筋混凝土楼盖，砌筑砂浆为 M0.4[①] 混合砂浆，平、剖面图如图 7-20 所示，在施工到二层时，突然倒塌，在场施工人员 4 人死亡，6 人受伤，直接经济损失 3 万元左右。

（二）倒塌原因分析

1. 底层外纵墙高厚比不满足要求

由图 7-20 看出：一层最大横墙间距（从③轴到⑥轴）$s = 10$ m，查表 7-1 知，属于刚性方案。

又 $H = 3.5$ m $+ 1.6$ m $= 5.1$ m，则 $2H = 2 \times 5.1$ m $= 10.2$ m $> s = 10$ m $> H = 5.1$ m。查表 7-3，$H_0 = 0.4s + 0.2H = 0.4 \times 10$ m $+ 0.2 \times 5.1$ m $= 5.02$ m，承重墙修正系数 $\mu_1 = 1$。

砌筑砂浆 M0.4 混合砂浆，毛石砌体允许高厚比 $[\beta] = 12.8$[②]。

门窗洞口修正系数 $\mu_2 = 1 - 0.4 \dfrac{b_s}{s} = 1 - 0.4 \times \dfrac{1.5 \text{ m}}{3.3 \text{ m}} \approx 0.82$

外纵墙墙厚 $h = 400$ mm，其高厚比为

$$\beta = \frac{H_0}{h} = \frac{5\,020 \text{ mm}}{400 \text{ mm}} = 12.55 > \mu_1 \mu_2 [\beta] = 1 \times 0.82 \times 12.8 \approx 10.5$$

所以，高厚比不满足要求。

2. 施工质量差

主要表现在以下几个方面：

（1）施工时偷工减料极为严重。砂浆中几乎没有水泥，掺了很多泥土，复检时部分砂浆强度为零，因而墙体黏结极差，裂缝很多。

（2）砌筑质量差。多处有"夹皮墙"现象，砌体整体性差。

（3）施工负责人赶工期。在回填土过程中，已发现基础墙体向外倾斜，墙体开裂，有失稳的预兆，但施工负责人只求尽早完工，对可见裂缝用砂浆抹平，仍坚持继续施工。

3. 其他原因

钢筋混凝土大梁断面太小、填土土侧压力过大等。

该工程事故提醒人们：所有建筑物无论规模大小，都应该由具有相应资质的设计

---

① 按旧规范，相当于抗压强度为 0.4 MPa。
② 按旧规范，砌筑砂浆 M0.4 混合砂浆，毛石砌体允许高厚比 $[\beta] = 16 \times 80\% = 12.8$。

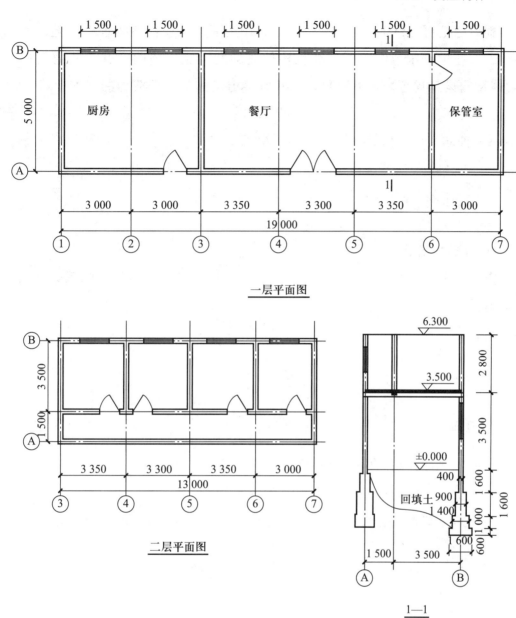

图 7-20　某混合结构食堂平、剖面图

单位设计，砌筑质量要满足施工规范要求，不能偷工减料，也不能为了赶工期违背职业道德。

7.5　受　压　构　件

一、无筋砌体受压构件承载力

1. 基本计算公式

试验表明，在轴心压力作用下，短粗的构件其截面应力分布均匀，破坏时的最大压力就是砌体的抗压强度 f。同样在轴心压力作用下，细长构件的承载力随高厚比的加大而减小；而在偏心压力作用下，细长构件还会发生侧向挠曲，其承载力会进一步减小。《砌体结构设计规范》(GB 50003—2011)给出砌体受压承载力的基本计算公式为

$$N \leqslant \varphi f A \tag{7-5}$$

式中 N——轴向力设计值；

f——砌体抗压强度设计值，按附表 4-1~附表 4-7 采用；

A——砌体截面面积，对各类砌体可按毛截面计算；

φ——承载力影响系数，$\varphi \leqslant 1$。

2. 承载力影响系数 φ

φ 是构件的高厚比 β 和轴向力的偏心距 e 对受压构件承载力的影响系数，它与下列三项因素有关：

（1）构件的高厚比 β。

对矩形截面 $$\beta = \gamma_\beta \frac{H_0}{h} \tag{7-6}$$

对 T 形截面 $$\beta = \gamma_\beta \frac{H_0}{h_T} \tag{7-7}$$

式中 γ_β——不同砌体材料的高厚比修正系数，按表 7-6 采用；

H_0——受压构件的计算高度，按表 7-3 采用；

h——矩形截面轴心力偏心方向的边长，当轴心受压时为截面较小边长；

h_T——T 形截面折算厚度，$h_T = 3.5\sqrt{\dfrac{I}{A}}$，$I$ 是截面惯性矩。

表 7-6   高厚比修正系数 γ_β

砌体材料类别	γ_β	砌体材料类别	γ_β
烧结普通砖、烧结多孔砖	1.0	蒸压灰砂普通砖、蒸压粉煤灰普通砖、细料石	1.2
混凝土普通砖、混凝土多孔砖混凝土及轻骨料混凝土砌块	1.1	粗料石、毛石	1.5

注：对灌孔混凝土砌块砌体，$\gamma_\beta = 1.0$。

在其他条件不变的情况下，构件的高厚比 β 越大，φ 值越小。

（2）轴向力的偏心距 $e\left(e = \dfrac{M}{N}\right)$。在其他条件不变的情况下，截面的相对偏心距 $\dfrac{e}{h}$

（矩形截面）或 $\dfrac{e}{h_T}$（T 形截面）越大，φ 值越小。

（3）砂浆强度等级。一般来说，在其他条件不变的情况下，构件的砂浆强度等级越高，φ 值越大。

在实际工程中，φ 值由 β、$\dfrac{e}{h}$（或 $\dfrac{e}{h_\mathrm{T}}$）及砂浆强度等级查《砌体结构设计规范》（GB 50003—2011）可得。

3. 公式的适用条件

（1）公式（7-5）的应用范围为 $e \leqslant 0.6y$，其中 y 是截面重心到轴向力所在偏心方向截面边缘的距离，如图 7-21 所示。

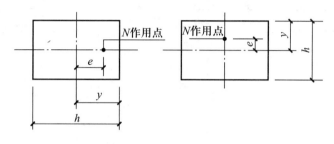

图 7-21　截面 e、y、h 关系示意图

（2）对矩形截面构件，当轴向力偏心方向的截面边长大于另一方向的边长时，除按偏心受压计算外，还应对较小边长方向按轴心受压验算。

二、影响砌体受压承载力的因素

（1）截面面积 A。砌体受压截面面积越大，则砌体受压承载力越高（如采用带壁柱墙、加大墙体厚度等均会使受压承载力提高）。

（2）砌体抗压强度 f。砌体抗压强度越高，则砌体受压承载力越高。

（3）构件高厚比 β。在其他条件不变的情况下，高厚比 β 的增大将会使砌体受压承载力降低。

（4）截面相对偏心距 $\dfrac{e}{h}$（或 $\dfrac{e}{h_\mathrm{T}}$）。在其他条件不变的情况下，偏心距 e 的加大亦会使砌体受压承载力降低。

（5）砂浆强度等级。在其他条件不变的情况下，砂浆强度等级的提高会使砌体受压承载力提高。

（6）配筋砌体的受压承载力高于无筋砌体的受压承载力。

三、砌体抗压承载力不足引起房屋倒塌事故案例

（一）工程概况

某四层砖混住宅，共四个单元，层高 3.2 m，西侧一个单元为条形基础，东侧三个

单元为柱下独立基础，独立基础顶标高−4.000 m，基础上为 490 mm×490 mm 的砖柱，砖柱用 MU7.5 烧结普通砖、M7.5 水泥砂浆砌筑。在砖柱顶采用钢筋混凝土基础梁，以支承墙体并传递上部结构传下来的荷载（图 7-22）。当施工到四层时，东侧三个单元下沉，整个房屋倾斜，沉降差达 300 mm，最宽的墙体裂缝达 100 mm。最后决定立即拆除。

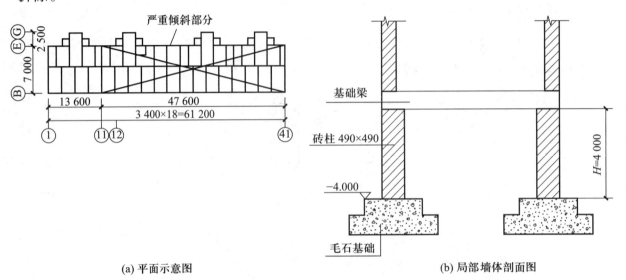

(a) 平面示意图   (b) 局部墙体剖面图

图 7-22   某四层砖混住宅平面示意图及局部墙体剖面图

（二）倾斜分析

1. 砖柱抗压承载力严重不足

经荷载计算，上部结构传到砖柱上的荷载设计值 $N=653.7$ kN，砖柱计算高度 $H_0=4$ m。

（1）确定抗压强度设计值

根据烧结普通砖的强度等级 MU7.5（旧规范）和水泥砂浆强度等级 M7.5，砌体抗压强度设计值 $f=1.55$ MPa[①]。

柱截面 $A=0.49$ m×0.49 m ≈ 0.24 m^2<0.3 m^2，修正系数 $\gamma_a=0.7+A=0.7+0.24=0.94$。

按施工质量控制等级为 B 级考虑，则修正后的砌体抗压强度为

$$f=0.94\times1.55\ \text{N/mm}^2=1.457\ \text{N/mm}^2$$

（2）计算构件的承载力影响系数

$\gamma_\beta=1.0$，由 $\beta=\gamma_\beta\dfrac{H_0}{h}=\dfrac{4\ 000\ \text{mm}}{490\ \text{mm}}\approx8.16$，轴心受压 $e=0$，由《砌体结构设计规范》（GB 50003—2011）表 D.0.1-1 查得 $\varphi=0.907$。

---

① 按旧规范，M7.5 水泥砂浆砌筑的 MU7.5 烧结普通砖的抗压强度设计值为 1.55 MPa。

（3）验算砖柱承载力

$$\varphi f A = 0.907 \times 1.457 \text{ N/mm}^2 \times 0.24 \times 10^6 \text{ mm}^2 \approx 317.16 \times 10^3 \text{ N} = 317.16 \text{ kN}$$

$$N = 653.7 \text{ kN} > \varphi f A$$

可见，设计承载力严重不足。

2. 施工上存在的问题

基础梁受弯及受剪承载力不满足要求，施工质量较差。

7.6　砌体局部受压

砌体局部受压是指压力仅仅作用在砌体部分面积上的受力状态，如钢筋混凝土柱支承在砖墙或砖基础上，强度较高的上层墙体压在下层墙体上，钢筋混凝土梁（或屋架）支承在墙体上（图7-23）。这三种情况的共同特点是：砌体局部面积上支承着比自身强度高的上部构件，造成砌体局部支承面积上压力较大。

砌体的局部受压可分为以下几种情况。

一、砌体局部均匀受压

当大梁（或屋架）通过专门的支座把支座反力均匀地传给砌体结构墙顶或柱顶的局部面积，或某个局部压力作用在局压面积上时，即属于砌体局部均匀受压。

1. 砌体局部抗压强度提高系数 γ

据试验知，砌体在局部受压情况下的强度大于砌体本身的抗压强度，一般用砌体局部抗压强度提高系数 γ 来表示。

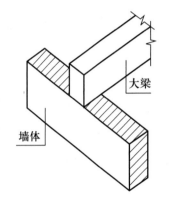

图7-23　局部受压

$$\gamma = 1 + 0.35 \sqrt{\frac{A_0}{A_l} - 1} \tag{7-8}$$

式中　A_0——影响局部抗压强度的计算面积（按图7-24确定）；

　　　A_l——局部受压面积。

2. 砌体局部均匀受压计算公式

$$N_l \leqslant \gamma f A_l \tag{7-9}$$

式中　N_l——局部受压面积上轴向力设计值；

　　　f——砌体抗压强度设计值。

γ、A_l 的符号意义同式(7-8)。

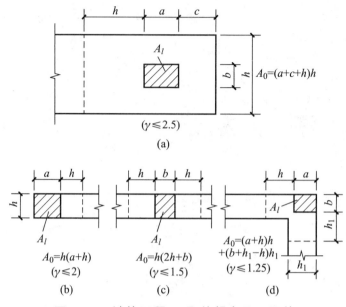

图 7-24　计算面积 A_0 取值规定及 γ 限值

二、梁端支承处砌体局部受压

梁端支承处砌体的最大压应力大于平均压应力，即局部受压面积上的应力是不均匀的。

1. 梁端有效支承长度 a_0

当梁直接支承在砌体上时，由于梁的弯曲使梁的末端有脱开砌体的趋势（图 7-25）。将梁端底面没有离开砌体的长度称为有效支承长度 a_0。a_0 按下式计算：

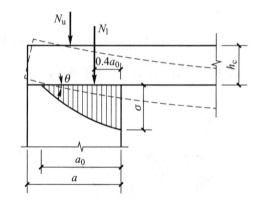

图 7-25　梁的有效支承长度 a_0

$$a_0 = 10\sqrt{\frac{h_c}{f}} \leqslant a \qquad (7-10)$$

式中　h_c——梁的截面高度，mm；

　　　　f——砌体抗压强度设计值，MPa；

　　　　a——梁端实际支承长度，mm。

2. 梁端下设有垫块的砌体局部受压

为防止砌体局部受压破坏，一般采取的措施是在梁或屋架支座处设置垫块（图 7-26）。通过设置垫块，增大局部受压面积，可将局部支承压力分散到较大的面积上，从而减小砌体上的局部压应力。

（1）设置预制刚性垫块（图 7-26a）。预制刚性垫块的高度不宜小于 180 mm，宽度不小于支承长度，自梁或屋架边起算的垫块挑出长度不宜大于垫块高度。因此，预制刚性垫块的长度一般有 500 mm、600 mm、740 mm、870 mm 等几种。预制刚性垫块可不配置钢筋，或配置双层构造钢筋网，其钢筋总用量不少于垫块体积的 0.05%。

（2）设置长度较大的垫块（图 7-26b）。这种梁垫一般与钢筋混凝土圈梁相结合，圈梁上皮就是梁或屋架的支承面。

（3）设置现浇梁垫（图 7-26c、d）。其做法是将现浇钢筋混凝土梁端放大，从而形成扩大端现浇梁垫。

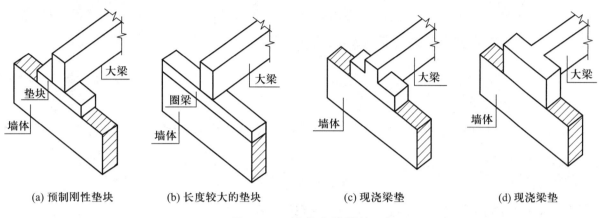

(a) 预制刚性垫块   (b) 长度较大的垫块   (c) 现浇梁垫   (d) 现浇梁垫

图 7-26   墙体中的梁垫

在工程设计中，梁垫的最好做法是设置预制刚性垫块，当有钢筋混凝土圈梁时，可将梁垫与圈梁配合，不提倡扩大端现浇梁垫的做法，即使采用这种做法，也不应将梁端放得过大过长，且不宜将梁的支承长度伸得过长。

7.7   混合结构房屋构造要求

一、过梁

设置在门窗洞口上的梁称为过梁。它用以支承门窗上面部分墙体的自重，以及距洞口上边缘高度不太大的梁板传下来的荷载，并将这些荷载传递到两边窗间墙上，以免压坏门窗。过梁的种类主要有砖砌过梁（图 7-27）和钢筋混凝土过梁（图 7-28）两大类。

过梁

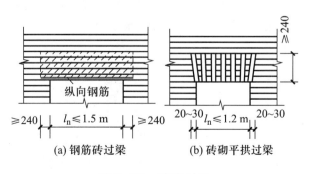

(a) 钢筋砖过梁   (b) 砖砌平拱过梁

图 7-27   砖砌过梁

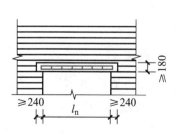

图 7-28   钢筋混凝土过梁

过梁的荷载，应按下列规定采用：

（1）对砖和砌块砌体，当梁、板下的墙体高度 h_w 小于过梁的净跨 l_n 时，过梁承受的荷载应计入梁、板传来的荷载，否则可不考虑梁、板荷载。

（2）对砖砌体，当过梁上的墙体高度 h_w 小于 $l_n/3$ 时，墙体荷载应按墙体的均布自重采用，否则应按高度为 $l_n/3$ 墙体的均布自重采用。

（3）对砌块砌体，当过梁上的墙体高度 h_w 小于 $l_n/2$ 时，墙体荷载应按墙体的均布自重采用，否则应按高度为 $l_n/2$ 墙体的均布自重采用。

（一）砖砌过梁

1. 钢筋砖过梁

（1）钢筋砖过梁的计算。钢筋砖过梁需进行受弯承载力和受剪承载力计算。

① 受弯承载力计算公式

$$M \leqslant 0.85 f_y A_s h_0 \tag{7-11}$$

式中 M——按简支梁计算的过梁跨中弯矩设计值，且 $l=l_n$；

f_y——钢筋抗拉强度设计值；

A_s——受拉钢筋的截面面积；

h_0——过梁截面的有效高度，$h_0=h-a_s$（h 为过梁截面高度）。

② 受剪承载力计算公式

$$V \leqslant f_v b z \tag{7-12}$$

式中 V——按简支梁计算的过梁支座剪力设计值；

f_v——砌体的抗剪强度设计值；

b——过梁的截面宽度，取墙厚；

z——内力臂，取 $z=\dfrac{2}{3}h$。

（2）钢筋砖过梁的构造要求。一般来讲，钢筋砖过梁的跨度不应超过 1.5 m，砂浆强度等级不宜低于 M5(Mb5、Ms5)。钢筋砖过梁的施工方法是：在过梁下皮设置支撑和模板，然后在模板上铺一层厚度不小于 30 mm 的 1∶3 水泥砂浆层，在砂浆层里埋入钢筋，钢筋直径不应小于 5 mm，间距不宜大于 120 mm。钢筋每边伸入砌体支座内的长度不宜小于 240 mm。

2. 砖砌平拱过梁

（1）砖砌平拱过梁的计算。

① 受弯承载力计算公式

$$M \leqslant f_{tm} W \tag{7-13}$$

式中 f_{tm}——砌体沿齿缝截面的弯曲抗拉强度设计值；

W——过梁的截面抵抗矩。

M 符号意义同公式(7-11)。

② 受剪承载力仍按公式(7-12)计算。

(2) 砖砌平拱过梁的构造。砖砌平拱过梁的跨度不应超过 1.2 m，过梁截面计算高度内的砂浆的强度等级不宜低于 M5。

（二）钢筋混凝土过梁(代号 GL)

对于有较大振动荷载或可能产生不均匀沉降的房屋，或当门窗宽度较大时，应采用钢筋混凝土过梁。

1. 过梁的计算

(1) 过梁的配筋计算。按钢筋混凝土受弯构件(详见单元 3)计算过梁的配筋。

(2) 过梁支座砌体局部受压承载力按《砌体结构设计规范》(GB 50003—2011)中 5.2.4 的规定进行验算。

2. 过梁的构造

钢筋混凝土过梁截面高度一般不小于 180 mm，截面宽度与墙体厚度相同，端部支承长度不应小于 240 mm。

目前，钢筋混凝土过梁已被大量使用，各地市均已编有相应标准图集供设计、施工选用。

二、挑梁(代号 TL)

楼面及屋面结构中用来支承阳台板、外伸走廊板、檐口板的构件即为挑梁(图 7-29)。挑梁是一种悬挑构件。

1. 挑梁的计算

(1) 抗倾覆验算

$$M_{OV} \leq M_r \qquad (7-14)$$

式中　M_{OV}——挑梁悬挑段荷载设计值对计算倾覆点 O 的倾覆力矩；

　　　M_r——由挑梁上墙体自重和楼盖永久荷载产生的抗倾覆力矩设计值。

(2) 挑梁下砌体局部受压承载力计算

$$N_l \leq \eta \gamma f A_l \qquad (7-15)$$

式中　N_l——挑梁下支承压力；

　　　η——应力图形完整系数，$\eta = 0.7$；

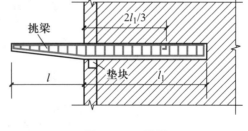

图 7-29　挑梁

挑梁

γ——砌体局部抗压强度提高系数，对一字墙：$\gamma = 1.25$，对丁字墙：$\gamma = 1.5$；

A_l——局部受压面积，$A_l = 1.2bh_b$（b 和 h_b 分别为挑梁截面宽度和高度）。

（3）挑梁配筋计算。按钢筋混凝土受弯构件（详见单元 3）计算挑梁的纵向钢筋和箍筋。

2. 挑梁的构造要求

（1）挑梁埋入墙体内的长度 l_1 与挑出长度 l 之比宜大于 1.2；当挑梁上无砌体时，l_1 与 l 之比宜大于 2。

（2）挑梁中的纵向受力钢筋配置在梁的上部，至少应有一半伸入梁尾端，且不少于 $2\phi12$，其余钢筋伸入墙体的长度不应小于 $2l_1/3$。

（3）施工阶段悬挑构件的稳定性应按施工荷载进行抗倾覆验算，必要时可加设临时支撑。

三、雨篷（代号 YP）

雨篷是建筑工程中常见的悬挑构件。雨篷由雨篷板和雨篷梁两部分组成（图 7-30）。雨篷梁除支承雨篷板外，还兼有过梁的作用。

1. 构造要求

雨篷

雨篷板为悬挑板，为降低自重和美观，板厚可以变化，板端厚度一般不小于 60 mm，根部厚度不小于 $l_n/12$（l_n 为板挑出长度），且大于 70 mm。雨篷板的受力钢筋配置在板的上部，且直径不宜小于 $\phi6$，间距不大于 200 mm，同时必须伸入雨篷梁中锚固。此外还须按构造要求设置分布钢筋，一般直径不小于 $\phi6$，间距不大于 300 mm。

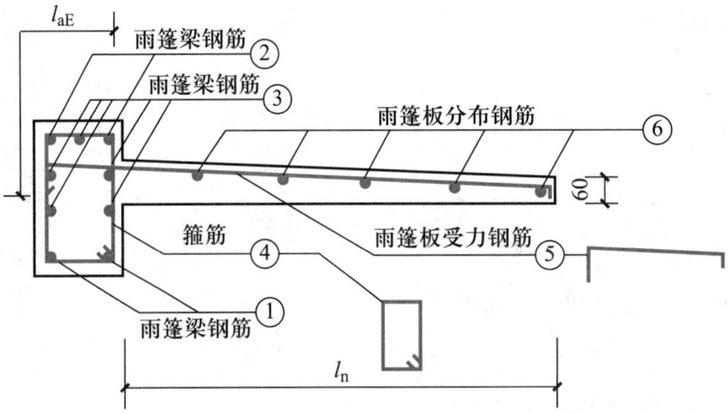

图 7-30　雨篷

雨篷梁截面宽度一般与墙厚相同，截面高度为砖厚的整数倍。为了保证足够的嵌固，雨篷梁每端伸入墙内的支承长度不应小于 370 mm。

2. 计算要点

雨篷的破坏有三种情况：雨篷板在支座处断裂（图 7-31a）、雨篷梁受弯受扭破坏

（图 7-31b）、整个雨篷倾覆（图 7-31c）。因此，雨篷的计算内容包括：

（1）雨篷板的承载力计算。雨篷板常取 1 m 宽作为计算单元，按受弯构件（悬挑板）计算，纵向钢筋布置在板的上侧。

（2）雨篷梁的承载力计算。雨篷梁既承受弯矩又承受剪力和扭矩，梁内应按计算配置纵向钢筋（抗弯、抗扭）和箍筋（抗剪、抗扭）。

（3）雨篷整体抗倾覆验算。要求雨篷的抗倾覆力矩 $M_r \geqslant$ 雨篷的倾覆力矩 M_{ov}。

3. 雨篷折断事故分析

雨篷作为悬挑构件在根部断裂的事故常有发生（图 7-32）。发生这种事故的主要原因是受拉钢筋放置位置不对，或者虽然位置放对了，但支承不牢固，浇筑混凝土时因混凝土的浇筑压力，甚至施工人员站在上面施工把主筋踩到了下面，这样造成了受拉区并无受力钢筋，雨篷就会折断。因此，施工雨篷时，一定要仔细检查钢筋的位置，在浇筑混凝土前采取必要的固定措施，以保证施工时钢筋不改变位置，且保证足够的养护时间，必须在混凝土达到 100% 设计强度才能拆模。

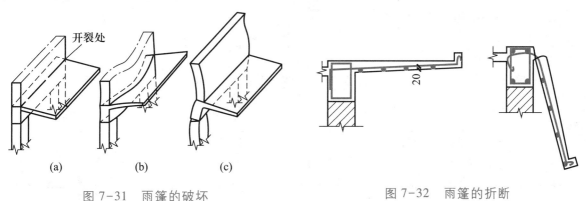

图 7-31　雨篷的破坏　　　　　　　图 7-32　雨篷的折断

四、圈梁（代号 QL）

在混合结构房屋中，为了增强房屋的整体性和空间刚度，防止由于地基不均匀沉降或较大振动荷载等对房屋引起的不利影响，应在墙中设置钢筋混凝土圈梁，其混凝土强度等级不应低于 C20。

圈梁

（一）设置原则

1. 空旷的单层房屋

厂房、仓库、食堂等单层房屋应按下列规定设置圈梁：

（1）砖砌体房屋，当檐口标高为 5~8 m 时，应在檐口标高处设置圈梁一道；檐口标高大于 8 m 时，应增加设置数量。

（2）砌块及料石砌体房屋，当檐口标高为 4~5 m 时，应在檐口标高处设置圈梁一道；檐口标高大于 5 m 时，应增加设置数量。

（3）对有吊车或较大振动设备的单层工业房屋，除在檐口或窗顶标高处设置现浇钢筋混凝土圈梁外，尚应增加设置数量。

2. 多层房屋

（1）多层砌体民用房屋，如住宅、办公楼等，当层数为 3 或 4 层时，应在檐口标高处设置圈梁一道；当层数超过 4 层时，除应在底层和檐口标高处各设置一道圈梁外，还应在所有纵横墙上隔层设置。

（2）多层砌体工业房屋，应每层设置现浇钢筋混凝土圈梁。

（3）建筑在软弱地基上的砌体结构房屋，除按以上规定设置圈梁外，尚应符合《建筑地基基础设计规范》（GB 50007—2011)的有关规定。

（4）设置墙梁的多层砌体结构房屋应在托梁、墙梁顶面和檐口标高处设置钢筋混凝土圈梁。

为防止地基的不均匀沉降，以设置在基础顶面和檐口部位的圈梁最为有效。当房屋中部沉降比两端大时，位于基础顶面的圈梁作用较大；当房屋两端沉降比中部大时，位于檐口部位的圈梁作用较大。

（二）圈梁的构造要求

（1）圈梁宜连续地设在同一水平面上并应封闭。当圈梁被门窗洞口截断时，应在洞口上方增设截面相同的附加圈梁，附加圈梁与圈梁的搭接长度不应小于圈梁之间垂直距离 H 的 2 倍，且不得小于 1 000 mm(图 7-33)。

（2）纵横墙交接处的圈梁应有可靠的连接（图 7-34）。刚弹性和弹性方案房屋，圈梁应与屋架、大梁等构件可靠连接。

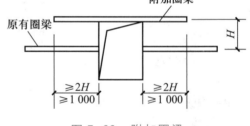

图 7-33　附加圈梁

（3）钢筋混凝土圈梁的宽度宜与墙厚相同，当墙厚 $h>240$ mm 时，圈梁宽度不宜小于 $\frac{2}{3}h$，圈梁高度不应小于 120 mm。纵向钢筋不应少于 $4\phi10$(图 7-35)，绑扎接头的搭接长度按受拉钢筋考虑，箍筋间距不应大于 300 mm。

（4）当圈梁兼作过梁时，过梁部分的钢筋应按计算单独配置。

（5）采用现浇钢筋混凝土楼(屋)盖的多层砌体结构房屋，当层数超过 5 时，除在檐口标高处设置一道圈梁外，可隔层设置圈梁，并与楼(屋)面板一起现浇。未设置圈梁的楼面板嵌入墙内的长度不应小于 120 mm，并沿墙长配置不少于 $2\phi10$ 的纵向钢筋。

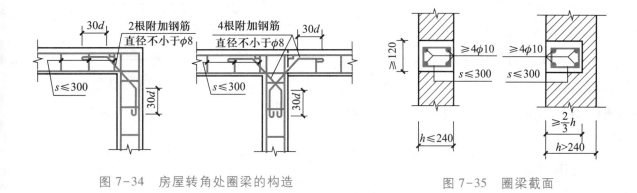

图 7-34　房屋转角处圈梁的构造　　　　　　　图 7-35　圈梁截面

五、砌体结构的构造要求

（1）承重的独立砖柱，截面尺寸不得小于 240 mm×370 mm。毛石墙的厚度不宜小于 350 mm，毛料石柱截面较小边长不宜小于 400 mm。当有振动荷载时，墙、柱不宜采用毛石砌体。

（2）跨度大于 6 m 的屋架和跨度大于下列数值的梁，应在支承处砌体上设置混凝土或钢筋混凝土垫块，当墙中设有圈梁时，垫块与圈梁宜浇成整体：对砖砌体为 4.8 m；对砌块和料石砌体为 4.2 m；对毛石砌体为 3.9 m。

（3）当梁跨度大于或等于下列数值时，其支承处宜加壁柱，或采取其他加强措施：对 240 mm 厚的砖墙为 6 m，对 180 mm 厚的砖墙为 4.8 m；对砌块和料石墙为 4.8 m。

（4）预制钢筋混凝土板的支承长度，在墙上不应小于 100 mm；在钢筋混凝土圈梁上不应小于 80 mm。并应按下列方法进行连接：

① 板支承于内墙时，板端钢筋伸出长度不应小于 70 mm，且与支座处沿墙配置的纵向钢筋绑扎，并用强度等级不低于 C25 的混凝土浇筑成板带。

② 板支承于外墙时，板端钢筋伸出长度不应小于 100 mm，且与支座处沿墙配置的纵向钢筋绑扎，并用强度等级不低于 C25 的混凝土浇筑成板带。

③ 预制钢筋混凝土板与现浇板对接时，预制板端钢筋应伸入现浇板中进行连接，连接后再浇筑现浇板。

（5）支承在墙、柱上的吊车梁、屋架及跨度大于或等于下列数值的预制梁的端部，应采用锚固件与墙、柱上的垫块锚固：对砖砌体为 9 m；对砌块和料石砌体为 7.2 m。

（6）填充墙、隔墙应分别采取措施与周边主体结构构件可靠连接。

（7）山墙处的壁柱宜砌至山墙顶部，屋面构件应与山墙可靠拉结。

（8）砌块砌体的构造应符合如下规定：

① 砌块砌体应分皮错缝搭砌，上下皮搭砌长度不应小于 90 mm。当搭砌长度不满足上述要求时，应在水平灰缝内设置不少于 2φ4 的焊接钢筋网片（横向钢筋的间距不应

大于 200 mm)，网片每端均应超过该垂直缝，其长度不得小于 300 mm。

② 砌块墙与后砌隔墙交接处，应沿墙高每 400 mm 在水平灰缝内设置不少于 2φ4、横筋间距不大于 200 mm 的焊接钢筋网片(图 7-36)。

③ 混凝土砌块房屋宜将纵横墙交接处、距墙中心线每边不小于 300 mm 范围内的孔洞，用强度等级不低于 Cb20(混凝土小型空心砌块灌孔混凝土强度等级用 Cb 标记)灌孔混凝土灌实，灌实高度应为墙身全高。

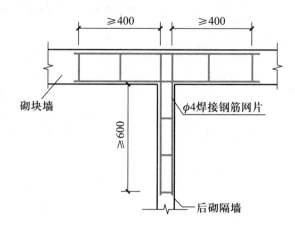

图 7-36　砌块墙与后砌隔墙交接处钢筋网片

④ 混凝土砌块墙体的下列部位，如未设圈梁或混凝土垫块，应采用强度等级不低于 Cb20 灌孔混凝土将孔洞灌实：搁栅、檩条和钢筋混凝土楼板的支承面下，高度不小于 200 mm 的砌体；屋架、梁等构件的支承面下，高度不小于 600 mm，长度不小于 600 mm 的砌体；挑梁支承面下，距墙中心线每边不小于 300 mm，高度不小于 600 mm 的砌体。

(9) 在砌体中留槽洞及埋设管道时，应遵守下列规定：

① 不应在截面长边小于 500 mm 的承重墙体、独立柱内埋设管线。

② 不宜在墙体中穿行暗线或预留、开凿沟槽，无法避免时应采取必要的措施或按削弱后的截面验算墙体的承载力。

(10) 夹心墙应符合下列规定：

① 外叶墙的砖及混凝土砌块的强度等级不应低于 MU10。

② 夹心墙的夹层厚度不宜大于 120 mm。

③ 夹心墙外叶墙的最大横向支承间距：抗震设防烈度 6 度时不宜大于 9 m，7 度时不宜大于 6 m，8、9 度时不宜大于 3 m。

(11) 墙体转角处和纵横墙交接处应沿竖向每隔 400~500 mm 设拉结筋，其数量为每 120 mm 墙厚不少于 1φ6 的钢筋；或采用焊接钢筋网片，埋入长度从墙的转角或交接处算起，对实心砖墙每边不小于 500 mm，对多孔砖墙和砌块墙不小于 700 mm。

六、砌体结构的耐久性规定

1. 砌体结构的环境类别

砌体结构的耐久性应根据表 7-7 的环境类别和设计使用年限进行设计。

表 7-7　砌体结构的环境类别

环境类别	条件
1	正常居住及办公建筑的内部干燥环境
2	潮湿的室内或室外环境，包括与无侵蚀性土和水接触的环境
3	严寒和使用化冰盐的潮湿环境（室内或室外）
4	与海水直接接触的环境，或处于滨海地区的盐饱和的气体环境
5	有化学侵蚀的气体、液体或固态形式的环境，包括有侵蚀性土壤的环境

2. 砌体中钢筋的耐久性选择

当设计使用年限为 50 年时，砌体中钢筋的耐久性选择应符合表 7-8 的规定。

表 7-8　砌体中钢筋的耐久性选择

环境类别	钢筋种类和最低保护要求	
	位于砂浆中的钢筋	位于灌孔混凝土中的钢筋
1	普通钢筋	普通钢筋
2	重镀锌或有等效保护的钢筋	当采用混凝土灌孔时，可为普通钢筋；当采用砂浆灌孔时，应为重镀锌或有等效保护的钢筋
3	不锈钢或有等效保护的钢筋	重镀锌或有等效保护的钢筋
4 和 5	不锈钢或有等效保护的钢筋	不锈钢或有等效保护的钢筋

注：1. 对夹心墙的外叶墙，应采用重镀锌或有等效保护的钢筋；

2. 表中的钢筋为国家标准《混凝土结构设计规范》（GB 50010—2010）和行业标准《冷轧带肋钢筋混凝土结构技术规程》（JGJ 95—2011）等规定的普通钢筋或非预应力钢筋。

3. 砌体中钢筋的保护层厚度

设计使用年限为 50 年时，砌体中钢筋的保护层厚度，应符合下列规定：

（1）配筋砌体中钢筋的最小混凝土保护层厚度应符合表 7-9 的规定。

（2）灰缝中钢筋外露砂浆保护层的厚度不应小于 15 mm。

（3）所有钢筋端部均应有与对应钢筋的环境类别条件相同的保护层厚度。

表 7-9　配筋砌体中钢筋的最小混凝土保护层厚度

环境类别	混凝土强度等级			
	C20	C25	C30	C35
	最低水泥含量/（kg/m³）			
	260	280	300	320
1	20	20	20	20
2	—	25	25	25
3	—	40	40	30
4	—	—	40	40
5	—	—	—	40

注：1. 材料中最大氯离子含量和最大碱含量应符合国家标准《混凝土结构设计规范》（GB 50010—2010）的规定。

2. 当采用防渗砌体块体和防渗砂浆时，可以考虑部分砌体（含抹灰层）的厚度作为保护层，但对环境类别 1、2、3，其混凝土保护层的厚度相应不应小于 10 mm、15 mm 和 20 mm。

3. 钢筋砂浆面层的组合砌体构件的钢筋保护层厚度宜比表 7-9 规定的混凝土保护层厚度数值增加 5~10 mm。

4. 对安全等级为一级或设计使用年限为 50 年以上的砌体结构，钢筋保护层的厚度应至少增加 10 mm。

4. 砌体材料的耐久性

设计使用年限为 50 年时，砌体材料的耐久性应符合下列规定：

（1）地面以下或防潮层以下的砌体、潮湿房间的墙或环境类别 2 的砌体所用材料的最低强度等级应符合表 7-10 的规定。

表 7-10　地面以下或防潮层以下的砌体、潮湿房间的墙或环境

类别 2 的砌体所用材料的最低强度等级

潮湿程度	烧结普通砖	混凝土普通砖、蒸压普通砖	混凝土砌块	石材	水泥砂浆
稍潮湿的	MU15	MU20	MU7.5	MU30	M5
很潮湿的	MU20	MU20	MU10	MU30	M7.5
含水饱和的	MU20	MU25	MU15	MU40	M10

注：1. 在冻胀地区，地面以下或防潮层以下的砌体，不宜采用多孔砖，如采用，其孔洞应用强度等级不低于 M10 的水泥砂浆预先灌实。当采用混凝土空心砌块时，其孔洞应采用强度等级不低于 Cb20 的灌孔混凝土预先灌实。

2. 对安全等级为一级或设计使用年限大于 50 年的房屋，表中材料强度等级应至少提高一级。

（2）处于环境类别 3~5 等有侵蚀性介质的砌体材料应符合下列规定：

① 不应采用蒸压灰砂普通砖、蒸压粉煤灰普通砖。

② 应采用实心砖，砖的强度等级不应低于 MU20，水泥砂浆的强度等级不应低于 M10。

③ 混凝土砌块的强度等级不应低于 MU15，灌孔混凝土的强度等级不应低于 Cb30，砂浆的强度等级不应低于 Mb10。

④ 应根据环境条件对砌体材料的抗冻指标，耐酸、碱性能提出要求，或符合有关规范的规定。

7.8　多层砌体房屋的抗震构造

一、震害简介

在强烈的地震作用下，多层砌体房屋的破坏部位主要是墙身和构件间的连接处。

1. 墙体的破坏

地震时，在地震力的反复作用下，在墙面上出现斜裂缝及交叉裂缝，这种裂缝的一般规律是上轻下重，如图 7-37 所示。

2. 墙体转角处的破坏

房屋四角及平面突出部分的阳角，处于建筑平面的尽端部位，房屋对它的约束

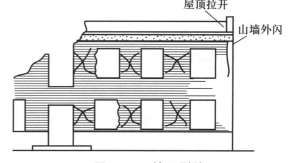

图 7-37　墙面裂缝

作用减弱，抗震能力降低，地震时这类部位容易发生破坏，如图 7-38 所示。

3. 内外墙连接处的破坏

内外墙连接处是房屋抗震的薄弱部位，特别是内外墙以直槎或马牙槎连接分别砌筑的情况，地震时易被拉开，造成墙体外闪与倒塌现象，如图 7-39 所示。

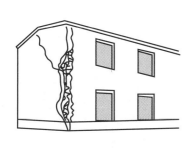

图 7-38　墙体转角处的破坏

图 7-39　墙体外闪

4. 楼梯间的破坏

地震时，楼梯间墙体的震害一般都比较严重。这是因为楼梯间有错层，顶层有相当于一层半的墙体，所以刚度较差，易发生破坏。

5. 楼盖预制板的破坏

由于预制板整体性差，当板的搭接长度不足或无可靠拉结时，在强烈地震中极易塌落并造成墙体倒塌。

6. 突出屋面的附属结构破坏

房屋的突出部分，如女儿墙、挑檐、小烟囱、出屋面电梯间、水箱间、雨篷、阳台等，都是截面小、刚度突变、缺少联系的附属结构，在地震作用下，"鞭梢效应"明显，地震时往往最先破坏。

二、多层砌体房屋抗震的一般规定

砌体结构材料应符合下列规定：烧结普通砖和烧结多孔砖的强度等级不应低于MU10，其砌筑砂浆的强度等级不应低于M5；混凝土砌块的强度等级不应低于MU7.5，其砌筑砂浆的强度等级不应低于Mb7.5。

钢筋混凝土构造柱，其施工应先砌墙后浇混凝土柱。

1. 房屋高度的限制

一般情况下，砌体房屋层数越高，其震害程度和破坏率也越大。我国规范规定了多层砌体房屋的层数和总高度限值（表7-11）。

表 7-11 房屋的层数和总高度限值

房屋类别		最小墙厚度/mm	抗震设防烈度											
			6度		7度(0.1g)		7度(0.15g)		8度(0.20g)		8度(0.30g)		9度	
			高度	层数	高度	层数	高度	层数	高度	层数	高度	层数	高度	层数
多层砌体	普通砖	240	21	7	21	7	21	7	18	6	15	5	12	4
	多孔砖	240	21	7	21	7	18	6	18	6	15	5	9	3
	多孔砖	190	21	7	18	6	15	5	15	5	12	4	—	—
	小砌块	190	21	7	21	7	18	6	18	6	15	5	9	3

注：1. 房屋的总高度指室外地面到主要屋面板板顶或檐口的高度。半地下室从地下室室内地面算起，全地下室和嵌固条件好的半地下室应允许从室外地面算起；对带阁楼的坡屋面应算到山尖墙的1/2高度处。

2. 室内外高差大于0.6 m时，房屋总高度应允许比表中数据适当增加，但不应多于1 m。

3. 乙类的多层砌体房屋应允许按本地区抗震设防烈度查表，但层数应减少一层且总高度应降低3 m。

对横墙较少①的多层砌体房屋总高度应比表 7-11 的规定降低 3 m，层数相应减少一层；各层横墙很少②的房屋，还应再减少一层。多层砌体房屋的层高不应超过 3.6 m。

2. 房屋最大高宽比的限制

在地震作用下，房屋的高宽比越大（即高而窄的房屋），越容易失稳倒塌。因此为保证砌体房屋的整体性，其总高度与总宽度的最大比值，宜符合表 7-12 的要求。

表 7-12　房屋最大高宽比

抗震设防烈度	6 度	7 度	8 度	9 度
最大高宽比	2.5	2.5	2.0	1.5

注：单面走廊房屋的总宽度不包括走廊宽度；建筑平面接近正方形时，其高宽比宜适当减小。

3. 抗震横墙间距的限制

多层砌体房屋抗震横墙的间距，不应超过表 7-13 的要求。

表 7-13　房屋抗震横墙最大间距　　　　　　　单位：m

房屋类别		抗震设防烈度			
		6 度	7 度	8 度	9 度
多层砌体	现浇或装配整体式钢筋混凝土楼、屋盖	15	15	11	7
	装配式钢筋混凝土楼、屋盖	11	11	9	4
	木屋盖	9	9	4	—

注：多层砌体房屋的顶层，除木屋盖外的横墙最大间距应允许适当放宽，但应采取相应加强措施。

4. 房屋局部尺寸的限制

多层砌体房屋的薄弱部位是窗间墙、尽端墙段、女儿墙等。对这些部位的尺寸应加以限制（表 7-14）。

表 7-14　房屋局部尺寸的限制　　　　　　　单位：m

部位	抗震设防烈度			
	6 度	7 度	8 度	9 度
承重窗间墙最小宽度	1.0	1.0	1.2	1.5
承重外墙尽端至门窗洞边的最小距离	1.0	1.0	1.2	1.5

---

①　横墙较少指同一楼层内开间大于 4.20 m 的房间占该层总面积的 40% 以上。6、7 度时，横墙较少的丙类多层砌体房屋，当按规定采取加强措施并满足抗震承载力要求时，其高度和层数应允许仍按表 7-11 的规定采用。

②　各层横墙很少指开间不大于 4.20 m 的房间占该层总面积不到 20% 且开间大于 4.80 m 的房间占该层总面积的 50% 以上。

续表

部位	抗震设防烈度			
	6 度	7 度	8 度	9 度
非承重外墙尽端至门窗洞边的最小距离	1.0	1.0	1.0	1.0
内墙阳角至门窗洞边的最小距离	1.0	1.0	1.5	2.0
无锚固女儿墙(非出入口处)的最大高度	0.5	0.5	0.5	0.0

注：1. 局部尺寸不足时应采取局部加强措施弥补，且最小宽度不宜小于 1/4 层高和表列数据的 80%。

2. 出入口处的女儿墙应有锚固。

5. 其他规定

多层砌体房屋的结构体系，应符合下列要求：

（1）应优先采用横墙承重或纵横墙共同承重的结构体系。

（2）纵横墙的布置宜均匀对称，沿平面内宜对齐，沿竖向应上下连续；同一轴线上的窗间墙宽度宜均匀。

（3）房屋有下列情况之一时宜设置防震缝，缝两侧均应设置墙体，缝宽应根据抗震设防烈度和房屋高度确定，可采用 70~100 mm：房屋立面高差在 6 m 以上；房屋有错层且楼板高差大于层高的 $\frac{1}{4}$；各部分结构刚度、质量截然不同。

（4）楼梯间不宜设置在房屋的尽端和转角处。

（5）横墙较少、跨度较大的房屋，宜采用现浇钢筋混凝土楼、屋盖。

三、多层砖砌体房屋抗震构造措施

震害分析表明，在多层砖砌体房屋中的适当部位应设置钢筋混凝土构造柱，并与圈梁连接使之共同工作，可以增加房屋的延性，提高抗倒塌能力，防止或延缓房屋在地震作用下发生突然倒塌，或者减轻房屋的损坏程度。

（一）构造柱(GZ)的设置

各类多层砖砌体房屋，应按下列要求设置现浇钢筋混凝土构造柱。

1. 构造柱设置部位

（1）构造柱设置部位，一般情况下应符合表 7-15 的要求。

（2）外廊式和单面走廊式的多层房屋，应根据房屋增加一层后的层数，按表 7-15 的要求设置构造柱，且单面走廊两侧的纵墙均应按外墙处理。

（3）教学楼、医院等横墙较少的房屋，应根据房屋增加一层后的层数，按表 7-15 的要求设置构造柱。当教学楼、医院等横墙较少的房屋为外廊式或单面走廊式时，应

构造柱

按（2）要求设置构造柱，但当 6 度不超过四层、7 度不超过三层和 8 度不超过两层时，应按增加两层后的层数对待。

（4）各层横墙很少的房屋，应按增加两层后的层数设置构造柱。

2. 构造柱的截面尺寸及配筋

构造柱最小截面可采用 180 mm×240 mm（墙厚 190 mm 时为 180 mm×190 mm），纵向钢筋宜采用 4ϕ12，箍筋间距不宜大于 250 mm（图 7-40），且在柱上下端宜适当加密；当 6、7 度时超过六层、8 度时超过五层和 9 度时，构造柱纵向钢筋宜采用 4ϕ14，箍筋间距不应大于 200 mm；房屋四角的构造柱可适当加大截面及配筋。

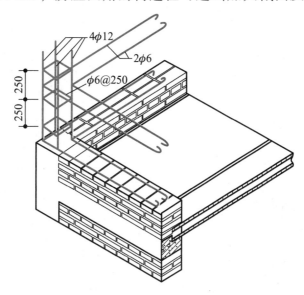

图 7-40　构造柱配筋

表 7-15　多层砖砌体房屋构造柱设置要求

房屋层数				设置部位	
6 度	7 度	8 度	9 度		
≤五	≤四	≤三		楼、电梯间四角，楼梯斜梯段上下端对应的墙体处；外墙四角和对应转角；错层部位横墙与外纵墙交接处；大房间内外墙交接处；较大洞口两侧	隔 12 m 或单元横墙与外纵墙交接处；楼梯间对应的另一侧内横墙与外纵墙交接处
六	五	四	二		各开间横墙（轴线）与外墙交接处；山墙与内纵墙交接处
七	六、七	五、六	三、四		内墙（轴线）与外墙交接处；内墙的局部较小墙垛处；内纵墙与横墙（轴线）交接处

注：较大洞口，内墙指不小于 2.1 m 的洞口；外墙在内外墙交接处已设置构造柱时应允许适当放宽，但洞侧墙体应加强。

3. 构造柱的连接

（1）构造柱与墙连接处应砌成马牙槎（图 7-41），并应沿墙高每隔 500 mm 设 2φ6 水平钢筋和 φ4 分布短筋平面内点焊成拉结网片，每边伸入墙内不宜小于 1 m。6、7 度时底部 1/3 楼层，8 度时底部 1/2 楼层，9 度时全部楼层，上述拉结网片应沿墙体水平通长设置。

（2）构造柱与圈梁连接处，构造柱的纵向钢筋应穿过圈梁纵向钢筋内侧，保证构造柱纵向钢筋上下贯通。

（3）构造柱可不单独设置基础，但应伸入室外地面以下 500 mm，或与埋置深度小于 500 mm 的基础圈梁相连（图 7-42）。

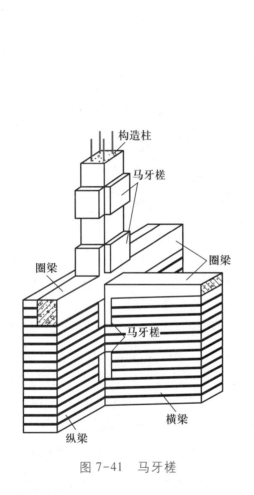

图 7-41   马牙槎

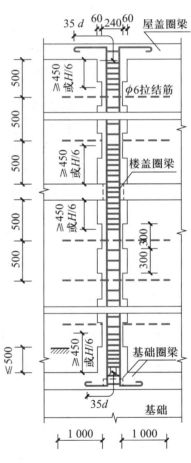

图 7-42   构造柱砌筑要求

（二）圈梁的设置

设置钢筋混凝土圈梁是加强墙体的连接，提高楼（屋）盖刚度，抵抗地基不均匀沉降，限制墙体裂缝开展，保证房屋整体性，提高房屋抗震能力的有效构造措施。

1. 圈梁的设置部位

（1）装配式钢筋混凝土楼（屋）盖或木屋盖的砌体房屋，横墙承重时应按表 7-16 的要求设置圈梁；纵墙承重时，抗震横墙上的圈梁间距应比表内要求适当加密。

（2）现浇或装配整体式钢筋混凝土楼（屋）盖与墙体有可靠连接的房屋，应允许不另设圈梁，但楼板沿墙体周边应加强配筋并应与相应的构造柱钢筋可靠连接。

表 7-16　多层砖砌体房屋现浇钢筋混凝土圈梁设置要求

墙类	抗震设防烈度		
	6、7 度	8 度	9 度
外墙和内纵墙	屋盖处及每层楼盖处	屋盖处及每层楼盖处	屋盖处及每层楼盖处
内横墙	同上；屋盖处间距不应大于 7 m；楼盖处间距不应大于 15 m；构造柱对应部位	同上；屋盖处沿所有横墙，且间距不应大于 7 m；楼盖处间距不应大于 7 m；构造柱对应部位	同上；各层所有横墙

2. 圈梁的截面尺寸及配筋

圈梁（图 7-43）的截面高度不应小于 120 mm，配筋应符合表 7-17 的要求。但在软弱黏性土层、液化土、新近填土或严重不均匀土层上的基础圈梁（地圈梁），截面高度不应小于 180 mm，配筋不应少于 $4\phi12$（图 7-44）。

表 7-17　圈梁配筋要求

配筋	抗震设防烈度		
	6、7 度	8 度	9 度
最小纵筋	$4\phi10$	$4\phi12$	$4\phi14$
箍筋最大间距	250	200	150

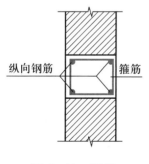

图 7-43　圈梁

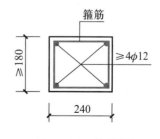

图 7-44　地圈梁

3. 圈梁的构造

圈梁应闭合，遇有洞口圈梁应上下搭接。圈梁宜与预制板设在同一标高处或紧靠板底（图 7-45）。圈梁在表 7-16 要求的间距内无横墙时，应在梁或板缝中配筋以替代圈梁（图 7-46）。

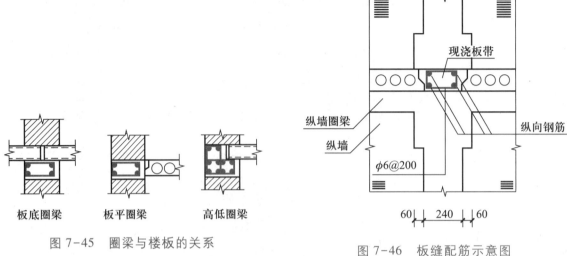

图 7-45   圈梁与楼板的关系

板底圈梁   板平圈梁   高低圈梁

图 7-46   板缝配筋示意图

(三) 楼(屋)盖与墙体的连接

(1) 现浇钢筋混凝土楼板或屋面板伸进纵、横墙内的长度,均不应小于 120 mm。

(2) 装配式钢筋混凝土楼板或屋面板,当圈梁未设在板的同一标高时,板端伸进外墙的长度不应小于 120 mm,伸进内墙的长度不应小于 100 mm,或采用硬架支模连接;在梁上不应小于 80 mm,或采用硬架支模连接。

(3) 当板的跨度大于 4.8 m 并与外墙平行时,靠外墙的预制板侧边应与墙或圈梁拉结(图 7-47)。

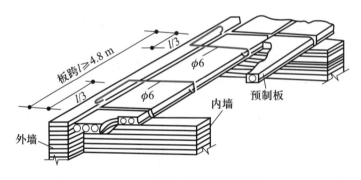

图 7-47   墙与预制板的拉结

(4) 房屋端部大房间的楼盖,6 度时房屋的屋盖和 7~9 度时房屋的楼(屋)盖,当圈梁设在板底时,钢筋混凝土预制板应相互拉结,并应与梁、墙或圈梁拉结(图 7-48)。

(5) 楼(屋)盖的钢筋混凝土梁或屋架应与墙、柱(包括构造柱)或圈梁可靠连接。不得采用独立砖柱。跨度不小于 6 m 大梁的支承构件应采用组合砌体等加强措施,并满足承载力要求。

(6) 6、7 度时长度大于 7.2 m 的大房间,及 8、9 度时外墙转角及内外墙交接处,应沿墙高每隔 500 mm 做 $2\phi6$ 的通长钢筋和 $\phi4$ 分布短筋平面内点焊成拉结网片或 $\phi4$ 点焊网片(图 7-49)。

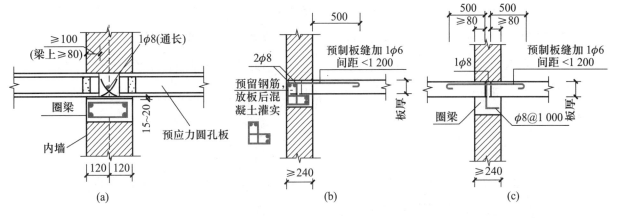

图 7-48　预制板板缝间、板与圈梁的拉结

（7）6、7 度时预制阳台应与圈梁和楼板的现浇板带可靠连接。8、9 度时不应采用预制阳台。

（8）门窗洞处不应采用砖过梁，过梁支承长度：6~8 度时不应小于 240 mm，9 度时不应小于 360 mm。

（9）后砌的非承重隔墙应沿墙高每 500~600 mm 配置 2φ6 钢筋与承重墙或柱拉结，且每边伸入墙内不应小于 500 mm（图 7-50）。8、9 度时，长度大于 5 m 的后砌隔墙，墙顶应与楼板或梁拉结。

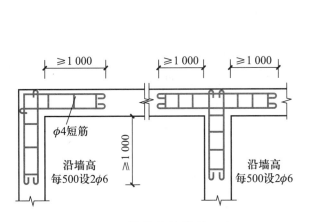

图 7-49　墙体的拉结筋示意

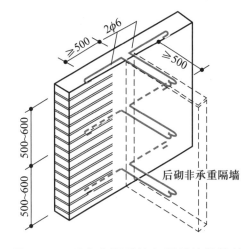

图 7-50　后砌非承重墙与承重墙的拉结

（四）楼梯间的抗震构造

（1）顶层楼梯间墙体应沿墙高每隔 500 mm 设 2φ6 通长钢筋和 φ4 分布短钢筋平面内点焊组成的拉结网片或 φ4 点焊网片；7~9 度时其他各层楼梯间墙体应在休息平台或楼层半高处设置 60 mm 厚、纵向钢筋不应少于 2φ10 的钢筋混凝土带或配筋砖带，配筋砖带不少于 3 皮，每皮的配筋不少于 2φ6，砂浆强度等级不应低于 M7.5，且不低于同层墙体的砂浆强度等级。

（2）楼梯间及门厅内墙阳角处的大梁支承长度不应小于 500 mm，并应与圈梁连接。

（3）装配式楼梯段应与平台板的梁可靠连接，8、9 度时不应采用装配式楼梯段；不应采用墙中悬挑式踏步或踏步竖肋插入墙体的楼梯，不应采用无筋砖砌栏板。

（4）突出屋顶的楼、电梯间，构造柱应伸到顶部，并与顶部圈梁连接，所有墙体应沿墙高每隔 500 mm 设 2ϕ6 通长钢筋和 ϕ4 分布短筋平面内点焊组成的拉结网片或 ϕ4 点焊网片。

（五）基础

同一结构单元的基础（或桩承台），宜采用同一类型，底面宜埋置在同一标高上，否则应增设基础圈梁并应按 1：2 的台阶逐步放坡。

四、多层砌块房屋抗震构造措施

多层小砌块房屋应按表 7-18 的要求设置钢筋混凝土芯柱，对外廊式和单面走廊式的多层房屋、横墙较少的房屋、各层横墙很少的房屋，应根据规范增加相应层数后，按表 7-18 的要求设置芯柱。

表 7-18   小砌块房屋芯柱设置要求

房屋层数				设置部位	设置数量
6 度	7 度	8 度	9 度		
四、五	三、四	二、三		外墙转角，楼、电梯间四角；楼梯斜梯段上下端对应的墙体处；错层部位横墙与外纵墙交接处；大房间内外墙交接处；隔 12 m 或单元横墙与外纵墙交接处	外墙转角，灌实 3 个孔；内外墙交接处，灌实 4 个孔；楼梯斜梯段上下端对应的墙体处，灌实 2 个孔
六	五	四		同上；各开间横墙（轴线）与外纵墙交接处	
七	六	五	二	同上；各内墙（轴线）与外纵墙交接处；内纵墙与横墙（轴线）交接处和洞口两侧	外墙转角，灌实 5 个孔；内外墙交接处，灌实 4 个孔；内墙交接处，灌实 4 或 5 个孔；洞口两侧各灌实 1 个孔

房屋层数				设置部位	设置数量
6 度	7 度	8 度	9 度		
七	≥六	≥三		同上；横墙内芯柱间距不宜大于 2 m	外墙转角，灌实 7 个孔；内外墙交接处，灌实 5 个孔；内墙交接处，灌实 4 或 5 个孔；洞口两侧各灌实 1 个孔

注：外墙转角，内外墙交接处，楼、电梯间四角等部位，应允许采用钢筋混凝土构造柱替代部分芯柱。

（1）多层小砌块房屋的芯柱应符合下列构造要求：

① 小砌块房屋芯柱截面不宜小于 120 mm×120 mm。

② 芯柱混凝土强度等级不应低于 Cb20。

③ 芯柱的竖向钢筋应贯通墙身且与圈梁连接；钢筋不应小于 1ϕ12，6、7 度时超过五层，8 度时超过四层和 9 度时，钢筋不应小于 1ϕ14。

④ 芯柱应伸入室外地面以下 500 mm 或与埋置深度小于 500 mm 的基础圈梁相连。

⑤ 为提高墙体抗震受剪承载力而设置的芯柱，宜在墙体内均匀布置，最大净距不宜大于 2 m。

⑥ 多层小砌块房屋墙体交接处或芯柱与墙体连接处应设置拉结钢筋网片，网片可采用 ϕ4 钢筋点焊而成，沿墙高间距不大于 600 mm，并应沿墙体水平通长设置。6、7 度时底部 1/3 楼层，8 度时底部 1/2 楼层，9 度时全部楼层，上述拉结钢筋网片沿墙高间距不大于 400 mm。

（2）小砌块房屋中替代芯柱的钢筋混凝土构造柱，应符合下列构造要求：

① 构造柱最小截面可采用 190 mm×190 mm，纵向钢筋宜采用 4ϕ12，箍筋间距不宜大于 250 mm，且在柱上下端应适当加密；6、7 度时超过五层，8 度时超过四层和 9 度时，构造柱纵向钢筋宜采用 4ϕ14，箍筋间距不应大于 200 mm；外墙转角的构造柱可适当加大截面及配筋。

② 构造柱与砌块墙连接处应砌成马牙槎，与构造柱相邻的砌块孔洞，6 度时宜填实，7 度时应填实，8、9 度时应填实并插筋；沿墙高每隔 600 mm 应设 ϕ4 点焊拉结钢筋网片，并应沿墙体水平通长设置。

③ 构造柱与圈梁连接处，构造柱的纵向钢筋应在圈梁纵向钢筋内侧穿过，保证构造柱纵向钢筋上下贯通。

④ 构造柱可不单独设置基础，但应伸入室外地面以下 500 mm 或与埋置深度小于 500 mm 的基础圈梁相连。

（3）多层小砌块房屋的层数，6 度时超过五层、7 度时超过四层、8 度时超过三层和 9 度时，在底层和顶层的窗台标高处，沿纵横墙应设置通长的水平现浇钢筋混凝土带，其截面高度不小于 60 mm，纵向钢筋不少于 2φ10，并应有分布拉结筋，其混凝土强度等级不应低于 C20。

7.9　砌体结构常见裂缝及倒塌事故原因分析

一、墙体常见裂缝的种类及防治措施

房屋在使用过程中，由于多种原因会使得墙体表面产生裂缝。对于墙体产生的裂缝，首先应做好观察工作，注意裂缝的发展规律。由于墙体一般性裂缝不危及结构安全和使用，往往被人们忽视，致使这类裂缝屡屡发生，故而形成隐患。墙体常见裂缝有以下几种：

（一）地基不均匀沉降引起的墙体裂缝

1. 现象

（1）斜裂缝。一般发生在纵墙地基沉降不均匀处，多数裂缝通过窗口的两个对角，裂缝向沉降较大的方向倾斜，裂缝由下向上逐渐减少。这类裂缝常常在房屋建成后不久即出现，其数量及宽度随时间而逐渐发展（图 7-51a）。

（2）窗间墙水平裂缝。一般在窗间墙的上下对角处成对出现，沉降大的一边裂缝在下，沉降小的一边裂缝在上（图 7-51b）。

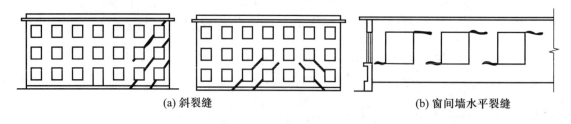

(a) 斜裂缝　　　　　　　　　　　　　(b) 窗间墙水平裂缝

图 7-51　地基不均匀沉降引起的墙体裂缝

以上裂缝主要发生在不均匀地基上，当土松软时，沉降值大；当土坚硬时，沉降值小。

2. 防治措施

（1）设置沉降缝。沉降缝将建筑物从屋盖、墙体、楼盖到基础全部断开，将房屋分成若干长高比较小、整体刚度较好的单元，从而保证各单元能独立地沉降，而不致引起墙体裂缝。建筑物的下列部位宜设置沉降缝：建筑平面的转折部位、高度差异（或荷载差异）处、长高比过大的砌体承重结构的适当部位、地基土的压缩性有显著差异处、建筑结构（或基础）类型不同处、分期建造房屋的交界处。沉降缝要有足够的宽度，施工中应保持缝内清洁，应防止碎砖、砂浆等杂物落入缝内。

（2）加强上部结构的刚度，增大基础圈梁的刚度，重视砌筑质量。上部结构的刚度较好，可以适当调整地基的不均匀下沉对房屋的影响。因此，在房屋中应合理布置纵横墙，设置圈梁，同时，施工中要严格执行施工规范，做到灰浆饱满、组砌得当、接槎可靠，从而提高砌体的整体性和刚度。

（3）加强地基验槽工作。对于较复杂的地基，在基槽开挖后应进行普遍钎探，对探出的软弱部分（如坟坑、枯井、旧池塘等）进行加固处理后，方可进行基础施工。

（二）温度变化和砌体干缩变形引起的顶层墙体裂缝

1. 现象

（1）八字裂缝。一般出现在顶层纵墙两端的1或2个开间内，有时在横墙上也可能发生，裂缝宽度一般中间大、两端小。当外纵墙两端有窗时，裂缝沿窗口对角方向裂开（图7-52a）。

（2）水平裂缝。一般发生在平屋顶檐口下或顶层圈梁2或3皮砖的灰缝位置。裂缝一般沿外墙顶部断续分布，两端较中间严重。在转角处，纵、横墙水平裂缝相交而形成包角裂缝（图7-52b）。

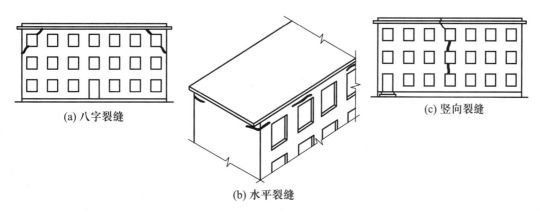

图7-52　温度变化引起的墙体裂缝

以上裂缝的出现是由于混凝土和砖两种材料的线膨胀系数不同，在温度增加的情况下，屋顶混凝土产生较大的膨胀变形，顶部两端变形位移最大，纵墙受拉开裂。

2. 防治措施

（1）屋面应设置保温层、隔热层。

（2）屋面保温（隔热）层或屋面刚性面层及砂浆找平层应设置分隔缝，分隔缝间距不宜大于 6 m，并与女儿墙隔开，其缝宽不小于 30 mm。

（3）采用装配式有檩体系钢筋混凝土屋盖和瓦材屋盖。

（4）顶层屋面板下设置现浇钢筋混凝土圈梁，并沿内外墙拉通，房屋两端圈梁下的墙体内宜适当设置水平钢筋。

（5）顶层墙体有门窗洞口时，在过梁上的水平灰缝内设置 2 或 3 道焊接钢筋网片或 $2\phi6$ 钢筋，并应伸入过梁两端墙内不小于 600 mm。

（6）顶层及女儿墙砂浆强度等级不低于 M7.5（Mb7.5、Ms7.5）。

（7）女儿墙应设置构造柱，构造柱间距不宜大于 4 m，构造柱应伸至女儿墙顶并与现浇钢筋混凝土压顶整浇在一起，房屋顶层端部墙体内适当增设构造柱。

（8）对顶层墙体施加竖向预应力。

（三）温度变化和砌体干缩引起的墙体竖向裂缝

1. 现象

一栋很长的建筑物如中间未设置变形缝，在房屋构造薄弱部位会发生竖向裂缝（图 7-52c）。

2. 防治措施

为防止墙体竖向裂缝，应按规范规定的最大长度，在墙体中设置伸缩缝，其最大间距见表 7-19。伸缩缝应设在因温度和收缩变形可能引起应力集中、砌体产生裂缝可能性最大的地方。

表 7-19　砌体房屋伸缩缝最大间距

屋盖或楼盖类别		间距/m
整体式或装配整体式钢筋混凝土结构	有保温层或隔热层的楼、屋盖	50
	无保温层或隔热层的屋盖	40
装配式无檩体系钢筋混凝土结构	有保温层或隔热层的楼、屋盖	60
	无保温层或隔热层的屋盖	50

（四）砌体局部受压引起的墙体裂缝

1. 现象

阳台、雨篷等的挑梁底面与砖墙接触面外端墙身出现斜裂缝（图 7-53a）；大梁支点处在梁端两侧墙身出现八字裂缝（图 7-53b）。这些裂缝是由于砌体局部承受较大的压力，使砌体产生过大的局部压缩变形而成的。

2. 防治措施

设置梁垫以减少局部压力；重视砌筑质量，提高砌体承受压力的能力。

（五）窗台的竖向裂缝

1. 现象

房屋底层窗台，由于窗台墙两端受窗间墙荷载的影响，压缩变形大，但窗台墙的中间不受压力，所以窗台墙因不均匀的

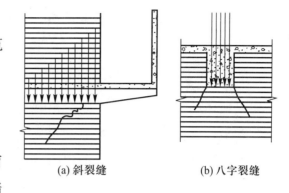

(a) 斜裂缝　　　(b) 八字裂缝

图 7-53　砌体局部受压引起的墙体裂缝

压缩变形而开裂（图 7-54a），特别是当窗口宽大或窗间墙承受较大的集中荷载时，裂缝更为严重。

2. 防治措施

（1）在底层的窗台下墙体灰缝内设置 3 道焊接钢筋网片或 $2\phi6$ 钢筋，并伸入两边窗间墙内不小于 600 mm（图 7-54b）。

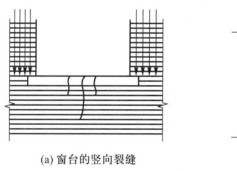
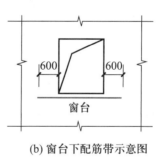

(a) 窗台的竖向裂缝　　　(b) 窗台下配筋带示意图

图 7-54　窗台竖向裂缝及其防治措施

（2）采用钢筋混凝土窗台板，窗台板嵌入窗间墙内不小于 600 mm。

（六）地基冻胀引起的裂缝

1. 现象

当地基土上层温度降到 0 ℃ 以下时，土开始冻结，其体积膨胀，向上隆起，当建筑物的自重难以抵抗时，建筑物的某一局部就被顶了起来，引起房屋开裂（图 7-55）。

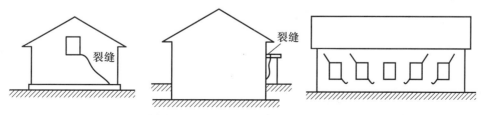

图 7-55　地基冻胀引起的裂缝

2. 防治措施

一定要将基础埋置到冰冻线以下，难以满足时，应采取换土等措施消除土的冻胀。用独立基础、基础梁承担墙体重量时，基础梁下面应留有一定缝隙，防止土的冻胀顶裂基础和墙体。

（七）因承载力不足引起的裂缝

如果墙体的承载力不足，则会出现图 7-56 所示各种裂缝，以致出现压碎、开裂、崩塌等现象。因此，应注意观察裂缝宽度、长度的发展变化情况，认真分析原因，及时采取有效措施，以避免重大事故的发生。

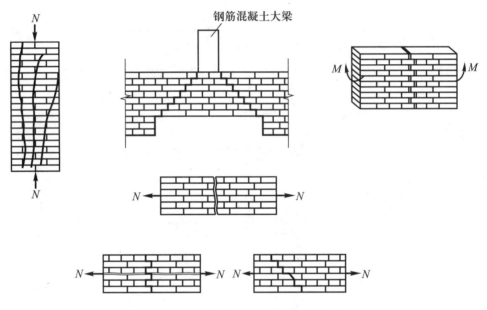

图 7-56   承载力不足引起的墙体裂缝

二、砌体结构倒塌事故原因综述

1. 砌体承载力不足造成的倒塌

即不满足计算公式 $N \leq \varphi f A$ 的要求，从而造成砌体受压破坏、房屋倒塌。

2. 梁端支撑处未设梁垫造成的倒塌

即不满足梁端局部受压承载力的要求，又未设梁垫，从而造成局部受压破坏。

3. 墙、柱高厚比过大造成的破坏

即不满足计算公式 $\beta = \dfrac{H_0}{h}\left(\text{或}\dfrac{H_0}{h_T}\right) \leq \mu_1\mu_2[\beta]$ 的要求，在此条件下如遇材料或施工质量等问题，极易造成倒塌。

4. 施工质量低劣造成的倒塌

施工质量低劣主要表现在砂浆强度太低，采用包心砌法，墙、柱上随意开槽打洞，砌体组砌上下不错缝、内外不搭接等。

5. 建筑加层不当造成的倒塌

房屋加层后，墙、柱及基础承担的荷载加大，因此需对砌体进行核算与加强，否则就会造成工程事故。

6. 墙、柱在施工中失稳倒塌

施工过程中，房屋结构尚未形成整体，有些墙、柱实际上处于单独受力的悬臂状态，此时如不采取防风、防倒措施，极易造成失稳倒塌。

复习思考题

7-1　砌体材料中的块材和砂浆各有哪些种类？块材和砂浆的强度等级各以什么符号表示？

7-2　砌体轴心受压破坏分为哪几个阶段？

7-3　砌体轴心受压时，其块材处于何种应力状态？

7-4　影响砌体抗压强度的主要因素有哪些？

7-5　砌体结构在什么情况下用水泥砂浆砌筑？当用水泥砂浆砌筑砌体时，为什么其承载力比用相同强度等级的混合砂浆砌筑的砌体低？

7-6　施工质量控制等级分为哪几级？

7-7　砌体的抗压强度设计值 f 在什么情况下应乘以调整系数？

7-8　混合结构的墙体承重体系有哪几种？

7-9　砌体结构房屋的静力计算方案有几种？如何确定房屋属于哪种计算方案？

7-10　为什么要验算高厚比？墙、柱的允许高厚比主要和什么因素有关？

7-11　带壁柱墙高厚比验算分哪两步进行？带构造柱墙高厚比验算又分哪两步进行？

7-12　如何计算无筋砌体受压构件承载力？公式的适用条件是什么？

7-13　计算公式(7-5)中 φ 的意义是什么？φ 与哪些因素有关？

7-14　如何提高砌体的受压承载力？

7-15　什么叫砌体局部受压？

7-16　试叙述梁下垫块的种类及相应的构造要求。

7-17　过梁有哪几种？

7-18　雨篷的基本组成构件是什么？受力特点和配筋特点各是什么？

7-19　简述圈梁的作用、圈梁的构造要求。

7-20　某房屋承重砖柱，截面尺寸是 490 mm×620 mm，柱计算高度 $H_0 = 4.5$ m，

采用 M5 混合砂浆砌筑。试验算该柱的高厚比。

7-21   某刚性方案房屋的承重纵墙，墙体厚度为 240 mm，开间是 3.3 m，每开间有一个 1.8 m 宽的窗洞，已知横墙间距为 6.6 m，底层墙体高度 4.7 m（至基础顶面高度），采用 M7.5 混合砂浆砌筑。试验算底层纵墙高厚比。

7-22   参观一混合结构工地，写出其块材、砂浆的种类及强度等级，墙体中的过梁、圈梁、挑梁、雨篷等各在什么位置？它们的位置是否符合构造规定？

7-23   你是否见过墙体开裂？如果见过，你所见的裂缝是什么原因引起的？

单元 8 地基土基本知识与建筑基础

★看图识地基土与基础(图 8-1)

(a) 粉土

(b) 砂土

(c) 黄土

(d) 地下独立基础

(e) 梁板式筏形基础

(f) 桥梁下桩基础

(g) 灌注桩

(h) 旋喷桩

(i) 灰土挤密桩施工

图 8-1   地基土与基础

建筑物都要建造在土层（或岩石）上，建筑物荷载通过墙、柱传递给土层，会造成土层压缩下沉。为减小建筑物下沉和保证稳定，应把墙或柱与土接触部分的断面尺寸扩大。将结构所承受的各种作用传递到地基上的结构组成部分称为基础，支承基础的岩土层称为地基，如图 8-2 所示。

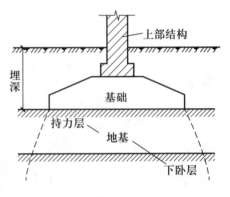

图 8-2   地基与基础的示意图

不需要处理就可满足设计要求所需承载力和变形要求的地基称为天然地基，需经过人工加强才能达到设计要求的地基称为人工地基。

8.1   地基土的物理性质及工程分类

一、土的组成

土是一种松散物质，由固体颗粒（固相）、水（液相）和空气（气相）组成，即土通常为三相体系。固体颗粒构成土的骨架，水和空气则填充于固体颗粒的孔隙中。当孔隙完全被水充满时为饱和土；孔隙被气体充满时称为干土。饱和土和干土均为二相体系。

二、土的物理性质指标

通常土是一种三相体。土中固体颗粒、水、空气三部分之间比例的变化，能反映出土处于各种不同的物理状态，如软或硬、干或湿、松或密、轻或重，因此可用三相比例关系作为评定土的工程性质的定量指标。为了方便说明和计算，将三相体系中分散交错的土颗粒、水和空气分别集中在一起，用质量和体积来表示，即土的三相简图（图 8-3）。

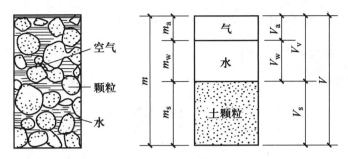

m—土的总质量；m_s—土中颗粒质量；m_w—土中水的质量；m_a—土中空气的质量；

V—土的总体积；V_s—土中颗粒体积；V_w—土中水的体积；

V_v—土中孔隙体积；V_a—土中空气的体积。

图 8-3　土的三相简图

（一）土的含水量特征指标

1. 土的含水量

土中水的质量与颗粒质量之比的百分率，称为土的含水量，用 ω 表示。即

$$\omega = \frac{m_w}{m_s} \times 100\% \tag{8-1}$$

ω 是表示土的湿度的一个指标。含水量小的土较干，强度就高。对于黏性土，随着含水量的增加，土由较干的坚硬状态变化为可塑状态，甚至为流塑状态。

2. 土的饱和度

土中水的体积与土中孔隙体积之比的百分率，称为土的饱和度，用 S_r 表示。即

$$S_r = \frac{V_w}{V_v} \times 100\% \tag{8-2}$$

S_r 表示土的潮湿程度，当 $S_r = 100\%$ 时，表示土的孔隙中完全充满水，土处于完全饱和状态；当 $S_r = 0$ 时，土是完全干燥的。

（二）土的孔隙特征指标

1. 土的孔隙比

土中孔隙体积与土中颗粒体积之比，称为土的孔隙比，用 e 表示。即

$$e = \frac{V_v}{V_s} \tag{8-3}$$

e 是表示土的密实程度的一个很重要的指标。一般 $e < 0.6$ 的土属密实的低压缩性土；$e > 1$ 的土属疏松的高压缩性土。一般黏性土 e 为 $0.4 \sim 1.20$；砂土 e 为 $0.3 \sim 0.9$。

2. 土的孔隙率

土中孔隙体积与土的总体积之比的百分率，称为土的孔隙率，用 n 表示。即

$$n = \frac{V_v}{V} \times 100\% \tag{8-4}$$

黏性土的孔隙率一般为 30% ~ 60%，砂土的孔隙率一般为 25% ~ 45%。

（三）土的单位体积重量特征指标

1. 土的天然密度

土在天然状态下单位体积的质量称为土的天然密度，用 ρ（g/cm^3 或 t/m^3）表示。即

$$\rho = \frac{m}{V} \tag{8-5}$$

土在天然状态下单位体积的重力称为土的天然重度，用 γ（N/cm^3 或 kN/m^3）表示。即

$$\gamma = \frac{mg}{V} = \rho g \tag{8-6}$$

式中 g 为重力加速度，约等于 9.807 m/s^2，在计算中可近似取 10 m/s^2。

2. 土的饱和重度

当土中孔隙全被水充满时，单位体积的重力称为土的饱和重度，用 γ_{sat}（kN/m^3）表示。即

$$\gamma_{sat} = \frac{m_s g + V_v \gamma_w}{V} \tag{8-7}$$

式中 γ_w 为水的重度，近似地取 10 kN/m^3。

3. 土的有效重度

在地下水位以下，土粒受到水的浮力作用，浮力大小等于同体积水的重力 $V_s \gamma_w$。土的重力减去水的浮力，称为土的有效重力（也称浮重力）。水下土单位体积的有效重力称为土的有效重度（也称浮重度），用 γ'（kN/m^3）表示。即

$$\gamma' = \frac{m_s g - V_s \gamma_w}{V} = \gamma_{sat} - \gamma_w \tag{8-8}$$

4. 土的干重度

干土单位体积的重力称为土的干重度，用 γ_d（kN/m^3）表示。即

$$\gamma_d = \frac{m_s g}{V} \tag{8-9}$$

γ_d 越大，说明土越密实，在填土夯实时，常以此指标来控制土的夯实质量。

5. 土粒的相对密度

土粒质量与同体积 4 ℃ 时纯水的质量之比称为土粒相对密度，用 d_s 表示。即

$$d_s = \frac{m_s}{V_s \rho_{w1}} = \frac{\rho_s}{\rho_{w1}} \tag{8-10}$$

式中 ρ_s（g/cm^3）为土粒密度，ρ_{w1} 为纯水在 4 ℃ 时的密度，$\rho_{w1} = 1$ g/cm^3。

以上指标中，土的含水量 ω、天然密度 ρ 和土粒的相对密度 d_s 均可直接用试验方法测定，它们是每种土必须测定的基本指标，其他指标为导出指标，可通过基本指标推导出来。

【例 8-1】 从现场取得 $100\ \text{cm}^3$ 的原状土样，土的三相简图如图 8-3 所示。测得其质量 $m=186\ \text{g}$，干土质量 $m_s=155\ \text{g}$，土的相对密度 $d_s=2.68$。求此土样的天然密度、含水量、孔隙比、孔隙率、饱和度、饱和重度（按 $\rho_w=1\ \text{g/cm}^3$ 计）。

已知：$V=100\ \text{cm}^3$，$m=186\ \text{g}$，$m_s=155\ \text{g}$，$\rho_s=d_s\rho_{w1}=2.68\ \text{g/cm}^3$

【解】（1）土的天然密度：$\rho=\dfrac{m}{V}=\dfrac{186\ \text{g}}{100\ \text{cm}^3}=1.86\ \text{g/cm}^3$

（2）含水量：$\omega=\dfrac{m_w}{m_s}\times100\%=\dfrac{m-m_s}{m_s}\times100\%=\dfrac{186\text{g}-155\text{g}}{155\text{g}}\times100\%=20\%$

（3）土颗粒体积：$\qquad V_s=\dfrac{m_s}{\rho_s}=\dfrac{155\ \text{g}}{2.68\ \text{g/cm}^3}\approx57.8\ \text{cm}^3$

$$V_w=\frac{m_w}{\rho_w}=\frac{m-m_s}{\rho_w}=\frac{186\ \text{g}-155\ \text{g}}{1\ \text{g/cm}^3}=31\ \text{cm}^3$$

$$V_a=V-V_s-V_w=(100-57.8-31)\ \text{cm}^3=11.2\ \text{cm}^3$$

$$V_v=V_w+V_a=(31+11.2)\ \text{cm}^3=42.2\ \text{cm}^3$$

（4）孔隙比：$\qquad e=\dfrac{V_v}{V_s}=\dfrac{42.2\text{cm}^3}{57.8\text{cm}^3}\approx0.73$

孔隙率：$\qquad n=\dfrac{V_v}{V}\times100\%=\dfrac{42.2\text{cm}^3}{100\text{cm}^3}\times100\%=42.2\%$

饱和度：$\qquad S_r=\dfrac{V_w}{V_v}\times100\%=\dfrac{31\text{cm}^3}{42.2\text{cm}^3}\times100\%\approx73.46\%$

饱和重度：$\qquad \gamma_{sat}=\dfrac{m_s g+V_v\gamma_w}{V}=\dfrac{(155\times10+42.2\times10)\ \text{kN}}{100\ \text{m}^3}=19.72\ \text{kN/m}^3$

三、黏性土的特征

黏性土颗粒细，单位体积的颗粒总表面积大，粒间存在黏聚力，而含水量的大小对黏性土的影响很大，黏性土的特征和状态随着含水量的增减而发生变化。黏性土由某一状态转入另一种状态的分界含水量称为界限含水量。图 8-4 所示为黏性土的物理状态与含水量的关系。从图中可以看出，黏性土随着含水量不同可处于固体、塑性、流动三种状态。所以，界限含水量是评价黏性土类型及工程性质的重要依据。

图 8-4　黏性土物理状态与含水量的关系

1. 塑限

土由固体状态转为塑性状态的界限含水量称为塑限，用符号 ω_P 表示。

测定塑限可用搓条法，即在干土内加适量水，拌均匀后捏成小圆球，放在毛玻璃上用手掌握搓成土条，当土条搓到直径 3 mm 刚好断裂时的含水量即为塑限。另外，实验室也采用光电式液塑限联合测定仪测定塑限。

2. 液限

黏性土由塑性状态转变为流动状态的界限含水量称为液限，用符号 ω_L 表示。

测定液限可用锥式液限仪（图 8-5），质量为 76 g 的圆锥在自重下 15 s 后恰好沉入 10 mm 时的土中含水量即为液限。另外，实验室也采用电磁式液限仪测定液限。

3. 塑性指数

液限 ω_L 和塑限 ω_P 之差称为塑性指数，用符号 I_P 表示。即

$$I_P = \omega_L - \omega_P \tag{8-11}$$

塑性指数表示黏性土处在可塑状态时含水量的变化范围（图 8-6），其数值主要与土内所含黏粒（颗粒直径 $d \leqslant 0.002$ mm）的多少有关。黏粒含量越多，塑性指数 I_P 越大，因此工程上常以塑性指数对土进行分类。

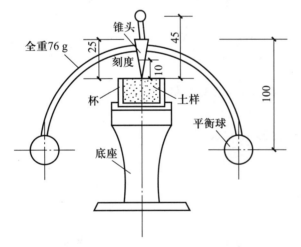

图 8-5　锥式液限仪示意图

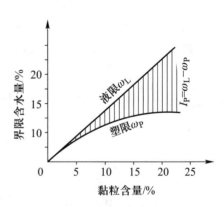

图 8-6　塑性指数与土中黏土
颗粒含量的关系

4. 液性指数

天然含水量 ω 减塑限 ω_P 与塑性指数之比即为液性指数，用符号 I_L 表示。即

$$I_{\mathrm{L}}=\frac{\omega-\omega_{\mathrm{P}}}{I_{\mathrm{P}}} \qquad (8-12)$$

液性指数是判别黏性土软硬程度的指标，当 $\omega \leqslant \omega_{\mathrm{P}}$ 时，即 $I_{\mathrm{L}} \leqslant 0$，表示土处于固体坚硬状态；当 $\omega > \omega_{\mathrm{L}}$ 时，即 $I_{\mathrm{L}} > 1$，则表示土处于流动状态。

四、地基土的分类及其特征

作为建筑地基的岩土可分为六大类：岩石、碎石土、砂土、粉土、黏性土和人工填土。

1. 岩石

岩石是指颗粒间牢固联结，呈整体或具有节理裂隙的岩体。

岩石按坚固性可分为硬质岩和软质岩两种；按风化程度可分为微风化、中等风化和强风化三种。

2. 碎石土

碎石土是指粒径大于 2 mm 的颗粒含量超过全重 50% 的土。根据其颗粒大小和形状不同可分为六类，见表 8-1。密实的碎石土层压缩性小，是很好的建筑地基。

表 8-1 碎石土分类

土的名称	颗粒形状	粒组含量
漂石	圆形及亚圆形为主	粒径大于 200 mm 的颗粒超过全重 50%
块石	棱角形为主	
卵石	圆形及亚圆形为主	粒径大于 20 mm 的颗粒超过全重 50%
碎石	棱角形为主	
圆砾	圆形及亚圆形为主	粒径大于 2 mm 的颗粒超过全重 50%
角砾	棱角形为主	

注：分类时应根据粒组含量由大到小以最先符合者确定。

3. 砂土

砂土是指粒径大于 2 mm 的颗粒含量不超过全重 50%、粒径大于 0.075 mm 的颗粒含量超过全重 50% 的土。砂土可分为砾砂、粗砂、中砂、细砂和粉砂五类，见表 8-2。

表 8-2 砂 土 分 类

土的名称	粒组含量
砾砂	粒径大于 2 mm 的颗粒占全重 25%~50%
粗砂	粒径大于 0.5 mm 的颗粒超过全重 50%
中砂	粒径大于 0.25 mm 的颗粒超过全重 50%
细砂	粒径大于 0.075 mm 的颗粒超过全重 85%
粉砂	粒径大于 0.075 mm 的颗粒超过全重 50%

注：分类时应根据粒组含量栏从上到下以最先符合者确定。

4. 粉土

粉土是指塑性指数 $I_P \leqslant 10$，且粒径大于 0.075 mm 的颗粒含量不超过全重 50% 的土。粉土的性质介于砂土和黏性土之间，故也称轻亚黏土。

粉土的天然孔隙比 $e < 0.75$ 时为密实状态，强度较高，是良好的天然地基；$0.75 \leqslant e \leqslant 0.9$ 时为中密状态；$e > 0.9$ 时为稍密状态。粉土随含水量增加，强度降低。

5. 黏性土

黏性土是指塑性指数 $I_P > 10$ 的土。黏性土可分为黏土和粉质黏土，塑性指数 $I_P > 17$ 的为黏土；$10 < I_P \leqslant 17$ 的为粉质黏土。黏性土的软硬程度随天然含水量的大小而变化，按液性指数 I_L 值大小可分为坚硬（$I_L \leqslant 0$）、硬塑（$0 < I_L \leqslant 0.25$）、可塑（$0.25 < I_L \leqslant 0.75$）、软塑（$0.75 < I_L \leqslant 1$）、流塑（$I_L > 1$）五种。液性指数 $I_L \leqslant 0$ 的土是坚硬土，可以作为建筑地基，但要避免雨水浸入地基土，使地基土软化。

6. 人工填土

人工填土是指由人类活动而堆填的土，根据地基土成因不同，可分为素填土、压实填土、冲填土、杂填土等。

素填土是由碎石土、砂土、粉土、黏性土等组成的填土；压实填土是经过压实或夯实的素填土；冲填土是由水力冲填泥沙形成的填土。这些填土较稳定，不易沉降。杂填土是含有建筑垃圾、工业废料、生活垃圾等杂物的填土，因含有有机物质，易腐烂沉降，故作为建筑填土应妥善处理。

8.2　岩土工程勘察与地基承载力

一、岩土工程勘察

地基基础设计前应进行岩土工程勘察，岩土工程勘察的目的是查明地下土层分布、土的物理力学性质及地下水的状况，取得工程地质资料，为地基基础的设计和施工提供依据。

岩土工程勘察一般可采用坑探与钻探、现场原位测试等方法。此外，也可通过土的野外鉴别获得地质变异程度。

（一）坑探与钻探

坑探与钻探的目的是获取地基在水平向或竖向的土层分布状况，绘制地质断面图；获得各层土的物理力学指标和地下水位标高，以便进行地基设计。

1. 坑探

坑探也称槽探，方法原始但可靠，即在现场开挖 1.5 m×1.0 m 的矩形坑或直径为 0.8~1.0 m 的圆形坑，深度不超过 3~4 m 的坑槽，直接观察土层情况，并从坑中取原状土样进行试验分析。

2. 钻探

钻探是用钻机在地层中钻孔，获取原状土样，供室内试验，确定土的物理力学指标。钻探进度快，又不受地下水及土质差引起坍孔的影响，并可取 100 m 深度的土，所以是目前广泛使用的勘察方法。

（二）现场原位测试

现场原位测试方法很多，常用的有以下几种：

1. 载荷试验

载荷试验是确定地基承载力的标准试验。在现场挖掘一个正方形试验坑，深度至基础埋置深度，宽度不小于承压板宽度或直径的 3 倍。试验时将一块面积为 0.25~0.50 m² 的承压板铺于坑底，然后在承压板上用重块或油压千斤顶加载，每加载一次，测一次沉降值，绘制 F_P-S 曲线图（图 8-7），F_P-S 曲线便是确定承载力的依据。

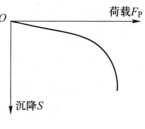

图 8-7 F_P-S 曲线图

2. 标准贯入试验

标准贯入试验是动力触探的一种。标准贯入试验的穿心锤重 63.5 kg，贯入时的落距为 76 cm。穿心锤自由下落，将贯入器靴打入土中 15 cm 后，开始记录每打入 10 cm 的锤击数，用累计打入 30 cm 深度所需的锤击数 N 来鉴别土的物理状态、土的强度、变形参数、地基承载力、单桩承载力。标准贯入试验适用于砂土、粉土和一般黏性土。

3. 圆锥动力触探试验

圆锥动力触探试验的类型可分为轻型、重型和超重型三种，其指标和主要适用范围见表 8-3。

表 8-3 不同圆锥动力触探试验类型的指标和主要适用范围

类型	轻型	重型	超重型
指标	贯入 30 cm 的读数 N_{10}	贯入 10 cm 的读数 $N_{63.5}$	贯入 10 cm 的读数 N_{120}
主要适用范围	浅部的填土、砂土、粉土、黏性土	砂土、中密以下的碎石土、极软岩	密实和很密的碎石土、软岩、极软岩

（三）土的野外鉴别

土的野外鉴别是指用直观看、摸、搓、压等方法来判别土性。工程基坑开挖后，通过野外鉴别可以发现地质的变异程度以及地质勘察报告密实度与实地有无差异，也是鉴别碎石类土，区分砂土、粉土和黏性土的主要方法。

碎石类土的承载力取决于其密实度，可分为密实、中密、稍密三级。

砂土为散粒土，干时呈松散状，可自由流动，手搓时无黏着感的是砾砂、粗砂、中砂，有轻微黏着感的是细砂、粉砂。

根据黏着程度可区别粉土和黏性土。粉土不黏着物体；黏性土潮湿时极易黏着物体，干燥后不易剥去；粉质黏土能黏着物体，但易剥去。

二、地基承载力的确定

1. 地基承载力特征值

地基承载力特征值 f_{ak} 可由载荷试验或其他原位测试、公式计算，并结合工程实践经验等方法综合确定。

2. 修正后的地基承载力特征值

当基础宽度大于 3 m 或埋置深度大于 0.5 m 时，从载荷试验或其他原位测试、经验值等方法确定的地基承载力特征值，尚应按下式修正：

$$f_a = f_{ak} + \eta_b \gamma (b - 3 \text{ m}) + \eta_d \gamma_m (d - 0.5 \text{ m}) \tag{8-13}$$

式中　f_a——修正后的地基承载力特征值；

$\quad f_{ak}$——地基承载力特征值，可由相应地质勘察报告查得；

$\quad b$——基础底面宽度，m，当基础宽度小于 3 m 时按 3 m 考虑，大于 6 m 时按 6 m 考虑；

$\quad d$——基础埋置深度，m，一般自室外地面标高算起；

$\quad \eta_b$、η_d——基础宽度和埋置深度的地基承载力修正系数，按基底下土类别查表8-4；

$\quad \gamma$——基础底面以下土的重度(kN/m^3)，地下水位以下取浮重度；

$\quad \gamma_m$——基础底面以上土的加权平均重度(kN/m^3)。

当计算所得 $f_a < 1.1 f_{ak}$ 时，可取 $f_a = 1.1 f_{ak}$。规范规定，当不满足按式(8-13)计算的条件时，可按 $f_a = 1.1 f_{ak}$ 直接确定地基承载力特征值。

表 8-4　地基承载力修正系数

土的类别	η_b	η_d
淤泥和淤泥质土	0	1.0
人工填土 e 或 $I_L \geqslant 0.85$ 的黏性土	0	1.0

续表

土的类别		η_b	η_d
红黏土	含水比 $a_w>0.8$	0	1.2
	含水比 $a_w \leqslant 0.8$	0.15	1.4
大面积压实填土	压实系数大于 0.95、黏粒含量 $\rho_c \geqslant 10\%$ 的粉土	0	1.5
	最大干密度大于 2.1 t/m³ 的级配砂石	0	2.0
粉土	黏粒含量 $\rho_c \geqslant 10\%$ 的粉土	0.3	1.5
	黏粒含量 $\rho_c < 10\%$ 的粉土	0.5	2.0
e 及 I_L 均<0.85 的黏性土		0.3	1.6
粉砂、细砂(不包括很湿与饱和时的稍密状态)		2.0	3.0
中砂、粗砂、砾砂和碎石土		3.0	4.4

注：1. 强风化和全风化的岩石，可参照所风化成的相应土类取值，其他状态下的岩石不修正。

2. 地基承载力特征值按《建筑地基基础设计规范》（GB 50007—2011）附录 D 深层平板载荷试验确定时，η_d 取 0。

3. 含水比是指土的天然含水量与液限的比值。

4. 大面积压实填土是指填土范围大于 2 倍基础宽度的填土。

三、地基的沉降

土在压力作用下体积缩小，从而引起地基变形，由于地基变形就必然引起建筑物基础的沉降。基础的沉降随时间变化，一般建筑物在施工期内完成的沉降量，对于砂土可认为其最终沉降量已基本完成；对于低压缩性黏土可认为已完成最终沉降量的 50%～80%；对于中压缩性黏土可认为已完成 20%～50%；对于高压缩性土可认为已完成 5%～20%。未完成的沉降量在建筑物建成后继续沉降。

对于重要的建筑物及建造在软弱地基上的建筑物必须进行沉降观测，沉降观测的目的主要是了解地基的沉降量与沉降速率。在正常情况下，沉降速率应逐步减慢（减速沉降）；如出现等速沉降，就有导致地基丧失稳定的危险；当出现加速沉降时，表明地基已丧失稳定。

沉降观测首先要设置好水准基点（其位置必须稳定可靠,妥善保护,且在一个观测区内其数量不应少于 3 个），其次是设置好建筑物上的沉降观测点（一般设置在室外地面以上,外墙或柱身的转角或其他重要部位）。当突然发生裂缝或大量沉降等情况时，应增加观测次数。

四、岩土工程勘察报告

岩土工程勘察报告主要反映地质勘探位置、勘探试验数据及试验室数据、岩土层分布状况及承载力结论和建议等内容，为工程设计提供可靠数据。具体内容可分为文字说明、数字表格、岩土工程勘探图。

1. 文字说明

（1）前言。包括任务、要求、工作概况、工作方法、工作布置及采用的主要技术标准。

（2）工程现场地质条件。主要包括以下内容：

① 有无影响建筑场地稳定性的不良地质条件及其危害程度。

② 建筑物范围内的地层结构及其均匀性，以及各岩土层的物理力学性质。

③ 地下水埋藏情况、类型和水位变化幅度及规律，以及对建筑材料的腐蚀性。

④ 在抗震设防区应划分场地土类型和场地类别，并对饱和砂土及粉土进行液化判别。

（3）结论与建议。对可供采用的地基基础设计方案进行论证分析，提出经济合理的设计方案建议；提供与设计要求相对应的地基承载力及变形计算参数，并对设计与施工应注意的问题提出建议。

2. 数字表格

工程现场勘探试验所测得的数字、试验室试验所得的有关指标，以表格形式表示，简明直观。

3. 岩土工程勘探图

岩土工程勘探图包括勘探点平面布置图、工程地质剖面图等。

建筑物地基均应进行施工验槽。如地基条件与原勘察报告不符，应进行施工勘察。

8.3 基础的类型

根据地基土承载力及建筑物荷载大小的不同，可将基础设计成浅基础和深基础两大类。一般认为，若基础埋置深度不大于 5 m，用较为简便的方法施工的基础，属于浅基础；而基础埋置较深，需用特殊方法施工的基础（如桩基础等）则属于深基础。

一、浅基础的类型

（一）无筋扩展基础

无筋扩展基础是指用砖、三合土、灰土、毛石、混凝土和毛石混凝土等材料建成的，且不需配置钢筋的墙下条形基础或柱下独立基础。其特点是抗压性能好，但抗弯、抗拉性能差，适用于一般民用建筑和墙承重的轻型厂房。

1. 砖基础

砖基础由砖和砂浆砌筑而成，其剖面一般为阶梯形，称为大放脚。大放脚的砌法有两皮一收和二一间隔收两种（图8-8），每次收进1/4砖长（60 mm）。为了保证基础的强度，底层必须保证两皮砖厚。

砖基础所用砂浆强度等级不宜低于M5，当地基土潮湿或有地下水时，应采用水泥砂浆。

等高式砖大
放脚基础

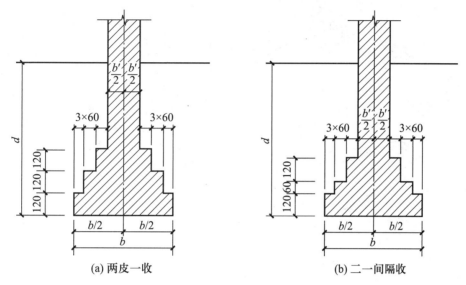

图8-8　砖基础

2. 三合土基础

三合土基础是由石灰、砂、碎砖（或碎石）、矿渣按体积比1∶2∶4～1∶3∶6（石灰∶砂∶骨料）配制，加入适量水拌合而成。施工时采用分层夯实（虚铺220 mm，每层夯实至150 mm，如图8-9a所示）。其优点是施工简单，造价低廉，一般用于较低层房屋的基础。

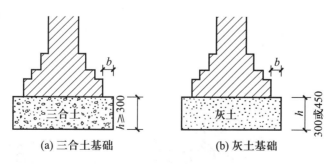

图8-9　三合土、灰土基础

3. 灰土基础

灰土基础是用石灰和黏土按体积比3∶7或2∶8混合而成。石灰和黏土应拌和均匀，分层夯实（虚铺200～250 mm，夯至150 mm为一步），基础厚度可为二步（300 mm）

或三步(450 mm),如图 8-9b 所示。其优点是施工简便、造价较低,一般用于地下水位较低的地基中,并应埋置在冰冻线以下。

4. 毛石基础(图 8-10)

毛石基础是用毛石(未经加工整平的石料)砌筑而成的。块石应竖砌,上下错缝,缝内砂浆饱满。毛石基础的宽度不得小于 400 mm,台阶高度不得小于 300 mm。

毛石基础

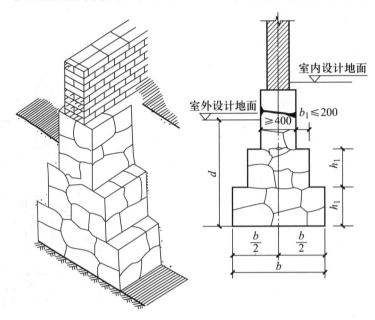

图 8-10　毛石基础

5. 混凝土和毛石混凝土基础

混凝土基础常用强度等级 C15 的混凝土浇捣而成(图 8-11)。其优点是强度、耐久性、抗冻性都较好,适用于荷载较大或位于地下水位以下的基础。

为了节约水泥用量,可在混凝土中掺入少于基础体积 30% 的毛石,做成毛石混凝土基础(图 8-12)。

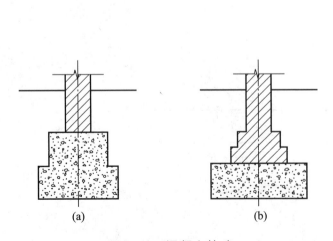

图 8-11　混凝土基础

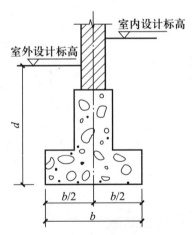

图 8-12　毛石混凝土基础

（二）扩展基础

扩展基础是指柱下钢筋混凝土独立基础和墙下钢筋混凝土条形基础。由于钢筋混凝土具有很大的抗弯、抗拉能力，所以这类基础适用于荷载较大、地基土较差的情况。

1. 柱下钢筋混凝土独立基础

现浇柱下钢筋混凝土独立基础剖面可做成阶梯形（8-13a）或锥形（图 8-13b）。预制柱下钢筋混凝土独立基础做成杯形（图 8-13c）。

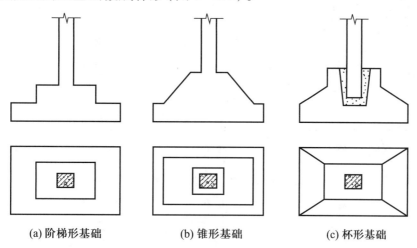

阶梯形独立
基础

(a) 阶梯形基础　　　(b) 锥形基础　　　(c) 杯形基础

图 8-13　柱下钢筋混凝土独立基础

锥形独立基础

2. 墙下钢筋混凝土条形基础

当建筑物上部结构荷载较大、地基土较差时，墙下常采用钢筋混凝土条形基础。墙下条形基础一般做成板式（无梁式）（图 8-14a），如基础沿墙长方向会产生不均匀沉降，为了增加基础的刚度，减小不均匀沉降，也可做成带梁的条形基础（图 8-14b）。

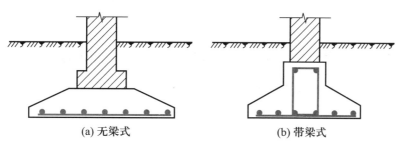

无梁条形基础

(a) 无梁式　　　　　(b) 带梁式

图 8-14　墙下钢筋混凝土条形基础

带梁条形基础

（三）柱下钢筋混凝土条形基础

当地基较软弱时，为减少柱基之间的不均匀沉降，或柱基础面积较大而相互靠近或重叠时，为了增强基础的整体刚度并方便施工，将同一排的柱基连通做成钢筋混凝土条形基础（图 8-15）。在框架结构、单层厂房柱中常用此类基础。

如果建筑物的荷载较大、土质又较弱时，为了增强基础的整体刚度，减少基础的不均匀沉降，可在柱网下纵横两方向设置钢筋混凝土条形基础，形成十字交叉基础（图 8-16）。

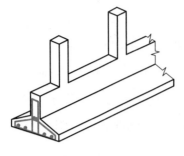

图 8-15   柱下钢筋混凝土条形基础

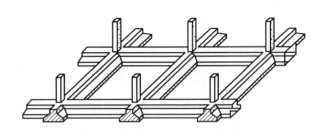

图 8-16   柱下十字交叉基础

（四）筏形基础

如地基软弱，荷载又大，采用十字交叉基础仍不能满足地基强度的要求，或有地下室时，可将基础底板连成一片而成为筏形基础。筏形基础可分为平板式和梁板式两类。平板式筏形基础的柱直接支承在钢筋混凝土底板上（图 8-17a），一般在柱网均匀且柱距较小情况下采用。梁板式筏形基础则形似肋形楼盖，梁肋可在板的下方（图 8-17b）或上方（图 8-17c）。筏形基础的整体性好，能调整各部分的不均匀沉降。

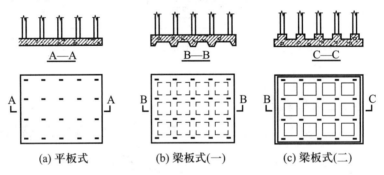

| (a) 平板式 | (b) 梁板式(一) | (c) 梁板式(二) |

图 8-17   筏形基础

（五）箱形基础

当地基特别软弱，荷载又很大时，可采用箱形基础。箱形基础由钢筋混凝土底板、顶板和纵横交叉的隔墙构成（图 8-18）。三部分共同工作形成很大的刚度，能有效防止由于地基不均匀沉降而导致上部结构的弯曲、开裂，而且基础中空部分可作地下室。在高层建筑及重要的构筑物中常用此类基础。

二、桩基础的类型

当建筑物荷载较大，而地基土上部又为软弱土层，采用浅基础已不能满足地基变形及承载力要求时，可利用地基下部较坚硬的土层作为基础的持力层而设计成深基础。桩基础就是一种常用的深基础。

桩基础由承台和桩身两部分组成。桩基础的作用是将上部结构荷载通过桩身与桩尖传至深层较坚硬的地基中，故桩基础能承受较大的荷载和减少建筑物不均匀沉降，

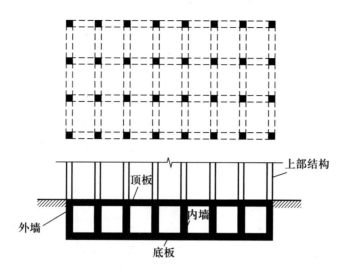

图 8-18 箱形基础

而且挤土桩还对地基有挤密作用。

桩基础有以下几种类型：

1. 按桩的受力性能分类

（1）端承桩。桩通过极软弱土层，使桩尖直接支承在坚硬的土层或岩石上（图 8-19a），桩上的荷载由桩尖阻力承受。

（2）摩擦桩。桩通过软弱土层而支承在较坚硬的土层或岩石上（图 8-19b），桩上的荷载主要由桩侧与软土之间的摩擦力承受。

2. 按桩的制作方法分类

（1）预制桩。可在工厂或工地预制后运到现场，再用各种方法（打入、振入、压力、旋入、水冲送入等）将桩沉入土中。预制桩刚度好，适宜用在新填土或极软弱的地基中。

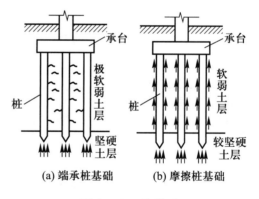

图 8-19 桩基础

（2）灌注桩。在预定的桩位上成孔，在孔内灌注混凝土成桩。灌注桩可分为：泥浆护壁成孔灌注桩、长螺旋钻孔灌注桩、沉管灌注桩和干作业成孔灌注桩。

8.4 基础的构造

一、无筋扩展基础

（1）宽高比限值。无筋扩展基础（图 8-20）的基础高度应符合下式要求：

$$H_0 \geqslant \frac{b-b_0}{2\tan\alpha}$$ (8-14)

由式(8-14)得基础的底面宽度应符合下式要求：

$$b \leqslant b_0 + 2H_0\tan\alpha$$ (8-15)

式中 $\tan\alpha = \dfrac{b_2}{H_0}$ 为基础台阶宽高比允许值，其大小与基础材料及基底压力有关，见表 8-5。

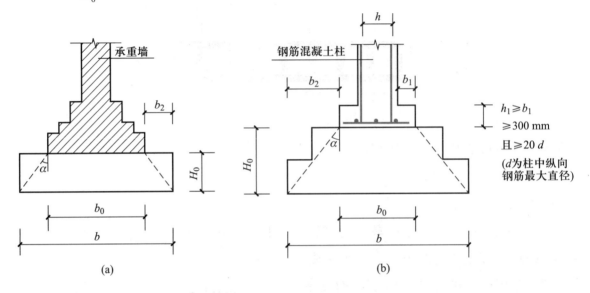

图 8-20　无筋扩展基础构造示意图

表 8-5　无筋扩展基础台阶宽高比的允许值

基础材料	质量要求	台阶宽高比的允许值		
		$p_k \leqslant 100$	$100 < p_k \leqslant 200$	$200 < p_k \leqslant 300$
混凝土基础	C15 混凝土	1∶1.00	1∶1.00	1∶1.25
毛石混凝土基础	C15 混凝土	1∶1.00	1∶1.25	1∶1.50
砖基础	砖不低于 MU10、砂浆不低于 M5	1∶1.50	1∶1.50	1∶1.50
毛石基础	砂浆不低于 M5	1∶1.25	1∶1.50	—
灰土基础	体积比为 3∶7 或 2∶8 的灰土，其最小干密度： 粉　　土　1.55 t/m³ 粉质黏土　1.50 t/m³ 黏　　土　1.45 t/m³	1∶1.25	1∶1.50	—

续表

基础材料	质量要求	台阶宽高比的允许值		
		$p_k \leqslant 100$	$100 < p_k \leqslant 200$	$200 < p_k \leqslant 300$
三合土基础	体积比为 $1:2:4 \sim 1:3:6$（石灰：砂：骨料），每层约虚铺 220 mm，夯至 150 mm	1:1.50	1:2.00	—

注：1. p_k 为荷载效应标准组合时基础底面处的平均压力值（1 kPa=1 kN/m²）。

2. 阶梯形毛石基础的每阶伸出宽度，不宜大于 200 mm。

3. 当基础由不同材料叠合组成时，应对接触部分作抗压验算。

（2）采用无筋扩展基础的钢筋混凝土柱，其柱脚高度 $h_1 \geqslant b_1$，$\geqslant 300$ mm，且 $\geqslant 20d$（d 为柱中纵向受力钢筋的最大直径）。当柱纵向钢筋在柱脚内的竖向锚固长度不满足锚固要求时，可沿水平方向弯折，弯折后的水平锚固长度应 $\geqslant 10d$ 且 $\leqslant 20d$（d 为柱中纵向受力钢筋的最大直径）。

二、扩展基础

1. 垫层

钢筋混凝土基础通常在底板下面浇筑一层素混凝土垫层，它可以作为绑扎钢筋的工作面，以保证底板钢筋混凝土的质量。垫层厚度一般不少于 70 mm，混凝土强度等级不低于 C10，垫层两边各伸出底板 100 mm。

2. 底板

现浇钢筋混凝土基础底板的厚度 h 由抗剪计算决定。锥形基础底板边缘厚度不宜小于 200 mm（图 8-21、图 8-22）；阶梯形基础每阶高度宜为 $300 \sim 500$ mm（图 8-23）。锥形基础的顶部为安装柱模板，从柱边缘每边至少放大 50 mm。

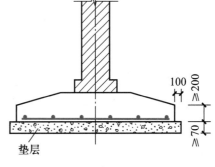

图 8-21 墙下钢筋混凝土基础

（1）底板的受力钢筋按受弯计算确定，其最小配筋率 $\geqslant 0.15\%$，受力钢筋最小直径不宜小于 10 mm，间距宜为 $100 \sim 200$ mm。墙下钢筋混凝土条形基础的纵向分布钢筋直径不宜小于 8 mm，间距不宜大于 300 mm；每延米分布钢筋的面积应不小于受力钢筋面积的 15%。

（2）混凝土强度等级不应低于 C20，底板钢筋的保护层厚度，当有垫层时不小于 40 mm，无垫层时不小于 70 mm。

（3）当柱下钢筋混凝土独立基础的边长和墙下钢筋混凝土条形基础的宽度 $b \geqslant$ 2.5 m 时，底板受力钢筋长度可取为 90% 的边长或宽度，并交错放置（图 8-24a）。

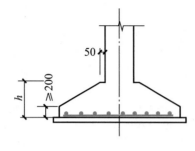

图 8-22 柱下锥形基础

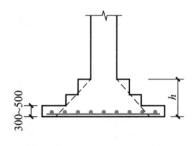

图 8-23 柱下阶梯形基础

（4）钢筋混凝土条形基础底板在 T 形及十字形交接处，底板横向受力钢筋仅沿一个主要受力方向通长布置，另一方向的横向受力钢筋可布置到主要受力方向底板宽度 1/4 处（图8-24b）。在拐角处底板横向受力钢筋应沿两个方向布置（图 8-24c）。

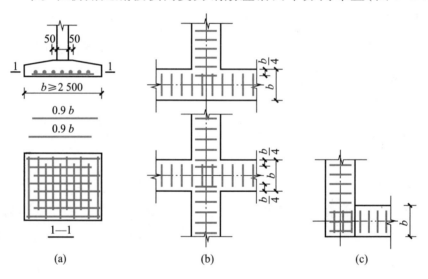

图 8-24 扩展基础底板受力钢筋布置示意

3. 独立基础与柱的连接

（1）现浇柱基础。基础与柱一般不同时浇筑，在基础内需预留插筋，其直径、根数和钢筋种类应与柱内纵向受力钢筋相同。插筋伸入基础内的锚固长度为 l_a（或 l_{aE}），其下端宜做成直钩并放在基础底板的钢筋网上，应至少有上下两个箍筋固定（图 8-25）。插筋与柱纵向受力钢筋的连接方法应符合有关规定。

（2）预制柱基础（图 8-26）。柱的插入深度为 h_1，按表 8-6 选用，并应满足钢筋锚固长度的要求和吊装时柱的稳定性。

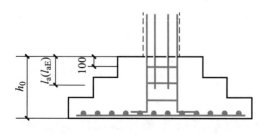

图 8-25 现浇柱基础中插筋构造示意

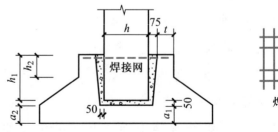

图 8-26 预制柱独立基础示意（注 $a_2 \geqslant a_1$）

表 8-6 柱的插入深度 h_1 单位：mm

矩形或工字形柱				双肢柱
$h<500$	$500 \leqslant h < 800$	$800 \leqslant h \leqslant 1\ 000$	$h>1\ 000$	
$h \sim 1.2h$	h	$0.9h$ 且 $\geqslant 800$	$0.8h$ 且 $\geqslant 1\ 000$	$(1/3 \sim 2/3)h_a$ $(1.5 \sim 1.8)h_b$

注：1. h 为柱截面长边尺寸；h_a 为双肢柱全截面长边尺寸；h_b 为双肢柱全截面短边尺寸。

2. 柱轴心受压或小偏心受压时，h_1 可适当减小，偏心距大于 $2h$ 时，h_1 应适当加大。

基础的杯底厚度 a_1 和杯壁厚度 t，按表 8-7 选用，并使 $a_2 \geqslant a_1$（a_2 为锥形基础边厚）。

表 8-7 基础的杯底厚度和杯壁厚度

柱截面长边尺寸 h/mm	杯底厚度 a_1/mm	杯壁厚度 t/mm
$h<500$	$\geqslant 150$	$150 \sim 200$
$500 \leqslant h < 800$	$\geqslant 200$	$\geqslant 200$
$800 \leqslant h < 1\ 000$	$\geqslant 200$	$\geqslant 300$
$1\ 000 \leqslant h < 1\ 500$	$\geqslant 250$	$\geqslant 350$
$1\ 500 \leqslant h < 2\ 000$	$\geqslant 300$	$\geqslant 400$

注：柱子插入杯口部分的表面应凿毛，柱子与杯口之间的空隙，应用比基础混凝土强度等级高一级的细石混凝土充填密实，当达到材料设计强度的 70% 以上时，方能进行上部吊装。

杯壁的配筋，当柱为轴心受压或小偏心受压且 $t/h_2 \geqslant 0.65$ 时，或大偏心受压且 $t/h_2 \geqslant 0.75$ 时，杯壁可不配筋；当柱为轴心受压或小偏心受压且 $0.5 \leqslant t/h_2 < 0.65$ 时，杯壁按构造配筋（表 8-8）；其他情况下，应按计算配筋。

表 8-8 杯壁构造配筋

柱截面长边尺寸/mm	$h<1\ 000$	$1\ 000 \leqslant h < 1\ 500$	$1\ 500 \leqslant h \leqslant 2\ 000$
钢筋直径/mm	$8 \sim 10$	$10 \sim 12$	$12 \sim 16$

注：表中钢筋置于杯口顶部，每边两根（图 8-26）。

三、柱下条形基础

1. 基础截面尺寸

柱下条形基础的端部宜向外伸出，其长度 l_0 宜为第一跨距 l_1 的 1/4（图 8-27a）。

柱下条形基础梁的高度 h 宜为柱距的 $1/8 \sim 1/4$。翼板厚度 h_1 应 ≥ 200 mm。当翼板厚度 $h_1 > 250$ mm 时，宜采用变厚度翼板，其坡度宜 $\leq 1:3$（图 8-27b）。

现浇柱与条形基础梁的交接处，基础梁的平面尺寸不应小于图 8-27c 的规定。

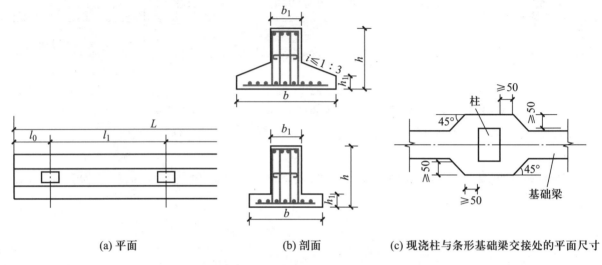

(a) 平面   (b) 剖面   (c) 现浇柱与条形基础梁交接处的平面尺寸

图 8-27　柱下条形基础

2. 基础的混凝土强度等级

柱下条形基础的混凝土强度等级不应低于 C20。

3. 钢筋

柱下条形基础梁顶部和底部的纵向受力钢筋除满足计算要求外，顶部钢筋按计算配筋全部贯通，底部通长钢筋不应少于底部受力钢筋截面总面积的 1/3。

四、桩基础

1. 桩及桩基

摩擦型桩的中心距不宜小于桩身直径的 3 倍；扩底灌注桩的中心距不宜小于扩底直径的 1.5 倍，扩底灌注桩的扩底直径不应大于桩身直径的 3 倍，当扩底直径大于 2 m 时，桩端净距不宜小于 1 m。

预制桩的混凝土强度等级应 $\geq$ C30，灌注桩的混凝土强度等级应 $\geq$ C25，预应力桩的混凝土强度等级应 $\geq$ C40。

2. 承台

承台的构造除满足承载力计算和上部结构的要求之外，尚应符合：

（1）最小宽度不应小于 500 mm，边缘至桩中心的距离不宜小于桩的直径或边长，且边缘挑出部分不应小于 150 mm。

（2）承台的厚度不应小于 300 mm。

（3）承台混凝土强度等级不宜小于 C20，承台底面钢筋的混凝土保护层厚度不应小于 70 mm，当有混凝土垫层时，保护层厚度不应小于 40 mm。

（4）矩形承台板的配筋按双向均匀通长布置（图 8-28a），钢筋直径不宜小于 10 mm，间距不宜大于 200 mm。对于三桩承台，钢筋按三向板带均匀布置，且最里面的三根钢筋围成的三角形应在柱截面范围内（图 8-28b）。承台梁的纵向受力钢筋除满足计算外，其直径不宜小于 12 mm，架立钢筋直径不宜小于 10 mm，箍筋直径不宜小于 6 mm（图 8-28c）。

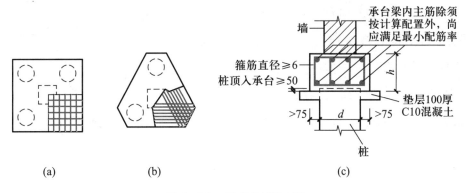

图 8-28 承台配筋示意

8.5 基础埋置深度及基础底面积的选择

一、基础埋置深度

室外设计地面至基础底面的距离称为基础的埋置深度。在确定基础埋置深度时，应综合考虑以下几个方面的因素：

1. 建筑物的类型和使用要求

凡是对稳定性要求较高的高层建筑、多层框架结构及设置地下室、设备基础或地下设施的建筑物，往往要求局部或整体加大基础的埋置深度。实践证明，抗震设防区内天然地基上的筏形和箱形基础埋置深度不宜小于建筑物高度的 1/15；桩箱或桩筏基础的埋置深度（不计桩长），不宜小于建筑物高度的 1/8。

2. 建筑物荷载的大小和性质

埋置深度与荷载大小有关，荷载加大，基础相对应加深。同时与荷载的性质有关，对于承受较大水平荷载的基础，必须有足够的埋置深度，保证基础的稳定性。对承受上拔力的基础，如输电塔基础和某些设备基础，也要求较大的埋置深度，以提供必需的抗拔阻力。对于承受动荷载的基础，则不宜选择饱和疏松的粉细砂作为持力层。

3. 工程地质和水文地质条件

在满足地基承载力和变形的前提下，基础宜浅埋，当上层地基的承载力大于下层土时，宜利用上层作持力层。除岩石地基外，基础最小埋置深度为 0.5 m。

基础底面应尽量埋于地下水位以上，以免施工中排水困难。如必须埋在地下水位以下时，应采取施工措施，以免地基土扰动。

4. 相邻建筑物基础埋置深度的影响

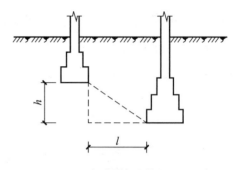

图 8-29   相邻基础的埋置深度

新基础靠近原有建筑物基础时，为了保证原有建筑物的安全和正常使用，新基础的埋置深度不宜深于原有基础。当必须深于原有基础时，两基础之间距离一般取相邻基础底面高差的 1~2 倍，即 $l \geqslant (1\sim2)h$（图 8-29）。

当 l 不能满足以上要求时，在施工过程中应采取有效措施，如分段施工、设置临时加固支撑、打板桩或采用地下连续墙等，以保证原有建筑物的安全。

5. 地基冻融条件

季节性冻土是冬季冻结膨胀、天暖解冻沉陷的土层。地基土的冻胀和融陷一般是不均匀的，容易导致建筑物开裂损坏。所以规范规定了埋置于可冻胀土中基础的最小埋置深度 $d_{\min}$。

对建在冻胀土地区上的建筑物，应按有关要求采取防冻胀措施。

二、基础底面积的选择

（一）轴心荷载作用下（图 8-30）

1. 基本公式

作用在基础底面的压应力 p_k 应小于或等于修正后的地基土承载力特征值 f_a。

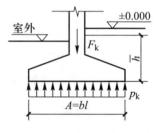

图 8-30   轴心受压基础

$$p_k = \frac{F_k + G_k}{A} \leqslant f_a \tag{8-16}$$

式中　F_k——相应于荷载效应标准组合时，上部结构传至基础顶面的轴向力，kN，当为墙下条形基础时取 1 m 长度的轴向力，kN/m；

　　　　G_k——基础自重和基础上的回填土重，$G_k = \gamma_G A \bar{h}$，一般取 $\gamma_G = 20$ kN/m³，A 为基础底面面积，m²，$\bar{h}$ 为基础平均埋置深度，m；

　　　　f_a——修正后的地基承载力特征值，kPa。

2. 基础底面尺寸

在选择了基础类型和埋置深度以后，就可以根据修正后的地基承载力特征值 f_a 和作用在基顶上的荷载 F_k，计算基础底面尺寸（$A=b\times l$）。

将 $G_k=\gamma_G A \bar{h}$ 代入式(8-16)，可得

$$A \geqslant \frac{F_k}{f_a-\gamma_G \bar{h}} \qquad (8-17)$$

求得底面积 A 即可确定基础宽度 b 与基础长度 l。

若是墙下条形基础，则长度方向取 $l=1$ m 为计算单元，那么条形基础的宽度为

$$b \geqslant \frac{F_k}{f_a-\gamma_G \bar{h}} \qquad (8-18)$$

公式(8-16)也可进行承载力验算。已知荷载效应标准组合时，测得上部结构传至基础顶面的轴向力 F_k、基础底面面积 A、基础平均埋置深度 $\bar{h}$ 及修正后的地基承载力特征值 f_a 后，可由公式(8-16)验算基础底面压力是否符合要求。

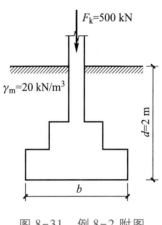

【例8-2】如图8-31所示，一轴心受压柱基础埋置深度 2 m，相应于荷载效应标准组合时，上部结构传至基础顶面的轴向力 $F_k=500$ kN；埋置深度范围内土的重度 $\gamma_m=20$ kN/m^3，地基持力层为砾砂，地基承载力特征值 $f_{ak}=180$ kN/m^2。试确定正方形基础底面尺寸。

图 8-31　例 8-2 附图

【解】(1) 求修正后的地基承载力特征值。

假定 $b<3$ m，宽度不必修正，因为 $d=2$ m>0.5 m，故计算地基承载力特征值时应进行深度修正。由表8-4查得 $\eta_d=4.4$，于是由式(8-13)得

$$\begin{aligned}
f_a &= f_{ak}+\eta_b \gamma (b-3 \text{ m})+\eta_d \gamma_m (d-0.5 \text{ m}) \\
&= [180+0+4.4\times20\times(2-0.5)] \text{ kN/m}^2 \\
&= 312 \text{ kN/m}^2 > 1.1 f_{ak}=1.1\times180 \text{ kN/m}^2 = 198 \text{ kN/m}^2
\end{aligned}$$

取 $f_a=312$ kN/m^2。

(2) 求基础底面尺寸。

$\bar{h}=d=2$ m，$\gamma_G=20$ kN/m^3，$F_k=500$ kN，由式(8-17)得

$$A=\frac{F_k}{f_a-\gamma_G \bar{h}}=\frac{500 \text{ kN}}{312 \text{ kN/m}^2-20 \text{ kN/m}^3\times2\text{m}} \approx 1.84 \text{ m}^2$$

$$A=l\times b, \quad l=b$$

$$l=b=\sqrt{A}=\sqrt{1.84 \text{ m}^2} \approx 1.36 \text{ m}$$

取 $l=b=1.4$ m<3 m，与假设符合。

【**例 8-3**】 某承重墙下条形基础,墙厚 240 mm,相应于荷载效应标准组合时,上部结构传至基础顶面的轴向力 $F_k = 100$ kN/m,基础埋置深度 $d = 1.65$ m,室内外高差为 0.45 m,地基土为黏粒含量大于 10% 的粉土,$\gamma_m = 16$ kN/m³,地基承载力特征值 $f_{ak} = 120$ kN/m²。求基础宽度。

【**解**】 (1) 求修正后的地基承载力特征值。

假定 $b<3$ m,宽度不必修正,因为 $d = 1.65$ m >0.5 m,故计算承载力特征值时应进行深度修正。由表 8-4 查得 $\eta_d = 1.5$,于是由式(8-13)得

$$f_a = f_{ak} + \eta_b \gamma (b-3 \text{ m}) + \eta_d \gamma_m (d-0.5 \text{ m})$$
$$= [120 + 0 + 1.5 \times 16 \times (1.65-0.5)] \text{ kN/m}^2$$
$$= 147.6 \text{ kN/m}^2 > 1.1 f_{ak} = 1.1 \times 120 \text{ kN/m}^2 = 132 \text{ kN/m}^2$$

取 $f_a = 147.6$ kN/m²。

(2) 求基础底面尺寸。

$$F_k = 100 \text{ kN/m}, \quad \gamma_G = 20 \text{ kN/m}^3$$

基础平均埋置深度 $\bar{h} = 1.65 \text{ m} + \dfrac{0.45}{2} \text{ m} = 1.875 \text{ m}$

基础宽度 $b \geqslant \dfrac{F_k}{f_a - \gamma_G \bar{h}} = \dfrac{100 \text{ kN/m}}{147.6 \text{ kN/m}^2 - 20 \text{ kN/m}^3 \times 1.875 \text{ m}} \approx 0.908$ m

取 $b = 0.96$ m <3 m。

若为砖大放脚基础,则基础剖面如图 8-32a 所示;若为三七灰土基础,则基础剖面如图 8-32b 所示(其剖面构造尺寸符合表 8-5 的规定)。

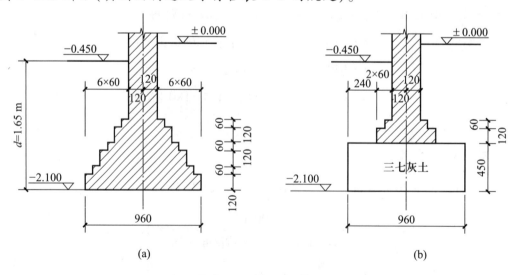

图 8-32 例 8-3 附图

（二）偏心荷载作用下（图 8-33）

1. 基本公式

在偏心距为 e 的单向偏心荷载作用下，基础为不均匀受压，偏心边缘产生最大压力 p_{kmax}，另一边缘产生最小压力 p_{kmin}，计算公式为

$$\frac{p_{kmax}}{p_{kmin}} = \frac{F_k + G_k}{A} \pm \frac{M_k}{W} \qquad (8-19)$$

$$p_{kmax} \leqslant 1.2 f_a \qquad (8-20)$$

$$p_k = \frac{p_{kmax} + p_{kmin}}{2} \leqslant f_a \qquad (8-21)$$

式中　M_k——相应于荷载效应标准组合时，作用在基础底面的弯矩值，kN·m：

$$M_k = (F_k + G_k)e$$

F_k、G_k、f_a、A 符号意义同公式（8-16）。

若将 $M_k = (F_k + G_k)e$，$W = \dfrac{lb^2}{6}$ 代入式（8-19），则得

$$\frac{p_{kmax}}{p_{kmin}} = \frac{F_k + G_k}{A}\left(1 \pm \frac{6e}{b}\right) \qquad (8-22)$$

当偏心距 $e > \dfrac{b}{6}$ 时

$$p_{kmax} = \frac{2(F_k + G_k)}{3la} \qquad (8-23)$$

式中 $a = \dfrac{b}{2} - e$。

2. 基本公式的应用

（1）承载力验算。已知荷载效应标准组合时，上部结构传至基础顶面的轴向力 F_k 及弯矩 M_k，基础底面尺寸 b、l，基础平均埋置深度 $\bar{h}$ 及修正后的地基承载力特征值 f_a，由公式（8-19）、

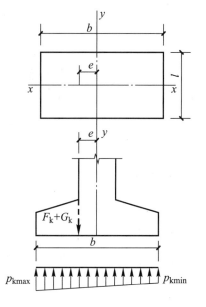

图 8-33　偏心受压基础

（8-20）、（8-21）验算基础底面压力是否符合要求。

（2）确定基础底面尺寸。确定基础底面尺寸的步骤为：

① 按轴心荷载作用时的公式（8-17）计算基础底面积 A。

② 根据偏心荷载大小，将基础底面积 A 增大 10%~40%，按 $\dfrac{b}{l} \leqslant 2$ 的原则确定长边 b、短边 l，通常把与偏心方向一致的边定为长边，并尽量使 $e < \dfrac{b}{6}$。

③ 由调整后的基础尺寸，按式（8-19）或式（8-22）计算基底压力 p_{kmax}、p_{kmin}，使

满足式(8-20)和式(8-21)的要求。

三、工程倒塌案例

1. 工程概况

某公司食堂宿舍楼为四层框架结构，总高度 16.5 m，其中底层为食堂，二～四层为员工宿舍，柱网布置如图 8-34 所示。基础为天然地基，柱下独立基础，中柱基底尺寸 2.1 m×2.56 m，边柱基底尺寸 1.8 m×2.5 m。原设计为单层食堂，使用 8 个月后，又在单层食堂上增建三层宿舍楼，在使用 1 年 4 个月后，房屋突然倒塌，造成百余人伤亡。

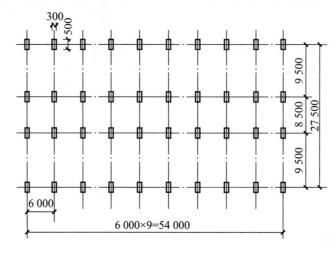

图 8-34　柱网布置

2. 倒塌原因分析

（1）地基承载力严重不足。在原单层食堂上再增建三层宿舍，又未验算地基承载力，地基超载受力是造成房屋倒塌的主要原因。

由于该工程无法提供设计、施工等有关资料，故对现场实测后知：基础埋置深度 $d=1.5$ m，地基承载力特征值 $f_{ak}=150$ kN/m^2。经计算知：相应于荷载效应标准组合时，框架中柱基础顶面的轴心荷载 $F_k=2\ 535$ kN(近似取轴压)，框架边柱基础顶面的轴心荷载 $F_k=1\ 342$ kN(近似取轴压)。

修正后的地基承载力特征值 $f_a=1.1\times150$ kN/m$^2=165$ kN/m^2

中柱：基底面积 $A=2.1$ m×2.56 m，由式(8-16)计算出基底压力

$$p_k=\frac{F_k+G_k}{A}=\frac{2\ 535\ \text{kN}+20\ \text{kN/m}^3\times2.1\ \text{m}\times2.56\ \text{m}\times1.5\text{m}}{2.1\ \text{m}\times2.56\ \text{m}}$$

$$\approx501.54\ \text{kN/m}^2>f_a=165\ \text{kN/m}^2$$

边柱：基底面积 $A=1.8$ m×2.5 m，由式(8-16)计算出基底压力

$$p_k=\frac{F_k+G_k}{A}=\frac{1\ 342\ \text{kN}+20\ \text{kN/m}^3\times1.8\ \text{m}\times2.5\ \text{m}\times1.5\ \text{m}}{1.8\ \text{m}\times2.5\ \text{m}}$$

$$\approx 328.22 \ kN/m^2 > f_a = 165 \ kN/m^2$$

可见基底压力不符合要求。

（2）其他原因。

① 基础底板厚度不足，基础底板厚度仅为 120 mm（中柱）和 150 mm（边柱）。

② 工程严重违反基建程序，无报建、无招投标、无证设计、无证施工、无质量监督。

③ 施工偷工减料、工程质量失控。结构用钢大量为改制材，水泥、钢材无合格证，也无试验报告单；混凝土强度等级不足，结构构造、锚固、支承长度都不符合规范要求。

复习思考题

8-1　土由哪几部分组成？它们之间会有哪些变化？对土的工程性质产生什么影响？

8-2　什么是土的塑限、液限？怎样测定？

8-3　什么是土的塑性指数、液性指数？各有什么作用？

8-4　地基土（岩）分几类？各有什么特征？

8-5　为什么要进行岩土工程勘察？岩土工程勘察有哪几种？具体方法有哪些？

8-6　结合一实际工程，读懂其岩土工程勘察报告。

8-7　基础分为哪几类？

8-8　无筋扩展基础可分哪几类？述说它们的各自特点和适用范围。

8-9　墙下条形基础与柱下条形基础是否应有区别？

8-10　柱下十字交叉基础与筏形基础有什么区别？

8-11　无筋扩展基础与扩展基础有什么不同？

8-12　什么情况采用箱形基础？

8-13　桩基础分几类？

8-14　基础埋置深度由哪些因素确定？

8-15　简述扩展基础的构造。

8-16　一轴心受压墙下条形基础，墙厚 240 mm，基础埋置深度 1.5 m，室内外高差 0.45 m，相应于荷载效应标准组合时，上部结构传至基础顶面的轴向力为 200 kN/m，基底以上土的重度 $\gamma_m = 18 \ kN/m^3$，地基持力层为红黏土（含水比 $a_w \leqslant 0.8$），地基承载力特征值 $f_{ak} = 160 \ kN/m^2$。（1）确定条形基础宽度；（2）若基础采用砖基础，试按构造要求画出砖大放脚剖面；（3）若基础为三七灰土基础，试按构造要求画出基础剖面。

单元 9 钢 结 构

9.1 钢 材

一、钢结构选材要求

钢材种类繁多，性能差别很大。用作钢结构的钢材必须具备下列性能：

（1）较高的强度，即抗拉强度 f_u 和屈服强度 f_y 较高。强度高可以减轻自重，节省钢材，增加结构安全性。

（2）较强的变形能力，即塑性、韧性及耐疲劳性能好。较好的塑性使结构在破坏前有较充分的变形，能降低脆性破坏的危险；较高的耐疲劳性使结构具有较好的抵抗重复荷载作用的能力。

（3）良好的加工性能，包括冷加工、热加工和可焊性能。良好的加工性使钢材便于加工制作成各种形式的构件。

此外，根据结构的具体工作条件，还要求钢材具有适应低温、高温和腐蚀性环境的能力。同时钢材还应价格低，以降低工程造价。

二、钢材的破坏形式

钢材的破坏形式有塑性破坏和脆性破坏两种。

1. 塑性破坏

塑性破坏通常是由于变形过大，超过了材料或构件可能的应变能力而产生的，而且仅在构件的应力已达到了钢材的抗拉强度之后才发生。它的特点是，破坏前构件产生较大的塑性变形，断裂后的断口呈纤维状，色泽发暗。在塑性破坏前由于构件已出现很大的变形，容易发现并及时采取措施补救。实际工程中钢结构是极少发生塑性破坏的。

2. 脆性破坏

脆性破坏与塑性破坏相反，破坏前，构件变形很小，构件应力比较低，可能小于屈服强度，断口平直且呈有光泽的晶粒状。由于脆性破坏变形极小，无法及时发现和补救，且个别构件的断裂往往导致整个结构的塌毁。因此，在设计、施工和使用中应特别注意防止出现脆性破坏。

三、钢材的主要机械性能

钢材的机械性能包括屈服强度、抗拉强度、伸长率、冷弯性能、冲击韧性五项指标，它反映了钢材的内在质量及受力后的特性，是结构设计的重要依据，需经拉伸、冷弯和冲击试验分别测定。

图 9-1 为低碳钢在常温、静载条件下，单向拉伸试验时得到的应力-应变曲线，拉伸试验提供三项机械性能指标：屈服强度、抗拉强度和伸长率。

（1）屈服强度。钢材的屈服强度是衡量结构承载能力和确定强度设计值的重要指标。如图 9-1 所示，当应力达到屈服强度（点 a）之后，钢材便产生了较大且明显的应变（$a \sim b$ 段），使结构的变形迅速增加而不能继续使用。因而设计时取屈服强度作为材料强度设计值的依据。

（2）抗拉强度。抗拉强度是应力-应变曲线上的最高点（点 c）对应的应力值，它是衡量钢材抵抗拉断的性能指标。当屈服强度作为强度设计值时，抗拉强度成为材料的强度储备。

（3）断后伸长率。断后伸长率是钢材受拉破坏时的应变值。用试件（图 9-2）被拉断时的最大伸长值（塑性变形值）与原始标距之比的百分率表示，即

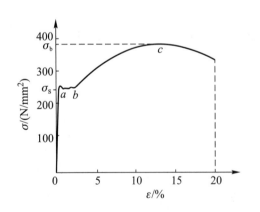

图 9-1 钢材的应力-应变曲线图

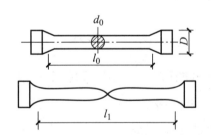

图 9-2 钢材的拉伸试件

$$\delta = \frac{l_1 - l_0}{l_0} \times 100\% \tag{9-1}$$

式中 l_1——试件拉断后的标距长度；

l_0——试件原标距长度，取 $5d_0$（d_0 为试件直径）；

δ——断后伸长率，对不同标距用下标区别，如 δ_5、δ_{10}。

断后伸长率是衡量材料塑性性能的主要指标，伸长率大，说明钢材塑性性能好。

（4）冷弯性能。冷弯试验如图9-3所示。在试验机上，按规定的弯曲压头直径 D 将试件冷弯180°，以试件外表无裂纹或分层为合格。

冷弯性能是衡量钢材在常温下冷加工产生塑性变形时，对裂纹的抵抗能力，也是判别钢材质量的综合指标。

（5）冲击韧性。韧性是钢材抵抗冲击荷载的能力，它用材料在断裂时所吸收的总能量来量度。现行国家钢材标准规定的冲击韧性试验如图9-4所示。冲击韧性值受温度影响较大，温度过低其值剧降。

冲击韧性是衡量钢材强度和塑性的综合指标。

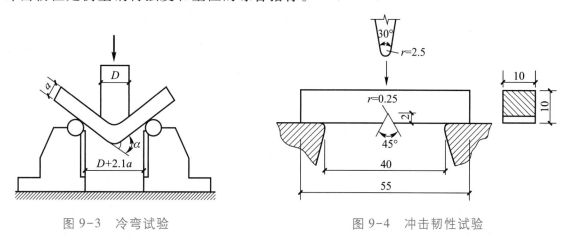

图9-3　冷弯试验　　　　　　　图9-4　冲击韧性试验

四、影响钢材性能的各种因素

影响钢材性能的因素有很多，其中以钢材的化学成分影响最大，而冶炼、轧制、冷加工、热处理、温度等的影响也不能忽视，现分述如下：

1. 化学成分

钢材的基本化学元素是铁。钢结构常用钢材包括碳素结构钢和低合金高强度结构钢。碳素结构钢由纯铁、碳及其他元素组成，其中纯铁占99%，碳及其他元素仅占1%左右，其他元素包括硅（Si）、锰（Mn）、硫（S）、磷（P）、氮（N）、氧（O）等。低合金高强度结构钢中除上述元素外，还有其他合金元素，约占3%，如铜（Cu）、钒（V）、钛（Ti）、铌（Nb）、铬（Cr）等。碳和其他元素所占比例虽然不大，却对钢材性能起决定性作用。

碳含量对钢材强度、塑性、韧性和可焊性有极大影响。含碳量提高，钢材的强度提高，但塑性、韧性下降，可焊性和抗锈蚀性能变差。

锰和硅是有益元素，是炼钢的脱氧剂。适量的锰和硅可提高钢材强度，对塑性和韧性无明显的不良影响。

钒和钛作为合金元素添加到钢中，可以提高钢材的强度和抗锈蚀能力，而不显著降低塑性。

硫和磷是钢中的有害元素，尤其是硫。它们降低钢材的塑性、韧性、可焊性和疲劳强度。硫使钢材在高温（800～1 000℃）下变脆，称为"热脆"；磷使钢材低温时变脆，称为"冷脆"。但是，磷可以提高钢材的强度和抗锈蚀能力。

氧和氮属有害元素，但含量较少。氧的作用类似于硫，使钢热脆；氮的作用与磷相似，使钢冷脆。

2. 钢材的缺陷

钢材在冶炼、浇铸和轧制过程中会产生偏析、非金属夹杂、裂纹、气孔和分层等缺陷，上述缺陷降低了钢材的塑性、韧性、可焊性和抗锈蚀性。

需要指出的是，钢材的轧制过程可以使金属晶粒变细，气孔、裂纹等缺陷焊合。较薄的钢板由于辊轧次数多，其强度比厚板强度高。

3. 热处理

经过热处理的钢材可以显著提高强度，同时具有良好的塑性和韧性。例如高强度螺栓在制作中需进行调质处理来提高工作性能。

4. 钢材的硬化

钢材硬化使材料强度提高，但塑性和韧性降低。硬化有以下三种情况：

（1）时效硬化。随着时间的增加钢材内部结构发生变化，使钢材强度提高，但塑性、韧性下降。若在钢材产生塑性变形后加热，其时效硬化发展加速，称为人工时效。

（2）冷作硬化。钢材经冷拉、冷拔、冲孔、机械剪切等冷加工后产生很大的塑性变形，使屈服强度提高，但塑性和韧性降低。冷作硬化增大了脆性破坏的危险。所以重要结构的构件，需要刨去因剪切产生的硬化边缘。

（3）应变时效。在冷作硬化的基础上又加时效硬化的复合作用，使屈服强度进一步提高，韧性随之下降。

钢材的硬化降低了塑性和韧性。在重要结构中，应对钢材进行人工时效后检验其冲击韧性，以保证结构有足够的抗脆性破坏能力。

5. 温度

钢材的机械性能随温度变化将有所改变，特别是低温下性能改变更应引起重视。

钢材的性能随温度的升高呈强度降低、变形增大趋势。当温度在 200 ℃以内，变化不大；温度超过 350 ℃后，强度开始大幅度下降，变形急剧增加。当达到 600 ℃时，钢材的屈服强度、抗拉强度和弹性模量几乎均降至零。可见钢材是不耐火的，但有一定的耐高温性能。

当温度从常温开始下降时，随着温度的降低，钢材的屈服强度和抗拉强度略有提高，但塑性、韧性下降，材料逐渐变脆。当温度降至某一特定值（转变温度）时，材料将会发生脆性断裂，称为低温冷脆现象。

五、钢材的应力集中

力学知识告诉我们，轴心受力构件截面上的应力分布应该是均匀的。但是，当构件截面形状发生突变时，截面上的应力分布将变得不均匀，在突变处附近，应力分布密集，应力出现高峰值（图 9-5），这种现象称为应力集中。构件上可能产生应力集中的部位有孔洞、刻槽、凹角、构件宽度或厚度突然改变处，以及钢材或焊缝的裂纹、气泡等缺陷处。应力集中改变了钢材的塑性，使其变脆，应力集中是引起脆性破坏的根源。

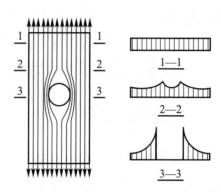

图 9-5　带圆孔试件的应力集中图

六、钢材的疲劳

在连续重复荷载作用下，钢材在应力低于其抗拉强度时发生的突然脆性断裂称为疲劳破坏。造成疲劳破坏的应力称为疲劳强度。

疲劳破坏是由于钢材内部的微裂纹受到拉应力的反复作用而产生的。重复荷载循环次数越多，疲劳强度越低；截面应力值越大，疲劳强度越低。疲劳破坏没有明显的变形，因而对承受动力荷载反复作用的构件（如吊车梁）及连接，有较大的危险性。

钢材的应力集中是产生疲劳破坏的主要原因之一。

七、钢材的品种

目前我国钢结构所用的钢材主要有两种：碳素结构钢和低合金高强度结构钢。

1. 碳素结构钢

碳素结构钢的牌号表示方法由代表屈服强度的字母（Q）、屈服强度的数值（单位 N/mm^2）、质量等级符号（A、B、C、D）、脱氧方法符号（F——沸腾钢；Z——镇静钢；TZ——特殊镇静钢）四个部分组成。在牌号组成表示方法中，"Z"与"TZ"符号可以省略。例如，Q235AF 表示屈服强度为 235 N/mm^2，质量等级为 A 级的沸腾钢。

碳素结构钢共有 4 个牌号。按强度由低到高排列为：Q195、Q215、Q235 和 Q275。强度高的钢材含碳量高。钢结构用钢主要是 Q235，其含碳量为 0.12%～0.22%。各牌号又按质量由低到高细分为 A、B、C、D 四个等级。

2. 低合金高强度结构钢

低合金高强度结构钢的合金元素含量低于 5%，若高于 5% 为高合金钢。我国生产的低合金钢都是以锰、硅为主要合金元素。低合金高强度结构钢的表示方法与碳素结构钢相同。规范推荐使用的低合金高强度结构钢有：Q355 钢、Q390 钢、Q420 钢和 Q460 钢。

低合金钢在碳素结构钢中添加少量的合金元素，提高了钢材的强度、塑性和韧性，并具有良好的可焊性。因此，使用低合金钢可以节约钢材。

八、钢材的选择

钢材选用的原则是结构安全可靠，用材经济合理。一般应考虑以下几点：

（1）结构的重要性。重要结构或构件对钢材要求高。

（2）荷载的特征。承受动力荷载的结构对钢材要求较高。

（3）连接方法。焊接结构对钢材要求高。

（4）工作条件。低温环境对钢材要求高。

一般钢结构的构件，多选用 Q235 钢，对荷载和跨度较大、低温环境以及承受较大动力荷载的构件，可选用 Q355 钢、Q390 钢、Q420 钢或 Q460 钢。

承重结构用钢至少必须有屈服强度、抗拉强度和伸长率三项机械性能指标，同时还应有硫、磷含量的合格保证。焊接结构还需碳含量的合格保证。焊接承重结构以及重要的非焊接承重结构采用的钢材，应有冷弯试验的合格保证。

九、钢材的规格

我国钢结构目前采用的钢材主要是热轧成型的钢板和型钢以及冷弯成型的薄壁型钢。

1. 热轧钢板

热轧钢板分为厚钢板和薄钢板两种。厚钢板的厚度为 4.5~60 mm，薄钢板的厚度为 0.35~4 mm。钢板的表示方法："—宽度×厚度×长度"，单位为 mm，如 —500×10×2 000，表示宽度为 500 mm，厚度为 10 mm，长度为 2 000 mm 的钢板。

2. 热轧型钢

热轧型钢的主要截面形式如图 9-6 所示。

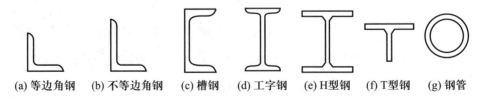

(a) 等边角钢　(b) 不等边角钢　(c) 槽钢　(d) 工字钢　(e) H型钢　(f) T型钢　(g) 钢管

图 9-6　热轧型钢的主要截面形式

型钢的型号除按截面高度或肢宽（角钢）划分外，还根据腹板由薄至厚分成 a、b、c 三类。

（1）角钢，分等肢（边）角钢和不等肢（边）角钢两种。角钢的表示方法："∟肢宽×肢厚"。如∟110×8，表示等肢角钢，肢宽 110 mm，肢厚 8 mm；∟100×80×10，表示不等肢角钢，长肢宽 100 mm，短肢宽 80 mm，肢厚 10 mm。

（2）槽钢，分普通槽钢和轻型槽钢两种。普通槽钢用代表槽钢的符号加代表截面高度的厘米数的号数表示，如[30a 表示截面高度 300 mm，腹板厚度较薄的普通槽钢。轻型槽钢的表示方法是在前述普通槽钢符号后加 "Q"，即表示轻型，如[25Q。

（3）工字钢，工字钢也分普通工字钢和轻型工字钢两种。工字钢的符号为I，其表示方法与槽钢类似。

（4）H 型钢，H 型钢是世界各国广泛使用的热轧型钢，与普通工字钢相比，其翼缘内外两侧平行，便于与其他构件相连。它分为宽翼缘 H 型钢（代号 HW，翼缘宽度 B 与截面高度 H 相等）、中翼缘 H 型钢 $\left[代号 HM，B=\left(\dfrac{1}{2}\sim\dfrac{2}{3}\right)H\right]$、窄翼缘 H 型钢 $\left[代号 HN，B=\left(\dfrac{1}{3}\sim\dfrac{1}{2}\right)H\right]$。各种 H 型钢均可剖分为 T 型钢使用（图 9-6f），代号分别为 TW、TM 和 TN。H 型钢和剖分 T 型钢的表示方法为：代号 H（高度）×B（宽度）×t_1（腹板厚度）×t_2（翼缘厚度）。如 HM340×250×9×14，其剖分 T 型钢为 TM170×250×9×14，单位均为 mm。

（5）钢管，分无缝钢管及焊接钢管两种。以 "φ" 后面加 "外径×厚度" 表示，单位为 mm。

型钢直接用作结构构件，可以极大减少加工及焊接工作量，节省工时，降低造价，应优先选用型钢作为构件截面。

3. 薄壁型钢

薄壁型钢是用 1.5~6 mm 薄钢板经冷弯或模压而成型的（图 9-7）。

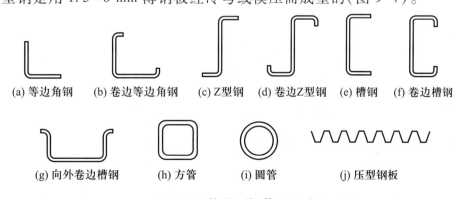

(a) 等边角钢　(b) 卷边等边角钢　(c) Z型钢　(d) 卷边Z型钢　(e) 槽钢　(f) 卷边槽钢

(g) 向外卷边槽钢　(h) 方管　(i) 圆管　(j) 压型钢板

图 9-7　薄壁型钢截面形式

压型钢板(图 9-7j)是薄壁型钢的一种形式,用厚度为 0.4~2 mm 的薄钢板、镀锌钢板或表面涂有彩色油漆的彩色涂层钢板经冷轧(压)成型,是近年发展起来的一种新型板材,多用作轻型屋面板等构件。

薄壁型钢和压型钢板截面轮廓尺寸较大,壁较薄,因此自重轻,节省材料,十分经济,但薄壁对锈蚀的影响比较敏感。

十、钢结构的防火与防腐蚀

钢材虽然强度高,塑性和韧性好,但却是一种耐火和耐蚀性很差的材料。为了保证钢结构在使用中的安全性和耐久性,必须对钢结构的防火和防腐蚀给予足够的重视。

(一) 钢结构的防火

如前所述,钢材虽然属不燃烧材料,但在火灾高温下,其强度、弹性模量会随温度升高而降低,在 550 ℃左右时,降低幅度更为明显。试验研究和大量的火灾实例表明,处于火灾高温下的裸露钢结构往往在 15 min 左右即丧失承载能力,发生倒塌破坏。因此,规范规定,当结构表面长期受辐射热达 150 ℃以上,或在短期内可能受到火焰作用时,应采取有效防护措施,使其在火灾发生时,温度升高不超过临界温度(火灾时构件所能承受的极限温度),以保证结构在使用期内安全可靠。钢结构常用的防火保护措施如下:

(1) 喷涂法。用喷涂机将防火涂料直接喷涂在构件表面,形成保护层。喷涂的涂料厚度应达到设计规定的值。喷涂法适用范围广泛,可用于任何一种钢构件的耐火保护。

(2) 包封法。包封法是用耐火材料把构件包裹起来。包封材料有防火材料、混凝土或砖、耐火砂浆等(图 9-8)。

(3) 屏蔽法。屏蔽法是把钢构件藏在耐火材料组成的墙体或吊顶内,主要适用于屋盖系统的保护。

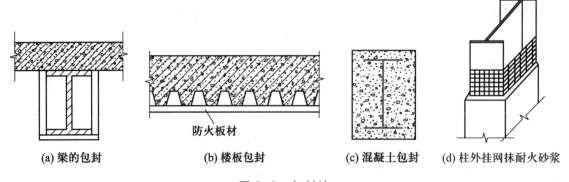

(a) 梁的包封   (b) 楼板包封   (c) 混凝土包封   (d) 柱外挂网抹耐火砂浆

图 9-8 包封法

(4) 水喷淋法。水喷淋法是在结构顶部设喷淋供水管网,火灾时自动(或手动)开启进行喷水,在构件表面形成一层连续流动的水膜,从而起到保护作用。

（5）充水冷却法。在空心封闭的截面（如空心型钢柱）内充满水，火灾时构件把从火场中吸收的热量传给水，依靠水的蒸发消耗热量或通过循环把热量导走，构件温度便可维持在 100 ℃左右。理论上，这是钢结构保护最有效的方法。

（二）钢结构的防腐蚀

钢材的最大弱点是极易被腐蚀，所谓腐蚀是指钢材表面与周围环境中的介质发生化学作用，引起钢材性能的退化和破坏。实际工程中钢结构的破坏，绝大多数都与腐蚀因素有关，因此，钢材的防腐蚀是不可忽视的内容。

下面主要介绍我国钢结构常用的两种防腐蚀方法：

1. 长效防腐蚀方法

（1）热浸锌。热浸锌是将除锈后的钢构件浸入 600 ℃高温熔化的锌液中，使钢构件表面附着锌层，从而达到防腐蚀的目的。这种方法的优点是耐久年限长，质量稳定，大量用于室外钢结构中，如输电塔、通信塔等。近年来大量出现的轻钢结构中的压型钢板等，也较多采用此法。

（2）热喷铝（锌）复合涂层。先将钢构件表面喷砂、除锈、打毛，用高温高压将融化的铝（锌）丝吹附到钢结构表面，形成蜂窝状的喷涂层，然后用环氧树脂或氯丁橡胶漆等涂料填充毛细孔，形成复合涂层。其优点是构件形状尺寸不受限制，适应性强。但此法的工业化程度低，质量不稳定。

2. 涂层法

涂层法的防腐蚀性一般不如长效防腐蚀方法（但目前氟碳涂料防腐蚀年限甚至可达50 年），一般用于室内钢结构。

涂层法施工首先应除锈，彻底清除构件表面的铁锈、毛刺、油污等，使构件表面清洁，露出金属光泽。涂料施工分刷涂法和喷涂法两种。刷涂法是用漆刷将涂料均匀地涂刷在构件表面。这是最常用的一种施工方法。喷涂法是将涂料灌入高压空气喷枪内，利用喷枪将涂料喷涂在构件表面，这种方法效率高、速度快、施工方便。

应该注意的是，涂料的选择要合理，不同的涂料对不同的腐蚀条件有不同的耐受性，且不同的涂料之间存在相容与否的问题，前后选用不同时要注意其相容性。

9.2 钢结构的连接

钢结构是由钢板或型钢等构件组合而成的，这些构件之间需要采用某种方法连接起来，才能形成承受和传递荷载的骨架。如果连接设计得不合理，将使结构产生薄弱环节，造成安全隐患。另外，不同的连接方法使工程造价差别很大，也使施工工艺的复杂程度有较大不同。因此，选择合理的连接方案是钢结构设计中的重要环节。

钢结构的连接方法有焊接、螺栓连接和铆钉连接三种(图 9-9)，其中焊接和螺栓连接在当前钢结构的连接中应用广泛。

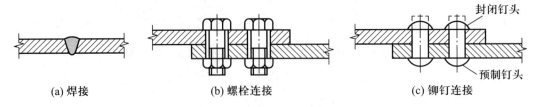

(a) 焊接   (b) 螺栓连接   (c) 铆钉连接

图 9-9   钢结构的连接方法

一、焊接

焊接是钢结构最基本、最重要的连接方法。它的优点是不削弱构件截面，省工省料，构造简单。它的缺点是焊件中产生焊接应力和焊接变形，低温下冷脆，这些问题影响构件或结构的安全性和使用寿命。

(一) 焊接的特性

1. 工作原理

焊接的方法有电弧焊、电渣焊、电阻焊和气焊等。在电弧焊中又分手工焊、自动焊和半自动焊。手工电弧焊是钢结构最常用的焊接方法。电弧焊的工作原理是利用涂有焊药的焊条为一极，焊件为另一极，在通电后，焊条熔化并形成焊缝，将焊件连接成整体(图 9-10)。而焊药熔化后形成熔渣覆盖在焊缝表面，同时产生一种气体保护焊缝不受空气中有害气体的影响。

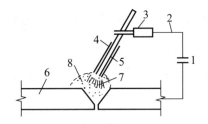

1—电源；2—导线；3—夹具；
4—焊药；5—焊条；6—焊件；
7—电弧；8—保护气体。

图 9-10   手工电弧焊工作原理图

焊接所用焊条应与主体金属的强度相适应。对 Q235 钢焊件(被连接的钢材)，宜用 E43 型系列焊条，Q355 钢焊件宜用 E50 型系列焊条，Q390 和 Q420 钢焊件宜用 E55 型系列焊条。当不同钢种的钢材连接时，宜用与低强度钢材相适应的焊条。

2. 施焊位置

焊缝的施焊位置有平焊、立焊、横焊、仰焊(图 9-11)。其中平焊施焊方便，质量最容易保证，仰焊的操作条件最差，焊缝质量不易保证，应尽量避免。

3. 焊缝的缺陷

焊缝中会存在裂纹、气孔、烧穿、夹渣、未焊透和焊缝层间未熔合等缺陷(图 9-12)。其中裂纹是焊缝破坏的根源。我国现行的规范将焊缝的质量等级分为三级。其中三级焊缝只要求通过外观缺陷检验。对一、二级焊缝除外观检验外，还必须对焊缝内部缺

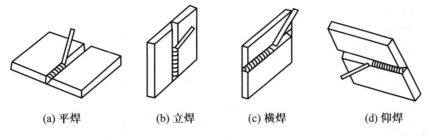

(a) 平焊　　(b) 立焊　　(c) 横焊　　(d) 仰焊

图 9-11　施焊位置

陷进行超声波探伤。直接承受动力荷载的构件或受拉、受弯等构件的主要对接焊缝，应采用一、二级检验，其他部位的焊缝，一般可选用三级检验。

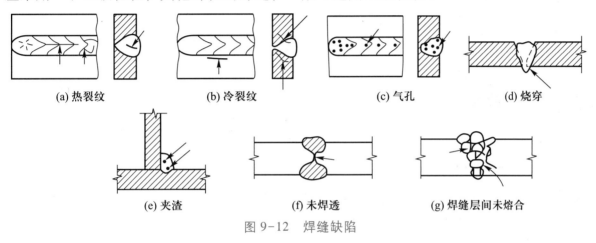

(a) 热裂纹　　　　(b) 冷裂纹　　　　(c) 气孔　　　　(d) 烧穿

(e) 夹渣　　　　(f) 未焊透　　　　(g) 焊缝层间未熔合

图 9-12　焊缝缺陷

（二）焊缝的形式与构造

焊缝的基本形式有对接焊缝、角焊缝（图 9-13），以及对接与角接的组合焊缝、塞焊缝、槽焊缝等。

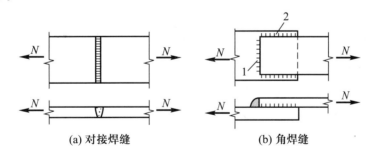

(a) 对接焊缝　　　　　　　　(b) 角焊缝

1—正面角焊缝；2—侧面角焊缝。

图 9-13　焊缝形式

1. 对接焊缝的构造

采用对接焊缝，板件边缘需加工成各种形式的坡口。对接焊缝的坡口形式如图 9-14 所示，坡口形式的选择取决于焊件厚度 t。由于 Y 形缝和 U 形缝是单面施焊，需在焊缝根部清除焊根并补焊。如无条件清除焊根和补焊，应事先加垫板（图 9-15）以保证焊透。

当钢板的宽度（厚度）不同时，为减少钢板截面的应力集中，一般结构应在板的宽度（厚度）一侧或两侧做成不大于 1：2.5 的斜坡平缓过渡（图 9-16）。

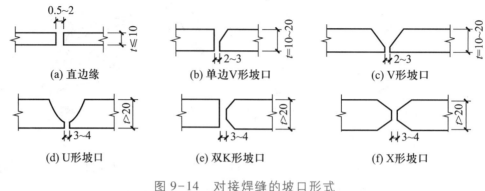

图 9-14   对接焊缝的坡口形式

图 9-15   加垫板的坡口形式

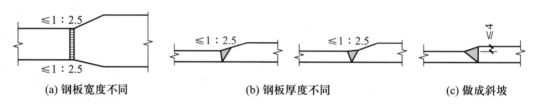

图 9-16   不同宽度或厚度的钢板对接

焊缝的起点和终点，常因不易焊透而出现凹陷的弧坑，为消除其不利影响，对接焊缝应采用引弧板（图 9-17），焊后将引弧板切除。在无法采用引弧板的情况下施焊时，每条焊缝的计算长度取实际长度减去 $2t$（t 为较薄焊件的厚度）。需要指出的是，直接承受动力荷载的结构必须使用引弧板。

对接焊缝具有省料、传力均匀、无显著应力集中等优点，最适用于承受动力荷载的构件。但由于构件需要加工板边，施焊时焊件间要保持一定的空隙，使施工不便。

2. 角焊缝的构造

角焊缝（图 9-18）是沿着被连接板件之一的边缘施焊而成的。角焊缝可分为两种：焊缝轴线与外力 N 平行时称为侧面角焊缝；焊缝轴线与外力 N 垂直时称为正面角焊缝。有关角焊缝的构造规定如下。

图 9-17   引弧板   图 9-18   角焊缝

（1）角焊缝的截面形式。有直角角焊缝（图 9-19a、b、c）和斜角角焊缝（图 9-19d、e、f）。其中图 9-19a 是钢结构最常用的截面形式，图 9-19b、c 一般在承受动力荷载的连接中使用，图 9-19d、e、f 仅用于钢管结构。各种角焊缝的焊脚尺寸 h_f 如图 9-19 所示。图中的不等边角焊缝以较短边为焊脚尺寸 h_f。

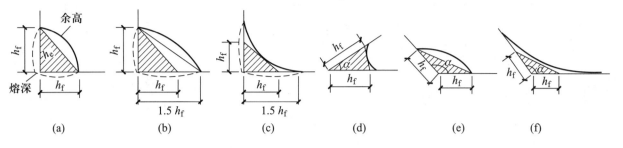

图 9-19 角焊缝截面图

（2）焊脚尺寸的限值。角焊缝的焊脚尺寸 h_f 应与焊件的厚度相适应，过大的焊脚尺寸使较薄焊件容易被烧穿；过小的焊脚尺寸则使焊缝不容易焊透。角焊缝的最小焊脚尺寸按表 9-1 采用。承受动力荷载时角焊缝焊脚尺寸不宜小于 5mm。

表 9-1　角焊缝的最小焊脚尺寸　　　　　单位：mm

母材厚度 t	最小焊脚尺寸 h_f
$t \leqslant 6$	3
$6 < t \leqslant 12$	5
$12 < t \leqslant 20$	6
$t > 20$	8

注：1. 采用不预热的非低氢焊接方法进行焊接时，t 等于焊接部位中较厚焊件厚度，宜采用单道焊缝；采用预热的非低氢焊接方法或低氢焊接方法进行焊接时，t 等于焊接部位中较薄焊件厚度。

2. 焊脚尺寸 h_f 不要求超过焊接部位中较薄焊件厚度的情况除外。

（3）焊缝计算长度的限值。当焊缝的计算长度过小而厚度较大时，会使焊件局部加热严重。此外，侧面角焊缝计算长度也不宜过长，因其沿长度方向的应力分布不均匀。故规范规定：角焊缝的计算长度不得小于 $8h_f$ 和 40 mm。

（4）其他构造。

① 杆件与节点板的连接焊缝，一般采用两边侧焊缝，也可采用三面围焊或 L 形围焊，如图 9-20 所示。围焊的焊缝在转角处必须连续施焊。当角焊缝的端部位于构件转角处时，可连续地做长度为 $2h_f$ 的绕角焊（图 9-20a、c），转角处亦必须连续施焊，以防止焊缝的焊口缺陷与转角处应力集中现象重叠发生，改善焊缝的工作。

② 当焊件仅采用两边侧焊缝连接时，为避免板件应力过于不均匀，应使 $l_w \geqslant b$（图 9-21a）；同时为避免焊缝横向收缩引起构件拱曲过大（图 9-21b），还应使 $b < 16t$（$t > 12$ mm 时）或 190 mm（$t \leqslant 12$ mm 时），t 为较薄焊件厚度。当 b 不满足此规定时，应加焊端焊缝。

③ 在搭接连接中，构件搭接长度不得小于较薄焊件厚度的 5 倍，同时不得小于 25 mm（图 9-22），以避免过大的焊接应力。

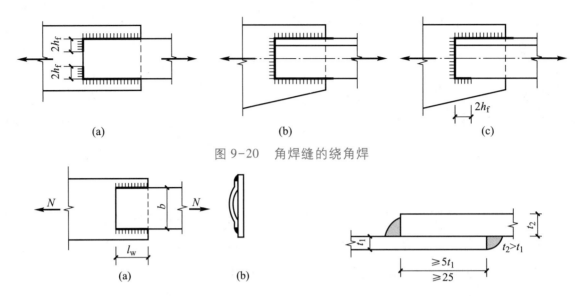

图 9-20　角焊缝的绕角焊

图 9-21　侧焊缝间距的构造要求　　　　图 9-22　搭接长度要求

　　角焊缝连接传力不均匀，较费材料，但对构件的尺寸加工要求不高，施工方便，因此应用广泛。

（三）焊缝符号及标注方法

　　《焊缝符号表示法》（GB/T 324—2008）规定：焊缝代号由指引线、基本符号和补充符号三部分组成。

　　（1）指引线。由箭头线和基准线（实线和虚线）组成。基准线用来标注符号和尺寸，箭头线用来将整个焊缝代号指到图形上的有关焊缝处。

　　（2）基本符号。表示焊缝横截面的基本形式或特征，如角焊缝用△表示。

　　（3）补充符号。用来补充说明有关焊缝或接头的某些特征，如现场焊接焊缝用▶表示。

　　表 9-2 中列出部分常用焊缝符号。

表 9-2　部分常用焊缝符号

内容	焊缝名称						
	角焊缝				对接焊缝	塞焊缝	三面围焊焊缝
	单面焊缝	双面焊缝	安装焊缝	相同焊缝			
焊缝形式			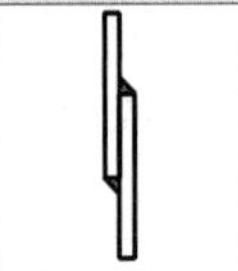		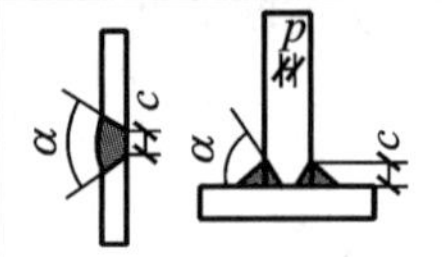		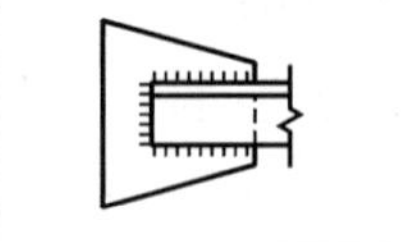
标注方法	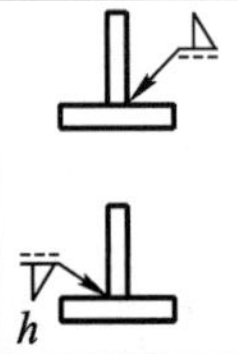		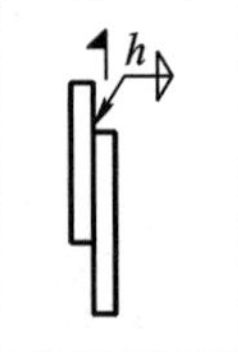		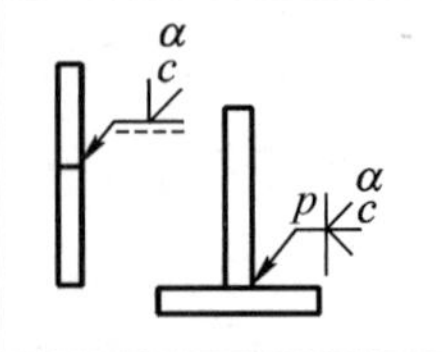	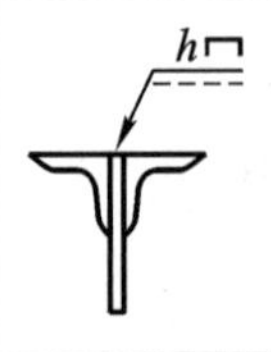	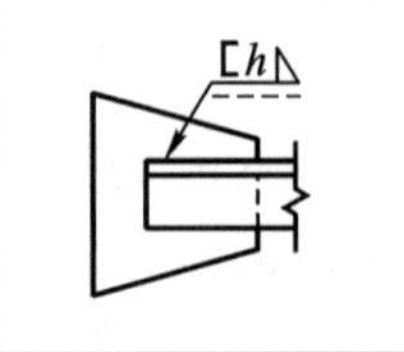

　　注：表中符号△为角焊缝；〔为三面围焊焊缝；⌒为塞焊缝；h 为焊缝的焊脚尺寸；α 为坡口角度；c 为焊缝宽度；p 为钝边高度。

当焊缝分布比较复杂，用上述标注方法不能表示清楚时，在标注焊缝符号的同时，可在图形上加栅线(图 9-23)表示。

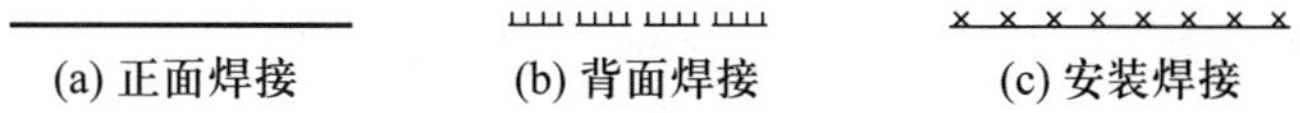

(a) 正面焊接   (b) 背面焊接   (c) 安装焊接

图 9-23 焊缝加栅线表示法

（四）焊接应力与焊接变形

钢材的焊接过程是一个不均匀的加热和冷却过程。被高温熔化的金属温度与邻近区域的温度相差极大，使焊件上产生一个不均匀的温度场，导致焊件不均匀膨胀。而焊缝在冷却时，由于前述原因的影响，收缩量亦不相同。由此使焊件产生的内应力和变形称为焊接残余应力和焊接残余变形，简称焊接应力和焊接变形(图 9-24)。

焊接应力对低温冷脆的影响经常是决定性的，同时也降低了钢材的疲劳强度。焊接变形过大会使构件安装困难，甚至降低构件承载力，因此，焊接变形如果超出验收规范的规定，必须加以矫正。

减少焊接应力和焊接变形的措施如下：

（1）采取合理的施焊次序，如图 9-25 所示。

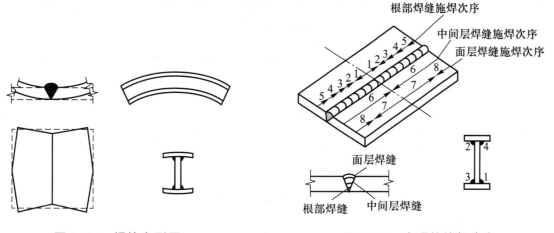

图 9-24 焊接变形图   图 9-25 合理的施焊次序

（2）尽可能采用对称焊缝，在保证安全的前提下，避免焊缝厚度过大。

（3）采用反变形法。在施焊前给构件一个和焊接变形相反的预变形，使构件在焊接后产生的变形正好与之抵消(图 9-26)。

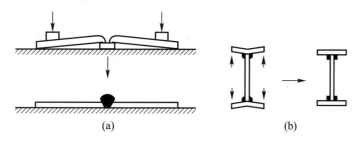

图 9-26 反变形法减少焊接变形

（4）对小尺寸焊件，可在焊前预热，或焊后回火加热至 600 ℃左右，然后慢慢冷却，可以消除焊接应力。

（5）采用锤击法来释放焊接应力和消除过大的焊接变形。

（6）严格按焊接工艺设计的要求施焊，避免随意性。

（7）尽量提供较好的施焊条件，如自动焊或半自动焊，当采用手工焊时应尽量避免仰焊。

二、螺栓连接

（一）螺栓的种类及特点

螺栓连接分为普通螺栓连接和高强度螺栓连接两种。

1. 普通螺栓连接

普通螺栓按加工精度分为 A、B、C 三级；按材料性能等级分为 4.6 级、4.8 级、5.6 级和 8.8 级。性能等级划分小数点前的数字表示螺栓成品的最低抗拉强度，小数点及小数点后的数字是屈强比（屈服强度 f_y 与抗拉强度 f_u 之比）。A、B 级普通螺栓属 5.6 级或 8.8 级，一般由优质碳素结构钢中的 45 号钢和 35 号钢制成；C 级普通螺栓属 4.6 级、4.8 级，一般由普通碳素结构钢 Q235BF 钢制成。

A、B 级螺栓需经过机械加工，尺寸精确，这种螺栓连接传递剪力时变形小，但制作安装复杂，在钢结构中已较少使用；C 级螺栓加工较粗糙，螺栓与螺孔之间孔隙较大，传递剪力时将产生较大变形，工作性能不及 A、B 级螺栓。但 C 级螺栓成本低，施工方便，多用于沿螺栓杆轴受拉的连接，次要结构的抗剪连接及临时固定构件的连接中。

常用普通螺栓的直径为 M16、M20(M22)、M24。

2. 高强度螺栓连接

高强度螺栓采用中碳钢或合金钢制成，材料性能等级为 8.8 级、9.8 级或 10.9 级，分为摩擦型和承压型两种。

摩擦型高强度螺栓连接，仅依靠摩擦阻力传递剪力，这种连接变形小、耐疲劳、安装方便，特别适用于承受动力荷载的结构。承压型高强度螺栓连接，除摩擦力传力外，还可利用螺栓杆抗剪和承压传力，它的承载能力比摩擦型的高，但连接变形相对较大，仅适用于承受静力荷载的结构。高强度螺栓是一种很有发展前途的连接方法。

高强度螺栓的常用直径为 M16、M20(M22)、M24。

（二）普通螺栓连接的构造要求

螺栓连接需要根据螺栓数量安排螺栓在构件上排列的位置。螺栓的排列力求简单、合理。常用的排列形式有并列和错列两种(图9-27)。

螺栓排列时应考虑下列要求：

（1）受力要求。螺栓排列间距不宜过大或过小：端距过小，钢板端部易被剪断；中距过大，构件受压时，钢板易受压弯曲鼓起(图9-28)。

（2）构造要求。若螺栓间距过大，构件接触面不够紧密，使潮气易于侵入产生锈蚀。

（3）施工要求。螺栓的最小间距要考虑使用扳手拧紧时有必要的操作空间。

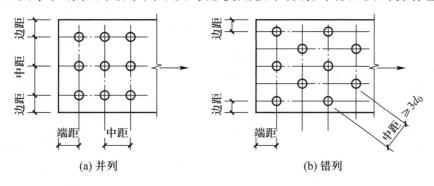

图 9-27 螺栓的排列

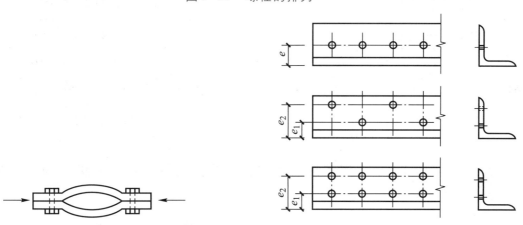

图 9-28 钢板受压鼓起   图 9-29 螺栓在角钢截面上的排列

根据以上要求，螺栓或铆钉的最大和最小容许距离见表9-3。螺栓在角钢截面上的排列如图9-29所示。角钢上螺栓线距及最大开孔直径见表9-4。

表 9-3 螺栓或铆钉的最大和最小容许距离

名称	位置和方向			最大容许距离 （取两者的较小值）	最小容许距离
中心间距	外排（垂直内力方向或顺内力方向）			$8d_0$ 或 $12t$	$3d_0$
	中间排	垂直内力方向		$16d_0$ 或 $24t$	
		顺内力方向	压力	$12d_0$ 或 $18t$	
			拉力	$16d_0$ 或 $24t$	
	沿对角线方向			—	

续表

名称	位置和方向			最大容许距离 （取两者的较小值）	最小容许距离
中心至构件 边缘距离	顺内力方向			4d_0 或 8t	2d_0
	垂直内 力方向	剪切边或手工气割边			1.5d_0
		轧制边、自动气 割或锯割边	高强度螺栓		1.2d_0
			其他螺栓或铆钉		

注：1. d_0 为螺栓的孔径，t 为外层较薄板件的厚度。

2. 钢板边缘与刚性构件（如角钢、槽钢等）相连的螺栓或铆钉的最大间距，可按中间排的数值采用。

表 9-4　角钢上螺栓线距及最大开孔直径　　　　　单位：mm

单行 排列	角钢肢宽	40	45	50	56	63	70	75	80	90	100	110	125
	线距 e	25	25	30	30	35	40	40	45	50	55	60	70
	栓孔最大直径	11.5	13.5	13.5	15.5	17.5	19	21.5	21.5	23.5	23.5	25.5	25.5
双行 错列	角钢肢宽	125	140	160	180	200	双行 并列	角钢肢宽			160	180	200
	e_1	55	60	70	70	80		e_1			60	70	80
	e_2	90	100	120	140	160		e_2			130	140	160
	栓孔最大直径	24	24	26	26	26		栓孔最大直径			24	24	26

在钢结构施工图上，要用图形的方式表示螺栓及螺栓孔，表 9-5 为常用螺栓孔、螺栓图例。

表 9-5　常用螺栓孔、螺栓图例

名称	永久螺栓	高强度螺栓	安装螺栓	圆形螺栓孔	长圆形螺栓孔
图例	◇	◆	◇	⊕	▭

注：1. 细"＋"线表示定位线。

2. 必须标注螺栓孔、螺栓直径。

（三）高强度螺栓连接

1. 摩擦型高强度螺栓

摩擦型高强度螺栓连接（图 9-30）全靠板件之间的摩擦阻力传递剪力。摩擦力越大，所能承受的剪力就越大。根据摩擦力产生的条件可知：首先需要在被连接的板件之间存在很大的正压力 F_p，其次需要板件接触面有足够大的抗滑移系数 μ。高强度螺栓是通过特制的扳手上紧螺帽，当螺帽被拧紧时，螺栓杆内建立了强大的预拉力，基于内力的平衡条件，此时的板间便同时产生了很大的挤压力（正压力 F_P，如图 9-30 所示）。而抗滑移系数则与钢材的材质、接触面的粗糙程度以及正压力的大小等有直接关系，可通过对构件接触面特殊处理获得。

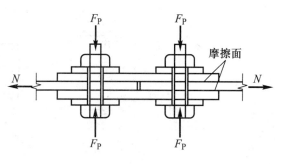

图 9-30　摩擦型高强度螺栓连接

2. 承压型高强度螺栓

承压型高强度螺栓与摩擦型高强度螺栓在钢材、建立预拉力、接触面抗滑移系数及构造要求等方面完全相同，前者除利用摩擦力传力外，在螺栓承受的剪力超过摩擦力之后，还可像普通螺栓一样继续承担更大的剪力，其最终的破坏形式也与普通螺栓一样，故承压型高强度螺栓连接的计算方法与普通螺栓连接相同。由于螺栓采用了高强度钢材，所以具有较高的承载能力。

高强度螺栓的排列方法及构造要求与普通螺栓相同。

9.3　钢结构构件

一、轴心受力构件

轴心受力构件指轴心受拉和轴心受压构件。如钢屋架结构承受节点荷载作用，其上弦杆一般均为轴心受压，下弦杆为轴心受拉，而中间腹杆则轴心受拉、受压均有。另如支撑系统杆件，也都按轴心受力构件设计。常见的轴心受力构件截面一般由型钢组成（图 9-31a），当轴心压力较大时，也可采用钢板或型钢的组合截面（图 9-31b、c、d）。

（一）轴心受拉构件

轴心受拉构件的计算包括强度和刚度。

1. 强度计算

毛截面屈服：
$$\sigma = \frac{N}{A} \leqslant f \tag{9-2}$$

净截面断裂：
$$\sigma = \frac{N}{A_n} \leqslant 0.7 f_u \tag{9-3}$$

式中　σ——截面平均应力；

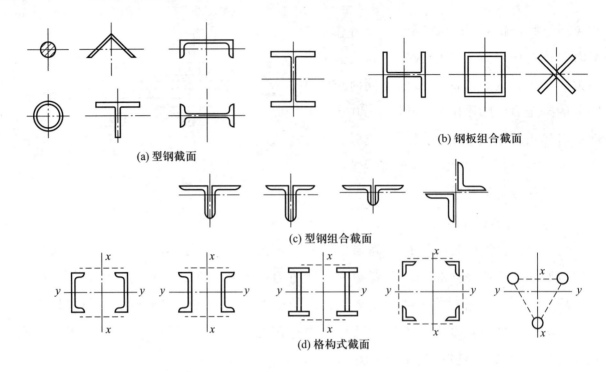

(b) 钢板组合截面

(a) 型钢截面

(c) 型钢组合截面

(d) 格构式截面

图 9-31　轴心受力构件截面形式

N——轴心拉力，N；

A——构件的毛截面面积，mm^2；

A_n——构件的净截面面积，mm^2；

f——钢材抗拉强度设计值，N/mm^2；

f_u——钢材抗拉强度最小值，N/mm^2。

2. 刚度计算

为保证构件在使用荷载作用下具有足够的刚度，防止构件过于柔细而产生影响正常使用的变形，应验算构件的长细比。其计算表达式为

$$\lambda_x = \frac{l_{0x}}{i_x} \leqslant [\lambda] \qquad (9-4)$$

$$\lambda_y = \frac{l_{0y}}{i_y} \leqslant [\lambda] \qquad (9-5)$$

式中　λ_x、λ_y——构件在 x 轴及 y 轴方向的长细比；

l_{0x}、l_{0y}——构件在 x 轴及 y 轴方向的计算长度(图 9-32)；

i_x、i_y——构件截面沿 x 轴及 y 轴的回转半径；

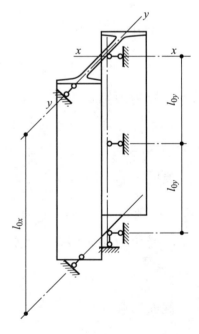

图 9-32　构件计算长度示意图

[λ]——构件容许长细比，见表9-6及表9-7。

表9-6 受拉构件容许长细比

项次	构件名称	承受静力荷载或间接承受动力荷载的结构		直接承受动力荷载的结构
		一般建筑结构	有重级工作制起重机的厂房	
1	桁架的杆件	350	250	250
2	吊车梁或吊车桁架以下的柱间支撑	300	200	—
3	除张紧的圆钢外的其他拉杆、支撑、系杆等	400	350	—

表9-7 受压构件容许长细比

项次	构件名称	容许长细比
1	轴心受压柱、桁架和天窗架中的压杆	150
	柱的缀条、吊车梁或吊车桁架以下的柱间支撑	
2	支撑	200
	用以减少受压构件计算长度的杆件	

（二）轴心受压构件

轴心受压构件的计算包括强度、刚度、整体稳定和局部稳定四个方面。其中强度和刚度的计算公式与轴心受拉构件完全相同，只需在公式中代入与受压相关的参数即可。对受压构件来说，其承载能力的大小往往是由稳定性条件决定的，工程实践中因受压构件突然失稳而导致的工程事故屡见不鲜，故受压构件的稳定性计算是至关重要的。

工字形钢柱

1. 轴心受压杆件的稳定性能

失稳破坏是指细长的受压杆件由于产生很大的变形最后丧失了承载能力。它往往是在满足了强度条件的情况下发生的，压杆此时所承受的压力即为临界力，也称稳定承载力。理想压杆发生弹性弯曲时的临界力（又称欧拉临界力）为

方形钢柱

$$N_{\mathrm{K}} = \frac{\pi^2 EI}{l_0^2} \tag{9-6}$$

从式中可以看到，临界力的大小与截面刚度 EI 成正比，与计算长度 l_0 的平方成反比，

而与材料强度无关。因此可以通过增大截面惯性矩 I 或减少构件计算长度 l_0 来提高临界力。

但是，实际工程中的轴心受压构件比理想压杆存在更多影响稳定承载力的因素。这些因素使压杆稳定承载力比理论公式(9-6)计算值要低。

2. 轴心受压构件的整体稳定计算

通过试验确定的实腹式轴心受压构件整体稳定计算公式如下：

$$\frac{N}{\varphi Af} \leqslant 1.0 \tag{9-7}$$

式中　N——轴心受压构件的压力设计值，N；

　　　　A——构件的毛截面面积，mm^2；

　　　　f——钢材抗压强度设计值，N/mm^2；

　　　　φ——轴心受压构件的稳定系数，由构件的长细比和构件截面分类查表求得。

3. 轴心受压构件失稳破坏实例

1990 年 2 月，D 市某厂四楼会议室顶层五榀梭形轻型钢屋架连同屋面突然倒塌。梭形轻型钢屋架立体示意图如图 9-33 所示。事故分析报告指出，导致这次事故的原因主要有设计计算差错、屋面错误施工、焊接质量低劣、屋架构造与设计不符、施工管理混乱等。而该屋顶倒塌的事故源是由第三榀屋架 14 号压腹杆首先失稳造成的。如图 9-33 所示，11~18 号腹杆中部均有一矩形箍，起减少压杆计算长度、增加稳定承载力的作用。但是，由于矩形箍及腹杆两端接头焊接质量低劣，存在有气孔、夹渣、未焊透等焊接缺陷，甚至有些矩形箍脱焊，这种不合格的矩形箍焊缝在第三榀屋架中占 56.2%。其中压腹杆 14 的焊缝实际面积只有理论值的 52.7%。上述缺陷使压腹杆 14 实际失去中间支撑点，其计算长度由理论计算的 l_0 加大至 $2l_0$，增大了 1 倍。由临界力公式可知，压腹杆 14 理论稳定承载力由 $N_K = \dfrac{\pi^2 EI}{l_0^2}$ 降至 $N_K = \dfrac{\pi^2 EI}{(2l_0)^2} = \dfrac{\pi^2 EI}{4l_0^2}$，只有原设计

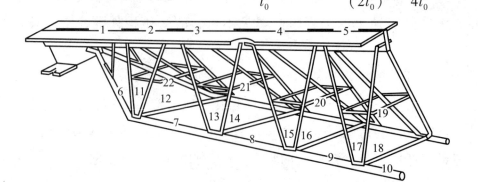

1~5—上弦杆；6~10—下弦杆；11~18—腹杆；19~22—矩形箍。

图 9-33　梭形轻型钢屋架立体示意图

的 1/4。压腹杆 14 稳定承载力大幅度的降低，致使屋面承受的荷载由原先设计（腹杆中间有矩形箍）的 5.06 kN/m² 降至 2.45 kN/m²。因此，由压腹杆 14 失稳破坏引发的连锁失稳，使该榀屋架首先倒下，进而带动其他各榀屋架相继塌落，许多焊接质量低劣的矩形箍在失稳过程中纷纷断裂，又加速了连锁失稳的进程，最终导致整个屋顶瞬时塌落。

二、受弯构件

钢结构中的受弯构件主要指各种钢梁，如工作平台梁、楼盖梁、吊车梁等。钢梁按加工方法分为型钢梁和组合梁两类。型钢梁构造简单、制作方便、成本较低，应优先选用；当荷载和跨度较大时，可以采用组合梁，钢梁截面类型如图 9-34 所示。本节仅讨论型钢梁的计算。

型钢梁的计算内容包括强度、刚度和整体稳定性计算。

钢梁

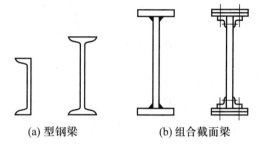

(a) 型钢梁　　(b) 组合截面梁

图 9-34　钢梁截面类型

（一）强度计算

单向受弯构件在荷载作用下，其截面将产生正应力和剪应力（图 9-35），故应分别进行抗弯强度和抗剪强度的计算。

1. 抗弯强度计算

（1）对承受静力荷载和间接承受动力荷载作用的梁，一般采用弹塑性（图 9-35c）设计法，设计应满足的条件为

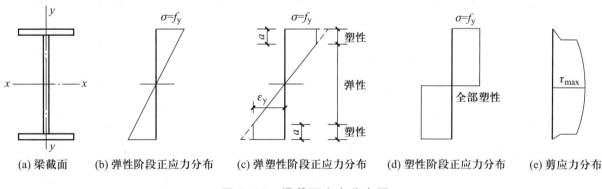

(a) 梁截面　(b) 弹性阶段正应力分布　(c) 弹塑性阶段正应力分布　(d) 塑性阶段正应力分布　(e) 剪应力分布

图 9-35　梁截面应力分布图

$$\sigma = \frac{M_x}{\gamma_x W_{nx}} \leqslant f \tag{9-8}$$

式中　M_x——绕 x 轴的弯矩（对工字形截面，x—x 轴为强轴，y—y 轴为弱轴）；

　　　W_{nx}——对 x 轴的净截面模量；

　　　γ_x——截面塑性发展系数，可查相关表获得；

　　　f——钢材的抗弯强度设计值。

（2）直接承受动力荷载作用时，仍按公式（9-8）计算，但应取 $\gamma_x = 1.0$。

2. 抗剪强度计算

抗剪强度计算以截面上的最大剪应力（图 9-35e）达到钢材的抗剪屈服强度为极限状态，设计应满足的条件为

$$\tau_{max} = \frac{VS}{It_w} \leq f_v \tag{9-9}$$

式中　V——计算截面的剪力；

　　　　S——计算剪应力处以上毛截面对中性轴的面积矩；

　　　　I——梁的毛截面惯性矩；

　　　　t_w——腹板厚度；

　　　　f_v——钢材的抗剪强度设计值。

3. 局部承压强度计算

当梁上翼缘受到沿腹板平面作用的集中荷载（如吊车轮、次梁传来的集中荷载等），且该荷载处又未设置支承加劲肋时，应按下式计算腹板计算高度上边缘的局部承压强度：

$$\sigma_c = \frac{\psi F}{t_w l_z} \leq f \tag{9-10}$$

式中　F——集中荷载（考虑动力系数）；

　　　　ψ——集中荷载增大系数：对重级工作制吊车梁 $\psi = 1.35$，其他梁 $\psi = 1.0$；

　　　　l_z——集中荷载在腹板计算高度上边缘的假定分布长度，$l_z = a + 5h_y + 2h_R$，其中 a 为集中荷载沿跨度方向的支承长度，h_y 为梁顶面到腹板计算高度 h_0 上边缘的距离，如图 9-36 所示。

（二）刚度计算

在荷载作用下，受弯构件的挠度过大，就会影响正常使用。因此，受弯构件必须有必要的刚度，并通过限制梁的最大挠度不超过容许挠度值来保证，即

$$v_{max} \leq [v_T] \text{ 或 } [v_Q] \tag{9-11}$$

式中　v_{max}——梁的最大挠度，按荷载标准值计算，可不考虑螺栓孔引起的截面削弱；

　　　　$[v_T]$——永久荷载和可变荷载标准值产生的挠度（如有起拱应减去起拱度）的容许值；

　　　　$[v_Q]$——可变荷载标准值产生的挠度的容许值。

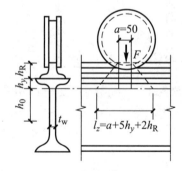

图 9-36　钢梁在集中荷载作用下局部压应力分布示意图

（三）整体稳定性计算

有些截面高且窄的梁，由于荷载作用的位置不可能准确对称于梁的垂直平面，当荷载 F 达到某一数值时，梁的变形会突然偏离原来的弯曲变形平面，同时发生弯曲和扭转（图9-37）而丧失承载能力，这称为梁的整体失稳。梁发生整体失稳时的临界荷载一般低于强度破坏时的荷载，且是突然发生的，危害性很大。

梁整体失稳的主要原因是侧向刚度和抗扭刚度均太小，侧向支撑点的间距太大。因此，只要能采取适当的构造措施对上述薄弱环节予以加强，梁就不会丧失整体稳定性。规范规定，型钢梁符合下列情况之一时，可不必计算梁的整体稳定性：

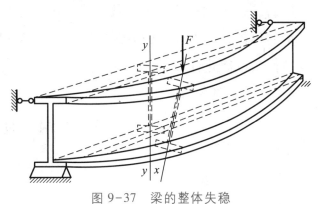

图 9-37 梁的整体失稳

（1）有铺板（各种钢筋混凝土板和钢板）密铺在梁的受压翼缘上并与其牢固相连，能阻止梁受压翼缘的侧向位移（图 9-38）。

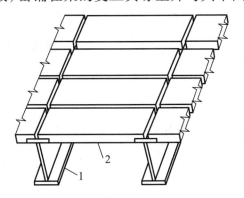

1—钢梁；2—钢筋混凝土板。

图 9-38 钢梁与板的整体连接构造措施

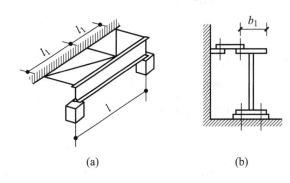

(a)   (b)

图 9-39 侧向有支撑点的梁

（2）工字形截面简支梁受压翼缘的自由长度 l_1（侧向支撑点间的距离，图 9-39）与其宽度 b_1 之比不超过表 9-8 所规定的数值。

表 9-8 工字形截面简支梁不需计算整体稳定性的最大 l_1/b_1 值

钢号	跨中无侧向支撑点的梁		跨中受压翼缘有侧向支撑点的梁，不论荷载作用于何处
	荷载作用在上翼缘	荷载作用在下翼缘	
Q235 钢	13.0	20.0	16.0
Q355 钢	10.5	16.5	13.0
Q390 钢	10.0	15.5	12.5
Q420 钢	9.5	15.0	12.0

注：表中 l_1 为梁受压翼缘的自由长度；对跨中无侧向支撑点的梁，为其跨度；对跨中有侧向支撑点的梁，为受压翼缘侧向支撑点间的距离（梁的支座处视为有侧向支撑点）。

对不符合上述任一条件的梁，应按下式进行整体稳定性计算：

$$\frac{M_x}{\varphi_b W_x f} \leqslant 1.0 \tag{9-12}$$

式中 M_x——绕强轴 x 轴作用的最大弯矩；

W_x——按受压翼缘确定的梁毛截面模量；

φ_b——梁的整体稳定系数。

梁的整体稳定性计算较为复杂，应尽量使梁在构造上满足不需进行整体稳定性验算的条件，以简化计算。

9.4 钢 屋 盖

一、钢屋架的形式和构造

（一）钢屋盖结构组成及布置

钢屋盖结构由屋面材料(屋面板、檩条等)、屋架、支撑三大部分组成。根据屋面材料和屋面结构布置情况可分为有檩屋盖和无檩屋盖。

1. 有檩屋盖

当采用石棉水泥瓦、钢丝网水泥波瓦、压型钢折板或瓦楞铁皮等轻型屋面材料时，需要在屋架之间架设檩条，这时的屋盖结构体系称为有檩体系(图 9-40a)。有檩体系具有构件重量轻、用料省、安装运输方便的优点。其缺点是屋盖构件数量多、构造复杂、吊装次数多、横向整体刚度差。

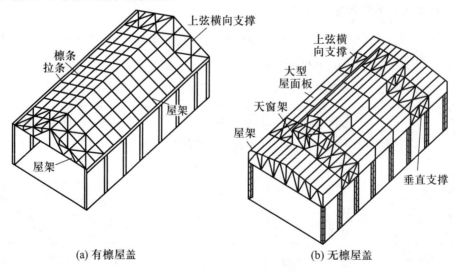

(a) 有檩屋盖   (b) 无檩屋盖

图 9-40   屋盖结构体系

2. 无檩屋盖

直接将大型屋面板支承于钢屋架上的屋盖结构体系称为无檩体系(图9-40b)。其特点是构件种类少、安装效率高、易于铺设屋面保温层,最突出的优点是横向整体刚度大、较为耐久。但构件自重过大,对抗震不利。

有檩屋盖与无檩屋盖各有优缺点,选择时应根据使用要求、受力特点,并视材料供应、施工和运输条件等具体条件确定。一般情况是:对中型以上特别是重型厂房,宜选无檩屋盖;对中、小型特别是不需要做保温层的房屋,宜采用有檩屋盖。

(二) 钢屋架的形式及受力特点

1. 钢屋架的形式

常用钢屋架的形式有三角形(图9-41a、b)和梯形(图9-41c)两种。

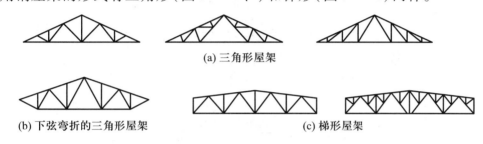

(a) 三角形屋架

(b) 下弦弯折的三角形屋架   (c) 梯形屋架

图9-41 钢屋架的形式

选择钢屋架的形式一般应考虑以下因素:

(1) 使用要求。屋架的外形应与屋面材料的排水要求相适应。例如,当屋面采用瓦类、钢丝网水泥槽板时,宜选三角形屋架,以利排水;当屋面采用大型屋面板铺设卷材做成有组织排水时,宜选梯形屋架。

(2) 经济要求。屋架外形尽量与弯矩图形相吻合,使屋架上、下弦杆受力均匀。腹杆数量宜少,并使长杆受拉、短杆受压。

(3) 制作和施工要求。应使节点构造简单、数量少。杆件与杆件的交角不宜太小,一般宜为30°~60°,以便于制作。

以上要求往往不容易同时满足,需综合考虑,设计出适宜的屋架结构形式。

2. 钢屋架的受力特点

(1) 三角形屋架。三角形屋架适用于屋面坡度较陡的有檩屋盖结构。一般三角形屋架的共同缺点是:上、下弦杆沿全长内力很不均匀,支座处很大,跨中较小,这主要是因为它的外形和均布荷载的弯矩图形不相适应,且上、下弦杆交角过小,使支座节点的构造复杂。

(2) 梯形屋架。梯形屋架适用于屋面坡度较缓的无檩屋盖结构。与三角形屋架相比,梯形屋架外形与均布荷载的弯矩图比较接近,弦杆内力较均匀,且腹杆较短,故在厂房钢屋架中被广泛采用。

（三）钢屋架节点构造

在由普通型钢组成的钢屋架中，相交的各杆件（上、下弦杆、腹杆等）是通过焊接在节点板上形成节点的。各杆件的内力通过节点板上的焊缝相互传递而达到平衡。节点的构造设计应尽量做到构造简单、传力可靠、避免偏心。

1. 杆件重心线位置

理论上杆件重心线应与屋架计算简图中的几何轴线重合，以免杆件偏心受压。但为了制作方便，焊接屋架常将角钢肢背到重心线的距离 z 调整为 5 mm 的倍数。如果屋架弦杆截面沿长度有改变，取两边角钢重心线之间的中线作为弦杆的共同轴线，如图 9-42 所示。

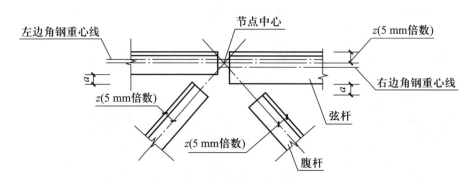

图 9-42 屋架腹杆与弦杆连接构造要求

2. 杆件间距 a

腹杆与弦杆或腹杆与腹杆边缘之间要留一定间隙，以利拼装施焊，同时避免由于焊缝过密，致使钢材变脆。一般杆件间距 $a \geq 20$ mm（图 9-42）。

3. 焊缝净距

节点板上各杆件之间的焊缝净距不宜小于 10 mm。

4. 杆端切割面

腹杆角钢端切割面应与其轴线垂直（图 9-43a），为减小节点板尺寸，也允许将角钢的一个角斜切去（图 9-43b），但图 9-43c 的斜切方法是不正确的，应避免使用。

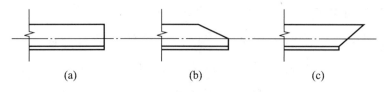

(a)　　　　　(b)　　　　　(c)

图 9-43 杆端切割构造要求

5. 节点板

（1）节点板外形应简单规整，没有凹角，应优先采用矩形、梯形或平行四边形（图 9-44）。节点板的长和宽宜为 10 mm 的倍数。

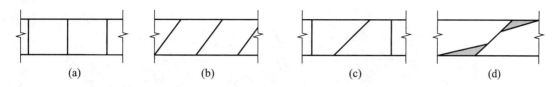

图 9-44 节点板的外形

（2）沿焊缝方向，节点板应多留约 $2h_f$ 的长度以考虑施焊时的"焊口"，宽度方向应留出 10~15 mm 的焊缝位置，如图 9-45 所示。

（3）当节点处只有一根斜腹杆与弦杆相交时，可采用图 9-45 所示的形式。节点板边缘与腹板轴线应具有不小于 1/4 的坡度。

（4）节点板应伸出弦杆角钢肢背 10~15 mm，以利布置肢背焊缝，如图 9-45 及图 9-46 所示。

（5）对屋架的上弦节点，为便于放置屋面构件，一般将节点板凹进角钢肢背 5~10 mm，采用塞焊使角钢与节点板相连，如图 9-47 所示。

6. 弦杆与节点板的焊缝不宜采用间断焊缝

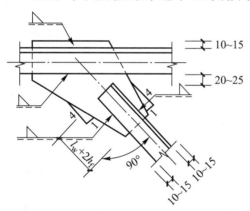

图 9-45 单斜杆与弦杆的连接

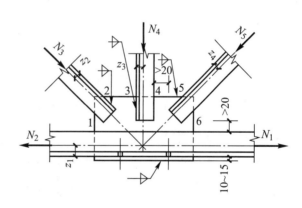

图 9-46 下弦节点

二、屋盖支撑

仅由屋架和屋面材料（屋面板、檩条等）组成的屋盖系统是十分不稳定的（图 9-48a），还必须在相互平行的屋架之间架设一定数量的支撑杆件，这些支撑杆件统称为屋盖支撑系统。屋盖支撑系统是保证屋盖可靠工作必不可少的组成部分。

（一）屋盖支撑的作用

（1）保证结构的空间刚度和整体性。设

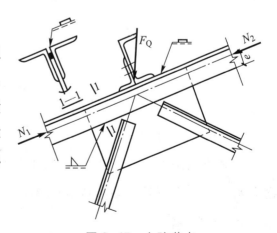

图 9-47 上弦节点

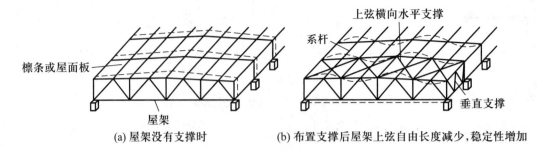

图 9-48 屋架支撑作用示意图

置了支撑系统后，将屋架在适当部位连系在一起，组成空间稳定体，提高了整个屋盖的空间刚度和稳定性。

（2）避免受压弦杆的侧向失稳，防止拉杆产生过大的振动，如图 9-48b 所示。支撑作为屋架弦杆的侧向支撑点，减少了弦杆处平面（垂直屋架平面方向）的计算长度。保证受压弦杆的侧向稳定，并使受拉下弦杆在动力荷载的作用下不会产生过大振动。

（3）承受和传递水平荷载（如风荷载、吊车水平侧动力、地震荷载等）。

（4）保证结构在安装过程中的稳定性。在屋架吊装时，第一榀屋架只有通过支撑系统才能和第二榀屋架相互连系成为一个稳定的空间体，支撑系统在这里起到了方便施工的作用。

（二）屋盖支撑的种类及布置

屋盖支撑由横向水平支撑、纵向水平支撑、垂直支撑和系杆组成。

1. 上弦横向水平支撑

上弦横向水平支撑位于屋架上弦平面，在相邻两榀屋架之间由交叉斜杆及刚性系杆组成。上弦横向水平支撑一般布置在房屋两端（或温度区段两端）的第一柱间或第二柱间内。上弦横向水平支撑的间距一般不宜超过 60 m。当房屋过长时，除两端设置横向水平支撑，应根据具体情况在房屋区段中央增设一道横向支撑（图 9-49）。

2. 下弦横向水平支撑

下弦横向水平支撑位于屋架下弦平面，应同上弦横向水平支撑设置在同一屋架间，这样，由两榀屋架和其间的上、下弦横向水平支撑构成了一个空间桁架体系，提高了房屋的空间工作性能（图 9-49）。

3. 下弦纵向水平支撑

下弦纵向水平支撑位于屋架下弦左右两端节间，沿房屋纵向布置，并与屋架下弦横向水平支撑在下弦平面形成封闭体系，以增强屋盖空间刚度（图 9-49）。

4. 垂直支撑

垂直支撑设置在梯形屋架端部，或者屋架中央部位，由于其杆件是竖向设置的，故也称为竖向支撑。垂直支撑一般设置在有上弦横向支撑的两个屋架间的一个或几个竖向平面内(图9-48)。

5. 系杆

系杆分为刚性系杆和柔性系杆。能承受压力也能承受拉力的称为刚性系杆，截面一般较大，为双角钢组成；只能承受拉力的称柔性系杆，截面较小，为单角钢组成。系杆一般在屋架上、下弦节点位置沿房屋纵向通长设置，如图9-48和图9-49所示。

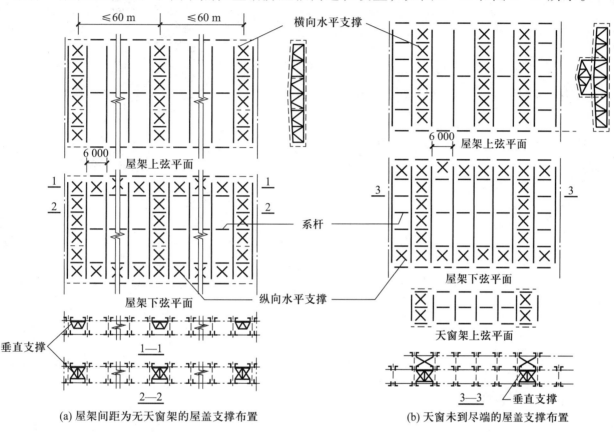

图 9-49　无檩屋盖支撑布置

复习思考题

9-1　钢材的五项机械性能指标表现了钢材的哪几方面的力学性能？

9-2　简述钢材脆性破坏的特点及危害，列举可能使钢材产生脆性破坏的各种因素。

9-3　简述钢结构防火、防腐蚀的措施。

9-4　钢结构的连接在结构中起什么作用？

9-5　目前钢结构最常用的连接方法是哪一种？它有什么特点？

9-6　什么是焊接应力和焊接变形？怎样减少或避免？

9-7　普通螺栓与高强度螺栓的性能等级一样吗，为什么？

9-8　轴心受力构件有几种？

9-9   为什么要验算压杆的稳定性？在不改变压杆截面的条件下怎样才能提高压杆的稳定承载力？

9-10   屋盖结构体系有哪几种？其特点是什么？

9-11   钢屋架有哪几种形式？

9-12   钢屋盖有几种支撑？各有什么作用？

单元 10　装配式混凝土结构简介

2016 年 2 月 6 日，国务院发布的《关于进一步加强城市规划建设管理工作的若干意见》指出：大力推广装配式建筑，减少建筑垃圾和扬尘污染，缩短建造工期，提升工程质量。制定装配式建筑设计、施工和验收规范。完善部品部件标准，实现建筑部品部件工厂化生产。鼓励建筑企业装配式施工，现场装配。建设国家级装配式建筑生产基地。加大政策支持力度，力争用 10 年左右时间，使装配式建筑占新建建筑的比例达到 30%。

为全面推进装配式建筑发展，2016 年 9 月，国务院办公厅发布了《关于大力发展装配式建筑的指导意见》；2017 年 3 月住房和城乡建设部发布了《"十三五"装配式建筑行动方案》《装配式建筑示范城市管理办法》《装配式建筑产业基地管理办法》。

装配式建筑是用预制部品部件在工地装配而成的建筑。发展装配式建筑是建造方式的重大变革，是推进供给侧结构性改革和新型城镇化发展的重要举措，有利于节约资源能源、减少施工污染、提升劳动生产效率和质量安全水平，有利于促进建筑业与信息化工业化深度融合、培育新产业新动能、推动化解过剩产能。近年来，我国积极探索发展装配式建筑，但建造方式大多仍以现场浇筑为主，装配式建筑比例和规模化程度较低，与发展绿色建筑的有关要求以及先进建造方式相比还有很大差距。

在武汉为抗击新型冠状病毒肺炎建设的火神山医院，仅用 8 天时间就建设完成并投入使用。之所以建设速度如此之快，就是因为采用了装配式建筑。装配式建筑的箱体为钢结构，其构件均在工厂预制，现场模块化拼装，流水作业。

10.1　概　　述

一、装配式混凝土结构的概念

装配式混凝土结构是由预制混凝土构件通过可靠的连接方式装配而成的混凝土结构，包括装配整体式混凝土结构、全装配混凝土结构等。

二、装配整体式混凝土结构的分类

装配整体式混凝土结构是指由预制混凝土构件通过可靠的方式进行连接，并与现场后浇混凝土、水泥基灌浆料形成整体的装配式混凝土结构，简称装配整体式结构。

1. 装配整体式框架结构

装配整体式框架结构，即全部或部分框架梁、柱采用预制构件构建成的装配整体式混凝土结构，如图 10-1 所示。

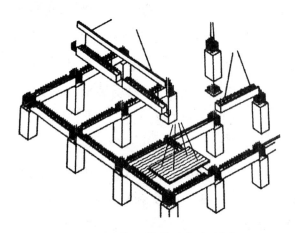

图 10-1　装配整体式框架结构

2. 装配整体式剪力墙结构

装配整体式剪力墙结构，即全部或部分剪力墙采用预制墙板构建成的装配整体式混凝土结构，如图 10-2 所示。

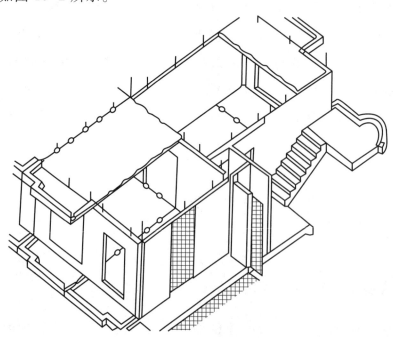

图 10-2　装配整体式剪力墙结构

3. 装配整体式框架-现浇剪力墙结构

装配整体式框架-现浇剪力墙结构由装配整体式框架结构和现浇剪力墙(现浇核心筒)两部分组成。这种结构中的框架部分采用与装配整体式框架结构相同的预制装配技术,使预制装配框架技术在高层及超高层建筑中得以应用。鉴于目前对该种结构的整体受力研究不够充分,结构中的剪力墙只能采用现浇。

4. 装配整体式混凝土结构的适用范围

根据《装配式混凝土结构技术规程》(JGJ 1—2014)的规定,装配整体式混凝土结构房屋的最大适用高度见表10-1,最大高宽比见表10-2。

表 10-1　装配整体式混凝土结构房屋的最大适用高度　　　　单位:m

结构类型	非抗震设计	抗震设防烈度			
		6 度	7 度	8 度(0.2g)	8 度(0.3g)
装配整体式框架结构	70	60	50	40	30
装配整体式框架-现浇剪力墙结构	150	130	120	100	80
装配整体式剪力墙结构	140(130)	130(120)	110(100)	90(80)	70(60)
装配整体式部分框支剪力墙结构	120(110)	110(100)	90(80)	70(60)	40(30)

注:1. 房屋高度指室外地面到主要屋面的高度,不包括局部突出屋顶的部分。

2. 当预制剪力墙构件底部承担的总剪力大于该层总剪力的80%时,取括号内的数值。

表 10-2　装配整体式混凝土结构房屋的最大高宽比

结构类型	非抗震设计	抗震设防烈度	
		6、7 度	8 度
装配整体式框架结构	5	4	3
装配整体式框架-现浇剪力墙结构	6	6	5
装配整体式剪力墙结构	6	6	5

10.2　预制混凝土构件概述

一、预制混凝土构件(受力构件)简介

装配式混凝土结构常用的预制混凝土构件有预制混凝土框架柱、预制混凝土叠合

装配式构件

梁、预制混凝土剪力墙墙板、预制混凝土叠合楼板、预制混凝土楼梯板、预制混凝土阳台板、预制混凝土空调板、预制混凝土女儿墙等。这些主要受力构件通常在工厂预制加工完成,待强度符合规定要求后,再进行现场装配施工。

1. 预制混凝土框架柱

预制混凝土框架柱(图 10-3)是建筑物的主要竖向结构受力构件,一般采用矩形截面。

图 10-3　预制混凝土框架柱

2. 预制混凝土叠合梁

预制混凝土叠合梁是由预制混凝土底梁(或既有混凝土底梁)和后浇混凝土组成,分两阶段成型的整体受力水平结构受力构件(图 10-4),其下半部分在工厂预制,上半部分在工地叠合浇筑混凝土。

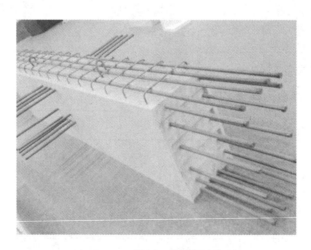

图 10-4　预制混凝土叠合梁

3. 预制混凝土剪力墙墙板

(1) 预制混凝土剪力墙外墙板。预制混凝土剪力墙外墙板(图 10-5)是指在工厂预制而成的,内叶板为预制混凝土剪力墙、中间夹有保温层、外叶板为钢筋混凝土保护层的预制混凝土夹心保温剪力墙墙板。内叶板侧面在施工现场通过预留钢筋与现浇剪力墙边缘构件连接，底部通过钢筋灌浆套筒与下层预制剪力墙预留钢筋相连。

（2）预制混凝土剪力墙内墙板。预制混凝土剪力墙内墙板（图 10-6）是指在工厂预制成的混凝土剪力墙构件。预制混凝土剪力墙内墙板侧面在施工现场通过预留钢筋与现浇剪力墙边缘构件连接，底部通过钢筋灌浆套筒与下层预制剪力墙预留钢筋相连。

图 10-5 预制混凝土剪力墙外墙板

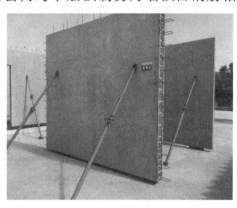
图 10-6 预制混凝土剪力墙内墙板

4. 预制混凝土叠合楼板

预制混凝土叠合楼板最常见的主要有两种，一种是预制混凝土钢筋桁架叠合楼板，另一种是预制带肋底板混凝土叠合楼板。

（1）预制混凝土钢筋桁架叠合楼板（图 10-7）属于半预制构件，下部为预制混凝土底板，外露部分为桁架钢筋。预制混凝土钢筋桁架叠合楼板的预制部分最小厚度为 30~60 mm，叠合楼板在施工现场安装到位后应进行二次浇筑，从而成为整体实心楼板。桁架钢筋的主要作用是将后浇筑的混凝土层与预制混凝土底板形成整体，并在制作和安装过程中提供刚度。

图 10-7 预制混凝土钢筋桁架叠合楼板

（2）预制带肋底板混凝土叠合楼板如图 10-8 所示。

5. 预制混凝土楼梯板

预制混凝土楼梯板（图 10-9）受力明确、外形美观，避免了现场支模，安装后可作

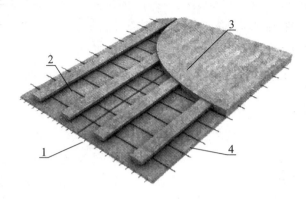

1—纵向预应力钢筋；2—横向穿孔钢筋；3—后浇层；4—预制混凝土底板。

图 10-8   预制带肋底板混凝土叠合楼板

为施工通道，节约了施工工期。

6. 预制混凝土阳台板、空调板、女儿墙

（1）预制混凝土阳台板。预制混凝土阳台板（图 10-10）能够克服现浇阳台支模复杂，现场高空作业费时、费力以及高空作业时的施工安全问题。

图 10-9   预制混凝土楼梯板

图 10-10   预制混凝土阳台板

（2）预制混凝土空调板。预制混凝土空调板通常采用预制实心混凝土板，板顶预留钢筋通常与预制叠合板现浇层相连。

（3）预制混凝土女儿墙。预制混凝土女儿墙处于屋顶处外墙的延伸部位，通常有立面造型，采用预制混凝土女儿墙的优势是安装快速、节省工期。

二、常用非承重预制混凝土构件

围护构件是指围合、构成建筑空间，抵御环境不利影响的构件。外围护墙用来抵御风雨、温度变化、太阳辐射等，应具有保温、隔热、隔声、防水、防潮、耐火、耐久等性能。预制内隔墙起分隔室内空间的作用，应具有隔声、隔视线以及某些特殊要求的性能。

1. PC 外围护墙板

PC 外围护墙板是指预制商品混凝土外墙构件，包括预制混凝土叠合（夹心）墙板、预制混凝土夹心保温外墙板和预制混凝土非保温外墙挂板等。外围护墙板除应具有隔声与防火的功能外，还应具有隔热、保温、抗渗、抗冻融、防碳化等作用和满足建筑艺术装饰的要求。外围护墙板可采用单一轻骨料制成，也可采用复合材料（结构层、保温隔热层和饰面层）制成。

PC外围护墙板采用工厂化生产、现场进行安装的施工方法，具有施工周期短、质量可靠（对防止裂缝、渗漏等质量通病十分有效）、节能环保（耗材少，减少扬尘和噪声等）、工业化程度高及劳动力投入量少等优点，在国内外的住宅建筑上得到了广泛运用。

PC外围护墙板生产中使用了高精密度的钢模板，模板的一次性摊销成本较高，如果施工建筑物外形变化不大，且外围外墙板生产数量大，模板通过多次循环使用后成本可以下降。

根据制作结构不同，PC外围护墙板可分为预制混凝土夹心保温外墙板和预制混凝土非保温外墙挂板。

（1）预制混凝土夹心保温外墙板。预制混凝土夹心保温外墙板是集承重、围护、保温、防水、防火等功能于一体的重要装配式预制构件，由内叶墙板、保温材料、外叶墙板三部分组成（图10-11）。

预制混凝土夹心保温外墙板宜采用平模工艺生产，一般先浇筑外叶墙板混凝土层，再安装保温材料和拉结件，最后浇筑内叶墙板混凝土层，这可以使保温材料与结构同寿命。当采用立模工艺生产时，应同步浇筑内、外叶墙板混凝土层，并应采取保证保温材料及拉结件位置准确的措施。

（2）预制混凝土非保温外墙挂板。预制混凝土非保温外墙挂板是在预制车间加工并运输到施工现场吊装的钢筋混凝土外墙板，在板底设置预埋铁件，通过与楼板

图10-11 预制混凝土夹心保温外墙板

上的预埋螺栓连接实现底部固定，再通过连接件实现顶部与楼板的固定（图10-12）。其在工厂采用工业化生产，具有施工速度快、质量好、维修费用低的特点。根据工程需要可以设计成集外装饰、保温、墙体围护于一体的复合保温外墙挂板，也可以作为复合墙体的外装饰挂板。

预制混凝土非保温外墙挂板可充分体现大型公共建筑外墙独特的表现力。预制混凝土非保温外墙挂板必须具有防火、耐久性好等基本性能，同时，还要求造型美观、施工简便、环保节能等。

2. 预制内隔墙板

预制内隔墙板按成型方式可分为挤压成型墙板和立模（平模）浇筑成型墙板两种。

图 10-12　预制混凝土非保温外墙挂板

（1）挤压成型墙板，也称预制条形墙板，是在预制车间将搅拌均匀的轻质材料料浆，使用挤压成型机通过模板（模腔）成型的墙板（图 10-13）。按断面不同，其可分为空心板、实心板两类。在保证墙板承载和抗剪的前提下，将墙体断面做成空心，可以有效减轻墙体的重量，并通过墙体空心处空气的特性提高隔断房间内的保温、隔声效果。门边板端部为实心板，实心宽度不得小于 90 mm。对于没有门洞的墙体，应从墙体一端开始沿墙长方向顺序排板；对于有门洞的墙体，应从门洞口开始分别向两边排板。当墙体端部的墙板不足一块板宽时，应设计补板。

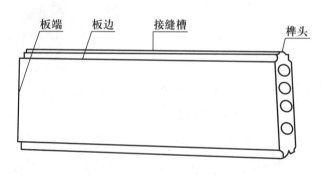

图 10-13　挤压成型空心墙板

（2）立模（平模）浇筑成型墙板，也称预制混凝土整体内墙板，是在预制车间按照所需的样式使用钢模具拼接成型，浇筑或摊铺混凝土制成的墙体。

根据受力不同，内隔墙板使用单种材料或者多种材料加工而成。将聚苯乙烯泡沫板材、聚氨酯、无机墙体保温隔热材料等轻质材料填充到墙体中，可以减少混凝土用量，绿色环保，减少室内热量与外界的交换，增强墙体的隔声效果，并通过墙体自重的减轻来降低运输和吊装的成本。

10.3 装配式混凝土结构节点连接构造

装配式混凝土结构"可靠的连接方式"是非常重要的,是结构安全的最基本保障。

一、钢筋的常用连接技术

根据《装配式混凝土结构技术规程》(JGJ 1—2014),目前推荐使用的装配式混凝土结构钢筋的连接方式有:钢筋套筒灌浆连接和钢筋浆锚搭接连接。

1. 钢筋套筒灌浆连接技术

钢筋套筒灌浆连接是指在预制混凝土构件中预埋的金属套筒中插入钢筋并灌注水泥基灌浆料而实现的钢筋连接方式。根据《钢筋套筒灌浆连接应用技术规程》(JGJ 355—2015),钢筋连接用套筒灌浆料是以水泥为基本材料,配以适当的细骨料、外加剂和其他材料组成的干混料。灌浆料按规定比例加水搅拌后,形成具有规定流动性、早强、高强及硬化后微膨胀等性能的浆体,然后将其灌注到灌浆套筒(全灌浆套筒、半灌浆套筒,如图 10-14a、b 所示)和带肋钢筋的间隙内。

2. 钢筋浆锚搭接连接技术

钢筋浆锚搭接连接是指在预制混凝土构件中预留孔道,在孔道中插入需搭接的钢筋,并灌注水泥基灌浆料而实现的钢筋搭接连接方式(图 10-14c)。钢筋浆锚搭接连接是一种将需搭接的钢筋拉开一定距离的搭接方式,也称为间接搭接或间接锚固。

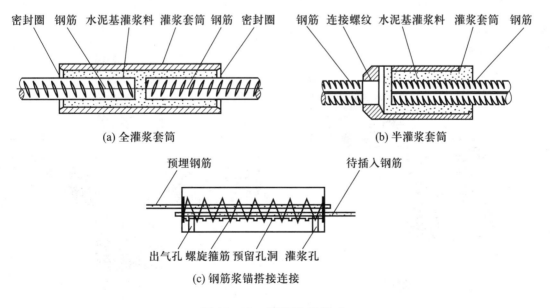

(a) 全灌浆套筒   (b) 半灌浆套筒

(c) 钢筋浆锚搭接连接

图 10-14 钢筋连接技术

二、装配整体式框架结构节点连接

装配整体式框架结构中，其连接节点主要有三种类型：上下层预制柱的连接节点、框架柱与叠合梁的连接节点，叠合梁与叠合梁、叠合板之间的连接节点。

1. 上下层预制柱的连接节点构造

框架柱的纵向受力钢筋连接宜采用套筒灌浆连接（图 10-15），但当房屋高度不大于 12 m 或层数不超过 3 层时，可采用套筒灌浆、浆锚搭接、焊接等连接方式。柱纵向受力钢筋采用套筒灌浆连接时，钢筋直径≥20 mm，且应符合相应的规范标准。

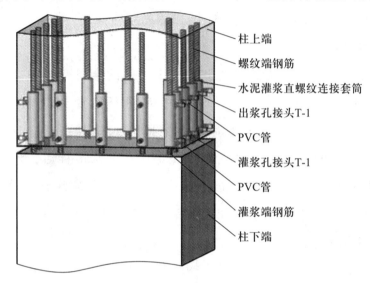

图 10-15　预制柱套筒灌浆连接示意图

2. 框架柱与叠合梁的连接节点构造（图 10-16）

框架柱与叠合梁的连接，梁、柱应尽量采用较粗直径、较大间距的钢筋排布方式，以减少节点核心区的钢筋，利于节点的装配化施工，保证施工质量。在设计过程中，

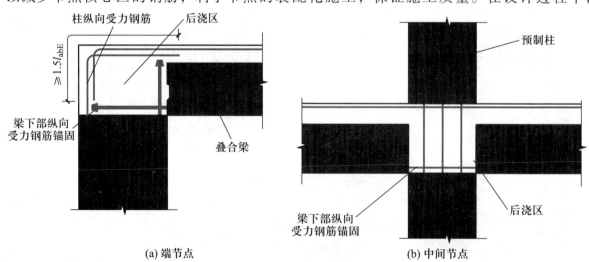

图 10-16　框架柱与叠合梁的连接节点构造

应充分考虑施工装配的可行性,合理确定梁、柱截面尺寸及钢筋的数量、间距及位置等,可采用弯锚避让的方式,弯折角度不宜大于 1 : 6(锚固钢筋端部弯起距离:锚固钢筋水平投影长度)。节点区施工时,应注意合理安排节点区箍筋、预制梁、梁上部钢筋的安装顺序,梁纵向受力钢筋应伸入柱头后浇节点区内锚固或连接。

3. 叠合梁与叠合梁、叠合板之间的连接节点构造

装配整体式框架结构中,一般采用叠合梁和叠合板的后浇层一起浇筑(图10-17)。后浇混凝土叠合层厚度,框架梁不宜小于 150 mm,次梁不宜小于 120 mm。采用对接连接叠合梁的节点构造如图 10-18 所示。

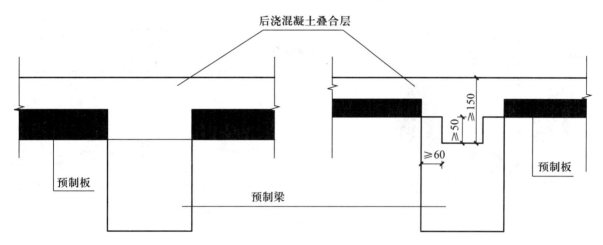

图 10-17 叠合梁和叠合板

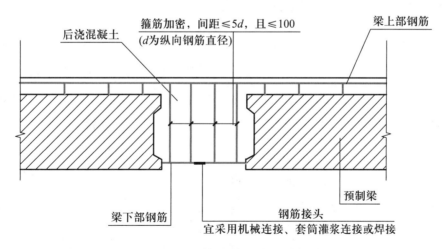

图 10-18 采用对接连接叠合梁的节点构造

对于叠合楼盖结构,次梁与主梁的连接可采用后浇混凝土节点,即主梁上预留后浇段,混凝土断开而钢筋连续,以便穿过和锚固次梁钢筋。当主梁截面较大而次梁截面较小时,主梁预制混凝土也可不完全断开,而采用预留凹槽的形式供次梁钢筋穿过。主梁和次梁交接处的连接节点构造如图 10-19 所示。

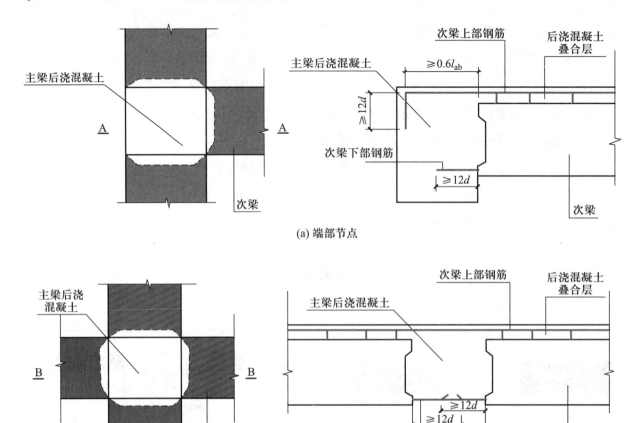

(a) 端部节点

(b) 中间节点

图 10-19　主梁和次梁交接处的连接节点构造

三、装配整体式剪力墙结构节点连接

装配整体式剪力墙结构的关键技术是剪力墙的连接，只有保证了连接强度才能保证结构的稳定性和安全性。预制剪力墙接缝连接，楼层内相邻预制剪力墙之间的竖向接缝可采用后浇段连接，预制剪力墙水平接缝宜设置在楼面标高处。预制剪力墙内钢筋连接的方式有套筒灌浆连接、浆锚搭接、焊接、预焊钢板连接等，如图 10-20 所示。

采用后浇段连接，其内设置竖向钢筋，配筋率不小于墙体竖向分布钢筋配筋率，且不少于 2φ12。水平接缝设置在楼面标高处，厚度为 20 mm。接缝处设置连接节点，连接节点间距不小于 1 m，穿过接缝的连接钢筋直径不应小于 14 mm，配筋率不低于墙体竖向分布钢筋配筋率。

装配整体式剪力墙结构主要的连接节点有：上下层预制剪力墙的连接节点、楼层内相邻预制剪力墙之间的连接节点、圈梁或水平后浇带之间的连接节点、预制叠合连梁与预制剪力墙的连接节点。

1. 上下层预制剪力墙的连接节点构造

（1）剪力墙竖向分布钢筋连接节点构造。预制剪力墙的上下层竖向分布钢筋应采

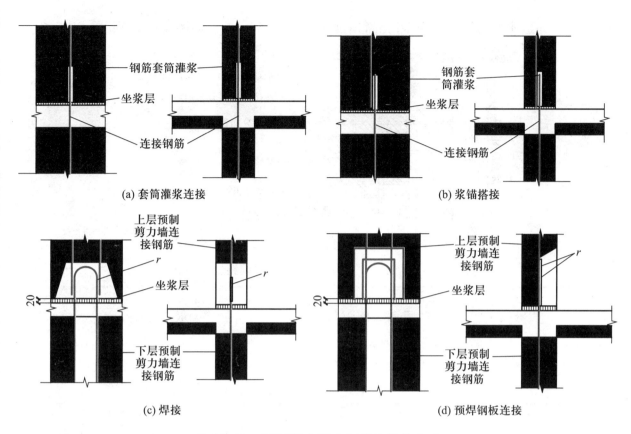

图 10-20　预制剪力墙内钢筋连接的方式

用套筒灌浆连接或浆锚搭接连接，竖向分布钢筋宜采用双排连接，而边缘构件的竖向分布钢筋则应逐根连接，下层的剪力墙顶面设置粗糙面。当竖向分布钢筋采用双排连接时，钢筋套筒采用梅花形连接（图 10-21），连接的竖向分布钢筋的直径不应小于 12 mm，同侧的间距不应大于 600 mm，不连接的竖向分布钢筋的直径不应小于 6 mm。当墙体厚度不大于 200 mm 时，丙类建筑预制剪力墙的竖向分布钢筋可采用单排连接。

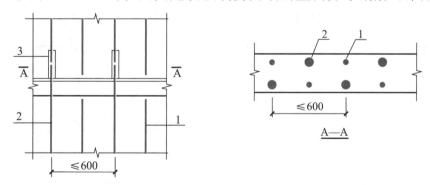

1—不连接的竖向分布钢筋；2—连接的竖向分布钢筋；3—灌浆套筒。

图 10-21　竖向分布钢筋套筒灌浆连接构造示意图

（2）剪力墙水平分布钢筋加密区节点构造。预制剪力墙竖向分布钢筋采用套筒灌浆连接时，自套筒底部至套筒顶部并向上延伸 300 mm 的范围内，预制剪力墙的水平分布钢筋应加密，加密区水平分布钢筋的最大间距及最小直径应符合表 10-3 的规定，套筒上端第一道水平分布钢筋距离套筒顶部不应大于 50 mm，如图 10-22 所示。

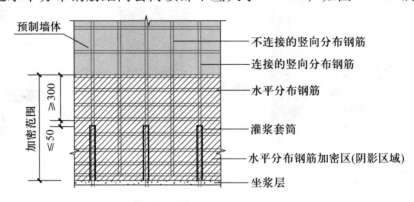

图 10-22　水平分布钢筋的加密区节点构造示意图

表 10-3　加密区水平分布钢筋的最大间距及最小直径

抗震等级	最大间距/mm	最小直径/mm
一、二级	100	8
三、四级	150	8

（3）预制剪力墙底部接缝。预制剪力墙底部接缝宜设置在楼面标高处，接缝高度宜为 20 mm，接缝宜采用灌浆料填实，接缝处后浇混凝土上表面应设置粗糙面。

2. 楼层内相邻预制剪力墙之间的连接节点构造

楼层内相邻预制剪力墙之间的接缝应采用整体式连接。

3. 圈梁或水平后浇带之间的连接节点构造

连续封闭的后浇钢筋混凝土圈梁是保证结构整体性和稳定性，连接楼盖结构与预制剪力墙的关键。在不设置圈梁的楼面处，水平后浇带也能起到圈梁的作用。屋面及立面收进的楼层，应在预制剪力墙顶部设置封闭的后浇钢筋混凝土圈梁。圈梁截面宽度不应小于剪力墙的厚度，截面高度不宜小于楼板厚度及 250 mm 的较大值。圈梁应与现浇或叠合楼（屋）盖浇筑成整体。各层楼面位置，预制剪力墙顶部无后浇圈梁时，应设置连续的水平后浇带。水平后浇带宽度应取剪力墙的厚度，高度不应小于楼板厚度，水平后浇带应与现浇或叠合楼（屋）盖浇筑成整体，水平后浇带内应配置不少于 2 根连续纵向钢筋，其直径不宜小于 12 mm。

4. 预制叠合连梁与预制剪力墙的连接节点构造

预制连梁宜与后浇圈梁或水平后浇带形成叠合连梁，预制叠合连梁的预制部分宜与剪力墙整体预制，也可在跨中拼接或在端部与预制剪力墙拼接。

当采用后浇连梁时，宜在预制剪力墙端伸出预留纵向钢筋，并与后浇连梁的纵向钢筋可靠连接（图 10-23）。

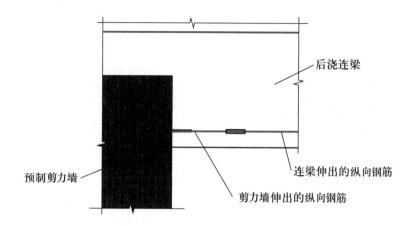

图 10-23　后浇连梁与预制剪力墙的连接

复习思考题

10-1　什么是装配式混凝土结构?

10-2　装配式混凝土结构常用预制混凝土构件有哪些?

10-3　什么是装配整体式混凝土剪力墙结构?

10-4　最常见的预制混凝土叠合楼板有哪两种?

10-5　目前常用的装配式混凝土结构钢筋连接方式有哪几种?

10-6　装配整体式框架结构中,其连接节点主要有哪几种类型?

单元 11 混凝土结构施工图平面整体表示方法(平法)及识图

混凝土结构施工图平面整体表示方法(平法)的表达形式,概述来说,是把结构构件的尺寸和配筋等,按照平面整体表示方法制图规则,整体直接地表达在各类构件的结构平面布置图上,再与标准构造详图相配合,即构成一套新型完整的结构设计施工图。平法改变了传统的将构件从结构平面布置图中索引出来,再逐个绘制配筋详图的烦琐方法。《混凝土结构施工图平面整体表示方法制图规则和构造详图》(22G101)图集适用于抗震设防烈度为6~9度地区的现浇混凝土框架、剪力墙、框架-剪力墙和部分框支剪力墙主体结构施工图的设计。所包含的具体内容为常用的柱、墙、梁、板、楼梯、基础等结构施工图的设计。

按平法设计绘制结构施工图时,必须根据具体工程设计,按照各类构件的平法制图规则,在按结构层绘制的平面布置图上直接表示各构件的尺寸、配筋。出图时,宜按基础、柱、剪力墙、梁、板、楼梯及其他构件的顺序排列。在平面布置图上表示各构件尺寸和配筋的方式,分平面注写方式、列表注写方式和截面注写方式三种。在平法施工图上,应对所有构件进行编号,编号中含有类型代号和序号等,类型代号的主要作用是指明所选用的标准构造详图;在标准构造详图上,也应按其所属构件类型注明代号。在平法施工图上,还应当用表格或其他方式注明包括地下和地上各层的结构层楼(地)面标高、结构层高及相应的结构层号。结构层楼(地)面标高系指建筑图中的各层地面和楼面标高值扣除建筑面层及垫层做法厚度后的标高,结构层号应与建筑楼层号对应一致。

建议学习本单元知识时,对照平法相应内容,注意构造做法。

11.1 现浇钢筋混凝土框架柱、梁、剪力墙、板平法制图规则

一、柱

(一)柱平法施工图制图规则

柱平法施工图系在柱平面布置图上采用列表注写方式或截面注写方式表达。

柱平法施工图
制图规则

1. 列表注写方式

列表注写方式系在柱平面布置图上,分别从同一编号的柱中选择一个(有时需要选择几个)截面标注几何参数代号;在柱表中注写柱编号、柱段起止标高、几何尺寸(含柱截面对轴线的偏心情况)与配筋的具体数值,并配以各种柱截面形状及箍筋类型图。柱列表注写内容规定如下:

(1) 注写柱编号,柱编号由类型代号和序号组成,应符合表 11-1 的规定。

表 11-1　柱　编　号

柱类型	代号	序号	柱类型	代号	序号
框架柱	KZ	××	梁上柱	LZ	××
转换柱	ZHZ	××	剪力墙上柱	QZ	××
芯柱	XZ	××			

(2) 注写各段柱的起止标高,自柱根部往上以变截面位置或截面未变但配筋改变处为界分段注写。框架柱和转换柱的根部标高系指基础顶面标高;梁上柱的根部标高系指梁顶面标高。剪力墙上柱的根部标高分两种:当柱纵向钢筋(纵筋)锚固在墙顶部时,其根部标高为墙顶面标高;当柱与剪力墙重叠一层时,其根部标高为墙顶面往下一层的结构层楼面标高。

(3) 对于矩形柱,柱截面尺寸 $b \times h$ 及柱截面与轴线关系的几何参数代号 b_1、b_2 和 h_1、h_2 的具体数值,须对应于各段柱分别注写。其中 $b = b_1 + b_2$,$h = h_1 + h_2$。当截面的某一边收缩变化至与轴线重合或偏到轴线的另一侧时,b_1、b_2、h_1、h_2 中的某项为零或为负值。对于圆柱,表中 $b \times h$ 一栏用圆柱直径数字前加 d 表示。

(4) 注写柱纵筋,当柱纵筋直径相同,各边根数也相同时,将纵筋注写在"全部纵筋"一栏中;除此之外,柱纵筋分角筋、截面 b 边中部筋和 h 边中部筋三项(对称配筋的矩形截面柱,可仅注写一侧中部筋,对称边可省略不注)。

(5) 注写箍筋类型号及箍筋肢数,在箍筋类型栏内注写。具体工程所设计的各种箍筋类型图以及箍筋复合的具体方式,须画在表的上部或图中的适当位置,并在其上标注与表中相对应的 b、h 和类型号。

(6) 注写柱箍筋,包括钢筋级别(等级)、直径与间距。当为抗震设计时,用斜线"/"区分柱端箍筋加密区与柱身箍筋非加密区长度范围内箍筋的不同间距。当柱纵筋采用搭接连接,且为抗震设计时,应在柱纵筋搭接长度范围内按 $\leqslant 5d$(d 为柱纵筋较小直径)及 $\leqslant 100$ mm 的间距加密箍筋。柱平法施工图列表注写方式示例如图 11-1 所示。

2. 截面注写方式

截面注写方式系在柱平面布置图的柱截面上,分别从同一编号的柱中选择一个截

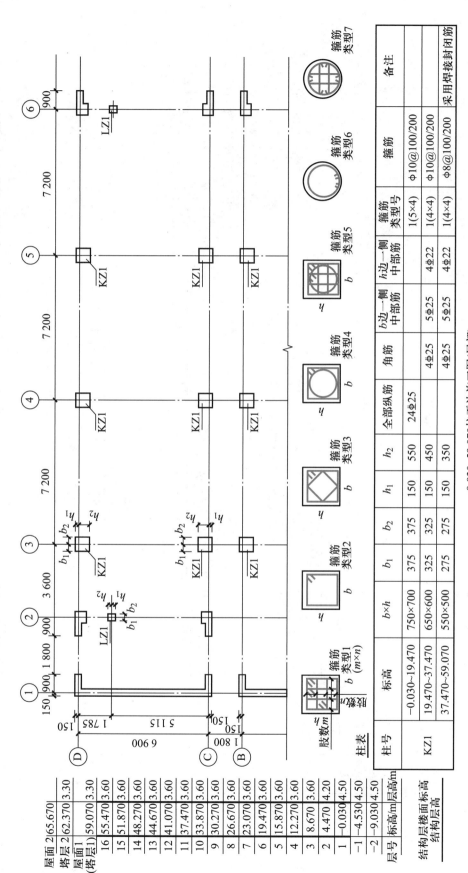

柱平法施工图（局部）
−0.030~59.070

柱表

柱号	标高	b×h	b₁	b₂	h₁	h₂	全部纵筋	角筋	b边一侧中部筋	h边一侧中部筋	箍筋类型号	箍筋	备注
KZ1	−0.030~19.470	750×700	375	375	150	550	24Φ25				1(5×4)	Φ10@100/200	
	19.470~37.470	650×600	325	325	150	450		4Φ25	5Φ25	4Φ22	1(4×4)	Φ10@100/200	
	37.470~59.070	550×500	275	275	150	350		4Φ25	5Φ25	4Φ22	1(4×4)	Φ8@100/200	采用焊接封闭箍

注：1. 如采用非对称配筋，需在柱表中增加相应栏目分别表示各边的中部筋。
　　2. 抗震设计箍筋至少隔一拉一。
　　3. 类型1的箍筋肢数可有多种组合，下图为5×4的组合，其余类型为固定形式。

箍筋类型1(5×4)

图11-1　柱平法施工图列表注写方式示例

箍筋类型1 (m×n)　箍筋类型2　箍筋类型3　箍筋类型4　箍筋类型5　箍筋类型6　箍筋类型7

肢数m　肢数n

结构层楼面标高　结构层高

层号	标高/m	层高/m
屋面2（塔层2）	65.670	3.30
（塔层1）	62.370	3.30
屋面1（塔层1）16	59.070	3.60
15	55.470	3.60
14	51.870	3.60
13	48.270	3.60
12	44.670	3.60
11	41.070	3.60
10	37.470	3.60
9	33.870	3.60
8	30.270	3.60
7	26.670	3.60
6	23.070	3.60
5	19.470	3.60
4	15.870	3.60
3	12.270	3.60
	8.670	3.60
2	4.470	4.20
1	−0.030	4.50
−1	−4.530	4.50
−2	−9.030	4.50

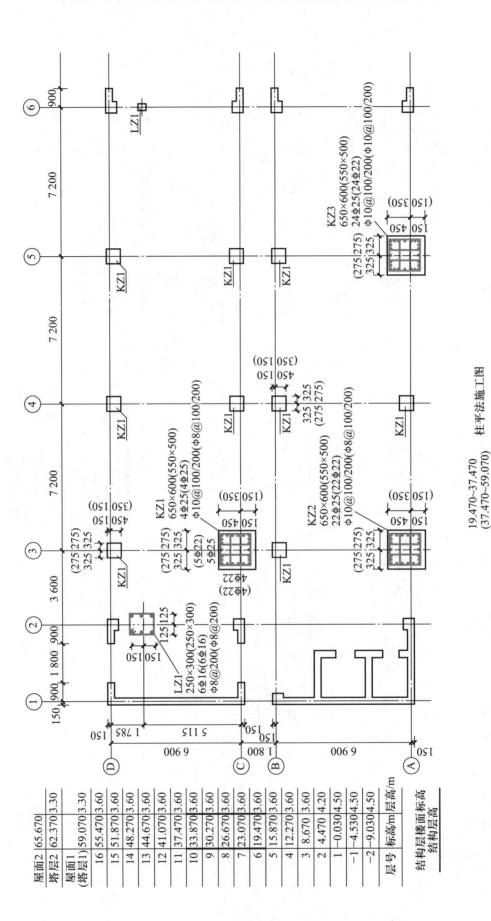

19.470~37.470　柱平法施工图
(37.470~59.070)

注：KZ3标高19.470~59.070以及KZ1和KZ2标高37.470~59.070均采用焊接封闭箍。

图11-2　柱平法施工图截面注写方式示例

面，以直接注写截面尺寸和配筋具体数值方式来表达柱平法施工图。对除芯柱之外的所有柱截面进行编号，从相同编号的柱中选择一个截面，按另一种比例原位放大绘制柱截面配筋图，并在各配筋图上继其编号后再注写截面尺寸 $b×h$、角筋或全部纵筋、箍筋的具体数值，以及在柱截面配筋图上标注柱截面与轴线关系的几何参数代号 b_1、b_2、h_1、h_2 的具体数值。

当采用截面注写方式时，可以根据具体情况，在一个柱平面布置图上加用小括号"（ ）"和尖括号"〈 〉"来区分和表达不同标准层的注写数值。柱平法施工图截面注写方式示例如图 11-2 所示。

（二）柱平法施工图识读

下面以附图（结施-05、06、07）中的 KZ2 为例进行讲解。

1. 结构层楼面标高及结构层高

结构层楼面标高及结构层高示例见表 11-2。

表 11-2 结构层楼面标高及结构层高示例

层号	标高/m	层高/m
屋面	15.300	
3	11.670	3.630
2	8.070	3.600
1	4.470	3.600
	-0.550	5.020

2. 截面注写方式

KZ2 平法施工图截面注写方式如图 11-3 所示。

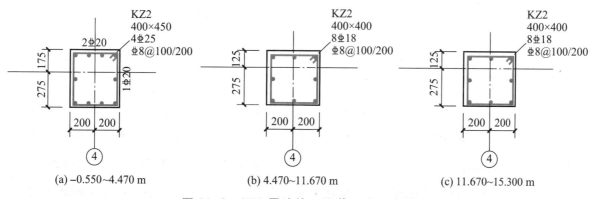

(a) -0.550~4.470 m   (b) 4.470~11.670 m   (c) 11.670~15.300 m

图 11-3 KZ2 平法施工图截面注写方式

3. 列表注写方式

KZ2 平法施工图列表注写方式见表 11-3。

表 11-3　KZ2 平法施工图列表注写方式

柱号	标高	$b×h$	b_1	b_2	h_1	h_2	全部纵筋	角筋	b 边一侧中部筋	h 边一侧中部筋	箍筋类型号	箍筋	备注
KZ2	-0.550~4.470	400×450	200	200	275	175		4 Φ 25	2 Φ 20	1 Φ 20	2	Φ 8@ 100/200	
	4.470~11.670	400×400	200	200	275	125	8 Φ 18				2	Φ 8@ 100/200	
	11.670~15.300	400×400	200	200	275	125	8 Φ 18				2	Φ 8@ 100/200	

　　读图:KZ2 为 2 号框架柱,该柱为变截面柱,-0.550(基顶)~4.470 m(一层),柱截面尺寸为 400 mm×450 mm,角筋为 4 根直径 25 mm 的 HRB400 级钢筋,b 边中部配 2 根直径 20 mm 的 HRB400 级钢筋,h 边中部配 1 根直径 20 mm 的 HRB400 级钢筋。二~三层从 4.470~11.670m,柱截面尺寸为 400 mm×400 mm,均匀布置 8 根直径 18 mm 的 HRB400 级钢筋。四层从 11.670~15.300 m,柱截面尺寸为 400 mm×400 mm,均匀布置 8 根直径 18 mm 的 HRB400 级钢筋。箍筋均为直径 8 mm 的 HRB400 级钢筋,加密区间距为 100 mm,非加密区间距为 200 mm。

二、梁

(一)梁平法施工图制图规则

梁平法施工图
制图规则

　　梁平法施工图系在梁平面布置图上采用平面注写方式或截面注写方式表达。在梁平法施工图中,应注明各结构层的顶面标高及相应的结构层号。对于轴线未居中的梁,还应标注其偏心定位尺寸。

1. 平面注写方式

　　平面注写方式系在梁平面布置图上,分别从不同编号的梁中各选一根,在其上注写截面尺寸和配筋具体数值来表达梁平法施工图。

　　平面注写包括集中标注与原位标注。集中标注表达梁的通用数值,原位标注表达梁的特殊数值。当集中标注中的某项数值不适用于梁的某部位时,则将该项数值原位标注,施工时,原位标注取值优先。图 11-4a 为梁平法施工图平面注写方式示例 1。

　　图 11-4b 中四个梁截面是采用传统表示方法绘制,用于对比按平面注写方式表达的同样内容,实际采用平面注写表达时,不需绘制梁截面配筋图及相应截面号。

　　(1)梁集中标注。梁集中标注的内容有五项必注值及一项选注值。

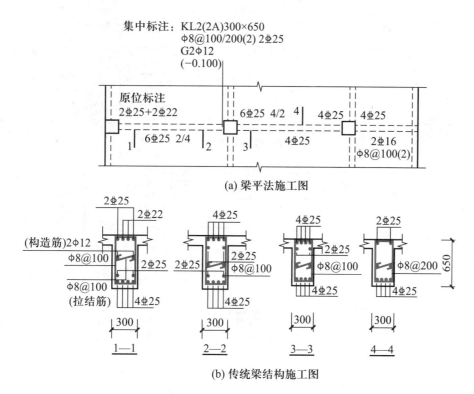

图 11-4 梁平法施工图平面注写方式示例 1

① 梁编号为必注值。梁编号由梁类型代号、序号、跨数及有无悬挑代号几项组成，应符合表 11-4 的规定。

表 11-4 梁 编 号

梁 类 型	代 号	序 号	跨数及有无悬挑代号
楼层框架梁	KL	××	(××)、(××A) 或 (××B)
楼层框架扁梁	KBL	××	(××)、(××A) 或 (××B)
屋面框架梁	WKL	××	(××)、(××A) 或 (××B)
框支梁	KZL	××	(××)、(××A) 或 (××B)
托柱转换梁	TZL	××	(××)、(××A) 或 (××B)
非框架梁	L	××	(××)、(××A) 或 (××B)
悬挑梁	XL	××	(××)、(××A) 或 (××B)
井字梁	JZL	××	(××)、(××A) 或 (××B)

注：(××A) 为一端有悬挑；(××B) 为两端有悬挑。悬挑部分不计入跨数。例如，KL7(5A) 表示 7 号框架梁，5 跨，一端有悬挑。

② 梁截面尺寸为必注值。当为等截面梁时，用 $b×h$ 表示；当为竖向加腋梁时，用 $b×h$ $Yc_1×c_2$ 表示，其中 c_1 为腋长，c_2 为腋高（图 11-5a）；当为水平加腋梁时，一侧加腋时用 $b×h$ $PYc_1×c_2$ 表示，其中 c_1 为腋长，c_2 为腋宽；当有悬挑且根部和端部的高度不同时，用斜线"/"分隔根部与端部的高度，即 $b×h_1/h_2$（图 11-5b）。

③ 梁箍筋为必注值。包括钢筋级别、直径、加密区与非加密区间距及肢数。箍筋加密区与非加密区的不同间距及肢数需用斜线"/"分隔；当梁箍筋为同一种间距及肢

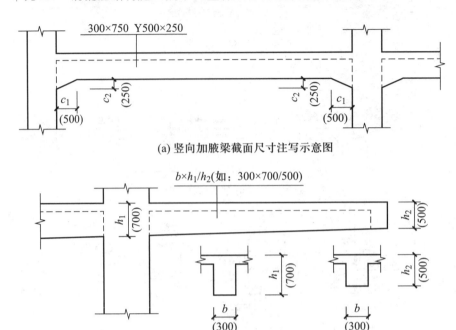

(a) 竖向加腋梁截面尺寸注写示意图

(b) 悬挑梁不等高截面尺寸注写示意图

图 11-5 梁截面尺寸注写示意图

数时,则不需用斜线,当加密区与非加密区的箍筋肢数相同时,则将肢数注写一次;箍筋肢数应写在括号内。如 $\phi 10@ 100/200(4)$,表示箍筋为 HPB300 级钢筋,直径 10 mm,加密区间距为 100 mm,非加密区间距为 200 mm,均为四肢箍。又如 $13\phi 10@ 150/200(4)$,表示箍筋为 HPB300 级钢筋,直径 10 mm,梁两端各有 13 个四肢箍,间距为 150 mm;梁跨中部分间距为 200 mm,四肢箍。

④ 梁上部通长钢筋或架立钢筋为必注值。所注根数应根据结构受力要求及箍筋肢数等构造要求而定,当同排纵筋中既有通长钢筋又有架立钢筋时,应用加号"+"将通长钢筋和架立钢筋相连。注写时须将角部纵筋写在加号的前面,架立钢筋写在加号后面的括号内,以示不同直径及与通长钢筋的区别。当全部采用架立钢筋时,则将其写入括号内。如 $2\,\Phi\,22$ 用于双肢箍;$2\,\Phi\,22+(4\phi 12)$ 用于六肢箍,其中 $2\,\Phi\,22$ 为通长钢筋,$4\phi 12$ 为架立钢筋(注意:通长钢筋可为相同或不同直径采用搭接连接、机械连接或焊接的钢筋)。

当梁的上部纵筋和下部纵筋为全跨相同,且多数跨配筋相同时,此项可加注下部纵筋的配筋值,用分号";"将上部与下部纵筋的配筋值分隔开来。如 $3\,\Phi\,22$;$3\,\Phi\,20$ 表示梁的上部配置 $3\,\Phi\,22$ 的通长钢筋,梁的下部配置 $3\,\Phi\,20$ 的通长钢筋。

⑤ 梁侧面纵向构造钢筋(G)或受扭钢筋(N)为必注值。当梁的腹板高度 $h_w \geqslant$ 450 mm 时,在梁的两个侧面配纵向构造钢筋(其间距≤200 mm)。如图 11-4 中的构造钢筋 $G2\phi 12$,并用拉结筋 $\phi 8@ 100$ 拉结。

⑥ 梁顶面标高高差为选注值。如图 11-4 所示,KL2 顶面标高比楼面标高低

0.100 m。

（2）梁原位标注。

① 梁支座上部纵筋，该部位含通长钢筋在内的所有纵筋。当上部纵筋多于一排时，用斜线"/"将各排纵筋自上而下分开。如梁支座上部纵筋注写为 6Φ25 4/2，则表示上排纵筋为 4Φ25，下排纵筋为 2Φ25。当同排纵筋有两种直径时，用加号"+"将两种直径的纵筋相连，注写时将角部纵筋写在前面。当梁中间支座两边的上部纵筋不同时，须在支座两边分别标注；当梁中间支座两边的上部纵筋相同时，可仅在支座的一边标注配筋值，另一边省去不注，如图 11-6 所示。

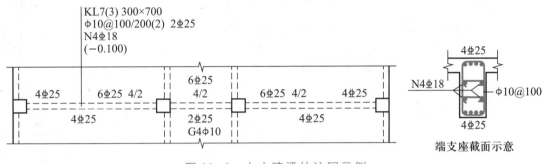

图 11-6 大小跨梁的注写示例

② 梁下部纵筋。当梁的下部纵筋多于一排时，用斜线"/"将各排纵筋自上而下分开。如梁下部纵筋注写为 6Φ25 2/4，则表示上排纵筋为 2Φ25，下排纵筋为 4Φ25，全部伸入支座。当同排纵筋有两种直径时，用加号"+"将两种直径的纵筋相连，注写时角筋写在前面。当梁下部纵筋不全部伸入支座时，将梁支座下部纵筋减少的数量写在括号内。例如梁下部纵筋注写为 6Φ25 2(-2)/4，则表示上排纵筋 2Φ25，且不伸入支座，下排纵筋为 4Φ25，全部伸入支座。

③ 附加箍筋或吊筋，将其直接画在平面图中的主梁上，用线引注总配筋值。

④ 当在梁上集中标注的内容不适用于某跨或悬挑部位时，则将其不同数值原位标注在该跨或悬挑部位，施工时应按原位标注数值取用。

梁平法施工图平面注写方式示例 2 如图 11-7 所示。

2. 截面注写方式

截面注写方式系在分标准层绘制的梁平面布置图上，分别从不同编号的梁中各选择一根，用剖面号引出配筋图，并在其上注写截面尺寸和配筋具体数值来表达梁平法施工图。

对所有梁进行编号，从相同编号的梁中选择一根，先将"单边截面号"画在该梁上，再将截面配筋详图画在本图或其他图上。当某梁的顶面标高与结构层的楼面标高不同时，尚应继其编号后注写梁顶面标高高差。

在截面配筋详图上注写截面尺寸 $b \times h$、上部纵筋、下部纵筋、侧面纵向构造钢筋或受扭钢筋以及箍筋的具体数值时，其表达形式与平面注写方式相同。

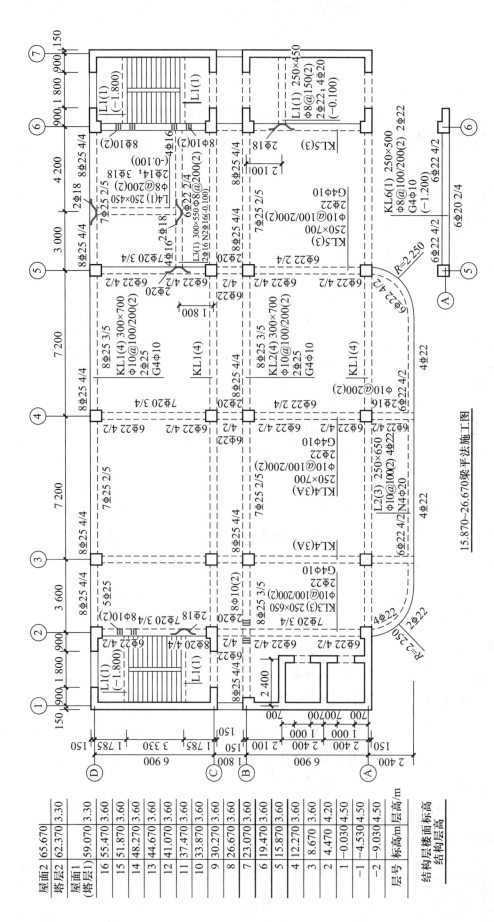

图11-7　梁平法施工图平面注写方式示例2

截面注写方式既可以单独使用，也可与平面注写方式结合使用。梁平法施工图截面注写方式示例如图 11-8 所示。

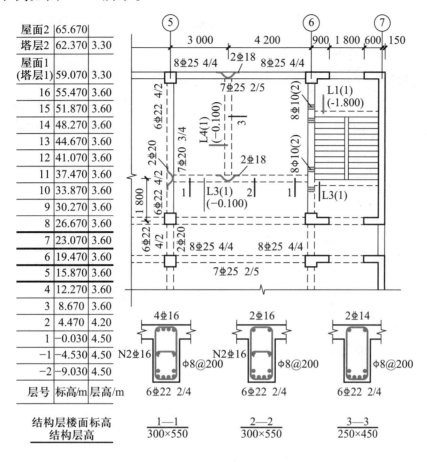

图 11-8　梁平法施工图截面注写方式示例

（二）梁平法施工图识读

以附图结施-10 中的 WKL102 为例，其平法施工图如图 11-9 所示。

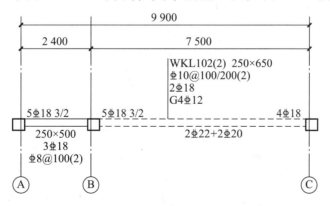

图 11-9　WKL102 平法施工图

读图：WKL102 为一根两跨的屋面框架梁，截面尺寸为 250 mm×650 mm（第 2 跨），上部通长钢筋为 2 根直径 18 mm 的 HRB400 级钢筋，梁侧面纵向构造钢筋为 4 根直径

12 mm 的 HRB400 级钢筋。第一跨截面尺寸为 250 mm×500 mm,上部为 5 根直径 18 mm 的 HRB400 级钢筋,分两排放置,上面一排放 3 根,下面一排放 2 根,下部为 3 根直径 18 mm 的 HRB400 级钢筋,箍筋为直径 8 mm 的 HRB400 级钢筋,为双肢箍,间距为 100 mm。第二跨左支座处上部为 5 根直径 18 mm 的 HRB400 级钢筋,分两排放置,上面一排放 3 根,下面一排放 2 根,右支座处上部为 4 根直径 18 mm 的 HRB400 级钢筋,下部为 2 根直径 22 mm 和 2 根直径 20 mm 的 HRB400 级钢筋,箍筋为直径 10 mm 的 HRB400 级钢筋,为双肢箍,加密区间距为 100 mm,非加密区间距为 200 mm。

三、剪力墙平法施工图制图规则

剪力墙平法施工图系在剪力墙平面布置图上采用列表注写方式或截面注写方式表达。

剪力墙平面布置图有的单独进行绘制,有的与柱或梁平面布置图合并绘制。当剪力墙较复杂或采用截面注写方式时,应按标准层分别绘出剪力墙平面布置图。

在剪力墙平法施工图中,应注明各结构层的楼面标高、结构层高及相应的结构层号,尚应注明上部结构嵌固部位位置。

(一)列表注写方式

施工图为表达清楚、简便,常把剪力墙视为由剪力墙柱、剪力墙身和剪力墙梁三类构件构成的结构。

列表注写方式系分别在剪力墙柱表、剪力墙身表和剪力墙梁表中,对应于剪力墙平面布置图上的编号,用绘制截面配筋图并注写几何尺寸与配筋具体数值的方式来表达剪力墙平法施工图,如图 11-10 所示。

1. 剪力墙编号

将剪力墙按剪力墙柱、剪力墙身、剪力墙梁(简称为墙柱、墙身、墙梁)三类构件分别编号,包括构件代号和序号,剪力墙各构件代号见表 11-5。

表 11-5　剪力墙各构件代号

构件类型	名称	代号	构件类型	名称	代号
墙柱	约束边缘构件	YBZ	墙梁	连梁(对角暗撑配筋)	LL(JC)
	构造边缘端柱	GBZ		连梁(交叉斜筋配筋)	LL(JX)
	非边缘暗柱	AZ		连梁(集中对角斜筋配筋)	LL(DX)
	扶壁柱	FBZ		连梁(跨高比不小于 5)	LLK
墙身	剪力墙身	Q		暗梁	AL
墙梁	连梁	LL		边框梁	BKL

剪力墙平法施工图制图规则

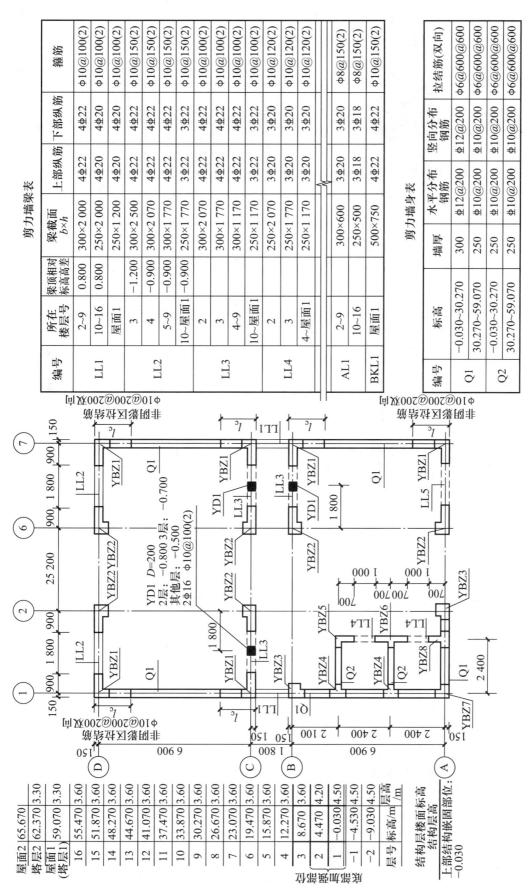

剪力墙梁表

编号	所在楼层号	梁顶相对标高高差	梁截面 $b \times h$	上部纵筋	下部纵筋	箍筋
LL1	2~9	0.800	300×2 000	4Φ22	4Φ22	Φ10@100(2)
	10~16	0.800	250×2 000	4Φ20	4Φ20	Φ10@100(2)
	屋面1		250×1 200	4Φ20	4Φ20	Φ10@100(2)
LL2	3	-1.200	300×2 500	4Φ22	4Φ22	Φ10@150(2)
	4	-0.900	300×2 070	4Φ22	4Φ22	Φ10@150(2)
	5~9	-0.900	300×1 770	4Φ22	4Φ22	Φ10@150(2)
	10~屋面1	-0.900	250×1 770	3Φ22	3Φ22	Φ10@100(2)
LL3	2		300×2 070	4Φ22	4Φ22	Φ10@100(2)
	3		300×1 770	4Φ22	4Φ22	Φ10@100(2)
	4~9		300×1 170	4Φ22	4Φ22	Φ10@100(2)
	10~屋面1		250×1 170	3Φ22	3Φ22	Φ10@100(2)
LL4	2		250×2 070	3Φ20	3Φ20	Φ10@120(2)
	3		250×1 770	3Φ20	3Φ20	Φ10@120(2)
	4~屋面1		250×1 170	3Φ20	3Φ20	Φ10@120(2)
AL1			300×600	3Φ20	3Φ20	Φ8@150(2)
			250×500	3Φ18	3Φ18	Φ8@150(2)
BKL1			500×750	4Φ22	4Φ22	Φ10@150(2)

剪力墙身表

编号	标高	墙厚	水平分布钢筋	竖向分布钢筋	拉结筋(双向)
Q1	-0.030~30.270	300	Φ12@200	Φ12@200	Φ6@600@600
	30.270~59.070	250	Φ10@200	Φ10@200	Φ6@600@600
Q2	-0.030~30.270	250	Φ10@200	Φ10@200	Φ6@600@600
	30.270~59.070	250	Φ10@200	Φ10@200	Φ6@600@600

屋面2	65.670	
塔层2	62.370	3.30
屋面1(塔层1)	59.070	3.30
16	55.470	3.60
15	51.870	3.60
14	48.270	3.60
13	44.670	3.60
12	41.070	3.60
11	37.470	3.60
10	33.870	3.60
9	30.270	3.60
8	26.670	3.60
7	23.070	3.60
6	19.470	3.60
5	15.870	3.60
4	12.270	3.60
3	8.670	4.20
2	4.470	4.20
1	-0.030	4.50
-1	-4.530	4.50
-2	-9.030	4.50
层号	标高/m	层高/m
结构层楼面标高 结构层高		

上部结构嵌固部位: -0.030

(a) -0.030~12.270剪力墙平法施工图(剪力墙梁表、剪力墙身表)

剪力墙柱表

截面	编号	标高	纵筋	箍筋
（1 050 / 300 / 300 300）	YBZ1	−0.030~12.270	24Φ20	Φ10@100
（1 200 / 600 / 300 / 300）	YBZ2	−0.030~12.270	22Φ20	Φ10@100
（900 / 600 / 600 / 300）	YBZ3	−0.030~12.270	18Φ22	Φ10@100
（300 250 300 / 300 / 300）	YBZ4	−0.030~12.270	20Φ20	Φ10@100
（825 / 550 / 250 / 250）	YBZ5	−0.030~12.270	20Φ20	Φ10@100
（1 400 / 250 / 300 300 / 250）	YBZ6	−0.030~12.270	28Φ20	Φ10@100
（600 / 600 / 300 / 600）	YBZ7	−0.030~12.270	16Φ20	Φ10@100

层号	标高/m	层高/m
屋面2	65.670	
塔层2	62.370	3.30
屋面1（塔层1）	59.070	3.30
16	55.470	3.60
15	51.870	3.60
14	48.270	3.60
13	44.670	3.60
12	41.070	3.60
11	37.470	3.60
10	33.870	3.60
9	30.270	3.60
8	26.670	3.60
7	23.070	3.60
6	19.470	3.60
5	15.870	3.60
4	12.270	3.60
3	8.670	3.60
2	4.470	4.20
1	−0.030	4.50
−1	−4.530	4.50
−2	−9.030	4.50

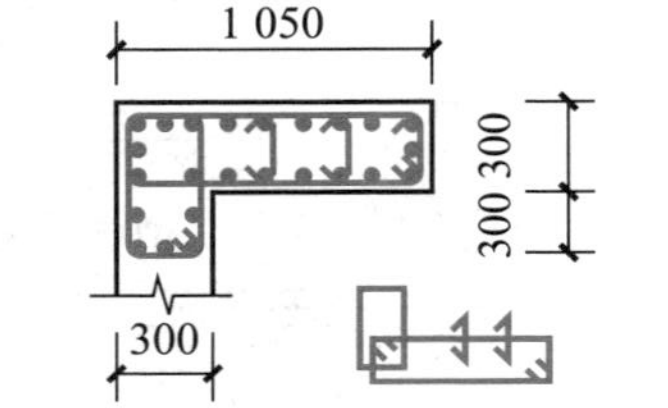

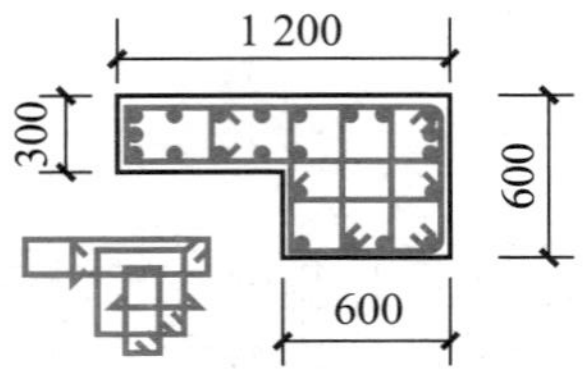

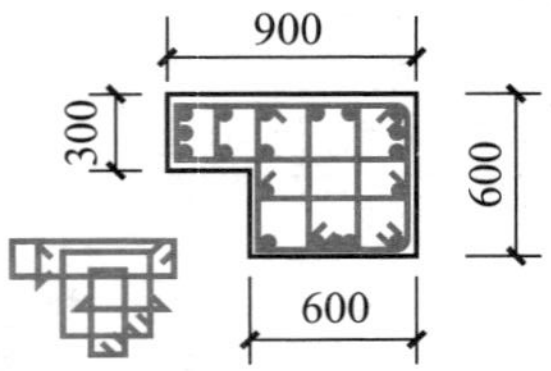

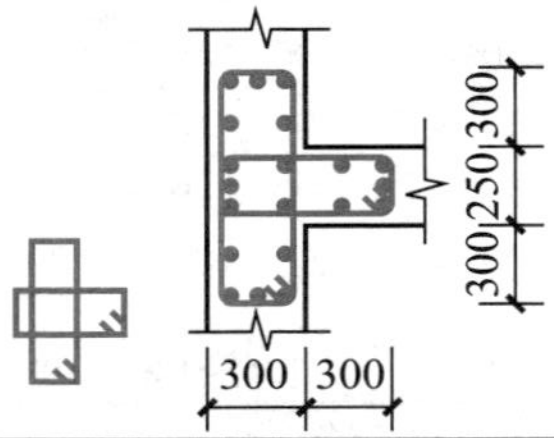

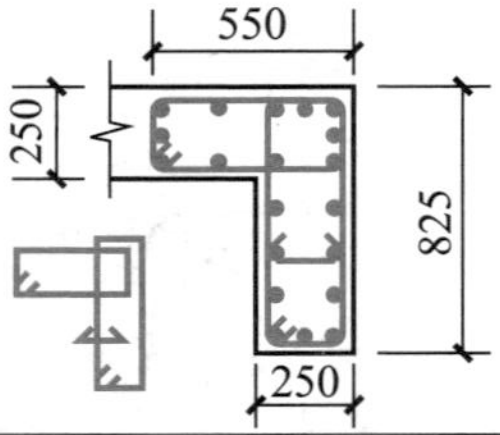

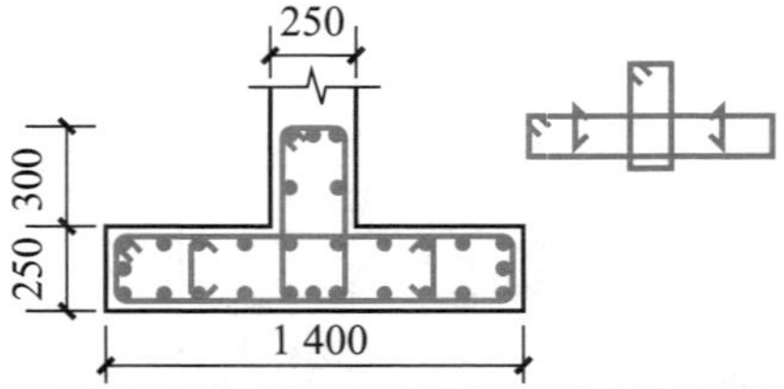

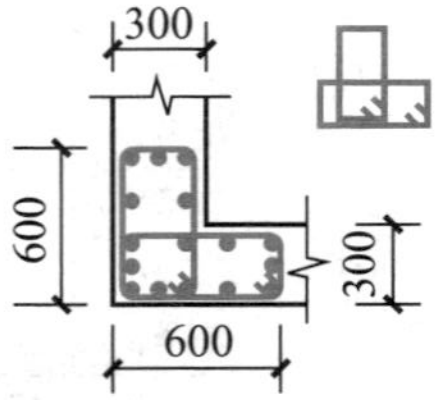

结构层楼面标高
结构层高

上部结构嵌固部位：
−0.030

（b）−0.030~12.270剪力墙平法施工图列表注写方式示例

图11−10　剪力墙平法施工图（部分剪力墙柱表）

2. 表达内容

（1）剪力墙柱表。剪力墙柱表中表达的内容有：

① 墙柱编号和该墙柱的截面配筋图，标注墙柱几何尺寸。

② 各段墙柱的起止标高，自墙柱根部往上以变截面位置或截面未变但配筋改变处为界分段注写。

③ 各段墙柱的纵向钢筋和箍筋。纵向钢筋和箍筋的注写值应与在表中绘制的截面配筋图对应一致。

剪力墙柱的纵筋搭接长度范围内的箍筋间距构造同柱平法中的规定。

（2）剪力墙身表。剪力墙身表中表达的内容有：

① 墙身编号，由墙身代号、序号以及墙身所配置的水平与竖向分布钢筋的排数组成，其中，排数注写在括号内，表达形式为 Q××(××排)。

② 各段墙身起止标高，自墙身根部往上以变截面位置或截面未变但配筋改变处为界分段注写。墙身根部标高一般指基础顶面标高（部分框支剪力墙结构则为框支梁的顶面标高）。

③ 水平分布钢筋、竖向分布钢筋和拉结筋的具体数值。表达的数值为一排水平分布钢筋和竖向分布钢筋的规格与间距，具体设置几排在墙身编号后面表达。当排数为 2 时可不注。

（3）剪力墙梁表。剪力墙梁表中表达的内容有：

① 墙梁编号。

② 墙梁所在楼层号。

③ 墙梁顶面标高高差，系相对于墙梁所在结构层楼面标高的高差值，高于者为正值，低于者为负值，不注时表示无高差。

④ 墙梁截面尺寸 $b \times h$，上部纵筋、下部纵筋和箍筋的具体数值。

⑤ 当连梁设有对角暗撑时，注写一根暗撑的截面尺寸（箍筋外皮尺寸）和暗撑的全部纵筋，并标注"×2"，表明有两根暗撑相互交叉，并注写暗撑箍筋的具体数值。

⑥ 当连梁设有交叉斜筋时，注写连梁一侧对角斜筋的配筋值，并标注"×2"，表明对称设置。注写对角斜筋在连梁端部设置的拉结筋根数、强度级别及直径，并标注"×4"，表明四个角都设置。注写连梁一侧折线筋配筋值，并标注"×2"，表明对称设置。

⑦ 当连梁设有集中对角斜筋时，注写一条对角线上的对角斜筋，并标注"×2"，表明对称设置。

墙梁侧面纵筋的配置，当墙身水平分布钢筋满足连梁、暗梁及边框梁的梁侧面纵向构造钢筋的要求时，该筋配置同墙身水平分布钢筋，在梁表中不注，施工按标准构造详图的要求进行；当不满足要求时，应在表中注明梁侧面纵筋的具体数值。

(二)截面注写方式

截面注写方式系在分标准层绘制的剪力墙平面布置图上，以直接在墙柱、墙身、墙梁上注写截面尺寸和配筋具体数值的方式来表达剪力墙平法施工图，如图 11-11 所示。

截面注写方式是选用了适当比例原位放大绘制剪力墙平面布置图，对所有墙柱、墙身、墙梁按前面的规定进行编号，分别从相同编号的墙柱、墙身、墙梁中选择一根墙柱、一道墙身、一根墙梁按下列规定进行注写。

1. 墙柱

从相同编号的墙柱中选择一个截面，注明几何尺寸，标注全部纵筋及箍筋的具体数值。

2. 墙身

从相同编号的墙身中选择一道墙身，按顺序引注的内容为：墙身编号、墙厚尺寸、水平分布钢筋、竖向分布钢筋和拉结筋的具体数值。

3. 墙梁

从相同编号的墙梁中选择一根墙梁，按顺序引注的内容为：

(1)注写墙梁编号、墙梁截面尺寸 $b \times h$、墙梁箍筋、上部纵筋、下部纵筋和墙梁顶面标高高差的具体数值。

(2)当连梁设有对角暗撑时，注写一根暗撑的全部纵筋，并标注"×2"，表明有两根暗撑相互交叉，并注写暗撑箍筋的具体数值。

(3)当连梁设有交叉斜筋时，注写连梁一侧对角斜筋的配筋值，并标注"×2"，表明对称设置。注写对角斜筋在连梁端部设置的拉结筋根数、强度级别及直径，并标注"×4"，表明四个角都设置。注写连梁一侧折线筋配筋值，并标注"×2"，表明对称设置。

(4)当连梁设有集中对角斜筋时，注写一条对角线上的对角斜筋，并标注"×2"，表明对称设置。

当墙身水平分布钢筋不能满足连梁、暗梁及边框梁的梁侧面纵向构造钢筋的要求时，应补充注明梁侧面纵筋的具体数值，其注写是以大写字母 N 打头，接续注写直径与间距。如 Nϕ10@150，表示墙梁两个侧面纵筋对称配置为：HPB300 级钢筋，直径为 10 mm，间距为 150 mm。

(三)剪力墙洞口的表示方法

无论采用列表注写方式还是截面注写方式，剪力墙上的洞口均可在剪力墙平面布置图上原位表达，如图 11-10 和图 11-11 所示。

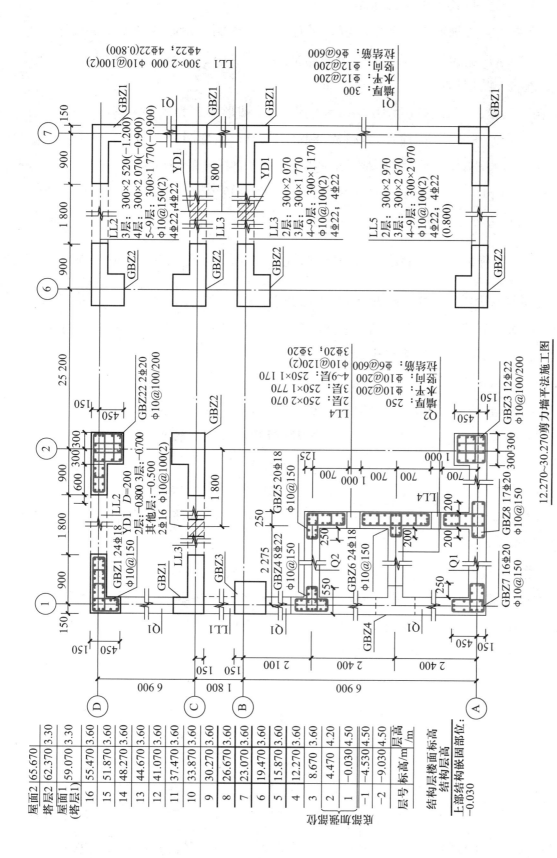

图11-11　剪力墙平法施工图截面注写方式示例(部分)

施工图上的洞口具体表示方法是:

(1) 在剪力墙平面布置图上绘制洞口示意,并标注洞口中心的平面定位尺寸。

(2) 在洞口中心位置引注:洞口编号、洞口几何尺寸、洞口中心相对标高、洞口每边补强钢筋,共四项内容。具体规定如下:

① 洞口编号:矩形洞口为 JD××(××为序号),圆形洞口为 YD××(××为序号)。

② 洞口几何尺寸:矩形洞口为洞宽×洞高($b×h$),圆形洞口为洞口直径 D。

③ 洞口中心相对标高系指相对于结构层楼(地)面标高的洞口中心高度。当其高于结构层楼(地)面时为正值,低于结构层楼(地)面时为负值。

④ 洞口每边补强钢筋。

四、楼板(有梁楼盖)平法施工图制图规则

1. 楼面与屋面板(有梁楼盖)平法施工图的表示方法

(1) 有梁楼盖平法施工图系在楼面板和屋面板布置图上,采用平面注写的表达方式。板平面注写主要包括板块集中标注和板支座原位标注。

(2) 规定结构平面的坐标方向为:

① 当两向轴网正交布置时,图面从左至右为 X 向,从下至上为 Y 向。

② 当轴网转折时,局部坐标方向顺轴网转折角度做相应转折。

③ 当轴网向心布置时,切向为 X 向,径向为 Y 向。

2. 板块集中标注

板块集中标注的内容为:板块编号、板厚、上部贯通纵筋、下部纵筋,以及当板面标高不同时的标高高差。

板块集中标注

对于普通楼面,两向均以一跨为一板块;对于密肋楼盖,两向主梁(框架梁)均以一跨为一板块(非主梁密肋不计)。所有板块应逐一编号,相同编号的板块可择其一做集中标注,其他仅注写置于圆圈内的板编号,以及当板面标高不同时的标高高差。

(1) 板块编号。符合表 11-6 的规定。

表 11-6　板块编号

板类型	代号	序号
楼面板	LB	××
屋面板	WB	××
悬挑板	XB	××

(2) 板厚。注写为 $h=×××$(为垂直于板面的厚度);当悬挑板的端部改变截面厚度时,用斜线"/"分隔根部与端部的高度值,注写为 $h=×××/×××$;当设计已在图注中

统一注明板厚时，此项可不注。

（3）纵筋。按板块的下部纵筋和上部贯通纵筋分别注写（当板块上部不设贯通纵筋时则不注），并以 B 代表下部纵筋，以 T 代表上部贯通纵筋，B&T 代表下部纵筋与上部贯通纵筋；X 向纵筋以 X 打头，Y 向纵筋以 Y 打头，两向纵筋配置相同时则以 X&Y 打头。例如，某楼面板标注 B：X Φ 12@120；Y Φ 10@110，表示板下部配置的纵筋 X 向为 Φ 12@120，Y 向为 Φ 10@110。

当为单向板时，分布钢筋可不必注写，而在图中统一注明。

当在某些板内（例如在悬挑板 XB 的下部）配置构造钢筋时，则 X 向以 Xc，Y 向以 Yc 打头注写。

当 Y 向采用放射配筋时（切向为 X 向，径向为 Y 向），还应注明配筋间距的定位尺寸。

当纵筋采用两种规格钢筋"隔一布一"方式时，表达为 Φ（或 ϕ）xx/yy@×××，表示直径为 xx 的钢筋和直径为 yy 的钢筋之间间距为×××，直径为 xx 的钢筋间距为×××的 2 倍，直径 yy 的钢筋间距为×××的 2 倍。例如，某楼面板标注 B：X Φ 10/12@100；Y Φ 10@110，表示板下部配置的纵筋 X 向为 Φ 10、Φ 12 隔一布一，Φ 10 与 Φ 12 之间的间距为 100 mm；Y 向为 Φ 10@110。

（4）板面标高高差。系指相对于结构层楼面标高的高差，应将其注写在括号内，且有高差则注，无高差不注。

单向或双向连续板的中间支座上部同向贯通纵筋，不应在支座位置连接或分别锚固。当相邻两跨的板上部贯通纵筋配置相同，且跨中部位有足够空间连接时，可在两跨任意一跨的跨中连接区域连接；当相邻两跨的上部贯通纵筋配置不同时，应将配置较大者越过其标注的跨数终点或起点伸至相邻跨的跨中连接区域连接。

3. 板支座原位标注

板支座原位标注的内容为：板支座上部非贯通纵筋和悬挑板上部受力钢筋。

板支座原位标注的钢筋，应在配置相同跨的第一跨表达（当在梁悬挑部位单独配置时则在原位表达）。在配置相同跨的第一跨（或梁悬挑部位），垂直于板支座（梁或墙）绘制一段适宜长度的中粗实线（当该钢筋通长设置在悬挑板或短跨板上部时，实线段应画至对边或贯通短跨），以该线段代表支座上部非贯通纵筋，并在线段上方注写钢筋编号（如①、②等）、配筋值、横向连续布置的跨数（注写在括号内，且当为一跨时可不注），以及是否横向布置到梁的悬挑端。

板支座上部非贯通纵筋自支座中线向跨内的伸出长度，注写在线段的下方位置。

当中间支座上部非贯通纵筋向支座两侧对称伸出时，可仅在支座一侧线段下方标注伸出长度，另一侧不注（图 11-12）。

板支座原位标注

当向支座两侧非对称伸出时，应分别在支座两侧线段下方注写伸出长度(图 11-13)。

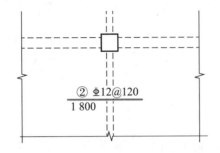
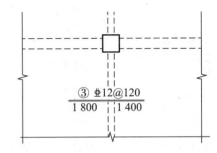

图 11-12　板支座上部非贯通纵筋对称伸出　　　图 11-13　板支座上部非贯通纵筋不对称伸出

贯通全跨或贯通全悬挑长度的上部通长纵筋，贯通全跨或伸出至全悬挑一侧的长度值不注，只注明非贯通纵筋另一侧的伸出长度值(图 11-14、图 11-15)。

当支座一侧设置了上部贯通纵筋(在板集中标注中以 T 打头)，而在支座另一侧仅设置上部非贯通纵筋时，如果支座两侧设置的纵筋直径、间距相同，应将两者连通，避免各自在支座上部分别锚固。

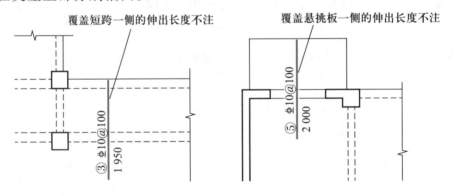

图 11-14　板支座上部非贯通纵筋贯通全跨或伸出至悬挑端

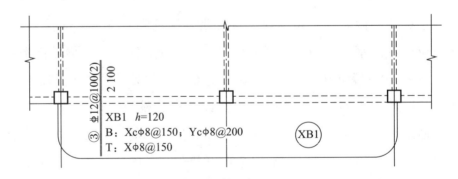

图 11-15　悬挑板支座非贯通纵筋

板平法施工图示例如图 11-16 所示。

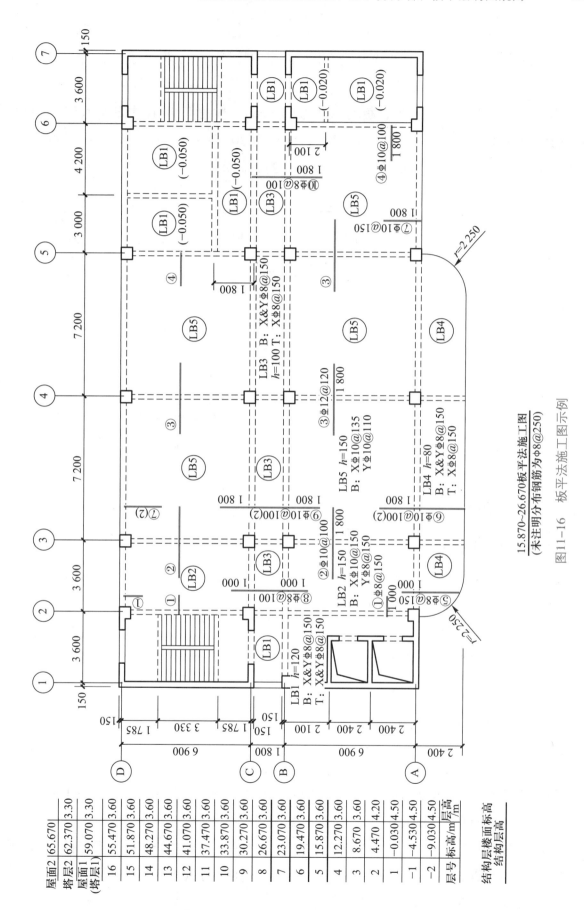

15.870~26.670板平法施工图
（未注明分布钢筋为Φ8@250）

图11-16 板平法施工图图例

层号	标高/m	层高/m
屋面2	65.670	
塔层2	62.370	3.30
屋面1（塔层1）	59.070	3.30
16	55.470	3.60
15	51.870	3.60
14	48.270	3.60
13	44.670	3.60
12	41.070	3.60
11	37.470	3.60
10	33.870	3.60
9	30.270	3.60
8	26.670	3.60
7	23.070	3.60
6	19.470	3.60
5	15.870	3.60
4	12.270	3.60
3	8.670	3.60
2	4.470	4.20
1	-0.030	4.50
-1	-4.530	4.50
-2	-9.030	4.50

结构层楼面标高
结构层高

4. 板平法施工图识读

下面以附图结施-12 中的 WB1 集中标注为例讲解,其平法施工图如图 11-17 所示。

读图:WB1 为 1 号屋面板,板的厚度为 110 mm,板的下部(图中 B 打头)X 向和 Y 向纵筋均为直径 10 mm 的 HRB400 级钢筋,间距为 200 mm,板的上部(图中 T 打头)X 向和 Y 向纵筋均为直径 10 mm 的 HRB400 级钢筋,间距为 200 mm。

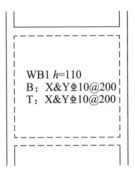

WB1 h=110
B:X&Yϕ10@200
T:X&Yϕ10@200

图 11-17　WB1 平法施工图

11.2　现浇混凝土板式楼梯平法制图规则

一、楼梯结构施工图的组成

1. 楼梯结构平面图

楼梯结构平面图主要表明楼梯各构件(如梯梁、梯板、平台板等)的平面布置、代号、尺寸大小,平台板的配筋及结构标高。

2. 楼梯结构剖面图

楼梯结构剖面图主要表明构件的竖向布置与构造,梯板和梯梁的配筋、截面尺寸等。

二、板式楼梯平法制图规则

1. 楼梯的类型

板式楼梯根据其梯板的组成、支承分成 12 种类型:AT~GT、ATa、ATb、ATc、CTa、CTb,如图 11-18 所示。

梯梁、梯柱的平法标注可参考梁、柱的平法制图规则和构造详图。下面简单介绍梯板的平法注写方式,主要有平面注写方式、剖面注写方式及列表注写方式。实际工程中常用前两种,列表注写方式就不再叙述。

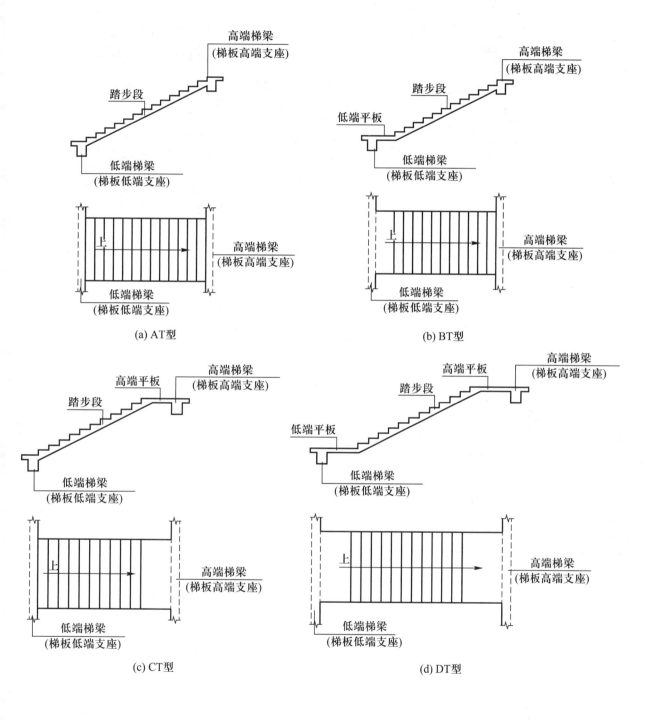

(a) AT型

(b) BT型

(c) CT型

(d) DT型

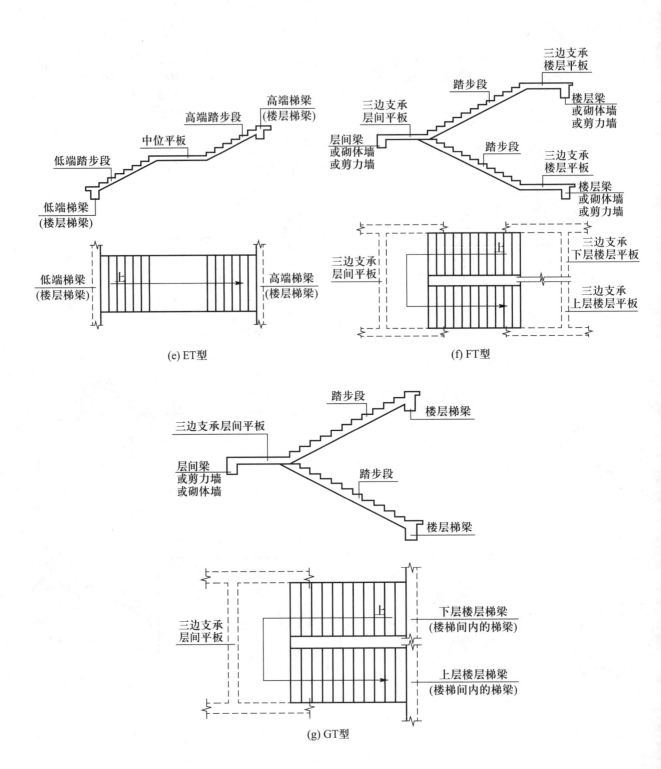

(e) ET型

(f) FT型

(g) GT型

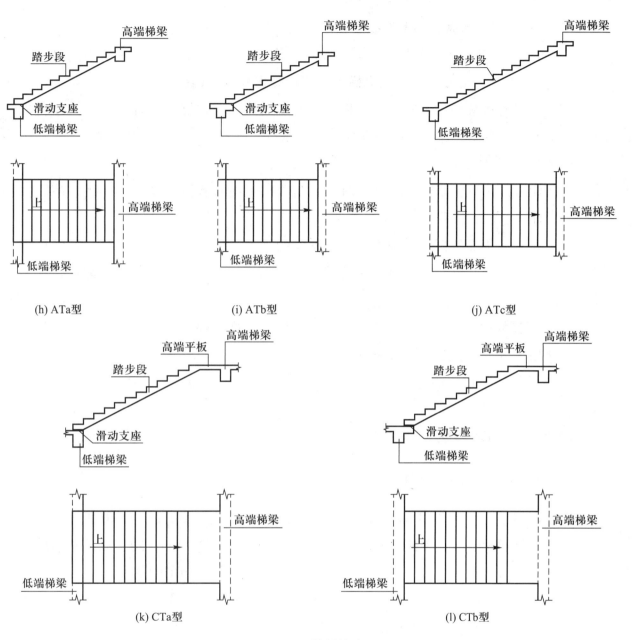

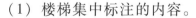

图 11-18　楼梯的类型

2. 平面注写方式

平面注写方式系在楼梯平面布置图上采用注写截面尺寸和配筋具体数值的方式表达楼梯施工图，包括集中标注和外围标注。

（1）楼梯集中标注的内容。

① 梯板类型代号与序号，如 AT××。

② 梯板厚度，注写为 h=××。当为带平板的梯板且梯板和平板厚度不同时，可在梯板厚度后面的括号内以字母 P 打头注写平板厚度。例如，h = 130（P150），130 表示梯板厚度，150 表示梯板平板段的厚度。

③ 踏步段总高度和踏步级数，之间以斜线"/"分隔。

楼梯平面注

写方式

④ 梯板支座上部纵筋、下部纵筋，之间以封号"；"分隔。

⑤ 梯板分布钢筋，以 F 打头注写分布钢筋具体值，该项也可在图中统一说明。

⑥ 对于 ATc 型楼梯，尚应注明梯板两侧边缘构件纵向钢筋及箍筋。

（2）楼梯外围标注的内容。包括楼梯间的平面尺寸、楼层结构标高、层间结构标高、楼梯的上下方向、梯板的平面几何尺寸、平台板配筋、梯梁及梯柱配筋等。

3. 剖面注写方式

剖面注写方式需在楼梯平法施工图中绘制楼梯平面布置图和楼梯剖面图，注写方式分平面注写、剖面注写两部分。

楼梯剖面注写方式

（1）楼梯平面布置图注写内容包括楼梯间的平面尺寸、楼层结构标高、层间结构标高、楼梯的上下方向、梯板的平面几何尺寸、梯板类型及编号、平台板配筋、梯梁及梯柱配筋等。

（2）楼梯剖面图注写内容包括梯板集中标注、梯梁及梯柱编号、梯板水平及竖向尺寸、楼层结构标高、层间结构标高等。

（3）梯板集中标注的内容有四项，同平面注写方式中集中标注①、②、④、⑤、⑥项。

楼梯平法施工图示例如图 11-19 所示。

三、楼梯平法施工图识读

以附图结施-16 中的 T1 的二层为例讲解，楼梯平法施工图如图 11-20 所示。

读图：该楼梯为板式楼梯，梯板是 AT1，梯板厚度为 110 mm，踏步段的总高度为 1 800 mm，踏步级数为 13，梯板上部纵筋为直径 10 mm 的 HRB400 级钢筋，间距为 150 mm，梯板下部纵筋为直径 12 mm 的 HRB400 级钢筋，间距为 150 mm，梯板分布钢筋为直径 8 mm 的 HRB400 级钢筋，间距为 200 mm。

平台板为 PTB1 和 PTB2，PTB1 板厚为 100 mm，板的下部 X 向纵筋为直径 8 mm 的 HRB400 级钢筋，间距为 150 mm，板的下部 Y 向纵筋为直径 10 mm 的 HRB400 级钢筋，间距为 200 mm，板的上部 X 向纵筋为直径 8 mm 的 HRB400 级钢筋，间距为 150 mm，板的上部 Y 向纵筋为直径 10 mm 的 HRB400 级钢筋，间距为 200 mm。PTB2 板厚为 100 mm，板的下部 X 向和 Y 向纵筋均为直径 8 mm 的 HRB400 级钢筋，间距为 150 mm，板的上部 X 向和 Y 向纵筋均为直径 8 mm 的 HRB400 级钢筋，间距为 150 mm。

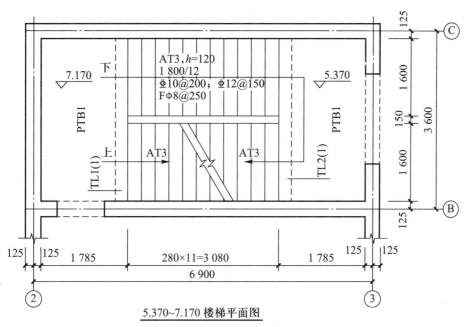

5.370~7.170 楼梯平面图

(a) 平面注写方式

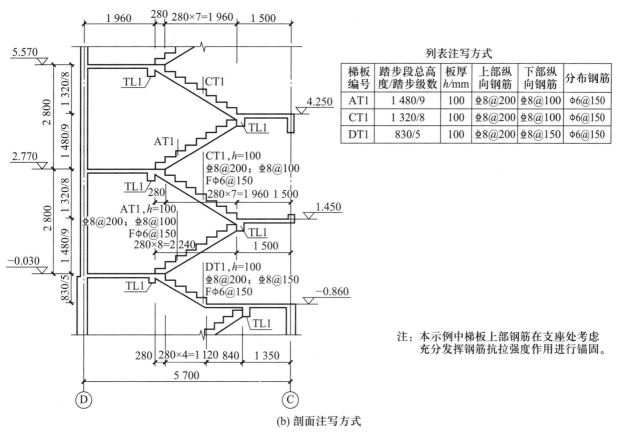

列表注写方式

梯板编号	踏步段总高度/踏步级数	板厚h/mm	上部纵向钢筋	下部纵向钢筋	分布钢筋
AT1	1 480/9	100	⏀8@200	⏀8@100	φ6@150
CT1	1 320/8	100	⏀8@200	⏀8@100	φ6@150
DT1	830/5	100	⏀8@200	⏀8@150	φ6@150

注：本示例中梯板上部钢筋在支座处考虑充分发挥钢筋抗拉强度作用进行锚固。

(b) 剖面注写方式

图 11-19 楼梯平法施工图示例

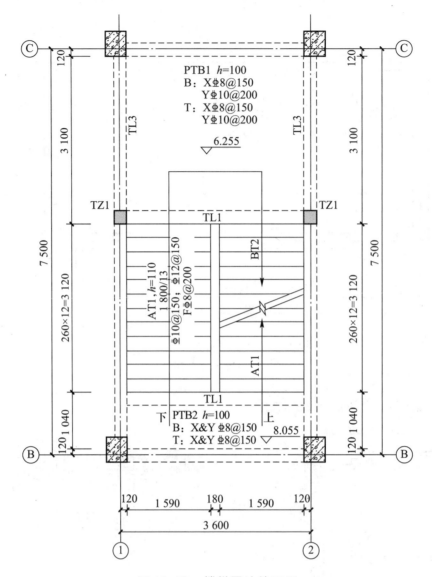

图 11-20　楼梯平法施工图

11.3　桩基础平法制图规则

一、灌注桩平法施工图的表示方法

灌注桩平法施工图系在灌注桩平面布置图上采用列表注写方式或平面注写方式进行表达。

灌注桩平面布置图可采用适当比例单独绘制,并标注其定位尺寸。

1. 列表注写方式

列表注写方式系在灌注桩平面布置图上,分别标注定位尺寸;在桩表中注写桩编号、桩尺寸、桩纵筋、桩螺旋箍筋、桩顶标高、单桩竖向承载力特征值。

桩表注写内容规定如下：

（1）桩编号。桩编号由类型代号和序号组成，应符合表 11-7 的规定。

表 11-7 桩 编 号

类型	代号	序号
灌注桩	GZH	××
扩底灌注桩	GZH_k	××

（2）桩尺寸。包括桩径 D×桩长 L，当为扩底灌注桩时，还应在括号内注写扩底端尺寸。

（3）桩纵筋。包括桩周均布的纵筋根数、钢筋强度级别、从桩顶起算的纵筋配置长度。

① 通长等截面配筋：注写全部纵筋，如××Φ××。

② 部分长度配筋：注写桩纵筋，如××Φ××/$L1$，其中 $L1$ 表示从桩顶起算的入桩长度。

③ 通长变截面配筋：注写桩纵筋，包括通长纵筋××Φ××，非通长纵筋××Φ××/$L1$，其中 $L1$ 表示从桩顶起算的入桩长度。通长纵筋与非通长纵筋沿桩周间隔均匀布置。如 15Φ20，15Φ18/6 000，表示桩通长纵筋为 15Φ20，桩非通长纵筋为 15Φ18，从桩顶起算的入桩长度为 6 000 mm。实际桩上段纵筋为 15Φ20+15Φ18，通长纵筋与非通长纵筋间隔均匀布置于桩周。

（4）桩螺旋箍筋。以大写字母 L 打头，注写桩螺旋箍筋，包括钢筋强度级别、直径与间距。

① 用斜线"/"区分桩顶箍筋加密区与桩身箍筋非加密区长度范围内箍筋的间距。

② 当桩身位于液化土层范围内时，箍筋加密区长度应由设计者根据具体工程情况注明，或者箍筋全长加密。如 LΦ8@ 100/200，表示箍筋为 HRB400 级钢筋，直径为 8 mm，加密区间距为 100 mm，非加密区间距为 200 mm，L 表示螺旋箍筋。

（5）桩顶标高。

（6）单桩竖向承载力特征值。

设计未注明时，当钢筋笼长度超过 4 m 时，应每隔 2 m 设一道直径 12 mm 焊接加劲箍；焊接加劲箍亦可由设计另行注明。桩顶进入承台高度 h，桩径<800 mm 时取 50 mm，桩径≥800 mm 时取 100 mm。

2. 平面注写方式

平面注写方式的规则同列表注写方式，将表格中的内容除单桩竖向承载力特征值以外集中标注在灌注桩上，如图 11-21 所示。

图 11-21 中，GZH1 表示 1 号灌注桩，直径 800 mm，桩长 16.7 m，桩身通长钢筋为 10 根直径为 18 mm 的 HRB400 级钢筋。箍筋为螺旋箍筋，强度级别为 HRB400 级，直径为 8 mm，加密区间距为 100 mm，非加密区间距为 200 mm。桩顶标高为-3.400 m。

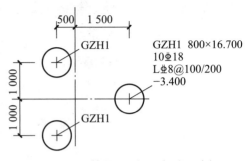

图 11-21   桩平面注写方式示例

二、桩基承台平法施工图的表示方法

桩基承台平法施工图有平面注写与截面注写两种表达方式，设计者可根据具体工程情况选择一种，或将两种方式相结合进行桩基承台施工图设计。

当绘制桩基承台平面布置图时，应将承台下的桩位和承台所支承的柱、墙一起绘制。当设置基础联系梁时，可根据图面的疏密情况，将基础联系梁与基础平面布置图一起绘制，或将基础联系梁布置图单独绘制。

当桩基承台的柱中心线或墙中心线与建筑定位轴线不重合时，应标注其定位尺寸；编号相同的桩基承台，可仅选择一个进行标注。

桩基承台分为独立承台和承台梁，分别按表 11-8 和表 11-9 的规定编号。

表 11-8   独立承台编号

类型	独立承台截面形状	代号	序号	说明
独立承台	阶形	CT_J	××	单阶截面即为平板式独立承台
	坡形	CT_P	××	

注：杯口独立承台代号可为 BCT_J 和 BCT_P，设计注写方式可参照杯口独立基础，施工详图应由设计者提供。

表 11-9   承台梁编号

类型	代号	序号	跨数及有无外伸
承台梁	CTL	××	(××)端部无外伸
			(××A) 一端有外伸
			(××B) 两端有外伸

1. 独立承台的平面注写方式

独立承台的平面注写方式分为集中标注和原位标注两部分内容。

（1）独立承台的集中标注系在承台平面上集中引注独立承台编号、截面竖向尺寸、配筋三项必注内容，以及承台板底面标高(与桩基承台底面基准标高不同时)和必要的文字注解两项选注内容。具体规定如下：

① 注写独立承台编号(必注内容),见表11-8。

② 注写独立承台截面竖向尺寸(必注内容),即注写 $h_1/h_2/\cdots$,具体标注为:

a. 当独立承台为阶形截面时(图11-22和图11-23),为多阶时各阶尺寸自下而上用斜线"/"分隔顺写;为单阶时截面竖向尺寸仅为一个,且为独立承台总高度。

b. 当独立承台为坡形截面时(图11-24),截面竖向尺寸注写为 h_1/h_2。

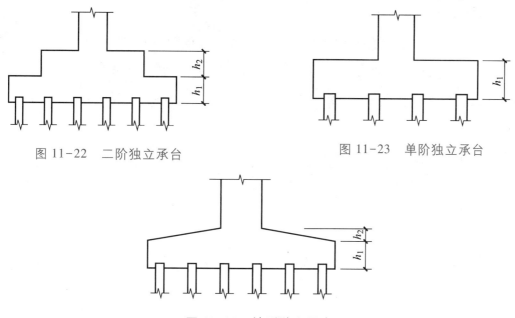

图11-22 二阶独立承台   图11-23 单阶独立承台

图11-24 坡形独立承台

③ 注写独立承台配筋(必注内容)。底部与顶部双向配筋应分别注写,顶部配筋仅用于双柱或四柱等独立承台。当独立承台顶部无配筋时则不注顶部。注写规定如下:

a. 以 B 打头注写底部配筋,以 T 打头注写顶部配筋。

b. 矩形承台 X 向配筋以 X 打头,Y 向配筋以 Y 打头;当两向配筋相同时,则以 X&Y 打头。

c. 当为等边三桩承台时,以"△"打头,注写三角布置的各边受力钢筋(注明根数并在配筋值后注写"×3"),在斜线"/"后注写分布钢筋,不设分布钢筋时可不注写。

d. 当为等腰三桩承台时,以"△"打头,注写等腰三角形底边的受力钢筋+两对称斜边的受力钢筋(注明根数并在两对称配筋值后注写"×2"),在斜线"/"后注写分布钢筋,不设分布钢筋时可不注写。

e. 当为多边形(五边形或六边形)承台或异形独立承台,且采用 X 向和 Y 向正交配筋时,注写方式与矩形独立承台相同。

f. 两桩承台可按承台梁进行标注。

④ 注写基础板底面标高(选注内容)。当独立承台的底面标高与桩基承台底面基准

标高不同时，应将独立承台底面标高注写在括号内。

⑤ 注写必要的文字注解（选注内容）。当独立承台的设计有特殊要求时，宜增加必要的文字注解。

（2）独立承台的原位标注系在桩基承台平面布置图上标注独立承台的平面尺寸，相同编号的独立承台可仅选择一个进行标注，其他仅注编号。

2. 承台梁的平面注写方式

承台梁的平面注写方式分为集中标注和原位标注两部分内容。

（1）承台梁的集中标注内容为承台梁编号、截面尺寸、配筋三项必注内容，以及承台梁底面标高（与承台底面基准标高不同时）和必要的文字注解两项选注内容。具体规定如下：

① 注写承台梁编号（必注内容）。

② 注写承台梁截面尺寸（必注内容），即注写 $b \times h$，表示梁截面宽度与高度。

③ 注写承台梁配筋（必注内容）。

a. 注写承台梁箍筋。

（a）当具体设计仅采用一种箍筋间距时，注写钢筋级别、直径、间距与肢数（箍筋肢数写在括号内）。

（b）当具体设计采用两种箍筋间距时，用斜线"/"分隔不同箍筋的间距。此时，设计应指定其中一种箍筋间距的布置范围。

在两向承台梁相交位置，应有一向截面较高的承台梁箍筋贯通设置；当两向承台梁等高时，可任选一向承台梁的箍筋贯通设置。

b. 注写承台梁底部、顶部及侧面纵向钢筋：

（a）以 B 打头，注写承台梁底部贯通纵筋。

（b）以 T 打头，注写承台梁顶部贯通纵筋。

（c）当承台梁底部或顶部贯通纵筋多于一排时，用斜线"/"将各排纵筋自上而下分开。

（d）以大写字母 G 打头注写承台梁侧面对称设置的纵向构造钢筋的总配筋值（当梁腹板高度 $h_w \geqslant 450$ mm 时，根据需要配置）。

④ 注写承台梁底面标高（选注内容）。当承台梁底面标高与桩基承台底面基准标高不同时，应将承台梁底面标高注写在括号内。

⑤ 必要的文字注解（选注内容）。当承台梁的设计有特殊要求时，宜增加必要的文字注解。

（2）承台梁的原位标注。

① 原位标注承台梁的附加箍筋或（反扣）吊筋。当需要设置附加箍筋或（反扣）吊

筋时,将附加箍筋或(反扣)吊筋直接画在平面图中的承台梁上,原位直接引注总配筋值(附加箍筋的肢数注在括号内)。当多数梁的附加箍筋或(反扣)吊筋相同时,可在桩基承台平法施工图上统一注明,少数与统一注明值不同时,再原位直接引注。

② 原位注写修正内容。当在承台梁上集中标注的某项内容(如截面尺寸、箍筋、底部与顶部贯通纵筋或架立钢筋、梁侧面纵向构造钢筋、承台梁底面标高等)不适用于某跨或某外伸部位时,将其修正内容原位标注在该跨或该外伸部位,施工时原位标注取值优先。

3. 桩基承台的截面注写方式

桩基承台的截面注写方式可分为截面标注和列表注写(结合截面示意图)两种表达方式。

采用截面注写方式,应在桩基平面布置图上对所有桩基承台进行编号。

桩基承台的截面注写方式可参照独立基础及条形基础的截面注写方式(22G101-3图集),进行设计施工图的表达。

11.4 附图——现浇钢筋混凝土框架结构施工图识读

书后附图为现浇钢筋混凝土框架结构实例,本实例只包括结构施工图,建筑施工图等略。本实例结构施工图共17张,具体图名是:

(1)结施-01、02 结构设计说明

(2)结施-03 桩位平面布置图

(3)结施-04 承台平面布置图

(4)结施-05、06、07 柱平法施工图

(5)结施-08、09、10 梁平法施工图

(6)结施-11、12 板平法施工图

(7)结施-13 节点构造详图

(8)结施-14、15、16、17 楼梯平法施工图

(一)结构设计说明

本图纸的结构设计说明在结施-01和结施-02中,主要包括以下内容:

1. 工程概况

工程概况主要介绍工程建设地点、使用功能、层数(四层)、结构体系(框架结构)、长度(43.2 m)、宽度(9.9 m)、总高度(15.45 m)等。

2. 设计依据

内容包括设计使用年限(50 年)、抗震设防烈度(7 度)、框架抗震等级(三级)、基本风压和雪压,以及地质勘探及设计遵循的标准、规范和规程等。

3. 图纸说明

内容包括构件编号、度量单位、结构施工图参照的标准图集等。

4. 建筑分类等级

内容包括建筑结构安全等级、地基基础设计等级、建筑抗震设防类别、框架抗震等级、建筑耐火等级及混凝土构件的环境类别等。

5. 主要荷载取值

内容包括设计所采用的均布可变荷载标准值以及建筑隔墙墙体自重。

6. 设计计算程序

7. 主要结构材料

内容包括混凝土强度等级(主体结构 C25)、钢筋的级别、焊条、墙体材料等。

8. 地基基础部分

此部分主要说明依据的岩土工程勘察报告。

9. 钢筋混凝土部分

内容包括保护层最小厚度、钢筋锚固长度、钢筋绑扎搭接长度、钢筋的连接、梁柱节点要求、电气避雷要求等。

10. 砌体工程

内容包括门窗过梁、填充墙砌筑构造等。

11. 沉降观测要求

12. 其他施工注意事项

(二) 桩位平面布置图

桩位平面布置图主要表示桩的平面位置、桩与轴线的关系。轴线编号与建筑平面图一致,尺寸只标注两道。以附图为例,结施-03 为桩位平面布置图。本工程钻孔灌注桩桩身为水下浇筑混凝土,混凝土强度等级为 C30,桩身混凝土保护层厚度为 50 mm。图 11-25 所示为桩位平面布置图(部分),在图纸中显示出了桩的具体布置位置及其与轴线之间的关系。

图 11-26 所示为桩身大样图。

读图:桩的纵筋(主筋)为 12 根直径 18 mm 的 HRB400 级钢筋,箍筋为直径 8 mm 的 HPB300 级钢筋,间距为 250 mm,加劲箍为直径 14 mm 的 HPB300 级钢筋,间距为 2 000 mm,柱顶 5D 范围内箍筋加密,加密区箍筋的间距为 150 mm。

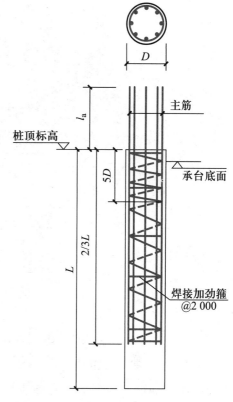

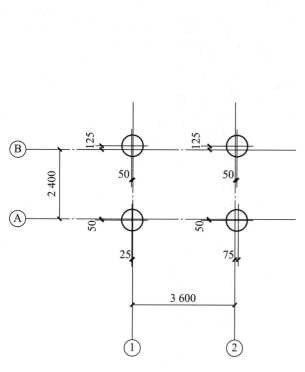

图 11-25　桩位平面布置图(部分)

注：主筋 12 ⊈ 18，箍筋 φ8@ 250，加劲箍 φ14@ 2 000，

柱顶 5D 范围内箍筋加密，间距为 150 mm。

图 11-26　桩身大样图

(三) 承台平面布置图

在承台下方作一水平剖切，其水平投影即为承台平面布置图。主要表示承台的平面布置、基础梁的设置及承台与轴线的关系。

附图中的结施-04 为承台平面布置图。桩基承台的平面布置图(部分)如图 11-27 所示。下面以承台 1 为例进行讲解。

读图：承台 CT$_j$01 为阶形独立承台，为单阶，总高度为 650 mm，承台底部 X 向和 Y 向配筋相同，均为直径 14 mm 的 HRB400 级钢筋，间距为 150 mm。承台的边长为 1 600 mm×1 600 mm。

JLL01 为一根两跨的基础联系梁，截面尺寸为 300 mm×650 mm，箍筋为直径 8 mm 的 HRB400 级钢筋，为双肢箍，间距为 150 mm。底部贯通纵筋为 3 根直径 22 mm 的 HRB400 级钢筋，顶部贯通纵筋为 3 根直径 22 mm 的 HRB400 级钢筋，梁两侧面对称设置的纵向构造钢筋为 4 根直径 14 mm 的 HRB400 级钢筋。

(四) 柱平法施工图

柱平法施工图系在柱平面布置图上采用列表注写方式或截面注写方式表达柱构件的截面形状、几何尺寸、配筋等设计内容，并用表格或其他方式注明包括地下和地上

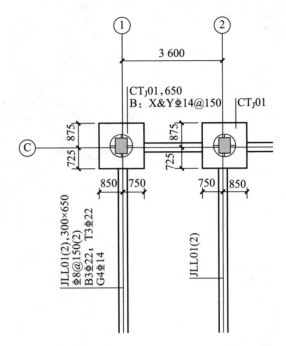

图 11-27   桩基承台的平面布置图(部分)

各层的结构层楼(地)面标高、结构层高及相应的结构层号(与建筑楼层号一致)。附图中的结施-05、06、07 为柱平法施工图。下面以 KZ1 为例进行讲解。

1. 结构层楼面标高及结构层高

结构层楼面标高及结构层高见表 11-10。

表 11-10   结构层楼面标高及结构层高

层号	标高/m	层高/m
屋面	15.300	
3	11.670	3.630
2	8.070	3.600
1	4.470	3.600
	-0.550	5.020

2. 截面注写方式

KZ1 平法施工图截面注写方式如图 11-28 所示。

3. 列表注写方式

KZ1 平法施工图列表注写方式见表 11-11。

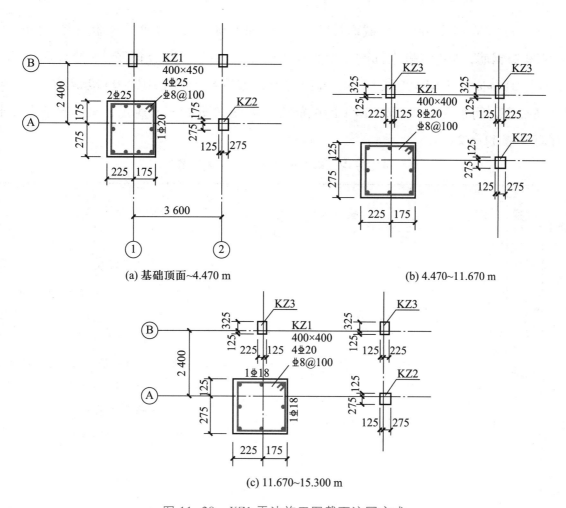

(a) 基础顶面~4.470 m

(b) 4.470~11.670 m

(c) 11.670~15.300 m

图 11-28　KZ1 平法施工图截面注写方式

表 11-11　KZ1 平法施工图列表注写方式

柱号	标高	$b \times h$	b_1	b_2	h_1	h_2	全部纵筋	角筋	b 边一侧中部筋	h 边一侧中部筋	箍筋类型号	箍筋	备注
KZ1	-0.550~4.470	400×450	225	175	275	175		4 Φ 25	2 Φ 25	1 Φ 20	2	Φ 8@ 100	
	4.470~11.670	400×400	225	175	275	125	8 Φ 20				2	Φ 8@ 100	
	11.670~15.300	400×400	225	175	275	125		4 Φ 20	1 Φ 18	1 Φ 18	2	Φ 8@ 100	

读图：KZ1 为 1 号框架柱(角柱)，该柱为变截面柱，基础顶面~4.470 m 柱截面尺寸为 400 mm×450 mm，角筋为 4 根直径 25 mm 的 HRB400 级钢筋，b 边一侧中部配 2 根直径 25 mm 的 HRB400 级钢筋，h 边一侧中部配 1 根直径 20 mm 的 HRB400 级钢筋。4.470~11.670 m 柱截面尺寸为 400 mm×400 mm，均匀布置 8 根直径 20 mm 的 HRB400

级钢筋。11.670~15.300 m 柱截面尺寸为 400 mm×400 mm，角筋为 4 根直径 20 mm 的 HRB400 级钢筋，b 边一侧中部配 1 根直径 18 mm 的 HRB400 级钢筋，h 边一侧中部配 1 根直径 18 mm 的 HRB400 级钢筋。箍筋均为直径为 8 mm 的 HRB400 级钢筋，角柱箍筋全高加密，间距为 100 mm。KZ1 的配筋构造详图如图 11-29 所示，具体钢筋及其长度计算见表 11-12。

表 11-12　KZ1 识读及钢筋长度计算

钢筋编号	位置	数量	备注	计算步骤
①	基础插筋	4 ⚏ 25		竖直段长度 = (650−40+1 440) mm = 2 050 mm
②		4 ⚏ 25	$\dfrac{1}{3}H_{n1}=\dfrac{1}{3}(5\,020-700)$ mm = 1 440 mm $35d=35\times25$ mm = 875 mm	竖直段长度 = (650−40+1 440+875) mm = 2 925 mm
③		1 ⚏ 20		竖直段长度 = (650−40+1 440) mm = 2 050 mm
④		1 ⚏ 20		竖直段长度 = (650−40+1 440+875) mm = 2 925 mm
⑤	一层纵筋	3 ⚏ 25	$H_{n2}=2\,900$ $\max\left(\dfrac{H_{n2}}{6},\ h_{c},\ 500\text{ mm}\right)$ $\approx\max(483\text{ mm},450\text{ mm},500\text{ mm})$ = 500 mm	竖直段长度 = (5 020−1 440+500) mm = 4 080 mm
⑥		2 ⚏ 20	$35d=35\times25$ mm = 875 mm	竖直段长度 = (5 020−1 440−875+500+875) mm = 4 080 mm
⑦		1 ⚏ 25	弯折段的长度 = $\sqrt{650^2+50^2}$ mm ≈ 652 mm	下面竖直段长度 = (4 320−1 440) mm = 2 880 mm 上面竖直段长度 = (50+500) mm = 550 mm 总长度 = (2 880+652+550) mm = 4 082 mm

续表

钢筋编号	位置	数量	备注	计算步骤
⑧	一层纵筋	2 Φ 25	弯折段的长度 $= \sqrt{650^2+50^2}$ mm $\approx$ 652 mm	下面竖直段长度 $=$（4 320－1 440－875）mm $=$ 2 005 mm 上面竖直段长度 $=$（50+500+875）mm $=$ 1 425 mm 总长度 $=$（2 005+652+1425）mm $=$ 4 082 mm
⑨		2 Φ 25	$12d = 12 \times 25$ mm $=$ 300 mm	竖直段长度 $=$（4 320－1 440+700－25）mm $=$ 3 555 mm
⑩	二层纵筋	8 Φ 20	$H_{n3} = 2\ 900$ mm $\max\left(\dfrac{H_{n2}}{6},\ h_c,\ 500 \text{ mm}\right)$ $\approx \max(483 \text{ mm}, 400 \text{ mm}, 500 \text{ mm})$ $= 500$ mm $\max\left(\dfrac{H_{n3}}{6},\ h_c,\ 500 \text{ mm}\right)$ $\approx \max(483 \text{ mm}, 400 \text{ mm}, 500 \text{ mm})$ $= 500$ mm $35d = 35 \times 25$ mm $=$ 875 mm	竖直段长度 $=$（3 600－500+500）mm $=$ 3 600 mm
⑪	三层纵筋	8 Φ 20	$H_{n4} = 3\ 030$ mm $\max\left(\dfrac{H_{n3}}{6},\ h_c,\ 500 \text{ mm}\right)$ $\approx \max(483 \text{ mm}, 400 \text{ mm}, 500 \text{ mm})$ $= 500$ mm $\max\left(\dfrac{H_{n4}}{6},\ h_c,\ 500 \text{ mm}\right)$ $= \max(505 \text{ mm}, 400 \text{ mm}, 500 \text{ mm})$ $= 505$ mm $35d = 35 \times 20$ mm $=$ 700 mm	竖直段长度 $=$（3 600－500+505）mm $=$ 3 605 mm

续表

钢筋编号	位置	数量	备注	计算步骤
⑫		3 ⏀ 20		竖直段长度 = (3 030−505+600−25)mm = 3 100 mm 水平段长度 = (1 260−575)mm = 685 mm
⑬	顶层纵筋	2 ⏀ 18	$\max\left(\dfrac{H_{n4}}{6},\ h_c,\ 500\ \text{mm}\right)$ $= \max(505\ \text{mm}, 400\ \text{mm}, 500\ \text{mm})$ $= 505\ \text{mm}$ $1.5 l_{abE} = 1.5 \times 42 d$ $= 1.5 \times 42 \times 20\ \text{mm} = 1\ 260\ \text{mm}$ $1.5 l_{abE} = 1.5 \times 42 d$ $= 1.5 \times 42 \times 18\ \text{mm} = 1\ 134\ \text{mm}$ $35 d = 35 \times 20\ \text{mm} = 700\ \text{mm}$ $12 d = 12 \times 20\ \text{mm} = 240\ \text{mm}$ $12 d = 12 \times 18\ \text{mm} = 216\ \text{mm}$	竖直段长度 = (3 030−505−700+600−25)mm = 2 400 mm 水平段长度 = (1134−575)mm = 559 mm
⑭		1 ⏀ 20		竖直段长度 = (3 030−505+600−25)mm = 3 100 mm 水平段长度 = 240 mm
⑮		2 ⏀ 18		竖直段长度 = (3 030−505−700+600−25)mm = 2 400 mm 水平段长度 = 216 mm
⑯	一层箍筋	⏀ 8 @ 100		水平段长度 = (400−25×2)mm = 350 mm 竖直段长度 = (450−25×2)mm = 400 mm
⑰	二层、三层、顶层箍筋	⏀ 8 @ 100		水平段长度 = (400−25×2)mm = 350 mm 竖直段长度 = (400−25×2)mm = 350 mm

注: 1. 以上计算长度均为外皮尺寸。

2. 钢筋采用机械连接。

3. 基础高度 650 mm, 基础保护层厚度 40 mm, 一、二、三层梁高 700 mm, 顶层梁高 600 mm, 柱保护层厚度 25 mm。

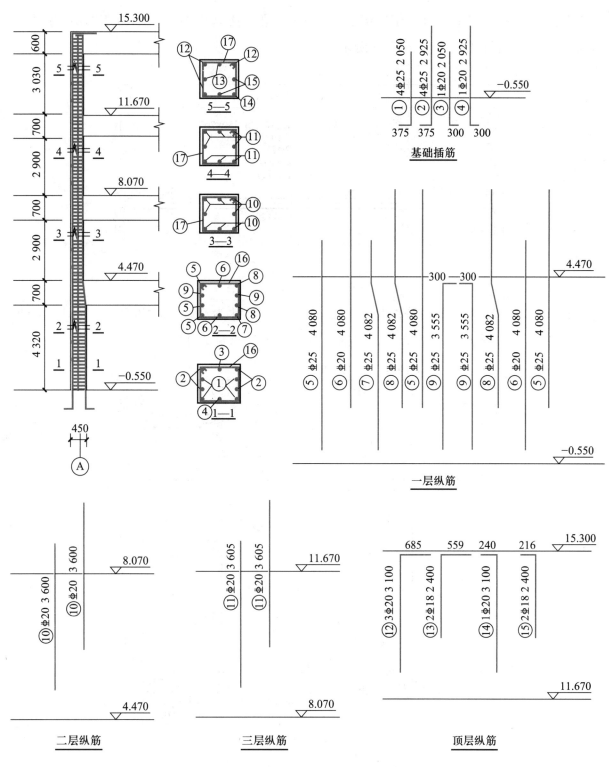

图 11-29 KZ1 的配筋构造详图

（五）梁平法施工图

在梁平面布置图上，分别从不同编号的梁中各选择一根梁，采用在其上注写截面尺寸和配筋具体数值的方式来表达梁平法施工图。平面注写包括集中标注与原位标注，集中标注表达梁的通用数值，原位标注表达梁的特殊数值，施工时原位标注取值优先

(详见前面论述)。附图中的结施-08、09、10 为梁平法施工图。下面以 KL101 为例进行讲解,其平法施工图如图 11-30 所示。

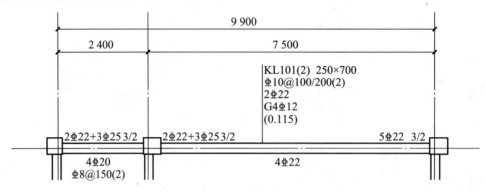

图 11-30　KL101 平法施工图

读图:KL101 为一根两跨的楼层框架梁,截面尺寸为 250 mm×700 mm。KL101 的配筋构造详图如图 11-31 所示,具体钢筋及其长度计算见表 11-13。

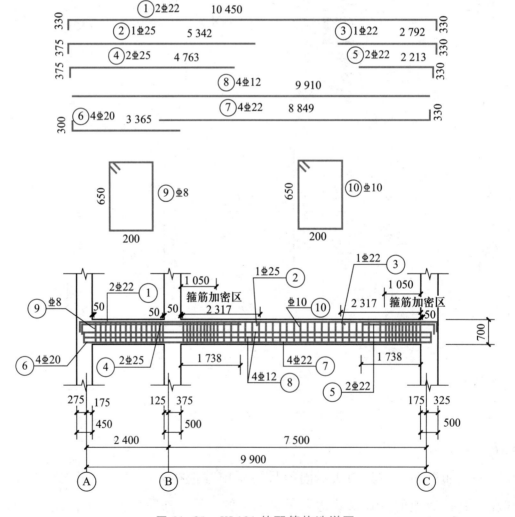

图 11-31　KL101 的配筋构造详图

表 11-13 KL101 识读及钢筋长度计算

钢筋编号	位置	数量	备注	计算步骤
①	上部通长钢筋	2 Φ 22		水平段长度 =（450-25+2 100+500+6 950+ 500-25）mm = 10 450 mm
②	上部左侧第一排支座负筋（从第一支座到第二支座，$\frac{1}{3}l_2$ 处切断）	1 Φ 25	$\frac{1}{3}l_2 = \frac{1}{3}$（7 500-550）mm ≈ 2 317 mm	水平段长度 =（450-25+2 100+ 500+2 317）mm = 5 342 mm
③	上部第二跨右侧第一排支座负筋（第三支座 $\frac{1}{3}l_2$ 处切断）	1 Φ 22	$\frac{1}{3}l_2 = \frac{1}{3}$（7 500-550）mm ≈ 2 317 mm	水平段长度 =（500-25+2 317）mm = 2 792 mm
④	上部左侧第二排支座负筋（从第一支座到第二支座，$\frac{1}{4}l_2$ 处切断）	2 Φ 25	$\frac{1}{4}l_2 = \frac{1}{4}$（7 500-550）mm ≈ 1 738 mm	水平段长度 =（450-25+2 100+500+ 1 738）mm = 4 763 mm
⑤	上部第二跨右侧第二排支座负筋（第三支座 $\frac{1}{4}l_2$ 处切断）	2 Φ 22	$\frac{1}{4}l_2 = \frac{1}{4}$（7 500-550）mm ≈ 1 738 mm	水平段长度 =（500-25+1 738）mm = 2 213 mm
⑥	第一跨下部受力钢筋	4 Φ 20	42d = 42×20 mm = 840 mm	水平段长度 =（450-25+2 100+840）mm = 3 365 mm
⑦	第二跨下部受力钢筋	4 Φ 22	42d = 42×22 mm = 924 mm	水平段长度 =（500-25+6 950+ 500+924）mm = 8 849 mm

续表

钢筋编号	位置	数量	备注	计算步骤
⑧	梁侧面构造钢筋	4 ϕ 12	锚固长度取 15d = 15×12 mm = 180 mm	水平段长度 =(180+2 100+500+ 6 950+180)mm =9 910 mm
⑨	第一跨箍筋	ϕ 8@150		水平段长度 =(250-25-25)mm = 200 mm 竖直段长度 =(700-25-25)mm = 650 mm
⑩	第二跨箍筋	ϕ 10@ 100/200	两端箍筋加密区取 1 050 mm(即 1.5×700 mm = 1 050 mm,500 mm 中的较大值)	水平段长度 =(250-25-25)mm = 200 mm 竖直段长度 =(700-25-25)mm = 650 mm

注:以上计算长度均为外皮尺寸。

(六)板平法施工图

板的钢筋表示方法为:如有弯钩,则下部钢筋弯钩应向上或向左,上部钢筋弯钩则向下或向右。

附图中结施-11、12 为板平法施工图。下面以 LB1 为例进行讲解,其平法施工图如图 11-32 所示。

读图:LB1 为 1 号楼面板,板的厚度为 120 mm,板的下部 X 向纵筋为直径 10 mm 的 HRB400 级钢筋,间距为 150 mm,板的下部 Y 向纵筋为直径 10 mm 的 HRB400 级钢筋,间距为 200 mm,板的上部未设贯通纵筋。板支座上部设置①号和②号支座负筋,①号支座负筋为直径 10 mm 的 HRB400 级钢筋,间距为 150 mm,自支座中线向跨内的伸出长度为 1 200 mm,②号支座负筋为直径 10 mm 的 HRB400 级钢筋,间距为 150 mm,向支座两侧对称伸出,每侧自支座中线向跨内的伸出长度均为 1 200 mm。LB1 的配筋构造详图如图 11-33 所示。

(七)节点构造详图

附图中结施-13 为节点构造详图,显示了某些部位的详细做法,如图 11-34 所示。

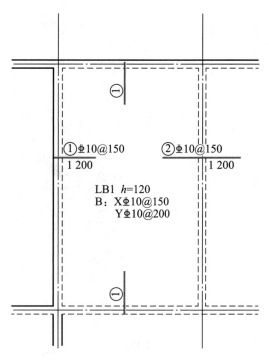

图 11-32　LB1 平法施工图

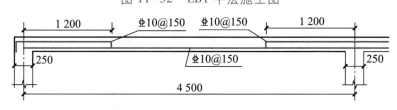

图 11-33　LB1 的配筋构造详图

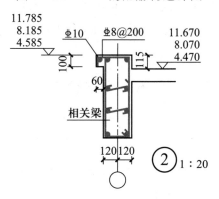

图 11-34　节点构造详图

（八）楼梯平法施工图

附图中结施-14、15 为 T1 平法施工图，附图中结施-16、17 为 T2 平法施工图。下面以一层 T1 为例进行讲解，其平法施工图如图 11-35 所示。

读图：楼梯为板式楼梯，梯板是 BT1 和 BT2，BT1 梯板厚度为 140 mm，踏步段的总高度为 1 495 mm，踏步级数为 11，梯板上部纵筋为直径 10 mm 的 HRB400 级钢筋，

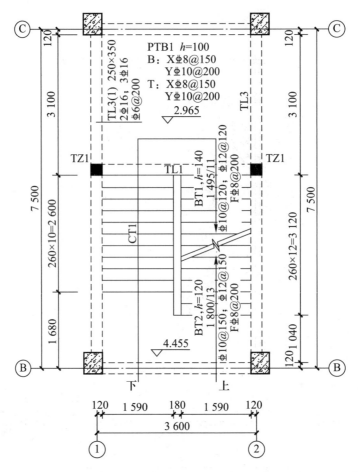

图 11-35　T1 平法施工图(一层)

间距为 120 mm,梯板下部纵筋为直径 12 mm 的 HRB400 级钢筋,间距为 120 mm,梯板分布钢筋为直径 8 mm 的 HRB400 级钢筋,间距为 200 mm。BT2 梯板厚度为 120 mm,踏步段的总高度为 1 800 mm,踏步级数为 13,梯板上部纵筋为直径 10 mm 的 HRB400 级钢筋,间距为 150 mm,梯板下部纵筋为直径 12 mm 的 HRB400 级钢筋,间距为 150 mm,梯板分布钢筋为直径 8 mm 的 HRB400 级钢筋,间距为 200 mm。

平台板为 PTB1,板厚为 100 mm,板的下部 X 向纵筋为直径 8 mm 的 HRB400 级钢筋,间距为 150 mm,板的下部 Y 向纵筋为直径 10 mm 的 HRB400 级钢筋,间距为 200 mm,板的上部 X 向纵筋为直径 8 mm 的 HRB400 级钢筋,间距为 150 mm,板的上部 Y 向纵筋为直径 10 mm 的 HRB400 级钢筋,间距为 200 mm。

梯梁 TL3 为单跨梁,截面尺寸是 250 mm×350 mm,上部通长筋为 2 根直径 16 mm 的 HRB400 级钢筋,下部通长筋为 3 根直径 16 mm 的 HRB400 级钢筋,箍筋为直径 6 mm的 HRB400 级钢筋,间距为 200 mm。

BT1 的配筋构造详图如图 11-36 所示。

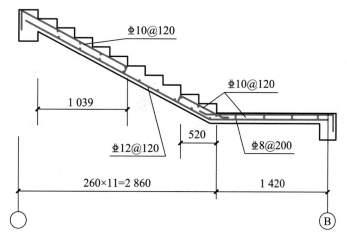

图 11-36   BT1 的配筋构造详图

复习思考题

11-1   简述结构施工图的组成，其主要作用是什么？

11-2   说出常用构件的代号，会识读构件代号名称。

11-3   说出钢筋的种类、级别和代号。

11-4   说出常用钢筋的图例及画法。

11-5   基础平面图包括哪些内容？有何用途？

11-6   楼层结构平面图包括哪些内容？有何作用？

11-7   通读附图全套图纸，有可能的话，画出配筋构造详图。

附录1　荷载计算用表

附表 1-1　常用材料构件自重表

名称	自重	备注
钢	78.5 kN/m³	
铝合金	28 kN/m³	
普通砖	19 kN/m³	机器制，240 mm×115 mm×53 mm（684 块/m³）
耐火砖	19~22 kN/m³	230 mm×110 mm×65 mm（609 块/m³）
灰砂砖	18 kN/m³	砂∶白灰=92∶8
煤渣砖	17~18.5 kN/m³	
矿渣砖	18.5 kN/m³	硬矿渣∶烟灰∶石灰=75∶15∶10
焦渣砖	12~14 kN/m³	
蒸压粉煤灰砖	14.0~16.0 kN/m³	干重度
陶粒空心砌块	5.0 kN/m³	长 600 mm、400 mm，宽 150 mm、250 mm，高 250 mm、200 mm
粉煤灰轻渣空心砌块	7.0~8.0 kN/m³	390 mm×190 mm×190 mm，390 mm×240 mm× 190 mm
蒸压粉煤灰加气混凝土砌块	5.5 kN/m³	
混凝土空心小砌块	11.8 kN/m³	390 mm×190 mm×190 mm
石灰砂浆、混合砂浆	17 kN/m³	
水泥砂浆	20 kN/m³	
素混凝土	22~24 kN/m³	振捣或不振捣
泡沫混凝土	4~6 kN/m³	
加气混凝土	5.5~7.5 kN/m³	单块
钢筋混凝土	24~25 kN/m³	
水磨石地面	0.65 kN/m³	10 mm 面层，20 mm 水泥砂浆打底
油毡防水屋（包括改性沥青防水卷材）	0.05 kN/m²	一层油毡刷油两遍
	0.25~0.3 kN/m²	四层做法，一毡二油上铺小石子
	0.3~0.35 kN/m²	六层做法，二毡三油上铺小石子
	0.35~0.4 kN/m²	八层做法，三毡四油上铺小石子

附表 1-2   民用建筑楼面均布可变荷载标准值及其组合值系数、频遇值系数和准永久值系数

项次	类别		标准值/ (kN/m^2)	组合值系数 ψ_c	频遇值系数 ψ_f	准永久值系数 ψ_q
1	（1）住宅、宿舍、旅馆、办公楼、医院病房、托儿所、幼儿园		2.0	0.7	0.5	0.4
	（2）试验室、阅览室、会议室、医院门诊室		2.0	0.7	0.6	0.5
2	教室、食堂、餐厅、一般资料档案室		2.5	0.7	0.6	0.5
3	（1）礼堂、剧场、影院、有固定座位的看台		3.0	0.7	0.5	0.3
	（2）公共洗衣房		3.0	0.7	0.6	0.5
4	（1）商店、展览厅、车站、港口、机场大厅及其旅客等候室		3.5	0.7	0.6	0.5
	（2）无固定座位的看台		3.5	0.7	0.5	0.3
5	（1）健身房、演出舞台		4.0	0.7	0.6	0.5
	（2）运动场、舞厅		4.0	0.7	0.6	0.3
6	（1）书库、档案库、贮藏室		5.0	0.9	0.9	0.8
	（2）密集柜书库		12.0	0.9	0.9	0.8
7	通风机房、电梯机房		7.0	0.9	0.9	0.8
8	汽车通道及客车停车库	（1）单向板楼盖（板跨不小于 2 m）和双向板楼盖（板跨不小于 3m×3m）				
		客车	4.0	0.7	0.7	0.6
		消防车	35.0	0.7	0.5	0.0
		（2）双向板楼盖和无梁楼盖（柱网尺寸不小于 6 m×6 m）				
		客车	2.5	0.7	0.7	0.6
		消防车	20.0	0.7	0.5	0.0
9	厨房	（1）餐厅	4.0	0.7	0.7	0.7
		（2）其他	2.0	0.7	0.6	0.5

续表

项次	类别		标准值/ (kN/m²)	组合值 系数 ψ_c	频遇值 系数 ψ_f	准永久 值系数 ψ_q
10	浴室、卫生间、盥洗室		2.5	0.7	0.6	0.5
11	走廊、门厅	（1）宿舍、旅馆、医院病房、托儿所、幼儿园、住宅	2.0	0.7	0.5	0.4
		（2）办公楼、餐厅、医院门诊部	2.5	0.7	0.6	0.5
		（3）教学楼及其他可能出现人员密集的情况	3.5	0.7	0.5	0.3
12	楼梯	（1）多层住宅	2.0	0.7	0.5	0.4
		（2）其他	3.5	0.7	0.5	0.3
13	阳台	（1）可能出现人员密集的情况	3.5	0.7	0.6	0.5
		（2）其他	2.5	0.7	0.6	0.5

注：本表所给各项可变荷载适用于一般使用条件，当使用荷载较大、情况特殊或有专门要求时，应按实际情况采用。

附表 1-3　民用建筑屋面均布可变荷载标准值及其组合值系数、频遇值系数和准永久值系数

项次	类别	标准值/ (kN/m²)	组合值 系数 ψ_c	频遇值 系数 ψ_f	准永久值 系数 ψ_q
1	不上人的屋面	0.5	0.7	0.5	0.0
2	上人的屋面	2.0	0.7	0.5	0.4
3	屋顶花园	3.0	0.7	0.6	0.5
4	屋顶运动场地	3.0	0.7	0.6	0.4

注：1. 不上人的屋面，当施工或维修荷载较大时，应按实际情况采用。

2. 屋顶花园可变荷载不包括花圃土石等材料自重。

附录 2　钢筋和混凝土力学性能表

附表 2-1　普通钢筋强度标准值、强度设计值、弹性模量　　　单位：MPa

种类		符号	普通钢筋强度			钢筋弹性模量
			屈服强度标准值 f_{yk}	抗拉强度设计值 f_y	抗压强度设计值 f_y'	
热轧钢筋	HPB300	Φ	300	270	270	2.1×10^5
	HRB400 HRBF400 RRB400	Φ Φ^F Φ^R	400	360	360	2.0×10^5
	HRB500 HRBF500	Φ Φ^F	500	435	435	

附表 2-2　预应力筋强度标准值、强度设计值　　　单位：MPa

种类		符号	公称直径 d/mm	屈服强度标准值 f_{pyk}	极限强度标准值 f_{ptk}	抗拉强度设计值 f_{py}	抗压强度设计值 f_{py}'
中强度预应力钢丝	光面	Φ^{PM}	5、7、9	620	800	510	410
	螺旋肋	Φ^{HM}		780	970	650	
				980	1 270	810	
预应力螺纹钢筋	螺纹	Φ^T	18、25、32、40、50	785	980	650	400
				930	1 080	770	
				1 080	1 230	900	
消除应力钢丝	光面	Φ^P	5	—	1 570	1 110	410
				—	1 860	1 320	
			7	—	1 570	1 110	
	螺旋肋	Φ^H	9	—	1 470	1 040	
				—	1 570	1 110	

续表

种类		符号	公称直径 d/mm	屈服强度标准值 f_{pyk}	极限强度标准值 f_{ptk}	抗拉强度设计值 f_{py}	抗压强度设计值 f'_{py}
钢绞线	1×3（三股）	Φ^s	8.6、10.8、12.9	—	1 570	1 110	390
				—	1 860	1 320	
				—	1 960	1 390	
	1×7（七股）		9.5、12.7、15.2、17.8	—	1 720	1 220	
				—	1 860	1 320	
				—	1 960	1 390	
			21.6		1 860	1 320	

注：钢绞线直径 d 系指钢绞线外接圆直径（公称直径）。

附表 2-3　钢筋的公称直径、公称截面面积及理论重量

公称直径/mm	不同根数钢筋的公称截面面积/mm²									单根钢筋理论重量/(kg/m)
	1	2	3	4	5	6	7	8	9	
6	28.3	57	85	113	142	170	198	226	255	0.222
8	50.3	101	151	201	252	302	352	402	453	0.395
10	78.5	157	236	314	393	471	550	628	707	0.617
12	113.1	226	339	452	565	678	791	904	1 017	0.888
14	153.9	308	461	615	769	923	1 077	1 231	1 385	1.21
16	201.1	402	603	804	1 005	1 206	1 407	1 608	1 809	1.58
18	254.5	509	763	1 017	1 272	1 527	1 781	2 036	2 290	2.00(2.11)
20	314.2	628	942	1 256	1 570	1 884	2 199	2 513	2 827	2.47
22	380.1	760	1 140	1 520	1 900	2 281	2 661	3 041	3 421	2.98
25	490.9	982	1 473	1 964	2 454	2 945	3 436	3 927	4 418	3.85(4.10)
28	615.8	1 232	1 847	2 463	3 079	3 695	4 310	4 926	5 542	4.83
32	804.2	1 609	2 413	3 217	4 021	4 826	5 630	6 434	7 238	6.31(6.65)
36	1 017.6	2 036	3 054	4 072	5 089	6 107	7 125	8 143	9 161	7.99
40	1 256.6	2 513	3 770	5 027	6 283	7 540	8 796	10 053	11 310	9.87(10.34)
50	1 963.5	3 928	5 892	7 856	9 820	11 784	13 748	15 712	17 676	15.42(16.28)

注：括号内为预应力螺纹钢筋的数值。

附表 2-4　各种钢筋按一定间距排列时每米板宽内的钢筋截面面积

钢筋间距/mm	钢筋直径/mm																				
	6	6/8	8	8/10	10	10/12	12	12/14	14	14/16	16	16/18	18	18/20	20	20/22	22	22/25	25	25/28	28
70	404	561	719	920	1 121	1 369	1 616	1 907	2 199	2 536	2 872	3 254	3 635	4 062	4 488	4 959	5 430	6 221	7 012	7 904	8 796
75	377	524	671	859	1 047	1 277	1 508	1 780	2 053	2 367	2 681	3 037	3 393	3 791	4 189	4 629	5 068	5 807	6 545	7 378	8 210
80	354	491	629	805	981	1 198	1 414	1 669	1 924	2 218	2 513	2 847	3 181	3 554	3 927	4 339	4 752	5 444	6 136	6 916	7 697
85	333	462	592	758	924	1 127	1 331	1 571	1 811	2 088	2 365	2 680	2 994	3 345	3 696	4 084	4 472	5 124	5 775	6 510	7 244
90	314	437	559	716	872	1 064	1 257	1 484	1 710	1 972	2 234	2 531	2 827	3 159	3 491	3 857	4 224	4 839	5 454	6 148	6 842
95	298	414	529	678	826	1 008	1 190	1 405	1 620	1 868	2 116	2 398	2 679	2 993	3 307	3 654	4 001	4 584	5 167	5 824	6 482
100	283	393	503	644	785	958	1 131	1 335	1 539	1 775	2 011	2 278	2 545	2 843	3 142	3 471	3 801	4 355	4 909	5 533	6 158
110	257	357	457	585	714	871	1 028	1 214	1 399	1 614	1 828	2 071	2 313	2 585	2 856	3 156	3 456	3 959	4 462	5 030	5 598
120	236	327	419	537	654	798	942	1 112	1 283	1 479	1 676	1 898	2 121	2 369	2 618	2 893	3 168	3 629	4 091	4 611	5 131
125	226	314	402	515	628	766	905	1 068	1 232	1 420	1 608	1 822	2 036	2 275	2 513	2 777	3 041	3 484	3 927	4 427	4 926
130	218	302	387	495	604	737	870	1 027	1 184	1 365	1 547	1 752	1 957	2 187	2 417	2 670	2 924	3 350	3 776	4 256	4 737
140	202	281	359	460	561	684	808	954	1 100	1 268	1 436	1 627	1 818	2 031	2 244	2 480	2 715	3 111	3 506	3 952	4 398
150	189	262	335	429	523	639	754	890	1 026	1 183	1 340	1 518	1 696	1 895	2 094	2 314	2 534	2 903	3 272	3 689	4 105
160	177	246	314	403	491	599	707	834	962	1 109	1 257	1 424	1 590	1 777	1 963	2 170	2 376	2 722	3 068	3 458	3 848
170	166	231	296	379	462	564	665	786	906	1 044	1 183	1 340	1 497	1 672	1 848	2 042	2 236	2 562	2 887	3 255	3 622
180	157	218	279	358	436	532	628	742	855	986	1 117	1 265	1 414	1 580	1 745	1 929	2 112	2 419	2 727	3 074	3 421
190	149	207	265	339	413	504	595	702	810	934	1 058	1 199	1 339	1 496	1 653	1 827	2 001	2 292	2 584	2 912	3 241
200	141	196	251	322	393	479	565	668	770	887	1 005	1 139	1 272	1 422	1 571	1 736	1 901	2 178	2 454	2 767	3 079
220	129	178	228	293	357	436	514	607	700	807	914	1 035	1 157	1 292	1 428	1 578	1 728	1 980	2 231	2 515	2 799
240	118	164	209	268	327	399	471	556	641	740	838	949	1 060	1 185	1 309	1 446	1 584	1 815	2 045	2 305	2 566
250	113	157	201	258	314	383	452	534	616	710	804	911	1 018	1 137	1 257	1 389	1 521	1 742	1 963	2 213	2 463
260	109	151	193	248	302	368	435	514	592	683	773	876	979	1 094	1 208	1 335	1 462	1 675	1 888	2 128	2 368
280	101	140	180	230	281	342	404	477	550	634	718	813	909	1 015	1 122	1 240	1 358	1 555	1 753	1 976	2 199
300	94	131	168	215	262	319	377	445	513	592	670	759	848	948	1 047	1 157	1 267	1 452	1 636	1 844	2 053

附表 2-5　混凝土强度标准值、强度设计值和弹性模量　　单位：MPa

强度种类		轴心抗压强度		轴心抗拉强度		弹性模量（×10⁴）
符号		标准值 f_{ck}	设计值 f_c	标准值 f_{tk}	设计值 f_t	E_c
混凝土 强度等级	C20	13.4	9.6	1.54	1.10	2.55
	C25	16.7	11.9	1.78	1.27	2.80
	C30	20.1	14.3	2.01	1.43	3.00
	C35	23.4	16.7	2.20	1.57	3.15
	C40	26.8	19.1	2.39	1.71	3.25
	C45	29.6	21.1	2.51	1.80	3.35
	C50	32.4	23.1	2.64	1.89	3.45
	C55	35.5	25.3	2.74	1.96	3.55
	C60	38.5	27.5	2.85	2.04	3.60
	C65	41.5	29.7	2.93	2.09	3.65
	C70	44.5	31.8	2.99	2.14	3.70
	C75	47.4	33.8	3.05	2.18	3.75
	C80	50.2	35.9	3.11	2.22	3.80

附录 3　钢筋混凝土受弯构件承载力计算用表

附表 3-1　现浇钢筋混凝土板的最小厚度　　单位：mm

板的类别		最小厚度
实心楼板、屋面板		80
密肋楼盖	上、下面板	50
	肋高	250
悬挑板（固定端）	悬臂长度不大于 500 mm	80
	悬臂长度 1 200 mm	100
无梁楼盖		150
现浇空心楼盖		200

附表 3-2　梁中箍筋的最大间距 s_{max}　　单位：mm

梁高 h	$V>0.7f_tbh_0+0.05N_{p0}$	$V \leqslant 0.7f_tbh_0+0.05N_{p0}$
$150<h \leqslant 300$	150	200
$300<h \leqslant 500$	200	300
$500<h \leqslant 800$	250	350
$h>800$	300	400

附表 3-3 混凝土结构的环境类别和最小保护层厚度   单位：mm

环境类别	条件	板墙壳	梁柱
一	室内干燥环境； 无侵蚀性静水浸没环境	15	20
二 a	室内潮湿环境； 非严寒和非寒冷地区的露天环境； 非严寒和非寒冷地区与无侵蚀性的水或土壤直接接触的环境； 严寒和寒冷地区的冰冻线以下与无侵蚀性的水或土壤直接接触的环境	20	25
二 b	干湿交替环境； 水位频繁变动环境； 严寒和寒冷地区的露天环境； 严寒和寒冷地区冰冻线以上与无侵蚀性的水或土壤直接接触的环境	25	35
三 a	严寒和寒冷地区冬季水位变动区环境； 受除冰盐影响环境； 海风环境	30	40
三 b	盐渍土环境； 受除冰盐作用环境； 海岸环境	40	50
四	海水环境		
五	受人为或自然的侵蚀性物质影响的环境		

注：1. 表中混凝土保护层厚度指最外层钢筋外边缘至混凝土表面的距离，适用于设计使用年限为 50 年的混凝土结构。

2. 混凝土强度等级不大于 C25 时，表中混凝土保护层厚度数值增加 5 mm。

3. 钢筋混凝土基础宜设置混凝土垫层，其受力钢筋的混凝土保护层厚度应从垫层顶面算起，且不应小于 40 mm。

附表 3-4 受拉钢筋基本锚固长度 l_{ab}、l_{abE}

钢筋种类	抗震等级	混凝土强度等级								
		C20	C25	C30	C35	C40	C45	C50	C55	≥C60
HPB300	一、二级（l_{abE}）	$45d$	$39d$	$35d$	$32d$	$29d$	$28d$	$26d$	$25d$	$24d$
	三级（l_{abE}）	$41d$	$36d$	$32d$	$29d$	$26d$	$25d$	$24d$	$23d$	$22d$
	四级（l_{abE}） 非抗震（l_{ab}）	$39d$	$34d$	$30d$	$28d$	$25d$	$24d$	$23d$	$22d$	$21d$

续表

钢筋种类	抗震等级	混凝土强度等级								
		C20	C25	C30	C35	C40	C45	C50	C55	≥C60
HRB400 HRBF400 RRB400	一、二级（l_{abE}）	—	46d	40d	37d	33d	32d	31d	30d	29d
	三级（l_{abE}）	—	42d	37d	34d	30d	29d	28d	27d	26d
	四级（l_{abE}） 非抗震（l_{ab}）	—	40d	35d	32d	29d	28d	27d	26d	25d
HRB500 HRBF500	一、二级（l_{abE}）	—	55d	49d	45d	41d	39d	37d	36d	35d
	三级（l_{abE}）	—	50d	45d	41d	38d	36d	34d	33d	32d
	四级（l_{abE}） 非抗震（l_{ab}）	—	48d	43d	39d	36d	34d	32d	31d	30d

附表 3-5a　受拉钢筋锚固长度 l_a、l_{aE}

非抗震	抗震	备注
$l_a = \zeta_a l_{ab}$	$l_{aE} = \zeta_{aE} l_a$	1. l_a 不应小于 200 mm。 2. 锚固长度修正系数 ζ_a 按附表 3-5b 取用，当多于一项时，可按连乘计算，但不应小于 0.6。 3. ζ_{aE} 为抗震锚固长度修正系数，对一、二级抗震等级取 1.15，对三级抗震等级取 1.05，对四级抗震等级取 1.00

注：1. HPB300 级钢筋末端应做 180°弯钩，弯后平直段长度不应小于 3d，但作受压钢筋时可不做弯钩。

2. 当锚固钢筋的保护层厚度不大于 5d 时，锚固钢筋长度范围内应设置横向构造钢筋，其直径不应小于 d/4（d 为锚固钢筋的最大直径）；对梁、柱等构件间距不应大于 5d，对板、墙等构件间距不应大于 10d，且均不应大于 100 mm（d 为锚固钢筋的最小直径）。

附表 3-5b　受拉钢筋锚固长度修正系数 ζ_a

锚固条件		ζ_a	备注
带肋钢筋的公称直径大于 25 mm		1.10	—
环氧树脂涂层带肋钢筋		1.25	
施工过程中易受扰动的钢筋		1.10	
锚固区保护层厚度	3d	0.80	中间时按内插取值。d 为锚固钢筋直径
	≥5d	0.70	

附表 3-6　纵向受力钢筋的最小配筋率 $\rho_{\min}$

受力类型			最小配筋率/%
受压构件	全部纵向钢筋	强度等级 400 MPa、500 MPa	0.55
		强度等级 300 MPa	0.60
	一侧纵向钢筋		0.20
受弯构件、偏心受拉、轴心受拉构件一侧的受拉钢筋			0.20 和 $45f_t/f_y$ 中的较大值

注：1. 受压构件全部纵向钢筋最小配筋率，当采用 C60 以上强度等级的混凝土时，应按表中规定增加 0.10。

2. 偏心受拉构件中的受压钢筋，应按受压构件一侧纵向钢筋考虑。

3. 受压构件的全部纵向钢筋和一侧纵向钢筋的配筋率以及轴心受拉构件和小偏心受拉构件一侧受拉钢筋的配筋率均应按构件的全截面面积计算。

4. 受弯构件、大偏心受拉构件一侧受拉钢筋的配筋率应按全截面面积扣除受压翼缘面积 $(b_f'-b)h_f'$ 后的截面面积计算。

5. 当钢筋沿构件截面周边布置时，"一侧纵向钢筋"系指沿受力方向两个对边中一边布置的纵向钢筋。

附表 3-7　相对界限受压区高度 ξ_b 和 $\alpha_{s,\max}$

混凝土强度等级		≤C50	C60	C70	C80
HPB300 钢筋	ξ_b	0.576	0.556	0.537	0.518
	$\alpha_{s,\max}$	0.410	0.402	0.393	0.384
HRB400 钢筋 HRBF400 钢筋 RRB400 钢筋	ξ_b	0.518	0.499	0.481	0.463
	$\alpha_{s,\max}$	0.384	0.375	0.365	0.356
HRB500 钢筋 HRBF500 钢筋	ζ_b	0.482	0.464	0.447	0.429
	$\alpha_{s,\max}$	0.366	0.357	0.347	0.337

附表 3-8　矩形和 T 形截面受弯构件正截面强度计算表

ξ	γ_s	α_s	ξ	γ_s	α_s
0.01	0.995	0.010	0.31	0.845	0.262
0.02	0.990	0.020	0.32	0.840	0.269
0.03	0.985	0.030	0.33	0.835	0.276
0.04	0.980	0.039	0.34	0.830	0.282
0.05	0.975	0.049	0.35	0.825	0.289
0.06	0.970	0.058	0.36	0.820	0.295
0.07	0.965	0.068	0.37	0.815	0.302
0.08	0.960	0.077	0.38	0.810	0.308
0.09	0.955	0.086	0.39	0.805	0.314
0.10	0.950	0.095	0.40	0.800	0.320
0.11	0.945	0.104	0.41	0.795	0.326
0.12	0.940	0.113	0.42	0.790	0.332
0.13	0.935	0.122	0.43	0.785	0.338
0.14	0.930	0.130	0.44	0.780	0.343
0.15	0.925	0.139	0.45	0.775	0.349
0.16	0.920	0.147	0.46	0.770	0.354
0.17	0.915	0.156	0.47	0.765	0.360
0.18	0.910	0.164	0.48	0.760	0.365
0.19	0.905	0.172	0.49	0.755	0.370
0.20	0.900	0.180	0.50	0.750	0.375
0.21	0.895	0.188	0.51	0.745	0.380
0.22	0.890	0.196	0.52	0.740	0.385
0.23	0.885	0.204	0.53	0.735	0.390
0.24	0.880	0.211	0.54	0.730	0.394
0.25	0.875	0.219	0.55	0.725	0.399
0.26	0.870	0.226	0.56	0.720	0.403
0.27	0.865	0.234	0.57	0.715	0.408
0.28	0.860	0.241	0.58	0.710	0.412
0.29	0.855	0.248	0.59	0.705	0.416
0.30	0.850	0.255	0.60	0.700	0.420

注：$M = \alpha_s \alpha_1 f_c b h_0^2$；

$\xi = x/h_0 = f_y A_s / \alpha_1 f_c b h_0$；

$A_s = M / \gamma_s h_0 f_y$ 或 $A_s = \xi b h_0 \alpha_1 f_c / f_y$。

附表 3-9 T 形、工字形及倒 L 形截面受弯构件翼缘计算宽度 b_f'

项次	考虑情况		T 形、工字形截面		倒 L 形截面
			肋形梁（板）	独立梁	肋形梁（板）
1	按跨度 l_0 考虑		$\dfrac{l_0}{3}$	$\dfrac{l_0}{3}$	$\dfrac{l_0}{6}$
2	按梁（肋）净距 S_n 考虑		$b+S_n$	—	$b+\dfrac{S_n}{2}$
3	按翼缘高度 h_f' 考虑	当 $h_f'/h_0 \geqslant 0.1$ 时	—	$b+12h_f'$	—
		当 $0.1 > h_f'/h_0 \geqslant 0.05$ 时	$b+12h_f'$	$b+6h_f'$	$b+5h_f'$
		当 $h_f'/h_0 < 0.05$ 时	$b+12h_f'$	b	$b+5h_f'$

注：1. 表中 b 为梁的腹板（梁肋）厚度（附表 3-9 附图 a）。

2. 如肋形梁在梁跨内设有间距小于纵肋间距的横肋时（附表 3-9 附图 b），则可不遵守表中项次 3 的规定。

3. 对于加腋的 T 形、工字形和倒 L 形截面（附表 3-9 附图 c），当受压区加腋的高度 $h_h \geqslant h_f'$，且加腋的宽度 $b_h \leqslant 3h_h$ 时，其翼缘计算宽度可按表中项次 3 的规定分别增加 $2b_h$（T 形截面、工字形截面）和 b_h（倒 L 形截面）。

4. 独立梁受压区的翼缘板面如在荷载作用下经验算沿纵肋方向可能产生裂缝时（附表 3-9 附图 d），则计算宽度取肋宽 b。

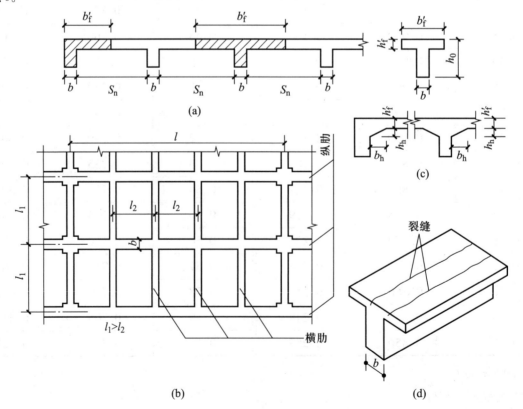

附表 3-9 附图

附录 4　砌体材料的抗压强度设计值

附表 4-1　烧结普通砖和烧结多孔砖砌体的抗压强度设计值 f　单位：MPa

砖强度 等级	砂浆强度等级					砂浆强度
	M15	M10	M7.5	M5	M2.5	0
MU30	3.94	3.27	2.93	2.59	2.26	1.15
MU25	3.60	2.98	2.68	2.37	2.06	1.05
MU20	3.22	2.67	2.39	2.12	1.84	0.94
MU15	2.79	2.31	2.07	1.83	1.60	0.82
MU10	—	1.89	1.69	1.50	1.30	0.67

注：当烧结多孔砖的孔洞率大于 30% 时，表中数值乘以 0.9。

附表 4-2　蒸压灰砂普通砖和蒸压粉煤灰普通砖砌体的抗压强度设计值 f　单位：MPa

砖强度 等级	砂浆强度等级				砂浆强度
	M15	M10	M7.5	M5	0
MU25	3.60	2.98	2.68	2.37	1.05
MU20	3.22	2.67	2.39	2.12	0.94
MU15	2.79	2.31	2.07	1.83	0.82

注：当采用专用砂浆砌筑时，其抗压强度设计值按表中数值采用。

附表 4-3　单排孔混凝土和轻骨料混凝土砌块对孔砌筑砌体的抗压强度设计值 f　单位：MPa

砌块强 度等级	砂浆强度等级					砂浆强度
	Mb20	Mb15	Mb10	Mb7.5	Mb5	0
MU20	6.30	5.68	4.95	4.44	3.94	2.33
MU15	—	4.61	4.02	3.61	3.20	1.89
MU10	—	—	2.79	2.50	2.22	1.31
MU7.5	—	—	—	1.93	1.71	1.01
MU5	—	—	—	—	1.19	0.70

注：1. 对独立柱或厚度方向为双排组砌的砌块砌体，应按表中数值乘以 0.7。

2. 对 T 形截面砌体，应按表中数值乘以 0.85。

附表 4-4　双排孔或多排孔轻骨料混凝土砌块砌体的抗压强度设计值 f　单位：MPa

砌块强 度等级	砂浆强度等级			砂浆强度
	Mb10	Mb7.5	Mb5	0
MU10	3.08	2.76	2.45	1.44
MU7.5	—	2.13	1.88	1.12
MU5	—	—	1.31	0.78
MU3.5	—	—	0.95	0.56

注：1. 表中的砌块为火山渣、浮石和陶粒轻骨料混凝土砌块。

2. 对厚度方向为双排组砌的轻骨料混凝土砌块砌体的抗压强度设计值，应按表中数值乘以 0.8。

附表 4-5　毛料石砌体的抗压强度设计值 f　　　　单位：MPa

毛料石 强度等级	砂浆强度等级			砂浆强度
	M7.5	M5	M2.5	0
MU100	5.42	4.80	4.18	2.13
MU80	4.85	4.29	3.73	1.91
MU60	4.20	3.71	3.23	1.65
MU50	3.83	3.39	2.95	1.51
MU40	3.43	3.04	2.64	1.35
MU30	2.97	2.63	2.29	1.17
MU20	2.42	2.15	1.87	0.95

注：对下列各类料石砌体，应按表中数值分别乘以系数：细料石砌体乘以 1.4，粗料石砌体乘以 1.2，干砌勾缝石砌体乘以 0.8。

附表 4-6　毛石砌体的抗压强度设计值 f　　　　单位：MPa

毛石 强度等级	砂浆强度等级			砂浆强度
	M7.5	M5	M2.5	0
MU100	1.27	1.12	0.98	0.34
MU80	1.13	1.00	0.87	0.30
MU60	0.98	0.87	0.76	0.26
MU50	0.90	0.80	0.69	0.23
MU40	0.80	0.71	0.62	0.21
MU30	0.69	0.61	0.53	0.18
MU20	0.56	0.51	0.44	0.15

附表 4-7　混凝土普通砖和混凝土多孔砖的抗压强度设计值 f　　单位：MPa

砖强度 等级	砂浆强度等级					砂浆强度
	Mb20	Mb15	Mb10	Mb7.5	Mb5	0
MU30	4.61	3.94	3.27	2.93	2.59	1.15
MU25	4.21	3.60	2.98	2.68	2.37	1.05
MU20	3.77	3.22	2.67	2.39	2.12	0.94
MU15	—	2.79	2.31	2.07	1.83	0.82

附录5 钢材、焊缝连接、螺栓连接强度设计值

附表 5-1 钢材强度设计值 单位：N/mm²

钢材		抗拉、抗压和抗弯 f	抗剪 f_v	端面承压（刨平顶紧）f_{ce}
牌号	厚度或直径/mm			
Q235 钢	≤16	215	125	320
	>16~40	205	120	
	>40~100	200	115	
Q355 钢	≤16	305	175	400
	>16~40	295	170	
	>40~63	290	165	
	>63~80	280	160	
	>80~100	270	155	
Q390 钢	≤16	345	200	415
	>16~40	330	190	
	>40~63	310	180	
	>63~100	295	170	
Q420 钢	≤16	375	215	440
	>16~40	355	205	
	>40~63	320	185	
	>63~100	305	175	
Q460 钢	≤16	410	235	470
	>16~40	390	225	
	>40~63	355	205	
	>63~100	340	195	

注：表中厚度系指计算点的钢材厚度，对轴心受拉和轴心受压构件系指截面中较厚板件的厚度。

附表 5-2　焊缝连接的强度设计值　　　　单位：N/mm^2

焊接方法和焊条型号	构件钢材		对接焊缝				角焊缝
	牌号	厚度或直径/mm	抗压 f_c^w	焊缝质量为下列等级时，抗拉 f_t^w		抗剪 f_v^w	抗拉、抗压和抗剪 f_f^w
				一、二级	三级		
自动焊、半自动焊和用 E43 型焊条的手工焊	Q235 钢	≤16	215	215	185	125	160
		>16~40	205	205	175	120	
		>40~100	200	200	170	115	
自动焊、半自动焊和用 E50、E55 型焊条的手工焊	Q355 钢	≤16	305	305	260	175	200
		>16~40	295	295	250	170	
		>40~63	290	290	245	165	
		>63~80	280	280	240	160	
		>80~100	270	270	230	155	
自动焊、半自动焊和用 E50、E55 型焊条的手工焊	Q390 钢	≤16	345	345	295	200	200（E50）220（E55）
		>16~40	330	330	280	190	
		>40~63	310	310	265	180	
		>63~100	295	295	250	170	

注：1. 自动焊和半自动焊所采用的焊丝和焊剂，应保证其熔敷金属抗拉强度不低于相应手工焊焊条的数值。

2. 焊缝质量等级应符合现行国家标准《钢结构工程施工质量验收标准》（GB 50205—2020）的规定。

3. 对接焊缝在受压区的抗弯强度设计值取 f_c^w，在受拉区的抗弯强度设计值取 f_t^w。

附表 5-3　螺栓连接的强度设计值　　　　单位：N/mm^2

螺栓的钢材牌号（或性能等级）和构件的钢材牌号		普通螺栓						锚栓	承压型连接高强度螺栓		
		C 级螺栓			A、B 级螺栓						
		抗拉 f_t^b	抗剪 f_v^b	承压 f_c^b	抗拉 f_t^b	抗剪 f_v^b	承压 f_c^b	抗拉 f_t^a	抗拉 f_t^a	抗剪 f_v^b	抗压 f_c^b
普通螺栓	4.6 级、4.8 级	170	140	—	—	—	—	—	—	—	—
	5.6 级	—	—	—	210	190	—	—	—	—	—
	8.8 级				400	320					
锚栓	Q235 钢	—	—	—	—	—	—	140	—	—	—
	Q355 钢	—	—	—	—	—	—	180	—	—	—
	Q390 钢	—	—	—	—	—	—	185	—	—	—

续表

螺栓的钢材牌号（或性能等级）和构件的钢材牌号		普通螺栓						锚栓	承压型连接高强度螺栓		
		C 级螺栓			A、B 级螺栓						
		抗拉 f_t^b	抗剪 f_v^b	承压 f_c^b	抗拉 f_t^b	抗剪 f_v^b	承压 f_c^b	抗拉 f_t^a	抗拉 f_t^a	抗剪 f_v^b	抗压 f_c^b
承压型连接高强度螺栓	8.8 级	—	—	—	—	—	—	—	400	250	—
	10.9 级	—	—	—	—	—	—	—	500	310	—
构件钢材牌号	Q235 钢	—	—	305	—	—	405	—	—	—	470
	Q355 钢	—	—	385	—	—	510	—	—	—	590
	Q390 钢	—	—	400	—	—	530	—	—	—	615
	Q420 钢	—	—	425	—	—	560	—	—	—	655
	Q460 钢	—	—	450	—	—	595	—	—	—	695
	Q355GJ	—	—	400	—	—	530	—	—	—	615

注：1. A 级螺栓用于 $d \leqslant 24$ mm 和 $L \leqslant 10d$ 或 $L \leqslant 150$ mm（按较小值）的螺栓；B 级螺栓用于 $d > 24$ mm 和 $L > 10d$ 或 $L > 150$ mm（按较小值）的螺栓。d 为公称直径，L 为螺杆公称长度。

2. A、B 级螺栓孔的精度和孔壁表面粗糙度、C 级螺栓孔的允许偏差和孔壁表面粗糙度，均应符合现行国家标准《钢结构工程施工质量验收标准》（GB 50205—2020）的要求。

附录 6　型钢表(部分)

附表 6-1　等边角钢

角钢型号	圆角 R	重心矩 Z_0	截面积 A	质量	惯性矩 I_x	截面模量		回转半径			i_y，当 a 为下列数值				
						W_x^{max}	W_x^{min}	i_x	i_{x0}	i_{y0}	6 mm	8 mm	10 mm	12 mm	14 mm
	mm		cm²	kg/m	cm⁴	cm³		cm			cm				
L 20× $\frac{3}{4}$	3.5	6.0 6.4	1.13 1.46	0.89 1.15	0.40 0.50	0.66 0.78	0.29 0.36	0.59 0.58	0.75 0.73	0.39 0.38	1.08 1.11	1.17 1.19	1.25 1.28	1.34 1.37	1.43 1.46
L 25× $\frac{3}{4}$	3.5	7.3 7.6	1.43 1.86	1.12 1.46	0.82 1.03	1.12 1.34	0.46 0.59	0.76 0.74	0.95 0.93	0.49 0.48	1.27 0.30	1.36 1.38	1.44 1.47	1.53 1.55	1.61 1.64

续表

角钢型号	圆角 R	重心矩 Z_0	截面积 A	质量	惯性矩 I_x	截面模量 $W_x^{\max}$	截面模量 $W_x^{\min}$	i_x	i_{x0}	i_{y0}	i_y，当 a 为下列数值 6 mm	8 mm	10 mm	12 mm	14 mm
	mm	cm	cm²	kg/m	cm⁴	cm³	cm³	cm	cm	cm	cm				
L 30× 3	4.5	8.5	1.75	1.37	1.46	1.72	0.68	0.91	1.15	0.59	1.47	1.55	1.63	1.71	1.80
4		8.9	2.28	1.79	1.84	2.08	0.87	0.90	1.13	0.58	1.49	1.57	1.65	1.74	1.82
L 36× 3	4.5	10.0	2.11	1.66	2.58	2.59	0.99	1.11	1.39	0.71	1.70	1.78	1.86	1.94	2.03
4		10.4	2.76	2.16	3.29	3.18	1.28	1.09	1.38	0.70	1.73	1.80	1.89	1.97	2.05
5		10.7	3.38	2.65	3.95	3.68	1.56	1.08	1.36	0.70	1.75	1.83	1.91	1.99	2.08
L 40× 3	5	10.9	2.36	1.85	3.59	3.28	1.23	1.23	1.55	0.79	1.86	1.94	2.01	2.09	2.18
4		11.3	3.09	2.42	4.60	4.05	1.60	1.22	1.54	0.79	1.88	1.96	2.04	2.12	2.20
5		11.7	3.79	2.98	5.53	4.72	1.96	1.21	1.52	0.78	1.90	1.98	2.06	2.14	2.23
L 45× 3	5	12.2	2.66	2.09	5.17	4.25	1.58	1.39	1.76	0.90	2.06	2.14	2.21	2.29	2.37
4		12.6	3.49	2.74	6.65	5.29	2.05	1.38	1.74	0.89	2.08	2.16	2.24	2.32	2.40
5		13.0	4.29	3.37	8.04	6.20	2.51	1.37	1.72	0.88	2.10	2.18	2.26	2.34	2.42
6		13.3	5.08	3.99	9.33	6.99	2.95	1.36	1.71	0.88	2.12	2.20	2.28	2.36	2.44
L 50× 3	5.5	13.4	2.97	2.33	7.18	5.36	1.96	1.55	1.96	1.00	2.26	2.33	2.41	2.48	2.56
4		13.8	3.90	3.06	9.26	6.70	2.56	1.54	1.94	0.99	2.28	2.36	2.43	2.51	2.59
5		14.2	4.80	3.77	11.21	7.90	3.13	1.53	1.92	0.98	2.30	2.38	2.45	2.53	2.61
6		14.6	5.69	4.46	13.05	8.95	3.68	1.51	1.91	0.98	2.32	2.40	2.48	2.56	2.64
L 56× 3	6	14.8	3.34	2.62	10.19	6.86	2.48	1.75	2.20	1.13	2.50	2.57	2.64	2.72	2.80
4		15.3	4.39	3.45	13.18	8.63	3.24	1.73	2.18	1.11	2.52	2.59	2.67	2.74	2.82
5		15.7	5.42	4.25	16.02	10.22	3.97	1.72	2.17	1.10	2.54	2.61	2.69	2.77	2.85
8		16.8	8.37	6.57	23.63	14.06	6.03	1.68	2.11	1.09	2.60	2.67	2.75	2.83	2.91
L 63× 4	7	17.0	4.98	3.91	19.03	11.22	4.13	1.96	2.46	1.26	2.79	2.87	2.94	3.02	3.09
5		17.4	6.14	4.82	23.17	13.33	5.08	1.94	2.45	1.25	2.82	2.89	2.96	3.04	3.12
6		17.8	7.29	5.72	27.12	15.26	6.00	1.93	2.43	1.24	2.83	2.91	2.98	3.06	3.14
8		18.5	9.51	7.47	34.45	18.59	7.75	1.90	2.39	1.23	2.87	2.95	3.03	3.10	3.18
10		19.3	11.66	9.15	41.09	21.34	9.39	1.88	2.36	1.22	2.91	2.99	3.07	3.15	3.23
L 70× 4	8	18.6	5.57	4.37	26.39	14.16	5.14	2.18	2.74	1.40	3.07	3.14	3.21	3.29	3.36
5		19.1	6.88	5.40	32.21	16.89	6.32	2.16	2.73	1.39	3.09	3.16	3.24	3.31	3.39
6		19.5	8.16	6.41	37.77	19.39	7.48	2.15	2.71	1.38	3.11	3.18	3.26	3.33	3.41
7		19.9	9.42	7.40	43.09	21.68	8.59	2.14	2.69	1.38	3.13	3.20	3.28	3.36	3.43
8		20.3	10.67	8.37	48.17	23.79	9.68	2.13	2.68	1.37	3.15	3.22	3.30	3.38	3.46
L 75× 5	9	20.3	7.41	5.82	39.96	19.73	7.30	2.32	2.92	1.50	3.29	3.36	3.43	3.50	3.58
6		20.7	8.80	6.91	46.91	22.69	8.63	2.31	2.91	1.49	3.31	3.38	3.45	3.53	3.60
7		21.1	10.16	7.98	53.57	25.42	9.93	2.30	2.89	1.48	3.33	3.40	3.47	3.55	3.63
8		21.5	11.50	9.03	59.96	27.93	11.20	2.28	2.87	1.47	3.35	3.42	3.50	3.57	3.65
10		22.2	14.13	11.09	71.98	32.40	13.64	2.26	2.84	1.46	3.38	3.46	3.54	3.61	3.69

单角钢　　双角钢

角钢型号	圆角 R	重心矩 Z_0	截面积 A	质量	惯性矩 I_x	W_x^{max}	W_x^{min}	i_x	i_{x0}	i_{y0}	6 mm	8 mm	10 mm	12 mm	14 mm
	mm	mm	cm²	kg/m	cm⁴	cm³	cm³	cm	cm	cm	cm	cm	cm	cm	cm
L 80× 5	9	21.5	7.91	6.21	48.79	22.70	8.34	2.48	3.13	1.60	3.49	3.56	3.63	3.71	3.78
6		21.9	9.40	7.38	57.35	26.16	9.87	2.47	3.11	1.59	3.51	3.58	3.65	3.73	3.80
7		22.3	10.86	8.53	65.58	29.38	11.37	2.46	3.10	1.58	3.53	3.60	3.67	3.75	3.83
8		22.7	12.30	9.66	73.50	32.36	12.83	2.44	3.08	1.57	3.55	3.62	3.70	3.77	3.85
10		23.5	15.13	11.87	88.43	37.68	15.64	2.42	3.04	1.56	3.58	3.66	3.74	3.81	3.89
L 90× 6	10	24.4	10.64	8.35	82.77	33.99	12.61	2.79	3.51	1.80	3.91	3.98	4.05	4.12	4.20
7		24.8	12.30	9.66	94.83	38.28	14.54	2.78	3.50	1.78	3.93	4.00	4.07	4.14	4.22
8		25.2	13.94	10.95	106.5	42.30	16.42	2.76	3.48	1.78	3.95	4.02	4.09	4.17	4.24
10		25.9	17.17	13.48	128.6	49.57	20.07	2.74	3.45	1.76	3.98	4.06	4.13	4.21	4.28
12		26.7	20.31	15.94	149.2	55.93	23.57	2.71	3.41	1.75	4.02	4.09	4.17	4.25	4.32
L 100×6	12	26.7	11.93	9.37	115.0	43.04	15.68	3.10	3.91	2.00	4.30	4.37	4.44	4.51	4.58
7		27.1	13.80	10.83	131.9	48.57	18.10	3.09	3.89	1.99	4.32	4.39	4.46	4.53	4.61
8		27.6	15.64	12.28	148.2	53.78	20.47	3.08	3.88	1.98	4.34	4.41	4.48	4.55	4.63
10		28.4	19.26	15.12	179.5	63.29	25.06	3.05	3.84	1.96	4.38	4.45	4.52	4.60	4.67
12		29.1	22.80	17.90	208.9	71.72	29.47	3.03	3.81	1.95	4.41	4.49	4.56	4.64	4.71
14		29.9	26.26	20.61	236.5	79.19	33.73	3.00	3.77	1.94	4.45	4.53	4.60	4.68	4.75
16		30.6	29.63	23.26	262.5	85.81	37.82	2.98	3.74	1.93	4.49	4.56	4.64	4.72	4.80
L 110×7	12	29.6	15.20	11.93	177.2	59.78	22.05	3.41	4.30	2.20	4.72	4.79	4.86	4.94	5.01
8		30.1	17.24	13.53	199.5	66.36	24.95	3.40	4.28	2.19	4.74	4.81	4.88	4.96	5.03
10		30.9	21.26	16.69	242.2	78.48	30.60	3.38	4.25	2.17	4.78	4.85	4.92	5.00	5.07
12		31.6	25.20	19.78	282.6	89.34	36.05	3.35	4.22	2.15	4.82	4.89	4.96	5.04	5.11
14		32.4	29.06	22.81	320.7	99.07	41.31	3.32	4.18	2.14	4.85	4.93	5.00	5.08	5.15
L 125×8	14	33.7	19.75	15.50	297.0	88.20	32.52	3.88	4.88	2.50	5.34	5.41	5.48	5.55	5.62
10		34.5	24.37	19.13	361.7	104.8	39.97	3.85	4.85	2.48	5.38	5.45	5.52	5.59	5.66
12		35.3	28.91	22.70	423.2	119.9	47.17	3.83	4.82	2.46	5.41	5.48	5.56	5.63	5.70
14		36.1	33.37	26.19	481.7	133.6	54.16	3.80	4.78	2.45	5.45	5.52	5.59	5.67	5.74
L 140×10	14	38.2	27.37	21.49	514.7	134.6	50.58	4.34	5.46	2.78	5.98	6.05	6.12	6.20	6.27
12		39.0	32.51	25.52	603.7	154.6	59.80	4.31	5.43	2.77	6.02	6.09	6.16	6.23	6.31
14		39.8	37.57	29.49	688.8	173.0	68.75	4.28	5.40	2.75	6.06	6.13	6.20	6.27	6.34
16		40.6	42.54	33.39	770.2	189.9	77.46	4.26	5.36	2.74	6.09	6.16	6.23	6.31	6.38
L 160×10	16	43.1	31.50	24.73	779.5	180.8	66.70	4.97	6.27	3.20	6.78	6.85	6.92	6.99	7.06
12		43.9	37.44	29.39	916.6	208.6	78.98	4.95	6.24	3.18	6.82	6.89	6.96	7.03	7.10
14		44.7	43.30	33.99	1 048	234.4	90.95	4.92	6.20	3.16	6.86	6.93	7.00	7.07	7.14
16		45.5	49.07	38.52	1 175	258.3	102.6	4.89	6.17	3.14	6.89	6.96	7.03	7.10	7.18

单角钢　双角钢

i_y，当 a 为下列数值

截面模量　回转半径

角钢型号	圆角 R	重心矩 Z_0	截面积 A	质量	惯性矩 I_x	截面模量		回转半径			i_y，当 a 为下列数值				
						W_x^{max}	W_x^{min}	i_x	i_{x0}	i_{y0}	6 mm	8 mm	10 mm	12 mm	14 mm
	mm		cm²	kg/m	cm⁴	cm³		cm			cm				
L 180× 12	16	48.9	42.24	33.16	1 321	270.0	100.8	5.59	7.05	3.58	7.63	7.70	7.77	7.84	7.91
14		49.7	48.90	38.38	1 514	304.6	116.3	5.57	7.02	3.57	7.67	7.74	7.81	7.88	7.95
16		50.5	55.47	43.54	1 701	336.9	131.4	5.54	6.98	3.55	7.70	7.77	7.84	7.91	7.98
18		51.3	61.95	48.63	1 881	367.1	146.1	5.51	6.94	3.53	7.73	7.80	7.87	7.95	8.02
L 200×18 14	18	54.6	54.64	42.89	2 104	385.1	144.7	6.20	7.82	3.98	8.47	8.54	8.61	8.67	8.75
16		55.4	62.01	48.68	2 366	427.0	163.7	6.18	7.79	3.96	8.50	8.57	8.64	8.71	8.78
18		56.2	69.30	54.40	2 621	466.5	182.2	6.15	7.75	3.94	8.53	8.60	8.67	8.75	8.82
20		56.9	76.50	60.06	2 867	503.6	200.4	6.12	7.72	3.93	8.57	8.64	8.71	8.78	8.85
24		58.4	90.66	71.17	3 338	571.5	235.8	6.07	7.64	3.90	8.63	8.71	8.78	8.85	8.92

附表 6-2　不等边角钢

角钢型号 B×b×t	圆角 R	重心矩		截面积 A	质量	回转半径			i_{y1}，当 a 为下列数				i_{y2}，当 a 为下列数			
		Z_x	Z_y			i_x	i_y	i_{y0}	6 mm	8 mm	10 mm	12 mm	6 mm	8 mm	10 mm	12 mm
	mm			cm²	kg/m	cm			cm				cm			
L 25×16× 3	3.5	4.2	8.6	1.16	0.91	0.44	0.78	0.34	0.84	0.93	1.02	1.11	1.40	1.48	1.57	1.66
4		4.6	9.0	1.50	1.18	0.43	0.77	0.34	0.87	0.96	1.05	1.14	1.42	1.51	1.60	1.68
L 32×20× 3		4.9	10.8	1.49	1.17	0.55	1.01	0.43	0.97	1.05	1.14	1.23	1.71	1.79	1.88	1.96
4		5.3	11.2	1.94	1.52	0.54	1.00	0.43	0.99	1.08	1.16	1.25	1.74	1.82	1.90	1.99
L 40×25× 3	4	5.9	13.2	1.89	1.48	0.70	1.28	0.54	1.13	1.21	1.30	1.38	2.07	2.14	2.23	2.31
4		6.3	13.7	2.47	1.94	0.69	1.26	0.54	1.16	1.24	1.32	1.41	2.09	2.17	2.25	2.34
L 45×28× 3	5	6.4	14.7	2.15	1.69	0.79	1.44	0.61	1.23	1.31	1.39	1.47	2.28	2.36	2.44	2.52
4		6.8	15.1	2.81	2.20	0.78	1.43	0.60	1.25	1.33	1.41	1.50	2.31	2.39	2.47	2.55
L 50×32× 3	5.5	7.3	16.0	2.43	1.91	0.91	1.60	0.70	1.38	1.45	1.53	1.61	2.49	2.56	2.64	2.75
4		7.7	16.5	3.18	2.49	0.90	1.59	0.69	1.40	1.47	1.55	1.64	2.51	2.59	2.67	2.75

续表

角钢型号 $B×b×t$	圆角 R	重心矩 Z_x	重心矩 Z_y	截面积 A	质量	回转半径 i_x	i_y	i_{y0}	i_{y1}，当 a 为下列数 6 mm	8 mm	10 mm	12 mm	i_{y2}，当 a 为下列数 6 mm	8 mm	10 mm	12 mm
	mm	mm	mm	cm²	kg/m	cm	cm	cm	cm	cm	cm	cm	cm	cm	cm	cm
L 56×36×3	6	8.0	17.8	2.74	2.15	1.03	1.80	0.79	1.51	1.59	1.66	1.74	2.75	2.82	2.90	2.98
L 56×36×4		8.5	18.2	3.59	2.82	1.02	1.79	0.78	1.53	1.61	1.69	1.77	2.77	2.85	2.93	3.01
L 56×36×5		8.8	18.7	4.42	3.47	1.01	1.77	0.78	1.56	1.63	1.71	1.79	2.80	2.88	2.96	3.04
L 63×40×4	7	9.2	20.4	4.06	3.19	1.14	2.02	0.88	1.66	1.74	1.81	1.89	3.09	3.16	3.24	3.32
L 63×40×5		9.5	20.8	4.99	3.92	1.12	2.00	0.87	1.68	1.76	1.84	1.92	3.11	3.19	3.27	3.35
L 63×40×6		9.9	21.2	5.91	4.64	1.11	1.99	0.86	1.71	1.78	1.86	1.94	3.13	3.21	3.29	3.37
L 63×40×7		10.3	21.6	6.80	5.34	1.10	1.97	0.86	1.73	1.81	1.89	1.97	3.16	3.24	3.32	3.40
L 70×45×4	7.5	10.2	22.3	4.55	3.57	1.29	2.25	0.99	1.84	1.91	1.99	2.07	3.39	3.46	3.54	3.62
L 70×45×5		10.6	22.8	5.61	4.40	1.28	2.23	0.98	1.86	1.94	2.01	2.09	3.41	3.49	3.57	3.64
L 70×45×6		11.0	23.2	6.64	5.22	1.26	2.22	0.97	1.88	1.96	2.04	2.11	3.44	3.51	3.59	3.67
L 70×45×7		11.3	23.6	7.66	6.01	1.25	2.20	0.97	1.90	1.98	2.06	2.14	3.46	3.54	3.61	3.69
L 75×50×5	8	11.7	24.0	6.13	4.81	1.43	2.39	1.09	2.06	2.13	2.20	2.28	3.60	3.68	3.76	3.83
L 75×50×6		12.1	24.4	7.26	5.70	1.42	2.38	1.08	2.08	2.15	2.23	2.30	3.63	3.70	3.78	3.86
L 75×50×8		12.9	25.2	9.47	7.43	1.40	2.35	1.07	2.12	2.19	2.27	2.35	3.67	3.75	3.83	3.91
L 75×50×10		13.6	26.0	11.6	9.10	1.38	2.33	1.06	2.16	2.24	2.31	2.40	3.71	3.79	3.87	3.95
L 80×50×5	8	11.4	26.0	6.38	5.00	1.42	2.57	1.10	2.02	2.09	2.17	2.24	3.88	3.95	4.03	4.10
L 80×50×6		11.8	26.5	7.56	5.93	1.41	2.55	1.09	2.04	2.11	2.19	2.27	3.90	3.98	4.05	4.13
L 80×50×7		12.1	26.9	8.72	6.85	1.39	2.54	1.08	2.06	2.13	2.21	2.29	3.92	4.00	4.08	4.16
L 80×50×8		12.5	27.3	9.87	7.75	1.38	2.52	1.07	2.08	2.15	2.23	2.31	3.94	4.02	4.10	4.18
L 90×56×5	9	12.5	29.1	7.21	5.66	1.59	2.90	1.23	2.22	2.29	2.36	2.44	4.32	4.39	4.47	4.55
L 90×56×6		12.9	29.5	8.56	6.72	1.58	2.88	1.22	2.24	2.31	2.39	2.46	4.34	4.42	4.50	4.57
L 90×56×7		13.3	30.0	9.88	7.76	1.57	2.87	1.22	2.26	2.33	2.41	2.49	4.37	4.44	4.52	4.60
L 90×56×8		13.6	30.4	11.2	8.78	1.56	2.85	1.21	2.28	2.35	2.43	2.51	4.39	4.47	4.54	4.62
L 100×63×6		14.3	32.4	9.62	7.55	1.79	3.21	1.38	2.49	2.56	2.63	2.71	4.77	4.85	4.92	5.00
L 100×63×7		14.7	32.8	11.1	8.72	1.78	3.20	1.37	2.51	2.58	2.65	2.73	4.80	4.87	4.95	5.03
L 100×63×8		15.0	33.2	12.6	9.88	1.77	3.18	1.37	2.53	2.60	2.67	2.75	4.82	4.90	4.97	5.05
L 100×63×10		15.8	34.0	15.5	12.1	1.75	3.15	1.35	2.57	2.64	2.72	2.79	4.86	4.94	5.02	5.10
L 100×80×6	10	19.7	29.5	10.6	8.35	2.40	3.17	1.73	3.31	3.38	3.45	3.52	4.54	4.62	4.69	4.76
L 100×80×7		20.1	30.0	12.3	9.66	2.39	3.16	1.71	3.32	3.39	3.47	3.54	4.57	4.64	4.71	4.79
L 100×80×8		20.5	30.4	13.9	10.9	2.37	3.15	1.71	3.34	3.41	3.49	3.56	4.59	4.66	4.73	4.81
L 100×80×10		21.3	31.2	17.2	13.5	2.35	3.12	1.69	3.38	3.45	3.53	3.60	4.63	4.70	4.78	4.85
L 110×70×6		15.7	35.3	10.6	8.35	2.01	3.54	1.54	2.74	2.81	2.88	2.96	5.21	5.29	5.36	5.44
L 110×70×7		16.1	35.7	12.3	9.66	2.00	3.53	1.53	2.76	2.83	2.90	2.98	5.24	5.31	5.39	5.46
L 110×70×8		16.5	36.2	13.9	10.9	1.98	3.51	1.53	2.78	2.85	2.92	3.00	5.26	5.34	5.41	5.49
L 110×70×10		17.2	37.0	17.2	13.5	1.96	3.48	1.51	2.82	2.89	2.96	3.04	5.30	5.38	5.46	5.53

角钢型号 B×b×t		单角钢		双角钢	

角钢型号 B×b×t	圆角 R	重心矩 Z_x	重心矩 Z_y	截面积 A	质量	回转半径 i_x	回转半径 i_y	回转半径 i_{y0}	i_{y1}，当 a 为下列数 6 mm	8 mm	10 mm	12 mm	i_{y2}，当 a 为下列数 6 mm	8 mm	10 mm	12 mm
		mm		cm²	kg/m	cm			cm				cm			
L 125×80× 7	11	18.0	40.1	14.1	11.1	2.30	4.02	1.76	3.13	3.18	3.25	3.33	5.90	5.97	6.04	6.12
8		18.4	40.6	16.0	12.6	2.29	4.01	1.75	3.13	3.20	3.27	3.35	5.92	5.99	6.07	6.14
10		19.2	41.4	19.7	15.5	2.26	3.98	1.74	3.17	3.24	3.31	3.39	5.96	6.04	6.11	6.19
12		20.0	42.2	23.4	18.3	2.24	3.95	1.72	3.20	3.28	3.35	3.43	6.00	6.08	6.16	6.23
L 140×90× 8	12	20.4	45.0	18.0	14.2	2.59	4.50	1.98	3.49	3.56	3.63	3.70	6.58	6.65	6.73	6.80
10		21.2	45.8	22.3	17.5	2.56	4.47	1.96	3.52	3.59	3.66	3.73	6.62	6.70	6.77	6.85
12		21.9	46.6	26.4	20.7	2.54	4.44	1.95	3.56	3.63	3.70	3.77	6.66	6.74	6.81	6.89
14		22.7	47.4	30.5	23.9	2.51	4.42	1.94	3.59	3.66	3.74	3.81	6.70	6.78	6.86	6.93
L 160×100× 10	13	22.8	52.4	25.3	19.9	2.85	5.14	2.19	3.84	3.91	3.98	4.05	7.55	7.63	7.70	7.78
12		23.6	53.2	30.1	23.6	2.82	5.11	2.18	3.87	3.94	4.01	4.09	7.60	7.67	7.75	7.82
14		24.3	54.0	34.7	27.2	2.80	5.08	2.16	3.91	3.98	4.05	4.12	7.64	7.71	7.79	7.86
16		25.1	54.8	39.3	30.8	2.77	5.05	2.15	3.94	4.02	4.09	4.16	7.68	7.75	7.83	7.90
L 180×110× 10		24.4	58.9	28.4	22.3	3.13	5.81	2.42	4.16	4.23	4.30	4.36	8.49	8.56	8.63	8.71
12		25.2	59.8	33.7	26.5	3.10	5.78	2.40	4.19	4.26	4.33	4.40	8.53	8.60	8.68	8.75
14		25.9	60.6	39.0	30.6	3.08	5.75	2.39	4.23	4.30	4.37	4.44	8.57	8.64	8.72	8.79
16	14	26.7	61.4	44.1	34.6	3.05	5.72	2.37	4.26	4.33	4.40	4.47	8.61	8.68	8.76	8.84
L 200×125× 12		28.3	65.4	37.9	29.8	3.57	6.44	2.75	4.75	4.82	4.88	4.95	9.39	9.47	9.54	9.62
14		29.1	66.2	43.9	34.4	3.54	6.41	2.73	4.78	4.85	4.92	4.99	9.43	9.51	9.58	9.66
16		29.9	67.0	49.7	39.0	3.52	6.38	2.71	4.81	4.88	4.95	5.02	9.47	9.55	9.62	9.70
18		30.6	67.8	55.5	43.6	3.49	6.35	2.70	4.85	4.92	4.99	5.06	9.51	9.59	9.66	9.74

注：一个角钢的惯性矩 $I_x = A i_x^2$，$I_y = A i_y^2$；一个角钢的截面模量 $W_x^{max} = I_x/Z_x$，$W_x^{min} = I_x/(b-Z_x)$；$W_y^{max} = I_y/Z_y$，$W_y^{min} = I_y/(B-Z_y)$。

附表6-3 H型钢和T型钢

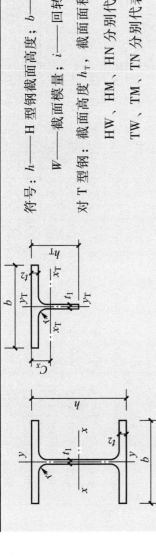

符号：h——H型钢截面高度；b——翼缘宽度；t_1——腹板厚度；t_2——翼缘厚度；
W——截面模量；i——回转半径；S——半截面的静力矩；I——惯性矩。
对T型钢：截面高度h_T，截面面积A_T，质量q_T，惯性矩I_{yT}等于相应H型钢的1/2；

HW、HM、HN分别代表宽翼缘、中翼缘、窄翼缘H型钢；

TW、TM、TN分别代表各由各相应H型钢剖分的T型钢。

类别	H型钢规格 $(h×b×t_1×t_2)$	截面积 A cm²	质量 q kg/m	I_x cm⁴	W_x cm³	i_x cm	I_y cm⁴	W_y cm³	i_y, i_{yT} cm	重心 C_x cm	I_{xT} cm⁴	i_{xT} cm	T型钢规格 $(h_T×b×t_1×t_2)$	类别
				x—x轴			y—y轴				x_T—x_T轴			
HW	100×100×6×8	21.90	17.2	383	76.5	4.18	134	26.7	2.47	1.00	16.1	1.21	50×100×6×8	TW
	125×125×6.5×9	30.31	23.8	847	136	5.29	294	47.0	3.11	1.19	35.0	1.52	62.5×125×6.5×9	
	150×150×7×10	40.55	31.9	1 660	221	6.39	564	75.1	3.73	1.37	66.4	1.81	75×150×7×10	
	175×175×7.5×11	51.43	40.3	2 900	331	7.50	984	112	4.37	1.55	115	2.11	87.5×175×7.5×11	
	200×200×8×12	64.28	50.5	4 770	477	8.61	1 600	160	4.99	1.73	185	2.40	100×200×8×12	
	#200×204×12×12	72.28	56.7	5 030	503	8.35	1 700	167	4.85	2.09	256	2.66	#100×204×12×12	
	250×250×9×14	92.18	72.4	10 800	867	10.8	3 650	292	6.29	2.08	412	2.99	125×250×9×14	
	#250×255×14×14	104.7	82.2	11 500	919	10.5	3 880	304	6.09	2.58	589	3.36	#125×255×14×14	
	#294×302×12×12	108.3	85.0	17 000	1 160	12.5	5 520	365	7.14	2.83	858	3.98	#147×302×12×12	
	300×300×10×15	120.4	94.5	20 500	1 370	13.1	6 760	450	7.49	2.47	798	3.64	150×300×10×15	
	300×305×15×15	135.4	106	21 600	1 440	12.6	7 100	466	7.24	3.02	1 110	4.05	150×305×15×15	

续表

类别	H型钢规格 ($h×b×t_1×t_2$)	截面积 A cm²	质量 q kg/m	x—x 轴 I_x cm⁴	W_x cm³	i_x cm	y—y 轴 I_y cm⁴	W_y cm³	H和T型钢 i_y, i_{yT} cm	重心 C_x cm	x_T—x_T 轴 I_{xT} cm⁴	i_{xT} cm	T型钢规格 ($h_T×b×t_1×t_2$)	类别
HW	#344×348×10×16	146.0	115	33 300	1 940	15.1	11 200	646	8.78	2.67	1 230	4.11	#172×348×10×16	TW
	350×350×12×19	173.9	137	40 300	2 300	15.2	13 600	776	8.84	2.86	1 520	4.18	175×350×12×19	
	#388×402×15×15	179.2	141	49 200	2 540	16.6	16 300	809	9.52	3.69	2 480	5.26	#194×402×15×15	
	#394×398×11×18	187.6	147	56 400	2 860	17.3	18 900	951	10.0	3.01	2 050	4.67	#197×398×11×18	
	400×400×13×21	219.5	172	66 900	3 340	17.5	22 400	1 120	10.1	3.21	2 480	4.75	200×400×13×21	
	#400×408×21×21	251.5	197	71 100	3 560	16.8	23 800	1 170	9.73	4.07	3 650	5.39	#200×408×21×21	
	#414×405×18×28	296.2	233	93 000	4 490	17.7	31 000	1 530	10.2	3.68	3 620	4.95	#207×405×18×28	
	#428×407×20×35	361.4	284	119 000	5 580	18.2	39 400	1 930	10.4	3.90	4 380	4.92	#214×407×20×35	
HM	148×100×6×9	27.25	21.4	1 040	140	6.17	151	30.2	2.35	1.55	51.7	1.95	74×100×6×9	TM
	194×150×6×9	39.76	31.2	2 740	283	8.30	508	67.7	3.57	1.78	125	2.50	97×150×6×9	
	244×175×7×11	56.24	44.1	6 120	502	10.4	985	113	4.18	2.27	289	3.20	122×175×7×11	
	294×200×8×12	73.03	57.3	11 400	779	12.5	1 600	160	4.69	2.82	572	3.96	147×200×8×12	
	340×250×9×14	101.5	79.7	21 700	1 280	14.6	3 650	292	6.00	3.09	1 020	4.48	170×250×9×14	
	390×300×10×16	136.7	107	38 900	2 000	16.9	7 210	481	7.26	3.40	1 730	5.03	195×300×10×16	
	440×300×11×18	157.4	124	56 100	2 550	18.9	8 110	541	7.18	4.05	2 680	5.84	220×300×11×18	
	482×300×11×15	146.4	115	60 800	2 520	20.4	6 770	451	6.80	4.90	3 420	6.83	241×300×11×15	
	488×300×11×18	164.4	129	71 400	2 930	20.8	8 120	541	7.03	4.65	3 620	6.64	244×300×11×18	
	582×300×12×17	174.5	137	103 000	3 530	24.3	7 670	511	6.63	6.39	6 360	8.54	291×300×12×17	
	588×300×12×20	192.5	151	118 000	4 020	24.8	9 020	601	6.85	6.08	6 710	8.35	294×300×12×20	
	#594×302×14×23	222.4	175	137 000	4 620	24.9	10 600	701	6.90	6.33	7 920	8.44	#297×302×14×23	

续表

类别	H 型钢规格 $(h×b×t_1×t_2)$	截面积 A cm²	质量 q kg/m	x—x 轴 I_x cm⁴	x—x 轴 W_x cm³	x—x 轴 i_x cm	y—y 轴 I_y cm⁴	y—y 轴 W_y cm³	H 和 T 型钢 i_y, i_{yT} cm	重心 C_x cm	$x_T—x_T$ 轴 I_{xT} cm⁴	$x_T—x_T$ 轴 i_{xT} cm	T 型钢规格 $(h_T×b×t_1×t_2)$	类别
HN	100×50×5×7	12.16	9.54	192	38.5	3.98	14.9	5.96	1.11	1.27	11.9	1.40	50×50×5×7	TN
	125×60×6×8	17.01	13.3	417	66.8	4.95	29.3	9.75	1.31	1.63	27.5	1.80	62.5×60×6×8	
	150×75×5×7	18.16	14.3	679	90.6	6.12	49.6	13.2	1.65	1.78	42.7	2.17	75×75×5×7	
	175×90×5×8	23.21	18.2	1 220	140	7.26	97.6	21.7	2.05	1.92	70.7	2.47	87.5×90×5×8	
	198×99×4.5×7	23.59	18.5	1 610	163	8.27	114	23.0	2.20	2.13	94.0	2.82	99×99×4.5×7	
	200×100×5.5×8	27.57	21.7	1 880	188	8.25	134	26.8	2.21	2.27	115	2.88	100×100×5.5×8	
	248×124×5×8	32.89	25.8	3 560	287	10.4	255	41.1	2.78	2.62	208	3.56	124×124×5×8	
	250×125×6×9	37.87	29.7	4 080	326	10.4	294	47.0	2.79	2.78	249	3.62	125×125×6×9	
	298×149×5.5×8	41.55	32.6	6 460	433	12.4	443	59.4	3.26	3.22	395	4.36	149×149×5.5×8	
	300×150×6.5×9	47.53	37.3	7 350	490	12.4	508	67.7	3.27	3.38	465	4.42	150×150×6.5×9	
	346×174×6×9	53.19	41.8	11 200	649	14.5	792	91.0	3.86	3.68	681	5.06	173×174×6×9	
	350×175×7×11	63.66	50.0	13 700	782	14.7	985	113	3.93	3.74	816	5.06	175×175×7×11	
	#400×150×8×13	71.12	55.8	18 800	942	16.3	734	97.9	3.21	—	—	—	—	
	396×199×7×11	72.16	56.7	20 000	1 010	16.7	1 450	145	4.48	4.17	1 190	5.76	198×199×7×11	
	400×200×8×13	84.12	66.0	23 700	1 190	16.8	1 740	174	4.54	4.23	1 400	5.76	200×200×8×13	
	#450×150×9×14	83.41	65.5	27 100	1 200	18.0	793	106	3.08	—	—	—	—	
	446×199×8×12	84.95	66.7	29 000	1 300	18.5	1 580	159	4.31	5.07	1 880	6.65	223×199×8×12	
	450×200×9×14	97.41	76.5	33 700	1 500	18.6	1 870	187	4.38	5.13	2 160	6.66	225×200×9×14	
	#500×150×10×16	98.23	77.1	38 500	1 540	19.8	907	121	3.04	—	—	—	—	

续表

类别	H 型钢规格 ($h \times b \times t_1 \times t_2$)	截面积 A (cm^2)	质量 q (kg/m)	x—x 轴 I_x (cm^4)	W_x (cm^3)	i_x (cm)	y—y 轴 I_y (cm^4)	W_y (cm^3)	i_y, i_{yT} (cm)	重心 C_x (cm)	x_T—x_T 轴 I_{xT} (cm^4)	i_{xT} (cm)	T 型钢规格 ($h_T \times b \times t_1 \times t_2$)	类别
HN	496×199×9×14	101.3	79.5	41 900	1 690	20.3	1 840	185	4.27	5.90	2 840	7.49	248×199×9×14	TN
	500×200×10×16	114.2	89.6	47 800	1 910	20.5	2 140	214	4.33	5.96	3 210	7.50	250×200×10×16	
	#506×201×11×19	131.3	103	56 500	2 230	20.8	2 580	257	4.43	5.95	3 670	7.48	#253×201×11×19	
	596×199×10×15	121.2	95.1	69 300	2 330	23.9	1 980	199	4.04	7.76	5 200	9.27	298×199×10×15	
	600×200×11×17	135.2	106	78 200	2 610	24.1	2 280	228	4.11	7.81	5 820	9.28	300×200×11×17	
	#606×201×12×20	153.3	120	91 000	3 000	24.4	2 720	271	4.21	7.76	6 580	9.26	#303×201×12×20	
	#692×300×13×20	211.5	166	172 000	4 980	28.6	9 020	602	6.53	—	—	—	—	
	700×300×13×24	235.5	185	201 000	5 760	29.3	10 800	722	6.78	—	—	—	—	

注："#"表示的规格为非常用规格。

读者意见反馈

为收集对教材的意见建议，进一步完善教材编写并做好服务工作，读者可将对本教材的意见建议通过如下渠道反馈至我社。

咨询电话　400-810-0598

反馈邮箱　zz_dzyj@pub.hep.cn

通信地址　北京市朝阳区惠新东街4号富盛大厦1座

　　　　　高等教育出版社总编辑办公室

邮政编码　100029

防伪查询说明

用户购书后刮开封底防伪涂层，使用手机微信等软件扫描二维码，会跳转至防伪查询网页，获得所购图书详细信息。

防伪客服电话

（010）58582300

学习卡账号使用说明

一、注册/登录

访问http://abook.hep.com.cn/sve，点击"注册"，在注册页面输入用户名、密码及常用的邮箱进行注册。已注册的用户直接输入用户名和密码登录即可进入"我的课程"页面。

二、课程绑定

点击"我的课程"页面右上方"绑定课程"，在"明码"框中正确输入教材封底防伪标签上的20位数字，点击"确定"完成课程绑定。

三、访问课程

在"正在学习"列表中选择已绑定的课程，点击"进入课程"即可浏览或下载与本书配套的课程资源。刚绑定的课程请在"申请学习"列表中选择相应课程并点击"进入课程"。

如有账号问题，请发邮件至：4a_admin_zz@pub.hep.cn。

结 构 设 计 说 明（2）

9.3 纵向受力钢筋的绑扎搭接长度 l_l (l_{lE})见下表：

混凝土强度等级			C25		C30	
钢筋直径 d/mm			≤ 25	>25	≤ 25	>25
纵向受拉钢筋绑扎搭接长度			l_l (l_{lE})		l_l (l_{lE})	
HPB300	非抗震、四级抗震等级	≤ 25%	41d	46d	36d	40d
		>25%≤50%	48d	54d	42d	47d
	三级抗震等级	≤ 25%	44d	48d	39d	44d
		>25%≤50%	51d	56d	45d	51d
HRB400	非抗震、四级抗震等级	≤ 25%	48d	53d	42d	47d
		>25%≤50%	56d	62d	49d	55d
	三级抗震等级	≤ 25%	51d	57d	45d	50d
		>25%≤50%	59d	66d	52d	58d

注：1. 两根直径不同钢筋的搭接长度，以较细钢筋的直径计算。
 2. 在任何情况下，纵向受拉钢筋的绑扎搭接长度不应小于 300 mm。

9.4 纵向受力钢筋连接方式和要求：
1. 绑扎搭接接头的有关要求：
 （1）钢筋绑扎搭接位于同一连接区段长度（1.3l_l或1.3l_{lE}）内的受拉钢筋搭接接头面积百分率，对梁、板，不宜大于25%，不应大于50%，对柱不应大于50%。
 （2）在梁、柱类构件的纵向受力钢筋搭接长度范围内，除另有说明外，应按下列要求配置箍筋：箍筋直径不应小于 8 mm，受拉搭接区段的箍筋间距不应大于 100 mm 或搭接钢筋较小直径的 5 倍；受压搭接区段的箍筋间距不应大于 150 mm 或搭接钢筋较小直径的 10 倍。
2. 机械连接接头的有关要求：
 （1）纵向受力钢筋机械连接接头宜相互错开。钢筋机械连接接头连接区段的长度为 35d（d 为纵向受力钢筋的较大直径）。凡接头中点位于该连接区段长度的机械连接接头均属同一连接区段。
 （2）同一连接区段内的纵向受拉钢筋的钢筋接头面积百分率不应大于 50%。纵向受压钢筋的钢筋接头面积百分率可不受限制。
3. 焊接接头的有关要求：
 （1）纵向受力钢筋的焊接接头应相互错开。钢筋焊接接头连接区段的长度为 35d（d 为纵向受力钢筋的较大直径），且不小于 500 mm。凡接头中点位于该连接区段长度内的机械连接接头均属于同一连接区段。
 （2）同一连接区段内的纵向受拉钢筋焊接接头面积百分率不应大于 50%。纵向受压钢筋的钢筋接头面积百分率可不受限制。
4. 本工程钢筋应优先采用机械接头：钢筋直径 $d \geq 28$ mm 时应采用机械连接；$d=25$ mm 时宜采用机械连接。
9.5 板：
1. 双向板钢筋的放置，短跨方向钢筋置于外层，长跨方向钢筋置于内层。现浇板施工时，应采取措施保证钢筋位置正确。
2. 现浇板钢筋的锚固、连接构造详见 22G101-1 图集。
3. 现浇板角负筋，纵横两个方向必须交叉重叠设置成网格状。
4. 单向板受力钢筋，双向板支座负筋必须配置分布筋，图中未注明分布筋均为 Φ8@150。
5. 板内钢筋如遇洞口，当 $D \leq 300$ mm 时，钢筋绕过洞口不截断（D 为洞口宽度或直径）；当 $D \geq 300$ mm 且未设边梁时，洞口增设加强筋，具体按平面图示处的要求施工。
6. 楼板外墙转角及板短跨 $\geq$ 3.9 m 处楼板四角上部配置放射形钢筋见下图。
7. 应设置支撑确保板面负筋位置正确，不得下沉。

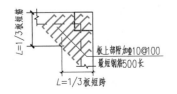

8. 对设备的预留孔洞及预埋件与安装单位配合施工，未经设计人员同意，不得随意在板上打洞、剔凿。
9. 跨度大于 4.0 m 的板施工支模时应起拱，起拱高度为跨度的 2/1000。
9.6 梁：
1. 楼层（包括屋面）框架梁纵向钢筋构造详见 22G101-1 图集。
2. 框架梁中间支座纵向钢筋构造详见 22G101-1 图集。
3. 梁箍筋构造详见 22G101-1 图集。
4. 非框架梁配筋构造见 22G101-1 图集。
5. 不伸入支座的梁下部纵向钢筋断点位置，附加箍筋、附加吊筋、梁侧面构造筋等其他构造要求详见 22G101-1 图集。
6. 梁上不允许预留洞口，预埋件需与安装单位配合施工。
7. 跨度大于 4.0 m 的梁施工支模时应起拱，起拱高度为跨度的 2/1000。
9.7 柱和节点：
1. 框架柱纵向钢筋连接构造详见 22G101-1 图集。
2. 框架边柱和角柱柱顶纵向钢筋构造详见 22G101-1 图集。
3. 框架中柱柱顶纵向钢筋构造、框架柱变截面位置纵向钢筋构造详见 22G101-1 图集。
4. 梁上柱纵向钢筋和框架柱箍筋构造详见 22G101-3 图集。
5. 柱插筋在基础中的锚固构造详见 22G101-1 图集。
6. 柱上不允许预留孔洞，预埋件需与安装单位配合施工。
7. 柱上节点的其他构造要求详见 22G101-1 图集。
9.8 混凝土结构施工前应对预留孔、预埋件、楼梯栏杆和阳台栏杆的位置与各专业图纸进行校对，并与设备及各工种密切配合施工。
9.9 电气避雷引下线的位置见电气平面图。在图中注有▲处柱内至少有两根纵向钢筋作为避雷引下线。作为避雷引下线的纵向钢筋，必须从上到下焊成通路，焊接长度不小于 100 mm，且上端需露出柱顶或混凝土墙顶 150 mm，与屋顶避雷带连接使用。基础钢筋应与楼板、梁、柱钢筋连成通路，作为避雷使用。做法需配合电气图纸施工。电气接地钢板，地下部分电气避雷做法见电气图纸，所有避雷金属件均应镀锌。

十、砌体工程

10.1 砌体填充墙平面位置详见建筑施工图，不得随意更改。应配合建筑图，按要求预留墙体插筋。砌筑施工质量控制在 B 级。
10.2 砌体填充墙应沿框架柱（包括构造柱）或钢筋混凝土墙全高每隔 500 设置 2ϕ6 的拉结筋，拉结筋伸入填充墙内的长度不小于填充墙长的 1/5，且不小于 700 mm，如图 10.1 所示。
在框架平面外的填充墙拉结筋构造详见图 10.2。

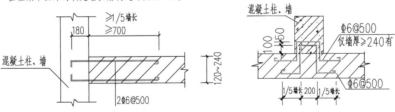

图 10.1 填充墙与混凝土柱、墙上拉结筋构造   图 10.2 框架平面外填充墙拉结筋构造

10.3 砌体填充墙的构造柱一般不在各楼层结构平面中画出，一律按以下原则布置：
1. 填充墙长度 >5 m 时，沿墙长度方向每隔 4 m 设置一根构造柱。
2. 外墙与楼梯间转角处设置构造柱。
3. 填充墙端部无翼墙或混凝土墙（墙）时，在墙端部设构造柱。
4. 超过 2 m 的门窗洞口两侧。构造柱尺寸：墙宽×240 mm，配筋为 4Φ12，Φ6@200。
10.4 砌体填充墙高度大于 4 m 时，墙体半高处或门洞上设与柱连接且沿全墙贯通的钢筋混凝土水平圈梁，圈梁高 200 mm，宽同墙宽，配筋为 4Φ12、Φ6@200（若水平圈梁遇过梁，则兼作过梁并按过梁增配钢筋）。柱（墙）施工时，应在相应位置预留 4Φ12 与圈梁纵筋连接。
10.5 填充墙内的构造柱应先砌墙后浇筑混凝土，施工主体结构时，应在上下楼层梁的相应位置预留相同直径和数量的插筋与构造柱纵筋连接。
10.6 框架柱（或构造柱）边砖墙垛长度不大于 120 mm 时，可采用素混凝土整浇。

10.7 砌体内门窗洞口顶部无梁时，均按图 10.3 的要求设置钢筋混凝土过梁。

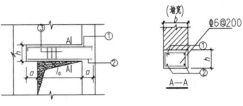

图 10.3 钢筋混凝土过梁

钢筋混凝土过梁配筋见下表：

净跨 l_0	$l_0 \leq$ 1 000	1 000<l_0 ≤1 500	1 500<l_0 ≤2 000	2 000<l_0 ≤2 500	2 500<l_0 ≤3 000	3 000<l_0 ≤3 500
梁高 h	120	150	180	240	300	350
支撑长度 a	180	240	240	360	360	360
面筋①	2Φ10	2Φ10	2Φ10	2Φ12	2Φ12	2Φ12
底筋②	2Φ10	2Φ12	2Φ14	2Φ16	2Φ16	3Φ16

10.8 在填充墙与混凝土墙的连接接处，应固定的设置镀锌钢丝网，其宽度不小于 200 mm。
10.9 砌块墙体开设管线槽时应使用开槽机，严禁敲击出槽。管线埋设后，小孔和小槽用水泥砂浆填补，大孔和大槽用细石混凝土填满。

十一、沉降观测要求

本工程要求进行沉降观测；沉降观测点位置详见结施-04 基础平面布置图。沉降观测自完成±0.000 层开始，设施工一层观测一次，结顶后每月观测一次，竣工验收后第一年观测次数不少于 4 次，第二次不少于 2 次，以后每年不少于 1 次，直至建筑物沉降稳定。如发现沉降异常，应及时通知设计单位。沉降观测做法见下图。

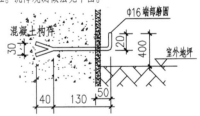

十二、其他施工注意事项

12.1 卫生间、淋浴间、开水间、室外楼地面及屋面交界处等有防水要求部位，周边做 200 mm 高素混凝土翻边。
12.2 施工中混凝土强度达到 70% 时可拆除底模和浇筑上层混凝土；在悬挑梁、板等结构上的支撑，必须在混凝土强度达到设计强度的 100% 时方可拆除。
12.3 屋面天沟及雨篷等必须设置必要的泄水管（孔），施工完毕后必须清扫干净，保持排水畅通。泄水管（孔）设置的标高应考虑建筑面层的厚度。
12.4 施工楼面堆载不得超过设计使用荷载。未经结构工程师允许不得改变使用环境及原设计的使用功能。
12.5 总说明中未做详尽规定或未及之处按现行有关规范、规程执行。

××市××设计研究院		工程名称		××市××小学	
		项目		行政楼	
院长		工种负责		设计号	
审定		校对		结构设计说明（2）	图别	施工图
审核		设计			图号	结施-02
工程负责		制图			日期	

2

附图

结 构 设 计 说 明（1）

一、工程概况

本工程为××市××小学四层框架结构行政楼，建筑长度为43.20 m，宽度为9.90 m，建筑总高度为15.450 m，基础形式为桩基础。

二、设计依据

2.1 本工程设计使用年限为50年。

2.2 自然条件：本工程基本风压值为0.75 kN/m²，地面粗糙度为B类。基本雪压为0.30 kN/m²；本地区抗震设防烈度为7度，本工程抗震等级为三级。

2.3 本工程根据××工程勘察院提供的《××市××小学新建行政楼岩土工程勘察报告》（20××年××月）进行施工图设计。

2.4 政府有关主管部门对本工程的审查批复文件。

2.5 本工程设计所执行的规范及规程见下表：

序号	名称	标准号
1	《建筑工程抗震设防分类标准》	GB 50223—2008
2	《建筑结构可靠性设计统一标准》	GB 50068—2018
3	《建筑结构荷载规范》	GB 50009—2012
4	《建筑抗震设计规范》	GB 50011—2010
5	《混凝土结构设计规范》	GB 50010—2010
6	《建筑地基基础设计规范》	GB 50007—2011
7	《砌体结构设计规范》	GB 50003—2011
8	《建筑地基处理技术规范》	JGJ 79—2012
9	《建筑设计防火规范》	GB 50016—2014
10	《建筑工程设计文件编制深度规定》	建质函〔2016〕247号

三、图纸说明

3.1 本工程结构施工图中除注明外，标高以m为单位，尺寸以mm为单位。

3.2 本工程建筑室内地面标高±0.000相当于黄海高程4.850 m。

3.3 图中构件编号见下表：

构件类型	代号	序号	构件类型	代号	序号
基础梁	JL	××	构造柱	GZ	××
框架柱	KZ	××	梯梁	TL	××
框架梁	KL	××	梯板	AT/BT	××
屋面框架梁	WKL	××	梯柱	TZ	××
次梁	L	××	平台板	PTB	××
屋面次梁	WL	××			

3.4 本工程结构施工图采用平面整体表示方法，参照平法22G101系列标准图集见下表：

序号	图集名称		图集代号
1	混凝土结构施工图平面整体表示方法制图规则和构造详图	现浇混凝土框架、剪力墙、梁、板	22G101-1
2		现浇混凝土板式楼梯	22G101-2
3		独立基础、条形基础、筏形基础、桩基础	22G101-3

四、建筑分类等级

建筑分类等级见下表：

序号	名称	等级	依据的国家标准规范
1	建筑结构安全等级	二级	《建筑结构可靠性设计统一标准》（GB 50068—2018）
2	地基基础设计等级	丙级	《建筑地基基础设计规范》（GB 50007—2011）
3	建筑抗震设防类别	丙类	《建筑工程抗震设防分类标准》（GB 50223—2008）
4	框架抗震等级	三级	《建筑抗震设计规范》（GB 50011—2010）
5	建筑耐火等级	二级	《建筑设计防火规范》（GB 50016—2014）
6	混凝土构件的环境类别	一类 二a类 二b类	《混凝土结构设计规范》（GB 50010—2010）

五、主要荷载取值

5.1 楼(屋)面恒载见下表：

序号	墙体类型	墙体材料	自重/（kN/mm²）
1	内墙	240厚烧结页岩砖（容重≤11 kN/m³）	4.00
2	外墙	240厚烧结页岩砖（容重≤11 kN/m³）	3.60

5.2 楼(屋)面活荷载见下表：

序号	荷载类别	标准值/（kN/m²）	序号	荷载类别	标准值/（kN/m²）
1	不上人屋面	0.50	3	其余房间	2.50
2	上人屋面	2.00	4	走廊、门厅、楼梯	3.50

六、设计计算程序

本工程使用中国建筑科学研究院建筑工程软件研究所编制的《多高层建筑结构空间有限元分析软件SATWE》（20××年××月版）进行结构整体分析，结构整体计算嵌固部位为基础顶面(-0.550 m)。

七、主要结构材料

7.1 混凝土

（1）混凝土强度等级：基础垫层（100厚）为C15，主体结构梁、板、柱均为C25。

（2）混凝土环境类别及耐久性要求见下表：

部位	构件	环境类别	最大水胶比	最小水泥用量/（kg/m³）	最大氯离子含量	最大碱含量/（kN/m³）
地上	室内正常环境	一类	0.65	225	1.0	不限制
	厨房、卫生间、雨篷等潮湿环境基础梁、板侧面顶面	二a类	0.60	250	0.3	3
地下	基础梁、板底面	二b类	0.55	275	0.2	3

7.2 钢筋符号、钢材牌号见下表：

热轧钢筋种类	符号	f_y/（N/mm²）	钢材牌号	厚度/mm	f/（N/mm²）
HPB300（Q235）	Φ	270	Q235-B	≤ 16	215
HRB400	Φ	360	Q345-B	≤ 16	310

7.3 焊条：

E43型：用于HPB300级钢筋、Q235-B钢材焊接。

E50型：用HRB400级钢筋、Q345-B钢材焊接。

钢筋与钢材焊接随钢筋定焊条，焊接应符合《钢筋焊接及验收规程》（JGJ 18—2012）以及《钢结构焊接规范》（GB 50661—2011）有关规定。

7.4 ±0.000以下为240厚MU10混凝土标准砖，M10水泥砂浆实砌，两侧用1：3水泥砂浆粉刷20厚，±0.000以上外墙、内隔墙及楼梯间采用MU10烧结页岩砖，M7.5混合砂浆实砌，砌筑施工质量控制在B级。砌筑方法及水电线穿墙处按2006浙G30《烧结多孔砖房屋结构构造》施工。

八、地基基础部分

本工程根据××工程勘察院提供的《××市××小学新建行政楼岩土工程勘察报告》（20××年××月）并结合房屋上部结构情况采用柱下独立基础，基槽开挖时如发现与设计不符，请及时与设计单位联系。

九、钢筋混凝土部分

9.1 混凝土构件的环境类别和混凝土保护层最小厚度见下表：

序号	构件名称及范围		环境类别	保护层最小厚度/mm
1	基础底板	底部、顶部	二b	40
2	基础梁	底部、顶部、侧面	二b	40
3	框架柱	室内正常环境	一	25
		室外、潮湿环境	二a	30
4	梁	室内正常环境	一	25
		室外、潮湿环境	二a	30
5	板	室内正常环境	一	20
		室外、潮湿环境	二a	25

9.2 纵向受拉钢筋的锚固长度l_a（l_{aE}）见下表：

混凝土强度等级		C25		C30	
钢筋直径d/mm		≤ 25	>25	≤ 25	>25
纵向受拉钢筋锚固长度		l_a（l_{aE}）		l_a（l_{aE}）	
HPB300	非抗震、四级抗震等级	34d	38d	30d	33d
	三级抗震等级	36d	40d	32d	36d
HRB400	非抗震、四级抗震等级	40d	44d	35d	39d
	三级抗震等级	42d	47d	37d	41d

注：1. HPB300级钢筋末端应做180°弯钩，弯后平直段长度不应小于3d，但受压时可不做弯钩。

2. 纵向受压钢筋的锚固长度不应小于受拉锚固长度的70%。

3. 柱纵向钢筋伸入基础内的长度应满足锚固长度l_{aE}的要求，并应伸入基础底部后做水平弯折，弯折长度不小于15d。

××市××设计研究院		工程名称	××市××小学	
院长		工种负责	项目	行政楼
审定		校对	结构设计说明（1）	设计号
审核		设计		图别 施工图
工程负责		制图		图号 结施-01
			日期	

1

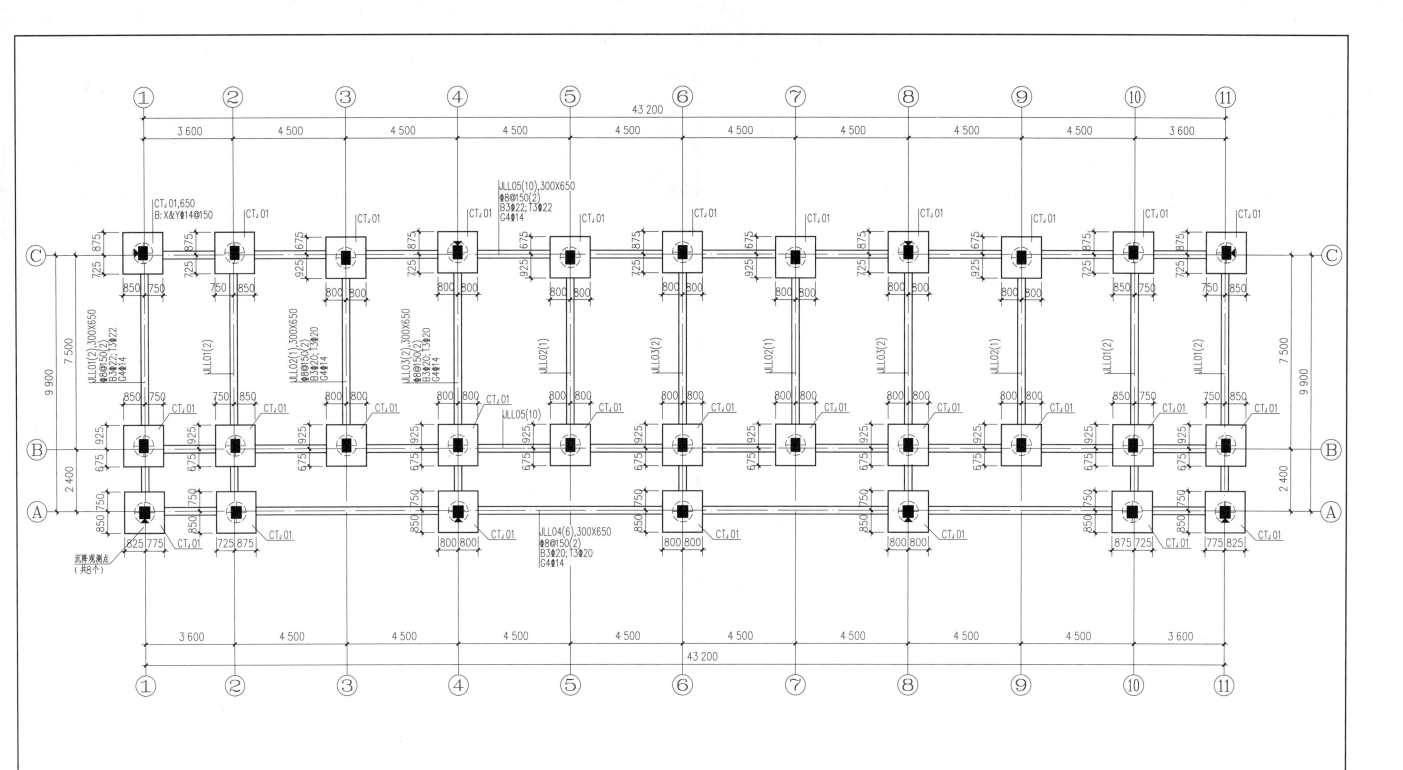

承台平面布置图 1:100

说明:
1. 基础混凝土采用C25混凝土,垫层采用100厚C15混凝土。
2. 基础底面基准标高:-1.200m。
3. 未注明的基础连系梁均为居中布置。
4. 本工程按22G101-3图集绘制,未尽事宜详22G101-3图集做法。

××市××设计研究院		工程名称	××市××小学
		项目	行政楼
院长	工种负责		设计号
审定	校对	承台平面布置图	图别	施工图
审核	设计		图号	结施-04
工程负责	制图		日期

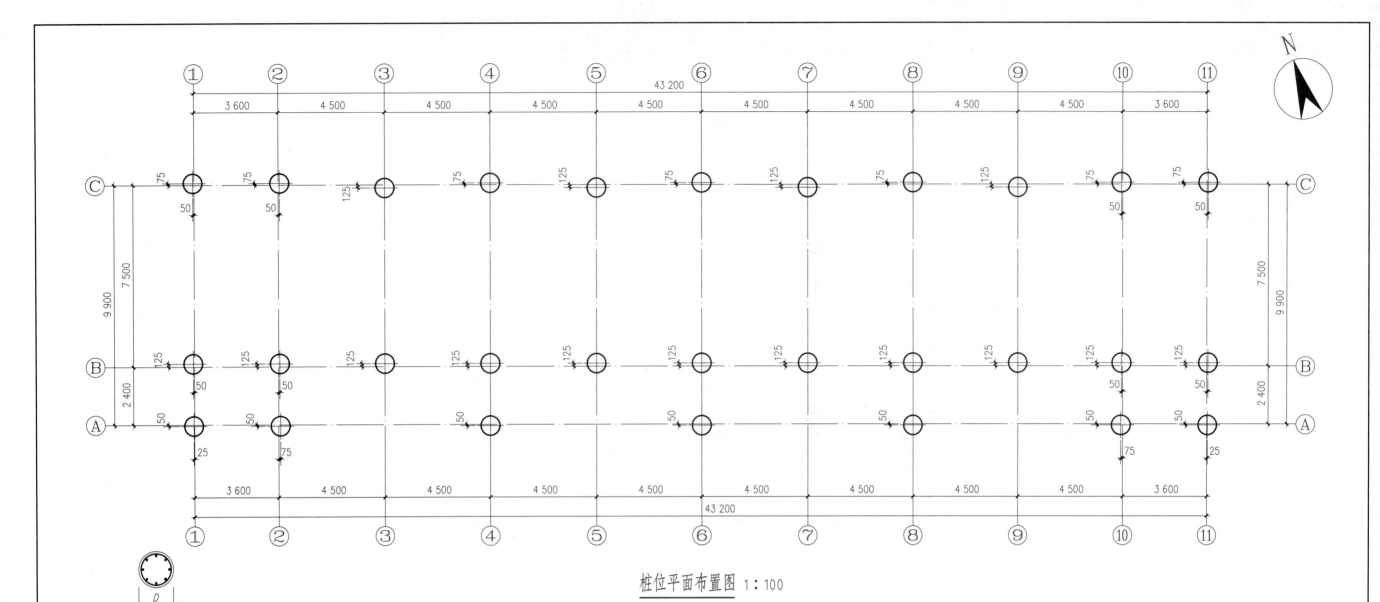

桩位平面布置图 1:100

桩基说明:

1. 根据XX工程勘察院提供的《XX市XX小学新建行政楼岩土工程勘察报告》,结合房屋上部结构情况,本工程采用钻孔灌注桩。
2. 本工程建筑桩基设计等级为丙级。
3. 本工程±0.000相当于黄海高程4.850 m,桩顶设计标高为 −1.100 m。
4. 本工程采用ø800钻孔灌注桩,以5−1,5−2层为联合持力层,有效桩长≥18 m,全断面进入持力层≥1.2 m。
5. 本工程钻孔灌注桩桩身为水下浇筑混凝土,混凝土强度等级C30,桩身混凝土保护层厚50,桩身配筋见左图。
6. 成孔至设计深度后,应会同工程有关各方对成孔深度、质量等进行检查,确定符合要求后,方可进行下一道工序施工。浇筑混凝土前,应反循环清除孔底沉渣,孔底沉渣小于50,同时应采取有效措施以确保桩身质量,防止颈缩、断桩、偏位现象出现。
7. 本工程桩基必须通过打试桩确定施工工艺和各项参数后方可施工。
8. 为确保桩顶混凝土的设计强度,浇筑后的混凝土面应高出桩顶设计标高800,待施工垫层及承台前再凿去浮浆至桩顶设计标高。

9. 桩基施工后,应采用可靠的动测法对成桩质量进行检测。测试数量不少于总桩数的20%,单桩单柱承台应逐根检测,其他承台抽检桩数不少于50%,且不少于2根。且应按相关规范要求做单桩竖向抗压静载荷试验。试桩视工程情况,由质检、勘察、设计、监理、施工及建设各有关部门共同协商确定。
10. 施工前应与规划、城建、质监、水电、邮电、消防等有关部门和建筑、水、电等专业密切配合,校核绝对标高,总平面尺寸等有关数据,资料和图纸无误后,方可施工。
11. 桩基施工过程中,应采取必要措施,避免对周围建筑、市政管线等产生不良影响。
12. 桩基施工应严格遵守《建筑桩基技术规范》(JGJ 94−2008)中有关灌注桩的施工要求执行。

注:主筋12ø18,箍筋ø8@250,
加劲箍ø14@2 000,
桩顶5D范围内箍筋加密,间距为150。

××市××设计研究院		工程名称	××市××小学
		项目	行政楼
院长	工种负责		设计号
审定	校对	桩位平面布置图	图别 施工图
审核	设计		图号 结施−03
工程负责	制图		日期

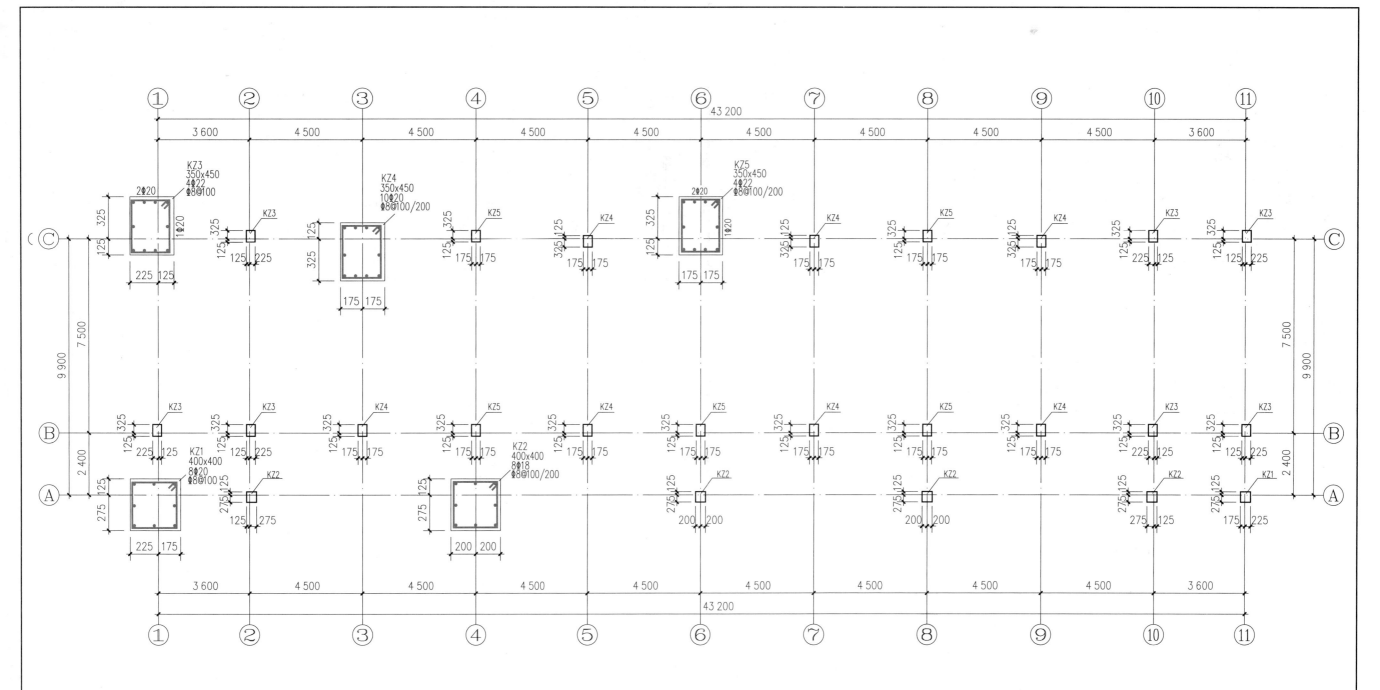

4.470~11.670柱平法施工图 1：100

层号	标高/m	层高/m
屋面	15.300	
3	11.670	3.630
2	8.070	3.600
1	4.470	3.600
	-0.550	5.020

结构层楼面标高
结 构 层 高

上部结构嵌固部位：-0.550

××市××设计研究院		工程名称	××市××小学		
		项目	行政楼		
院长		工种负责		设计号	
审定		校对		4.470~11.670柱 平法施工图	图别	施工图
审核		设计			图号	结施-06
工程负责		制图			日期	

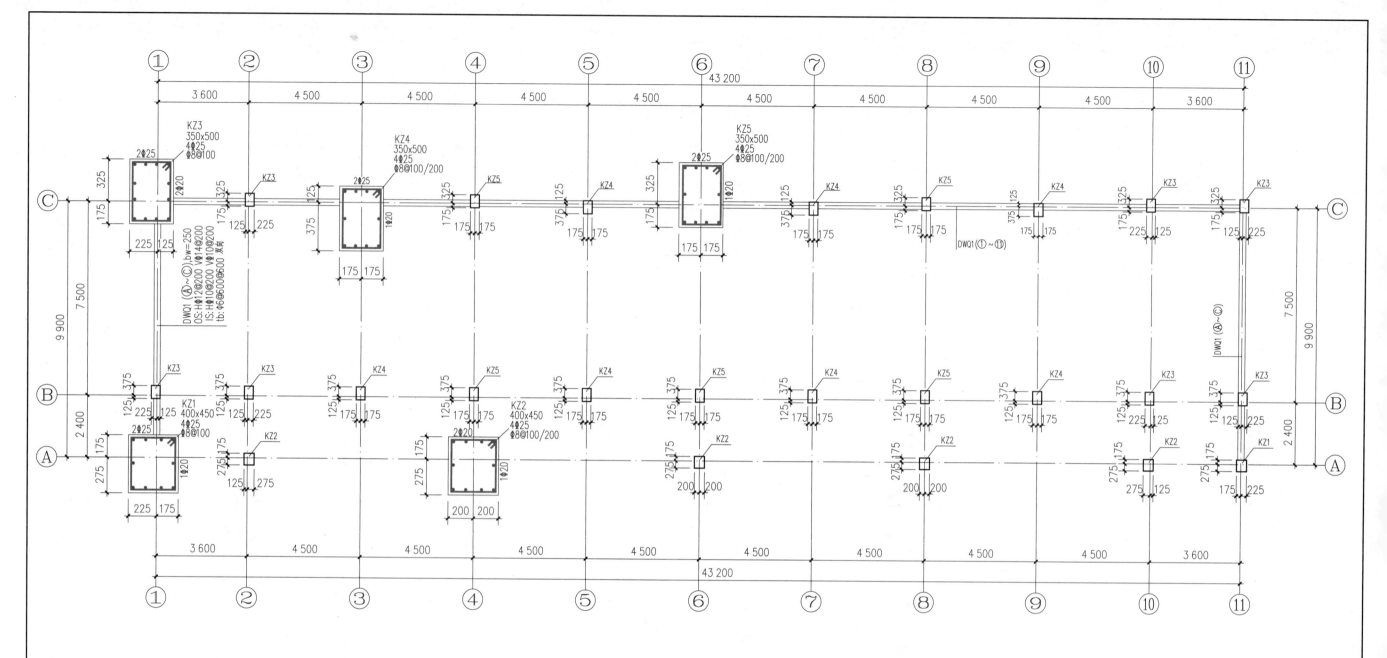

基础顶面~4.470柱平法施工图 1:100

层号	标高/m	层高/m
屋面	15.300	
3	11.670	3.630
2	8.070	3.600
1	4.470	3.600
	-0.550	5.020

结构层楼面标高
结 构 层 高

上部结构嵌固部位: -0.550

××市××设计研究院

工程名称	××市××小学
项目	行政楼

院长		工种负责		设计号	
审定		校对		基础顶面~4.470柱 平法施工图	图别	施工图
审核		设计			图号	结施-05
工程负责		制图			日期	

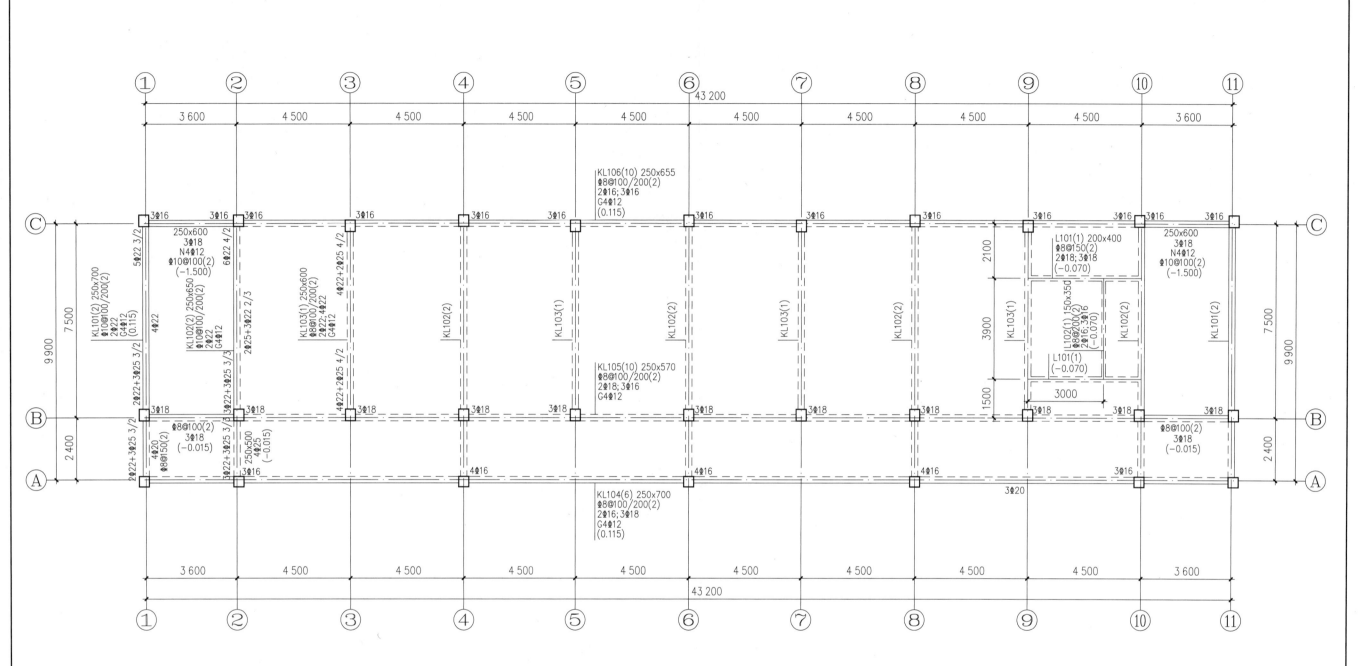

4.470梁平法施工图 1:100
说明:未注明的梁均轴线居中布置。

屋面	15.300	
3	11.670	3.630
2	8.070	3.600
1	4.470	3.600
	-0.550	5.020
层号	标高/m	层高/m

结构层楼面标高
结 构 层 高

上部结构嵌固部位:-0.550

××市××设计研究院		工程名称	××市××小学
		项目	行政楼
院长	工种负责		设计号
审定	校对	4.470梁	图别 施工图
审核	设计	平法施工图	图号 结施-08
工程负责	制图		日期

8

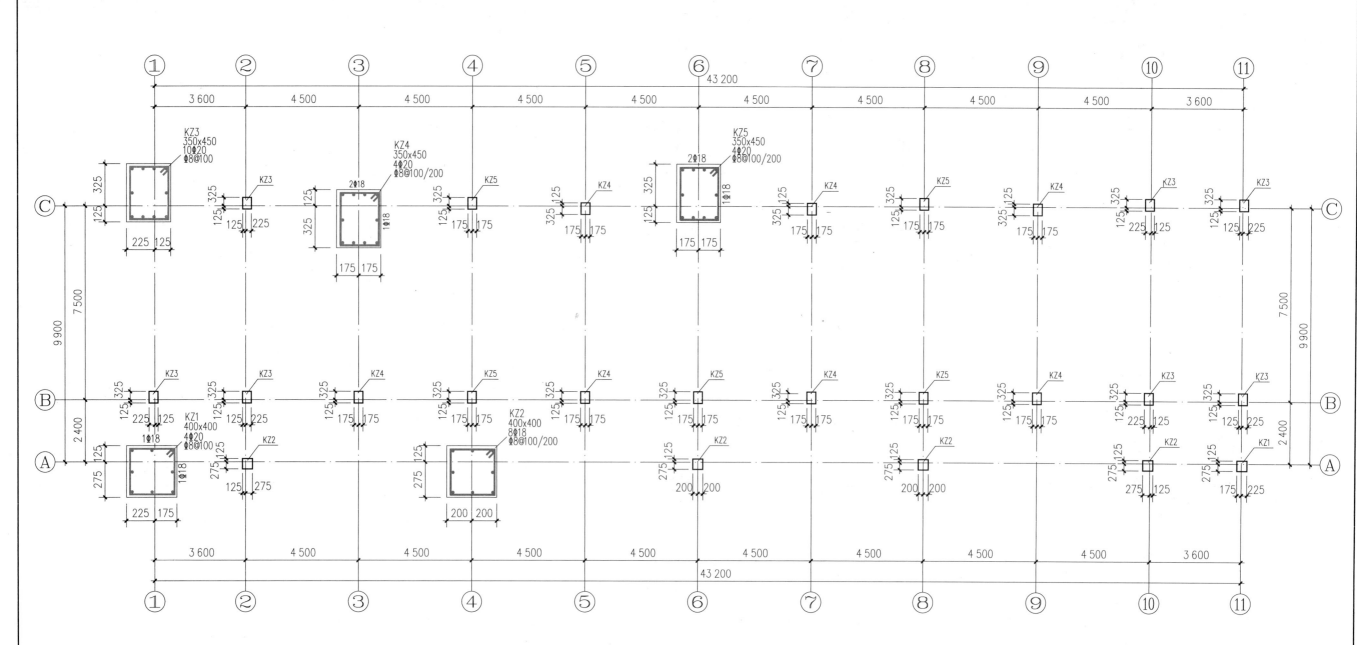

11.670~15.300柱平法施工图 1:100

层号	标高/m	层高/m
屋面	15.300	
3	11.670	3.630
2	8.070	3.600
1	4.470	3.600
	-0.550	5.020

结构层楼面标高
结 构 层 高

上部结构嵌固部位：-0.550

××市××设计研究院			工程名称	××市××小学		
			项目	行政楼		
院长		工种负责			设计号	
审定		校对		11.670~15.300柱平法施工图	图别	施工图
审核		设计			图号	结施-07
工程负责		制图			日期	

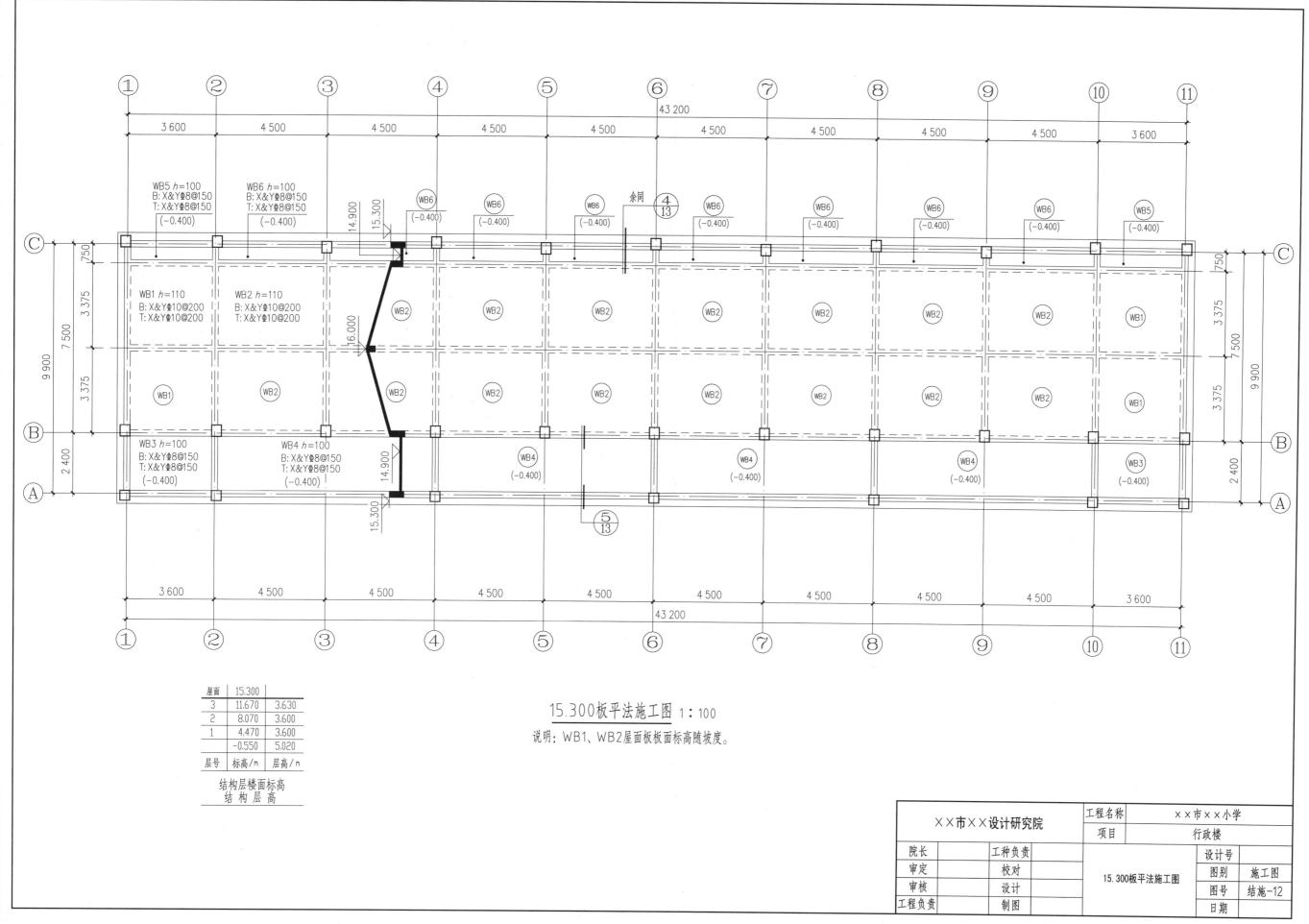

15.300板平法施工图 1：100

说明：WB1、WB2屋面板板面标高随坡度。

WB5 h=100	WB6 h=100
B: X&Y⌀8@150	B: X&Y⌀8@150
T: X&Y⌀8@150	T: X&Y⌀8@150
(−0.400)	(−0.400)

WB1 h=110	WB2 h=110
B: X&Y⌀10@200	B: X&Y⌀10@200
T: X&Y⌀10@200	T: X&Y⌀10@200

WB3 h=100	WB4 h=100
B: X&Y⌀8@150	B: X&Y⌀8@150
T: X&Y⌀8@150	T: X&Y⌀8@150
(−0.400)	(−0.400)

层号	标高/m	层高/m
屋面	15.300	
3	11.670	3.630
2	8.070	3.600
1	4.470	3.600
	−0.550	5.020

结构层楼面标高
结 构 层 高

××市××设计研究院	工程名称	××市××小学
	项目	行政楼
院长	工种负责	设计号	
审定	校对	15.300板平法施工图	图别	施工图
审核	设计		图号	结施−12
工程负责	制图		日期	

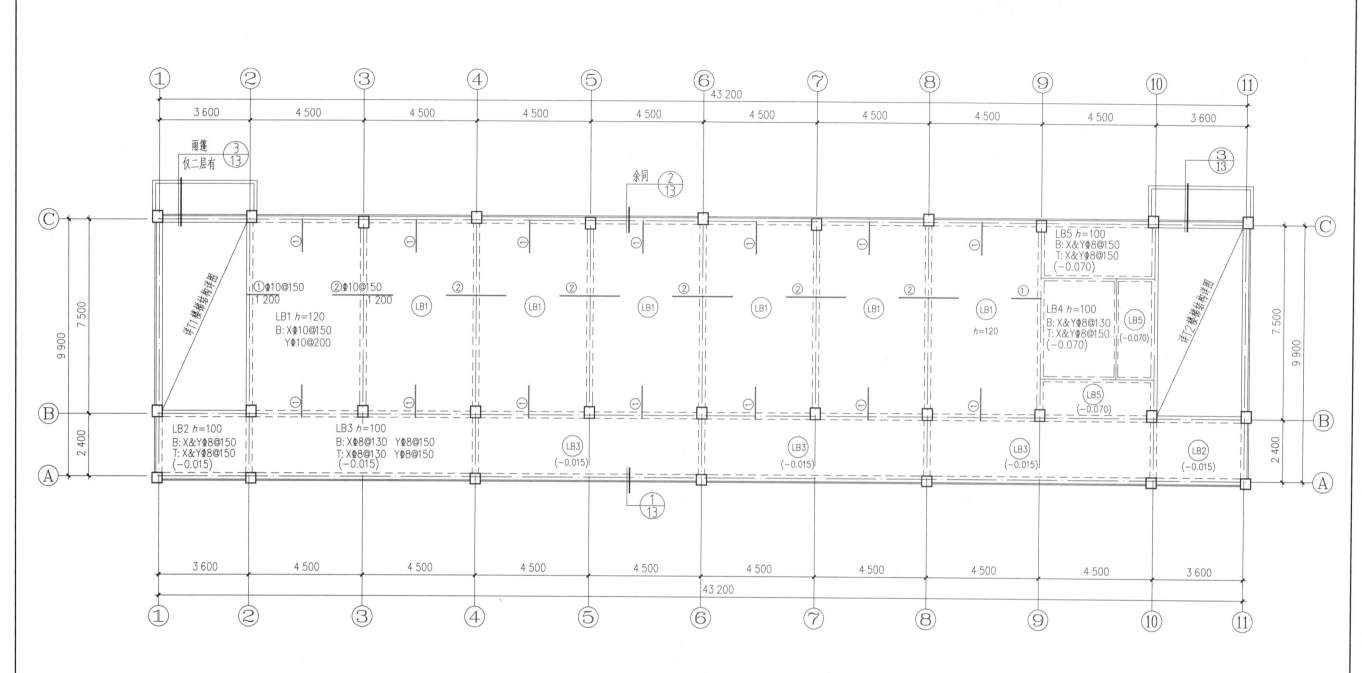

4.470~11.670板平法施工图 1:100

层号	标高/m	层高/m
屋面	15.300	
3	11.670	3.630
2	8.070	3.600
1	4.470	3.600
	−0.550	5.020

结构层楼面标高
结构层高

××市××设计研究院		工程名称	××市××小学		
		项目	行政楼		
院长		工种负责		设计号	
审定		校对	4.470~11.670板 平法施工图	图别	施工图
审核		设计		图号	结施-11
工程负责		制图		日期	

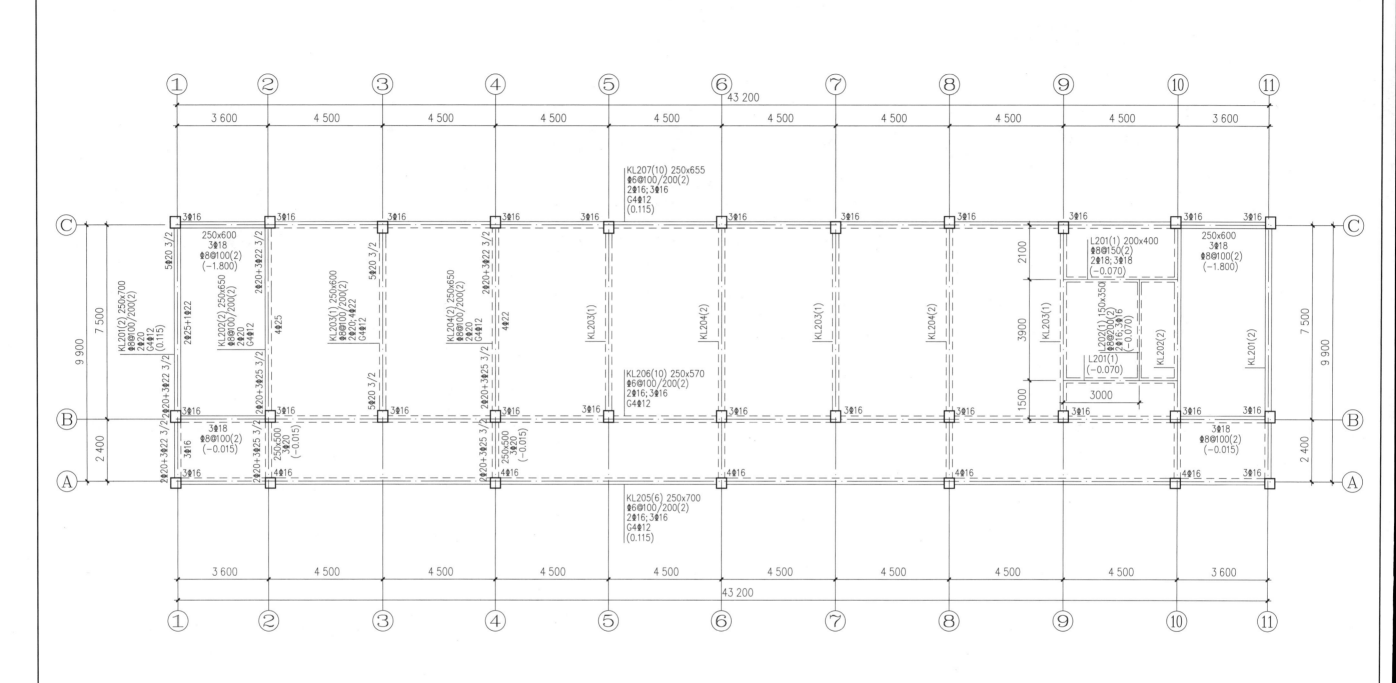

8.070~11.670梁平法施工图 1:100

说明：未注明的梁均轴线居中布置。

屋面	15.300	
3	11.670	3.630
2	8.070	3.600
1	4.470	3.600
	-0.550	5.020
层号	标高/m	层高/m

结构层楼面标高
结构层高

上部结构嵌固部位：-0.550

××市××设计研究院		工程名称	××市××小学		
		项目	行政楼		
院长		工种负责		设计号	
审定		校对	8.070~11.670梁 平法施工图	图别	施工图
审核		设计		图号	结施-09
工程负责		制图		日期	

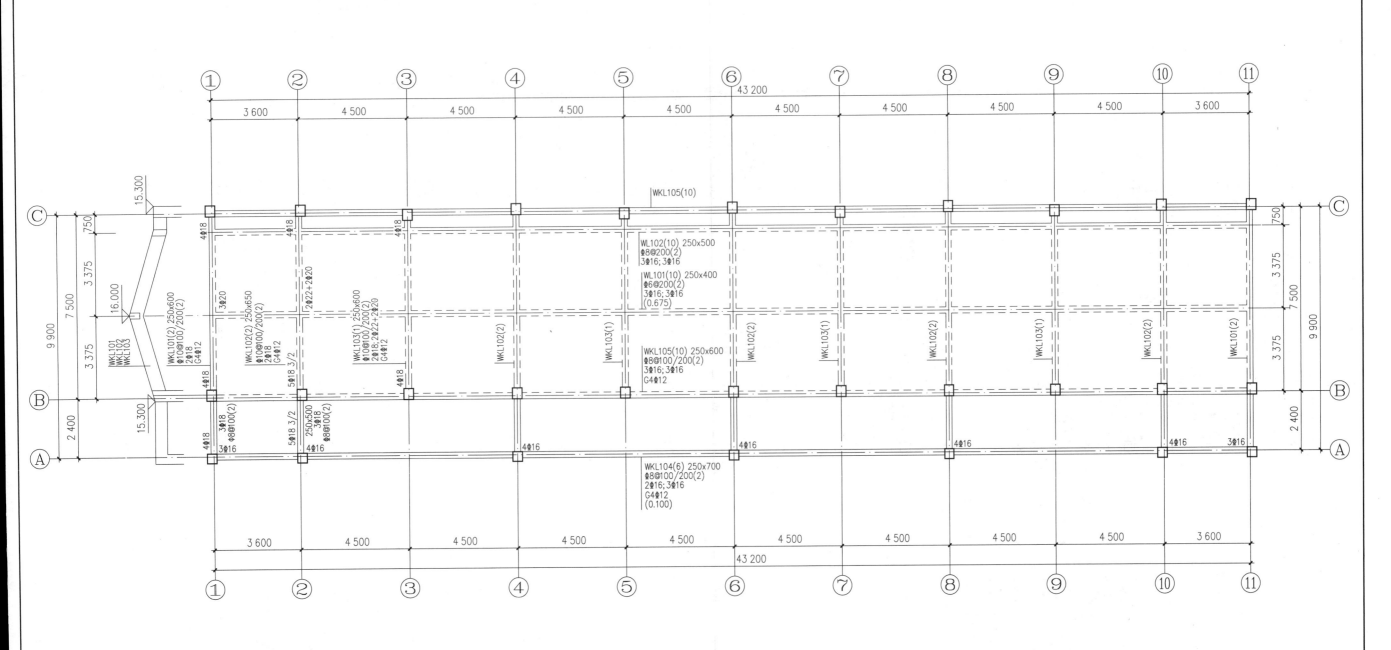

15.300梁平法施工图 1:100

说明: 1. 未注明的梁均轴线居中布置。
2. 梁面标高随坡度,见剖面示意图。
3. 折梁构造做法见22G101-1图集构造做法。

屋面	15.300	
3	11.670	3.630
2	8.070	3.600
1	4.470	3.600
	-0.550	5.020
层号	标高/m	层高/m

结构层楼面标高
结 构 层 高

上部结构嵌固部位: -0.550

××市××设计研究院		工程名称	××市××小学
		项目	行政楼
院长	工种负责		设计号
审定	校对	15.300梁平法施工图	图别	施工图
审核	设计		图号	结施-10
工程负责	制图		日期	

10

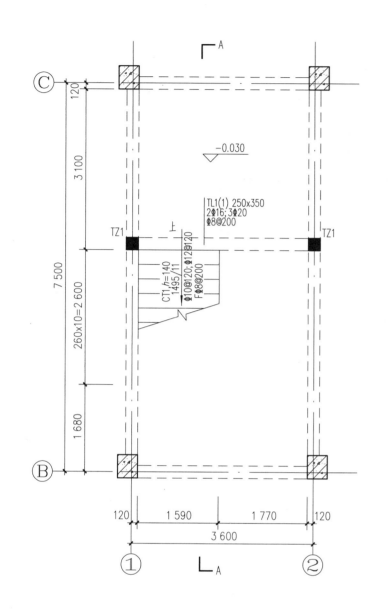

T1楼梯架空层平面图 1:50

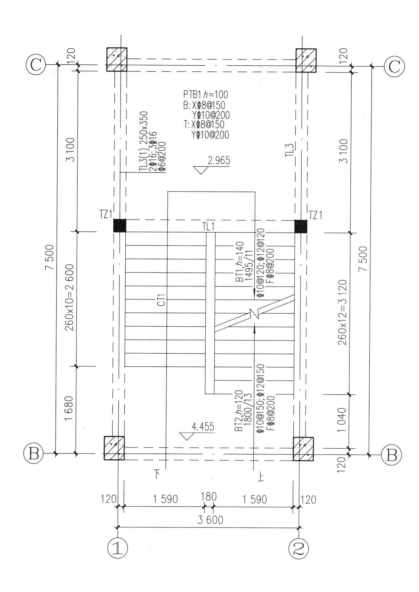

T1楼梯一层平面图 1:50

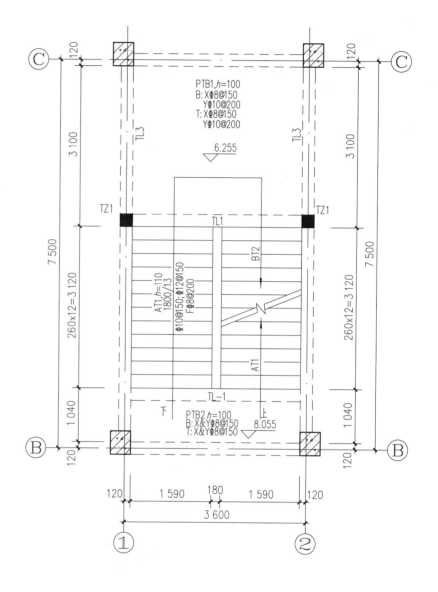

T1楼梯二层平面图 1:50

××市××设计研究院		工程名称	××市××小学		
		项目	行政楼		
院长	工种负责			设计号	
审定	校对	T1楼梯平法施工图(1)		图别	施工图
审核	设计			图号	结施-14
工程负责	制图			日期	

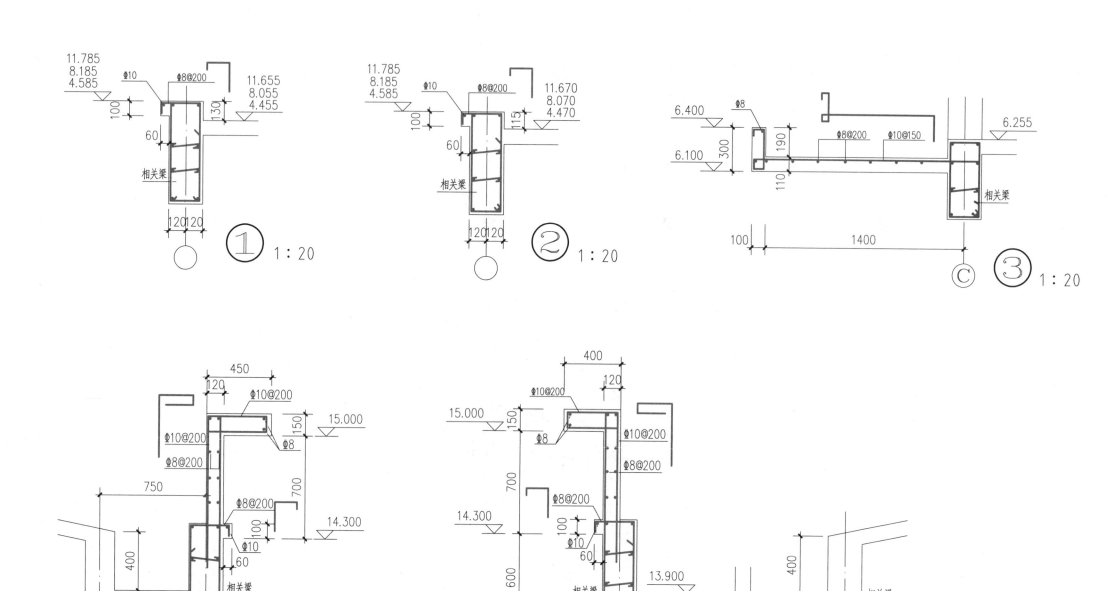

××市××设计研究院		工程名称	××市××小学		
		项目	行政楼		
院长	工种负责			设计号	
审定	校对	节点构造详图		图别	施工图
审核	设计			图号	结施-13
工程负责	制图			日期	

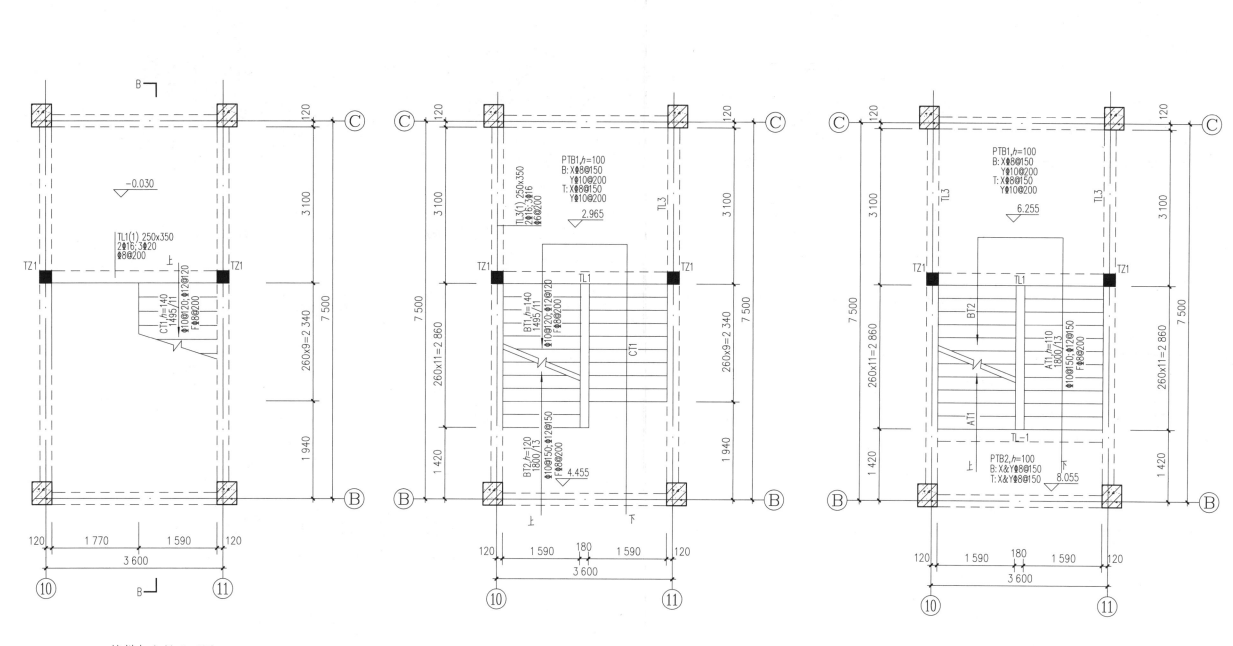

T2楼梯架空层平面图 1:50   T2楼梯一层平面图 1:50   T2楼梯二层平面图 1:50

××市××设计研究院		工程名称	××市××小学		
		项目	行政楼		
院长	工种负责			设计号	
审定	校对	T2楼梯平法施工图(1)		图别	施工图
审核	设计			图号	结施-16
工程负责	制图			日期	

16

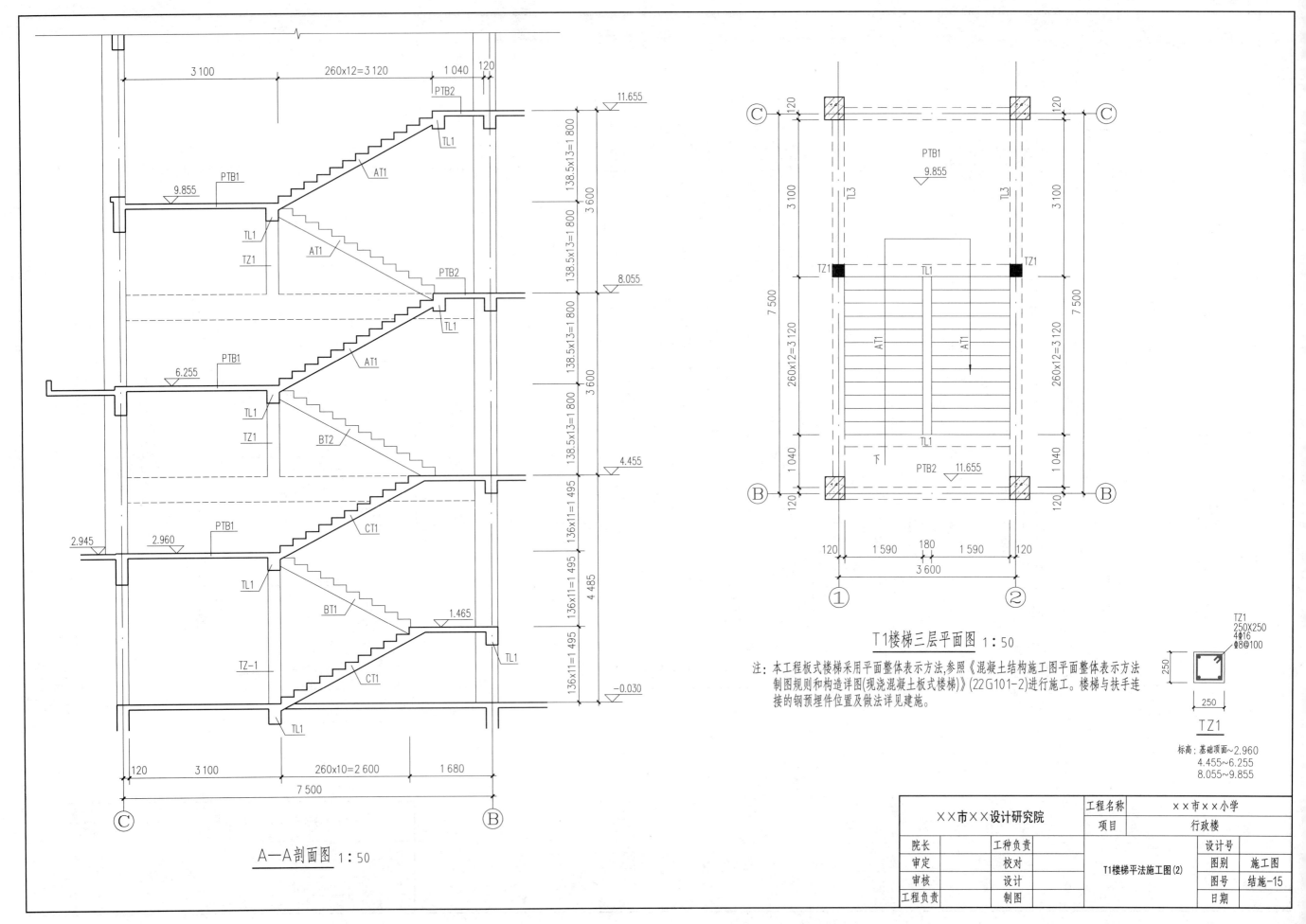

A—A剖面图 1：50

T1楼梯三层平面图 1：50

注：本工程板式楼梯采用平面整体表示方法,参照《混凝土结构施工图平面整体表示方法制图规则和构造详图(现浇混凝土板式楼梯)》(22G101-2)进行施工。楼梯与扶手连接的钢预埋件位置及做法详见建施。

TZ1
250X250
4Φ16
Φ8@100

250

250

TZ1

标高：基础顶面~2.960
4.455~6.255
8.055~9.855

××市××设计研究院		工程名称	××市××小学
		项目	行政楼
院长	工种负责		设计号
审定	校对	T1楼梯平法施工图(2)	设计号
审核	设计		图别 施工图
工程负责	制图		图号 结施-15
			日期

15

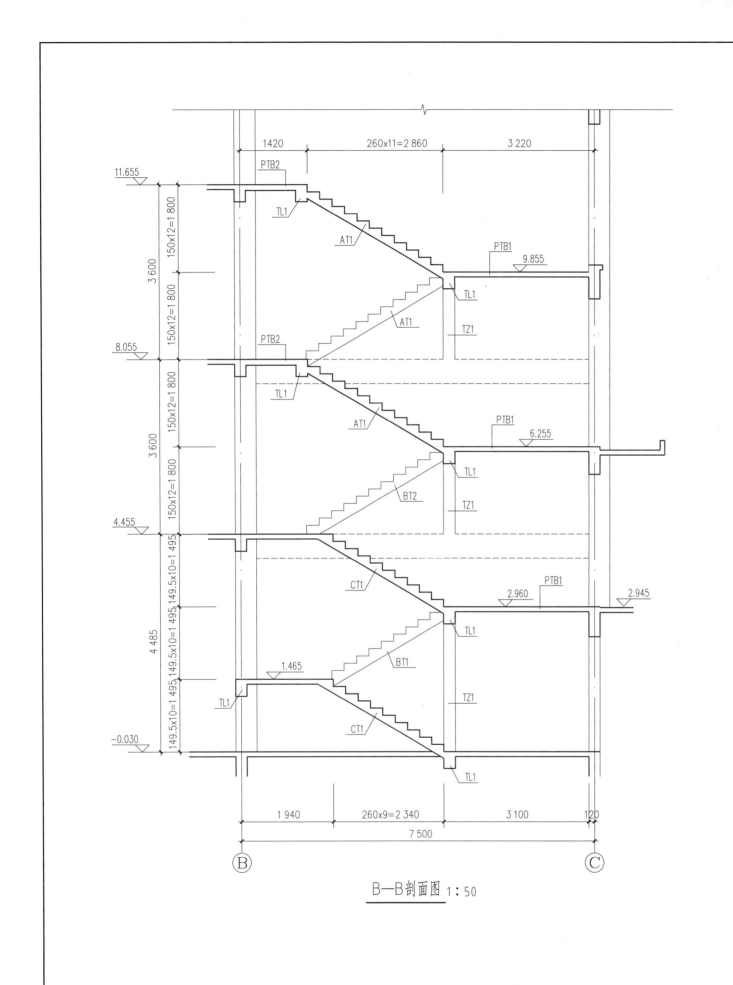

B—B剖面图 1:50

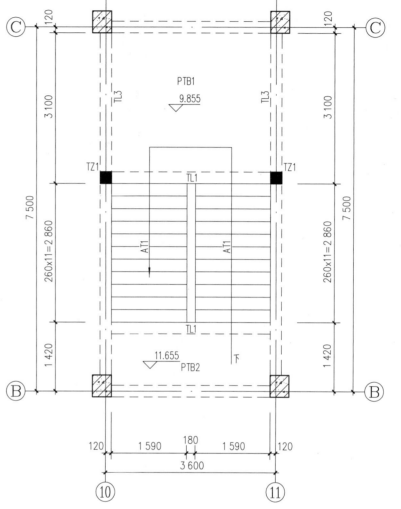

T2楼梯三层平面图 1:50

注：本工程板式楼梯采用平面整体表示方法,参照《混凝土结构施工图平面整体表示方法制图规则和构造详图(现浇混凝土板式楼梯)》(22G101-2)进行施工。楼梯与扶手连接的钢预埋件位置及做法详见建施。

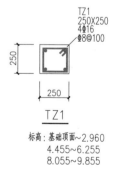

TZ1
250X250
4φ16
φ8@100

TZ1

标高:基础顶面~2.960
4.455~6.255
8.055~9.855

××市××设计研究院		工程名称	××市××小学		
		项目	行政楼		
院长		工种负责		设计号	
审定		校对		图别	施工图
审核		设计	T2楼梯平法施工图(2)	图号	结施-17
工程负责		制图		日期	

17